工学结合·基于工作过程导向的项目化创新系列教材
国家示范性高等职业教育土建类"十三五"规划教材

钢结构制作与安装

GANGJIEGOU
ZHIZUO YU ANZHUANG

主　编　蔡志伟　陈世宁
　　　　徐　涛
副主编　张　奎　李　文
　　　　肖　毅
主　审　杨　鹄　李国洪

华中科技大学出版社
http://press.hust.edu.cn
中国·武汉

内 容 简 介

本书是创办优质高等职业院校教学改革创新教材。教材内容直接体现工作岗位的要求,把相关知识点与生产任务或工程项目衔接起来,充分体现高职教育"五个对接"的改革要求。全书分十三个学习情境,详细论述了钢结构工程的制作与安装工艺,并介绍了典型钢结构工程制作与安装工艺的案例。其主要内容包括绪论、钢结构材料选用、零部件加工制作、钢结构构件装配方法的选用、典型装配式钢构件制作、中大型钢构件组装与拼装、钢结构制作质量检验与质量控制、钢结构安装及其施工前的准备、单层钢结构工业厂房的安装、轻型钢结构工程的安装、高层钢结构工程的安装、网架钢结构工程的安装、大跨度空间钢结构的安装、大型钢结构的整体安装等。每个项目都有学习要求,包括:知识内容与教学要求,技能训练内容与教学要求以及素质要求,还有工程实例和思考讨论题及作业题等。书后还附有参考资料等内容。

本书可作为高职高专钢结构类及其他成人高校相应专业的教材,也可作为建筑、机械、修造船行业相关工程技术人员的参考书。

为了方便教学,本书还配有电子课件等教学资源包,任课教师可以发邮件至 husttujian@163.com 索取。

图书在版编目(CIP)数据

钢结构制作与安装/蔡志伟,陈世宁,徐涛主编.—武汉:华中科技大学出版社,2019.8(2025.2重印)
ISBN 978-7-5680-5036-4

Ⅰ.①钢… Ⅱ.①蔡… ②陈… ③徐… Ⅲ.①钢结构-结构构件-制作-高等职业教育-教材 ②钢结构-建筑安装-高等职业教育-教材 Ⅳ.①TU391 ②TU758.11

中国版本图书馆 CIP 数据核字(2019)第 056104 号

钢结构制作与安装 Gangjiegou Zhizuo yu Anzhuang	蔡志伟　陈世宁　徐　涛　主编

策划编辑:康　序
责任编辑:康　序
责任监印:朱　玢

出版发行:华中科技大学出版社(中国·武汉)　　电话:(027)81321913
　　　　　武汉市东湖新技术开发区华工科技园　　邮编:430223
录　　排:武汉三月禾文化传播有限公司
印　　刷:武汉邮科印务有限公司
开　　本:787mm×1092mm　1/16
印　　张:19
字　　数:537千字
版　　次:2025年2月第1版第3次印刷
定　　价:58.00元

本书若有印装质量问题,请向出版社营销中心调换
全国免费服务热线:400-6679-118　　竭诚为您服务
版权所有　侵权必究

前言

"以服务为宗旨,以就业为导向"已经成为全社会对高职教育发展的共识,也是创办优质高等职业院校追求的目标,如何提高高职院校服务产业发展的能力,提高职业教育水平,建立适应中国经济社会发展的高职教育模式,已成为当前高职院校改革的重大课题,而高职教育的"五个对接"的改革要求提出了解决这一重大课题的途径。我国高职教育正在创新的路途中,走出一种适应我国经济建设需要的高端应用型技能人才培养模式。

能否培养出适合企业或行业需求的高端型技能人才,专业是否"适销对路"成为关键,而构成专业的课程又是主要要素,因此,课程开发是培养模式的核心内容。课程开发必须围绕职业能力这个核心,以工程项目或任务为导向,以专业技术应用能力和岗位工作技能为主线,对课程进行优化衔接、定向选择、有机整合和合理排序,课程改革必须打破学科界限,本着强化能力、优化知识、合理组合、尊重认知规律、缩减烦琐内容的原则进行。不必过分考虑内容的系统性、完整性,而是突出知识点,重在课程的针对性、实用性、先进性和就业岗位群的适应性。

为了适应上述需求,本书着力针对钢结构行业,满足相关企业对人才培养的需求,从岗位能力要求,到完成工作任务所需要的知识和技能以及素质要求,基于钢结构的工作过程,从钢结构制作加工到安装,从动手制作到工艺的编制及组织实施,集成钢结构生产过程的颗粒化知识,让学生通过学习和训练达到岗位要求。

为了保证本书的编写质量,使之成为"工学结合"的教材,武汉船舶职业技术学院建筑工程与设计学院组织了企业专家、院校的"双师型"骨干教师及部分青年教师等参与编写工作。

本书由武汉船舶职业技术学院蔡志伟、陈世宁,湖北工业职业技术学院徐涛担任主编;由鄂州职业大学张奎,湖南高速铁路职业技术学院李文、肖毅担任副主编;由武汉船舶职业技术学院杨鸰副教授,中交第二航务工程局有限公司第六工程分公司李国洪高工担任主审。武汉船舶职业技术学院李坚、曾淑君、张海捷、涂琳负责本书的校对工作。其中,徐涛编写了学习情境1,张奎编写了学习情境2,陈世宁编写了学习情境3至学习情境6,李文编写了学习情境7,肖毅编写了学习情境 8,蔡志伟编写了绪论、学习情境 9 至学习情境 13。

在本书的编写过程中,听取了中交第二航务工程局有限公司、中建三局集团有限公司、中铁十一局集团有限公司、武昌船舶重工有限责任公司、中铁大桥局集团有限公司、中国长江航运集团宜昌船厂等企业的有关专家和技术人员的意见和建议,部分优秀学生也参加了资料的收集和整理工作,在此一并表示衷心的感谢。

为了方便教学,本书还配有电子课件等教学资源包,任课教师可以发邮件至 husttujian@163.com 索取。

由于编写时间仓促,加之作者水平有限,书中难免有不当之处,敬请提出宝贵意见。

编 者

2024 年 5 月

目录

绪论 ·· (1)
    任务1 钢结构的行业概况 ·· (1)
    任务2 钢结构制作与安装的课程设计 ·· (5)

学习情境1 钢结构材料选用 ·· (8)
    任务1 建筑承重结构用钢材 ··· (9)
    任务2 钢结构连接用焊接材料 ·· (21)
    任务3 钢结构用铸钢件材料 ··· (29)
    任务4 钢结构用连接紧固件 ··· (31)

学习情境2 零部件加工制作 ··· (33)
    任务1 钢结构放样和下料 ·· (33)
    任务2 钢材切割加工 ·· (35)
    任务3 钢材边缘加工 ·· (39)
    任务4 钢材弯曲成形加工 ·· (39)
    任务5 板材与型钢的辊压成形加工 ··· (40)
    任务6 钢材制孔加工 ·· (41)

学习情境3 钢结构构件装配方法的选用 ··· (43)
    任务1 钢结构焊接方法的选用 ·· (43)
    任务2 普通螺栓连接 ·· (61)
    任务3 高强度螺栓连接 ··· (63)

学习情境4 典型装配式钢构件制作 ··· (73)
    任务1 焊接H型钢制作 ·· (73)
    任务2 箱形截面柱制作 ··· (78)
    任务3 十字柱加工 ··· (85)
    任务4 螺栓球和焊接空心球加工 ··· (88)
    任务5 铸钢节点加工 ·· (92)
    任务6 圆管和矩形管相贯线加工 ··· (93)
    任务7 大直径厚壁圆钢管加工 ·· (94)

学习情境5 中大型钢构件组装与拼装 ·· (100)
    任务1 认识组装与拼装 ··· (100)
    任务2 组装与拼装的方法及要求 ··· (101)
    任务3 典型结构预拼装实例 ··· (104)

学习情境6 钢结构制作质量检验与质量控制 ·· (115)
    任务1 钢结构件质量检验 ·· (115)
    任务2 钢结构件质量控制基本要求 ·· (128)
    任务3 原材料质量控制 ··· (130)
    任务4 制作质量控制 ·· (133)
    任务5 焊接质量控制 ·· (135)

任务6　高强度螺栓连接质量控制 …………………………………………………… (138)
　　任务7　涂装质量控制 ……………………………………………………………… (141)
　　任务8　包装和运输质量控制 ……………………………………………………… (145)
学习情境7　钢结构安装及其施工前的准备 ……………………………………………… (148)
　　任务1　钢结构安装的基本理论 …………………………………………………… (148)
　　任务2　施工前的准备 ……………………………………………………………… (150)
学习情境8　单层钢结构工业厂房的安装 ………………………………………………… (158)
　　任务1　单层厂房的特点和类型 …………………………………………………… (159)
　　任务2　起重主机的选用 …………………………………………………………… (160)
　　任务3　单层工业厂房安装施工技术 ……………………………………………… (162)
　　任务4　钢结构厂房工程材料和质量控制 ………………………………………… (168)
　　任务5　钢结构厂房工程施工缺陷分析及防治 …………………………………… (170)
学习情境9　轻型钢结构工程的安装 ……………………………………………………… (179)
　　任务1　轻型钢结构概述 …………………………………………………………… (179)
　　任务2　轻型钢结构的制造 ………………………………………………………… (181)
　　任务3　轻型钢结构成品或半成品保护 …………………………………………… (182)
　　任务4　轻型钢结构的安装准备 …………………………………………………… (183)
　　任务5　轻型钢结构安装工艺 ……………………………………………………… (187)
　　任务6　轻型钢结构围护系统 ……………………………………………………… (192)
　　任务7　轻型钢结构的防腐蚀 ……………………………………………………… (198)
　　任务8　轻型钢结构安装质量问题及预防措施 …………………………………… (200)
　　任务9　轻型钢结构安装安全控制 ………………………………………………… (203)
学习情境10　高层钢结构工程的安装 …………………………………………………… (208)
　　任务1　高层钢结构工程概述 ……………………………………………………… (208)
　　任务2　高层建筑钢结构的特点 …………………………………………………… (211)
　　任务3　高层建筑的安装条件 ……………………………………………………… (212)
　　任务4　高层钢结构吊装工艺方案 ………………………………………………… (214)
　　任务5　高层建筑钢结构施工的安全措施 ………………………………………… (220)
　　任务6　高层建筑钢结构施工质量控制 …………………………………………… (223)
学习情境11　网架钢结构工程的安装 …………………………………………………… (226)
　　任务1　网架钢结构工程概述 ……………………………………………………… (226)
　　任务2　网架钢结构的安装技术 …………………………………………………… (230)
　　任务3　网架钢结构安装的质量与安全控制 ……………………………………… (246)
学习情境12　大跨度空间钢结构的安装 ………………………………………………… (260)
　　任务1　大跨度空间钢结构应用发展的主要特点 ………………………………… (260)
　　任务2　大跨度空间钢结构的主要形式 …………………………………………… (261)
　　任务3　大跨度空间钢结构安装方法 ……………………………………………… (263)
　　任务4　现代大跨度空间钢结构施工技术 ………………………………………… (267)
　　任务5　大跨度空间钢结构施工技术发展方向 …………………………………… (272)
学习情境13　大型钢结构的整体安装 …………………………………………………… (281)
　　任务1　大型钢结构整体安装技术概念 …………………………………………… (281)
　　任务2　大型钢结构整体安装技术 ………………………………………………… (284)
参考文献 ………………………………………………………………………………………… (298)

绪论

■ **知识内容**

① 了解钢结构及其行业发展的特点;② 了解钢结构工程的概况;③ 了解钢结构制造与安装课程设计。

■ **技能训练**

① 熟悉钢结构行业的发展状况;② 熟悉钢结构的发展趋势与产业政策;③ 掌握本课程的学习方法。

■ **素质要求**

① 要求学生养成求实、严谨的科学态度;② 培养学生热爱行业,乐于奉献的精神;③ 培养与人沟通,通力协作的团队精神。

建筑钢结构工程是一个系统工程,在国民经济中占有很重要的地位。我国目前是世界上最大的钢结构市场。随着我国钢产量大幅增加,粗钢产量已跃居世界第一,更加速了钢结构的发展。

任务1 钢结构的行业概况

一、钢结构及其行业的特点

钢结构,与钢筋混凝土结构、砌体结构、木结构等同属于建筑结构类型范畴。钢结构与其他结构形式的区别在于它的主要承重构件如梁、柱等,由钢板、热轧型钢或冷加工成型的薄壁型钢制造而成。与其他结构相比,钢结构具有如下特点。

1) 轻质高强、质地均匀

钢材与混凝土、木材相比,虽然质量密度较大,但其屈服点较混凝土和木材要高得多,其质量密度与屈服点的比值相对较低。在承载力相同的条件下,钢结构与钢筋混凝土结构、木结构相比,构件较小,重量较轻,便于运输和安装。

钢材质地均匀,各向同性,弹性模量大,有良好的塑性和韧性,为理想的弹塑性体,完全符合目前所采用的计算方法和基本理论。

2) 生产、安装工业化程度高,施工周期短

钢结构生产具有成批大件生产和高准确性的特点,可以采用工厂制作、工地安装的施工方法,所以其生产作业面多,可缩短施工周期,进而为降低造价、提高效益创造条件。

3) 密闭性能好

由于焊接结构可以做到完全密封,一些要求气密性和水密性好的高压容器、大型油库、气柜、管道等板壳结构都采用钢结构。

4) 抗震及抗动力荷载性能好

钢结构因自重轻、质地均匀,具有较好的延性,因而抗震及抗动力荷载性能好。

5) 有利于保护环境、节约资源

采用钢结构可大大减少砂、石、灰的用量,减轻对不可再生资源的破坏。钢结构拆除后可回炉再生循环利用,有的还可以搬迁复用,可大大减少建筑垃圾。

6) 耐热性能好,但耐火性能差

温度在250℃以内,钢的性质变化很小,温度达到300℃以上,强度逐渐下降,达到450~650℃时,强度降为零。因此,钢结构可用于温度不高于250℃的场合。在自身有特殊防火要求的建筑中,钢结构必须使用耐火材料予以维护。当防火设计不当或者当防火层处于破坏状况时,有可能会产生灾难性的后果。

7) 钢结构抗腐蚀性较差

钢结构的最大缺点是易于锈蚀。新建造的钢结构一般都需要仔细除锈、镀锌或刷涂料。以后每隔一定时间又要重新刷涂料,维护费用较高。目前国内外正在发展不易锈蚀的耐候钢,可大量节省维护费用,但还没有推广使用。

因其具有综合力学性能好、重量轻、便于拆装、生产周期短、易于实现高度现代工业化生产、可回收利用等优点,以及更易实现新颖和灵巧的结构形式,钢结构在当今建筑领域得到了广泛的应用。随着新的结构体系、新的设计计算理论及新的材料、新的制作安装工艺的不断涌现,特别是计算机技术和工程力学理论的飞速发展,钢结构必将得到更大范围的应用和更深层次的发展。

二、我国建筑钢结构建设事业的发展

改革开放以来,我国钢产量迅速增加,从1978年的3178万吨到1996年首次突破亿吨大关并位居世界第一,2008年已超过5亿吨,2009年再增产13.5%至5.68亿吨,2017年中国钢材产量为10.5亿吨,同比增长0.8%,已保持连续22年稳居世界首位。同时,随着我国高强度钢材生产工艺的不断提高与完善,建筑钢结构使用钢材已发展到Q420、Q460和Q480,2014年我国就生产出抗拉强度达到1000 MPa级高强度结构钢HG980,我国钢材的综合性能有了明显的改善,如屈强比较低、塑性和韧性较高、焊接性能和Z向性能大大改善等。而且还可根据特殊结构的需求,生产耐候性能优良的耐候钢材及特殊用途钢。

钢材产量的迅速增加和质量的不断提高,为发展我国建筑钢结构建设事业创造了极好的时机。建筑钢结构的应用领域已有了很大的扩展,从早期仅有的一些国家重点工程和大型/重型

厂房采用钢结构,到今天的普通单层(多层)房屋、高层(超高层)建筑、大跨度建筑、塔桅建筑等都大量采用了钢结构。目前,年完成单层钢结构轻型房屋已达数千万平方米以上,已建和在建的高层及超高层钢结构建筑有上千幢。其中,高耸结构有广州新电视塔(高600 m)、上海中心大厦(高632 m)等;大跨度结构有广州国际会展中心(跨度126 m)、国家体育场(鸟巢)(南北向332.3 m,东西向297.3 m)、南京奥林匹克体育中心体育场(主拱跨度360 m)、沈阳奥林匹克体育中心体育场(主拱跨度360 m)等;复杂结构有广东科学中心、大连国际会议中心等;我国第一幢多面体空间刚架结构为国家游泳中心(水立方),以及弦支穹顶结构的代表作奥运会羽毛球馆等,如图0-1至图0-16所示。这些建筑物、构筑物的建成,标志着我国在钢结构设计、制作和安装等方面均已达到国际先进水平或领先水平。

图0-1 上海中心大厦

图0-2 上海金茂大厦

图0-3 上海环球金融中心

图0-4 中央电视台总部大楼

图0-5 广州国际金融中心

图0-6 广州新电视塔

图0-7 湘西矮寨特大悬索桥

图0-8 广州国际会展中心

图0-9 国家体育场(鸟巢)

图0-10 南京奥林匹克体育中心体育场

图0-11 沈阳奥林匹克体育中心体育场

图0-12 广东科学中心

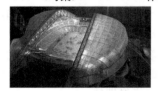
图0-13 俄罗斯索契冬奥会场馆

图0-14 上海世博会场馆

图0-15 国家游泳中心(水立方)

图0-16 奥运会羽毛球馆

我国建筑钢结构企业在建筑钢结构发展的浪潮中茁壮成长，涌现出了一大批优秀的钢结构制造和安装企业，完成了大量的大型、复杂、新、特、奇的建筑钢结构工程的制作和安装施工，其中许多工程不仅成为当地的标志性建筑物，甚至还登上了世界奇观建筑的排行榜。现在，我国的钢结构制造企业不仅规模大，而且技术先进，自动、半自动生产线以及相配套的数控技术得到了普遍应用，基本实现了专业化、机械化、现代化、工业化、规模化生产。钢结构安装企业也蓬勃发展，各类安装设备齐全，安装、测量技术先进，施工阶段的分析验算、信息化控制等技术得到普遍重视和广泛应用。

当前，我国建筑钢结构正呈现蓬勃发展的态势，主要应用范围包括大跨度结构、高层（超高层）及高耸建筑、受动力荷载作用的结构、重型厂房结构、可拆卸结构、轻型钢结构、特殊构筑物等。钢结构未来的发展方向有以下几个方面。

（1）高强度钢材研制开发和应用。未来将更多的研制高强度优质钢材，并加以广泛运用。

（2）加强结构形式的创新和应用。采用新的结构体系，如薄壁型钢结构、悬索结构、悬挂结构、网架结构和预应力钢结构等。

（3）开发、应用新型材。例如，H型钢、压型钢板、夹芯板、建筑用铝制品及膜材料、彩板瓦、金属拱形屋面板等。钢和混凝土组合构件是一种经济合理的组合结构。目前，压型钢板与混凝土组合板、钢与混凝土组合梁、钢管混凝土柱等形式正在推广应用。

（4）应用先进的计算机技术与测试技术。这对正确合理的结构设计和结构实际工作状态的测试有重要意义，是改进结构设计的计算方法和结构理论研究的重要手段。

（5）当前的主要发展趋势：钢结构中以中厚板为主的钢材、H型钢、冷弯型钢、钢管（包括无缝、焊接等）、彩色涂层卷板需求增加；大中规格角钢、热轧工字钢、槽钢用量减少；焊条、焊丝、高强度螺栓等连接材料，其品种和质量正在不断发展。但是，钢材品种、规格、强度级别、设计安全储备等方面与工业发达国家比，还存在一定的差距。

三、我国钢结构的发展态势

以上海科技馆为代表的流线型设计风靡全球，随后国家体育场（鸟巢）的横空出世，让钢结构建筑的魅力为世人所知。而随着国家区域振兴计划的相继推出、"国际会展经济"的推动带来的产业转移机会，以及基础设施投资的增长，钢结构产品的需求将迎来新一轮爆发式增长。

1）轻型钢结构前景广阔

目前建筑钢结构项目可分为空间钢结构、重型钢结构和轻型钢结构。一般来说，空间钢结构和重型钢结构较为复杂，施工难度大，对公司的设计能力、工人的现场拼装和焊接能力，以及钢结构配件的制作能力要求都较高。据了解，培养一个熟练的焊工或操作工至少需要5年的时间。由于施工难度大，业主对承建商的过往业绩、资质以及技术的要求均较高，需要公司有较强的技术创新能力和大批熟练的焊接工和装配工；另外，一般空间钢结构和重型钢结构的投资额都比较大，对垫资和履约保证金等的要求也就比较高。总的来说，空间钢结构和重型钢结构由于对技术、资金、资质和业绩等的要求较高导致行业壁垒也较高，因此市场竞争相对缓和；而轻型钢结构则行业壁垒低，市场竞争激烈。

未来几年，我国的钢结构需求应该仍以工业厂房、桥梁、火车站、轨道交通站、机场以及体育场、大剧院等公共建筑为主。轻型钢结构产品受益于近年沿海向内地产业转移的趋势，在工业厂房领域有良好的应用前景。另外，海洋工程钢结构，建筑生态钢结构值得期待。

2）空间钢结构发挥示范效应

空间钢结构主要应用于大型文体场馆、机场、车站等公共设施。一般来说，跨度超过20 m

的钢结构建筑都要用到空间钢结构。最有代表性的空间钢结构建筑非国家体育场（鸟巢）莫属。在上海世博会场馆项目建设期间，空间钢结构也获得了大量的应用。上海世博会法国馆的钢结构工程是由长江精工钢结构（集团）股份有限公司上海项目部承建的。

空间钢结构在经历奥运会、世博会的大规模应用之后，是否已经达到需求的高峰，这个问题目前还不好下定论，因为其示范性效应或许能带动更广阔领域的应用。目前，在经济较为发达、金融服务业逐渐成熟的沿海地区，商业地产、办公地产、农业生态园的蓬勃发展等对钢结构产品的需求越来越大。北京副中心和雄安新区以及海南自贸区等国家重大建设决策都会刺激钢结构行业的跨越式发展。

3）桥梁钢结构产品逐步增加

未来数年，我国的钢结构产业有着巨大的发展空间，钢结构用钢市场前景十分广阔。一是全国的"节能减排"工作的全面推进，节能、环保、绿色的钢结构大有用武之地，拉动绿色钢材的需求。因而具有节能、环保、绿色优势的钢结构被市场看好。二是钢结构应用领域不断扩大，钢结构市场迅速增大，对钢结构用钢的需求日趋增长。目前，我国钢结构市场主要分布在冶金、电力、化工、道桥、海洋工程、房屋建筑、大型场馆、民用住宅、机械装备和家居用品等领域。钢结构产业正在成为国民经济的重要产业。三是建筑业的结构调整和技术进步，是推动钢铁产品升级换代的强大动力，也是支撑钢结构用钢市场趋好的内在动力。四是我国钢结构产业快速发展，促进钢结构用钢市场稳健发展。在我国，钢结构制造业是一个新兴产业。钢结构产业的发展与我国的经济发展水平和发展速度关联度很大，随着我国钢铁产量的迅速增加，以及新技术、新材料的不断出现，为钢结构产业的快速发展奠定了坚实的物质和技术基础。

任务2　钢结构制作与安装的课程设计

建筑钢结构工程技术专业是在我国钢结构产业大发展的背景下开设的，课程建设起点高，根据钢结构产业发展的需要，本课程构建了与钢结构行业岗位所需的教学内容，是一门技术应用和技能训练课程，课程采用案例和任务驱动的方式开展教学活动。本课程的技能训练要求学生完成一个相对复杂的钢结构制作与安装工艺的编制及其相关操作训练。

一、教学目标

为了提高学生专业知识的应用能力，本书是根据当前钢结构企业生产一线的需求来编写的，充分体现了以钢结构施工工艺为主线，直接为钢结构产业发展和生产服务的高等职业教育的教学改革方向，通过课堂讲课、案例分析、小组讨论、现场模拟、参观访问、工艺编写、归纳总结等环节提高学生解决实际问题的能力，并把编写钢结构施工工艺的相关知识融于教、学、做之中，从而尽快适应岗位规范的要求。为此，确定以下核心教学目标。

（1）能力目标：能实施钢结构工程现场施工；能进行钢构件的质量分析与控制；能编写钢结构工艺方案；能提出预防和控制钢结构制作与安装现场安全的措施。

（2）知识目标：掌握钢结构设计施工图的识读；掌握编写钢结构工艺方案的技能；掌握钢结构建造的基本方法。

（3）素质目标：培养求实、严谨的科学态度；培养团队协作精神；使学生的方法能力、专业能力、社会能力适应岗位要求。

二、本课程的教学方法

本课程是一门实践性很强的课程,为了进一步提高学生的安装工艺编写能力,乐于思考,勤于实践,本课程在实施的过程中,可用以下多种方法组织教学。

(1) 实例教学法　采用实际钢结构工程图纸(主要是典型钢结构件、工业厂房、高层建筑等)和典型场馆工程、油罐工程、桥梁工程等,进行实例教学。

(2) 分组讨论教学法　每个项目教学时将学生分组,给每个小组分配一套图纸或模型,学生先识读,找出问题,并通过讨论,提出初步解决方案,教师再进行讲评、归纳总结。

(3) 启发引导教学法　以学生为主体,教师提出问题,引导学生在做中学,充分发挥学生的潜能。

(4) 引导资料法　编制安装工艺是本课程的一个主要的教学环节,每一个任务的载体都以一个项目的方式开展,老师在每一个项目中为学生提供了每一个载体的所需要的引导资料,学生在引导资料的引导下,逐步掌握钢结构制造与安装工艺的编制。

教育教学是一个复杂的过程,还可以根据实际情况采用头脑风暴法、角色扮演法等多种方式方法,并结合现代教学技术手段,如有关精品课程、共享教学资源库、微课、MOOC等,努力提高教学效果。

三、课程内容的设计与安排

在上述教学目标中,本课程主要目的在于着重训练学生编写典型钢结构制造与安装工艺的能力。应先从简单的钢结构件入手,再学习中等复杂的建筑钢结构的生产工艺,直到较复杂或很复杂的整体钢结构或新型钢结构生产工艺,通过一系列综合性较强的项目的训练,使学生具有较强的钢结构制作与安装工艺的编写能力。

以贴近真实工作任务及工作过程为依据开发教学设计、训练项目,确定如表0-1所示的学习项目。

表0-1　单元理论教学安排

序号	学习项目	时间分配/学时				
		讲授	工艺设计	训练	考核	小计
0	绪论	2				2
1	钢结构材料选用	2				2
2	零部件加工制作	2	2			4
3	钢结构构件装配方法的选用	4	2			6
4	典型装配式钢构件制作	4				4
5	中大型钢构件组装与拼装	4	2			6
6	钢结构制作质量检验与质量控制	4				4
7	钢结构安装及其施工前的准备	4				4
8	单层钢结构工业厂房的安装	4	2			6
9	轻型钢结构工程的安装	6	2			8
10	高层钢结构工程的安装	6	2			8
11	网架钢结构工程的安装	4				4
12	大跨度空间钢结构的安装	4	2			6
13	大型钢结构的整体安装	8				8
	总计	58	14			72

1. 钢结构行业的特点有哪些?
2. 目前钢结构涉及哪些产业?
3. 目前钢结构的发展态势如何?
4. 钢结构行业的上市公司有哪些?
5. 本课程的教学目标是什么?
6. 本课程的教学方法有哪些?
7. 本课程的学习项目有哪些?
8. 本课程要求掌握的核心职业技能是什么?

学习情境 1 钢结构材料选用

知识内容

① 钢结构材料分类;② 钢结构材料的化学成分、力学性能;③ 不同类型钢结构材料的选用原则;④ 焊接材料用钢、铸钢件、连接固件的选用。

技能训练

① 根据实际需要选用合适的钢结构材料;② 根据实际需要选用合适的钢结构配件;③ 具备在网络中查阅专业钢结构材料信息的技能。

素质要求

① 养成求实、严谨的科学态度;② 表达清晰,写作技能流畅;③ 乐于奉献,踏实肯干。

钢材作为建筑钢结构的主要材料,与其他建筑结构材料相比,性能上有明显的综合优势。例如,国际上习惯以材料自身的密度与其屈服点的比值作为衡量一种结构轻质高强度的指标,钢材的这一指标非常优异,是除铝合金外最低的;而钢材的弹性模量是铝合金的三倍,显示了钢材作为结构材料具有良好的刚度,这也是其他材料很难相比的。从结构应用的角度,关注材料两个方面的性能,即力学性能和工艺性能,前者要满足结构的功能(如强度、刚度、疲劳强度等),后者则需符合加工过程的要求,钢材具有这两个方面的优势。

建筑钢结构常用的钢材有:碳素结构钢、低合金高强度结构钢、建筑结构用钢板、优质碳素结构钢、合金结构钢、耐候结构钢、铸钢材料等。在我国,建筑钢结构采用的钢材以碳素结构钢、低合金高强度结构钢和建筑结构用钢板为主,尚未形成类似桥梁结构钢和锅炉用钢那样的专业用钢标准,这与建筑钢结构的发展历史和使用特点有关,因为建筑钢结构对钢材性能的特殊要求并不突出,钢铁产品的通用标准一般已能满足要求。

任务1　建筑承重结构用钢材

一、钢材分类

建筑钢结构的钢材分类方法有多种，可按化学成分分类，也可按钢材的用途分类，还可按钢材中有害杂质(S,P)的含量和冶炼时脱氧程度分类。在实际应用中，一般按化学成分进行分类。

钢材按化学成分和用途可分为：碳素结构钢、优质碳素结构钢、低合金高强度结构钢、建筑结构用钢板、合金结构钢、耐候结构钢、铸钢材料等。

1. 碳素结构钢

碳素结构钢是常用的工程用钢，按其含碳量的多少，又可分成低碳钢、中碳钢和高碳钢三种。其中，含碳量为0.03%~0.25%的钢材称为低碳钢，含碳量为0.26%~0.60%的钢材称为中碳钢，含碳量为0.6%~2.0%的钢材称为高碳钢。建筑钢结构主要使用低碳钢。

按现行国家标准《碳素结构钢》(GB/T 700-2006)中的规定，碳素结构钢的牌号由代表屈服点的字母、屈服点数值、质量等级、脱氧方法符号等四个部分按顺序组成。各符号的含义为：① Q表示钢材屈服点"屈"字汉字拼音首位字母；② A、B、C、D表示质量等级；③ F表示沸腾钢；④ b表示半镇静钢；⑤ Z表示镇静钢；⑥ TZ表示特殊镇静钢，相当于桥梁钢。

在牌号组成的表示方法中，"Z"与"TZ"符号可以省略。例如：Q235-AF表示屈服点为235 N/mm² 的A级沸腾钢；Q235-B表示屈服点为235 N/mm² 的B级镇静钢。

2. 优质碳素结构钢

按国家标准《优质碳素结构钢》(GB/T 699-2015)中的规定，优质碳素结构钢根据锰含量的不同可分为：普通锰含量(锰含量<0.8%)钢和较高锰含量(锰含量0.7%~1.2%)钢两种。优质碳素结构钢一般以热轧状态供应，硫、磷等含量比普通碳素钢少，其他有害杂质的限制也较严格。所以优质碳素结构钢性能好，质量稳定。

优质碳素结构钢的牌号用两位数字表示，其含义是钢中平均含碳量的万分数。例如：45号钢，表示钢中平均含碳量为0.45%。数字后若有"锰"字或"Mn"，则表示属于较高锰含量钢，否则为普通锰含量钢。例如：35Mn表示平均含碳量0.35%，含锰量为0.7%~1.2%。

优质碳素结构钢的性能主要取决于含碳量，含碳量高，则强度高，但其塑性和韧性降低。

3. 低合金高强度结构钢

低合金高强度结构钢是指在炼钢过程中添加了一些合金元素，其总量不超过5%的钢材。加入合金元素后钢材强度可明显提高，使钢结构构件中强度、刚度、稳定三个主要控制指标都能显著提高，尤其在大跨度或重负载结构中优点更为突出，一般可比碳素结构钢节约20%左右的用钢量。

按现行国家标准《低合金高强度结构钢》(GB/T 1591-2018)中的规定，钢的牌号表示方法与碳素结构钢一致，即由代表屈服点的汉语拼音字母(Q)、屈服点数值、质量等级符号(A、B、C、D、E)三个部分按顺序排列表示，有Q345、Q390、Q420、Q460、Q500、Q550、Q620和Q690等八种。对于厚度方向性能有要求的钢板，在质量等级后加上厚度方向性能级别(Z15、Z25、Z35)，如Q345C-Z25。

4. 合金结构钢

合金结构钢是在碳素结构钢基础上加入一种或几种元素（合金元素），其总量不超过5%。加入合金元素后钢材淬透性能得到提高，经过热处理后获得良好的综合力学性能，具有较高的强度和足够的韧性。

合金结构钢按冶金质量的不同可分为：优质钢、高级优质钢、特级优质钢。按使用加工用途的不同可分为：压力加工用钢和切削加工用钢。钢的牌号表示方法和化学成分、力学性能可参考《合金结构钢》(GB/T 307—2015)中的相关规定，该标准适用于直径或厚度不大于250 mm的合金结构钢棒材（热轧或锻制）。经供需双方协商，也可供应直径或厚度大于250 mm的合金结构钢棒材。

建筑钢结构中一般较少采用合金结构钢，但在预应力拉索、预应力锚具、高强钢棒及一些特殊节点和构件中需要采用。

5. 耐候结构钢

在钢的冶炼过程中，加入少量特定的合金元素，一般为Cu、P、Cr、Ni等，使之在金属基体表面上形成保护层，以提高钢材耐大气腐蚀性能，这类钢称为耐候结构钢。

我国目前生产的耐候结构钢分为高耐候钢和焊接耐候钢两种。

耐候结构钢的牌号由"屈服强度"、"高耐候"或"耐候"的汉语拼音首位字母"Q"、"GNH"或"NH"、屈服强度的下限值以及质量等级（A、B、C、D、E）组成。

高耐候钢的牌号有Q265GNH，Q295GNH，Q310GNH，Q355GNH等4种。它的耐候性能优于焊接耐候钢，但焊接性能较差。当用作焊接结构时，一般不应大于16 mm。这类钢包括热轧、冷轧的钢板和型钢，产品通常在交货状态下使用。

焊接耐候钢的牌号有Q235NH、Q295NH、Q355NH、Q415NH、Q460NH、Q500NH和Q550NH等7种。它具有良好的焊接性能，钢板或型材的厚度可达100 mm。

6. 建筑结构用钢板

根据国家标准《建筑结构用钢板》(GB/T 19879—2015)中的规定，建筑结构用钢板的牌号由代表屈服点的汉语拼音字母（Q）、屈服点数值、代表高性能建筑结构用钢板的汉语拼音字母（GJ）、质量等级符号（B、C、D、E）组成，如Q345GJC。对于厚度方向性能有要求的钢板，在质量等级后加上厚度方向性能级别（Z15、Z25、Z35），如Q345GJC-Z15。

二、主要钢材制品

1. 钢板、钢带

建筑钢结构使用的钢板、钢带按轧制方法分为冷轧板和热轧板。而钢板和钢带的区别在于成品形状，钢板是矩形的平板状钢材，它可直接轧制或由钢带剪切而成；钢带是成卷交货的，宽度一般大于或等于600 mm（宽度小于600 mm的称为窄钢带，可直接轧制，也可由宽钢带纵剪而成）。钢板按厚度可分为薄板、中板、厚板、特厚板和超厚板，一般4 mm以下为薄板，4～30 mm为中板，30～80 mm为厚板，80～120 mm为特厚板，120 mm以上为超厚板。

薄板一般用冷轧法轧制生产，国家标准《冷轧钢板和钢带的尺寸、外形、重量及允许偏差》(GB/T 708—2006)中规定：冷轧钢板厚度为0.2～4.0 mm，宽度为600～2050 mm，公称长度为1000～6000 mm。冷轧钢带成卷交货。

热轧钢板是建筑钢结构中应用最多的钢材之一，国家标准《碳素结构钢和低合金结构钢热轧钢板和钢带》(GB/T 3724—2017)中规定了它们的技术条件及适用范围。钢的牌号和化学成分以及力学性能应符合《碳素结构钢》(GB/T 700—2006)和《低合金高强度结构钢》(GB/T 1591—2018)标准的规定,交货状态一般以热轧控轧或热处理状态交货。热轧钢板的尺寸及允许偏差应符合国家标准《热轧钢板和钢带的尺寸、外形、重量及允许偏差》(GB/T 709—2006)中的规定。

2. 常用型材

1) 普通型材

工字钢、槽钢和角钢三类型材是工程结构中使用最早的型钢。但随着轧制技术的发展,更多截面性能优良的型材相继问世(如圆钢管、方钢管、H型钢等)。

工字钢型号用截面高度(单位为cm)表示,从10 cm到63 cm共有21个系列45种规格。截面高度20~28 cm工字钢根据板厚度和翼缘宽度不等,有a、b两种规格。截面高度30~63 cm工字钢根据板厚度和翼缘宽度不等,有a、b、c三种规格。其中,a类腹板最薄、翼缘最窄,b类较厚较宽,c类最厚最宽。工字钢的长度通常为5~19 m。

槽钢是一种截面形状为槽形([)的型材,以截面高度(单位为cm)表示型号,从5 cm到40 cm共有20个系列41种规格。截面高度为14 cm到22 cm,槽钢根据腹板厚度和翼缘宽度不等,有a、b两种规格。截面高度24 cm到40 cm,槽钢根据腹板厚度和翼缘宽度不等,有a、b、c三种规格。槽钢的长度通常为5~19 m。

角钢是传统的钢结构构件中应用最广泛的轧制型材,有等边角钢和不等边角钢两大类。角钢的型号以肢的长度(单位以cm)表示,等边角钢从2 cm到25 cm共有24个系列114种规格。一个型号的角钢有2~8种不同肢厚度的产品规格,如常用的10号等边角钢,肢的厚度有6、7、8、9、10、12、14、16 mm共八种。角钢的长度通常为4~19 m。

2) 热轧H型钢和剖分T型钢

热轧H型钢分为以下四类。

(1) 宽翼缘H型钢(代号HW),这一系列常用作柱及支撑,其翼缘较宽,截面宽高比为1∶1;弱轴的回转半径相对较大,具有较好的受压性能;截面规格为100 mm×100 mm~500 mm×500 mm。

(2) 中翼缘H型钢(代号HM),这一系列可用作柱和梁,其翼缘宽度比宽翼缘H型钢窄一些,截面宽高比为1∶1.3~1∶2;截面规格为150 mm×100 mm~600 mm×300 mm。

(3) 窄翼缘H型钢(代号HN),这一系列常用作梁,其翼缘较窄,也称梁型H型钢;截面宽高比为1∶2~1∶3.3,有良好受弯性能,截面高度为100~1000 mm。

(4) 薄壁H型钢(代号HT),其宽高比为1∶1~1∶2,截面规格为100 mm×50 mm~400 mm×200 mm,翼缘和腹板厚度均较薄。

通过剖分H型钢而成的T型钢相应也分为TW、TM、TN三种。

3) 冷弯型钢

冷弯型钢按产品截面形状分为冷弯闭口型钢和冷弯开口型钢。冷弯闭口型钢主要有:冷弯圆形空心型钢(即圆管)、冷弯方形空心型钢(即方管)、冷弯矩形空心型钢(即矩形管)、冷弯异形空心型钢(即异形管)等。冷弯开口型钢主要有:冷弯等边角钢、冷弯不等边角钢、冷弯等边槽钢、冷弯不等边槽钢、冷弯内卷边槽钢、冷弯外卷边槽钢、冷弯Z形钢、冷弯卷边Z形钢等。具体如图1-1所示。冷弯型钢产品屈服强度等级有三种,分别为235、345和390。冷弯型钢是由冷轧或热轧钢板和钢带在连续辊式冷弯机组上生产成型的,冷弯闭口型钢冷弯好后,一般采用高频焊封闭成型。冷弯型钢的壁厚一般为 1.2～16 mm，长度通常为 4～16 m。

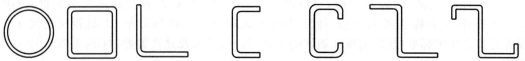

(a)冷弯圆管　(b)冷弯方管　(c)冷弯等边角钢　(d)冷弯等边槽钢　(e)冷弯内卷边槽钢　(f)冷弯Z型钢　(g)冷弯卷边Z型钢

图 1-1　部分冷弯型钢示意图

3. 结构用钢管

结构用钢管有热轧无缝钢管和焊接钢管两大类。结构用无缝钢管，分成热轧和冷拔两种。热轧无缝钢管为直径 32～630 mm、壁厚 2.5～75 mm 范围内的产品。所用的钢材牌号主要有 10 号钢、20 号钢、35 号钢、45 号钢和 Q345 钢。建筑钢结构应用的无缝钢管以 20 号钢（相当于 Q235）和 Q345 为主，管径一般在 180 mm 以上，通常长度为 3～12 m。冷拔钢管只限于小直径钢管。

焊接钢管由钢带卷焊而成，依据管径大小分为直缝焊和螺旋焊，在建筑钢结构中主要以直缝焊管为主。另外，对一些大口径的钢管还采用压制和卷制成形的加工方式。

4. 其他钢材制品

应用于建筑钢结构的其他钢材制品主要有花纹钢板、钢格栅板和网架球节点等材料。

（1）花纹钢板是用碳素结构钢、船体用结构钢、耐候结构钢热轧成菱形、扁豆形或圆豆形的花纹形状的制品。花纹钢板的基本厚度有 2.5 mm、3.0 mm、3.5 mm、4.0 mm、4.5 mm、5.0 mm、5.5 mm、6.0 mm、7.0 mm、8.0 mm；宽度 600～1800 mm，按 50 mm 进阶；长度 2000～12000 mm，按 100 mm 进阶。花纹钢板的力学性能不作保证，以热轧状态交货，表面质量分为普通精度和较高精度两级。

（2）压焊钢格栅板（见图 1-2）是由纵条、横条和四周的包边及挡边板形成的网格状制品；纵条采用扁钢，是主要的承力构件，横条采用扭纹方钢，压焊在纵条（扁钢）上。它适用于工业平台、地板、天桥、栈道的铺装、楼梯踏板、内盖板以及栅栏等场合。

钢格栅板按纵条和横条的间距、纵条的形状共分 54 种规格。其表面状态有热浸镀锌（用 G 表示）、浸渍沥青（B）、涂漆（PT）及不处理（U，可省略）四种，所用钢牌号为 Q235A。

钢格栅板的标记方式为：

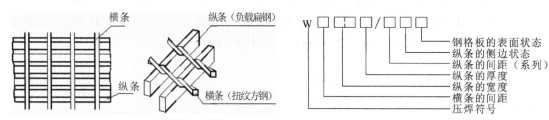

图 1-2　压焊钢格栅板

（3）网架球节点分为螺栓球节点和焊接空心球节点两类。螺栓球节点的构成如图 1-3 所示，包括球、高强螺栓、封板或锥头、套筒、紧固螺钉或销子等。螺栓球一般采用 45 号钢；封板或锥头的材料应与连接钢管相同；套筒材料一般为 Q235、Q345 或 45 号钢；紧固螺钉材料一般采用 40Cr。

焊接空心球分为不加肋焊接空心球和加肋焊接空心球两种，如图 1-4 所示。焊接球材料应与连接钢管相同，一般采用 Q235、Q345、Q390 等。

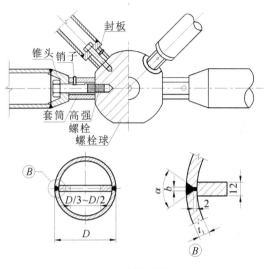

图 1-3 螺栓球节点

注:$a=30°\sim50°$,$b=0.4t$ 且不小于 4 mm。

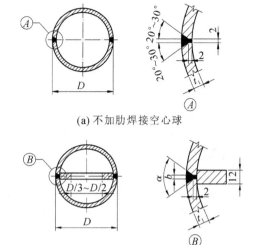

图 1-4 焊接空心球

注:$a=30°\sim45°$,$b=0.4t$ 且不小于 4 mm。

三、钢材主要性能

1. 钢材的破坏形式

要深入了解钢结构的性能,首先要从钢结构的材料开始,掌握钢材在各种应力状态、不同生产过程和不同使用条件下的工作性能,从而选择合适的钢材,使结构既安全可靠和满足使用要求,又最大可能地节约钢材和降低造价。

钢材的断裂破坏通常是在受拉状态下发生的,可分为塑性破坏和脆性破坏两种方式。钢材在产生很大的变形以后发生的断裂破坏称为塑性破坏,也称为延性破坏。破坏发生时应力达到抗拉强度 f_u,构件有明显的颈缩现象。由于塑性破坏发生前有明显的变形,并且有较长的变形持续时间,因而易及时发现和补救。在钢结构中未经发现和补救而真正发生的塑性破坏是很少见的。钢材在变形很小的情况下,突然发生断裂破坏称为脆性破坏。脆性破坏发生时的应力常小于钢材的屈服强度 f_y,断口平直,呈有光泽的晶粒状。由于破坏前变形很小且突然发生,事先不易发现,难以采取补救措施,因而危险性很大。

2. 建筑钢结构对材料的要求

钢材的种类繁多,碳素钢有上百种,合金钢有 300 余种,性能差别很大,符合钢结构要求的钢材只是其中的一小部分。用于建筑钢结构的钢材称为结构钢,它必须满足以下要求。

(1) 抗拉强度 f_u 和屈服强度 f_y 较高。钢结构设计将 f_y 作为强度承载力极限状态的标志。f_y 高可减轻结构自重,节约钢材和降低造价。f_u 是钢材抗拉断能力的极限,f_u 较高可增加结构的安全保障。

(2) 塑性和韧性好。塑性和韧性好的钢材在静载和动载作用下有足够的应变能力,即可减轻结构脆性破坏的倾向,又能通过较大的塑性变形调整局部应力,使应力得到重新分布,提高构件的延性,从而提高结构的抗震能力和抵抗重复荷载作用的能力。

(3) 良好的加工性能。材料应适合冷、热加工,具有良好的可焊性,不能因加工而对结构的强度、塑性和韧性等造成较大的不利影响。

(4) 耐久性好。

(5) 价格便宜。

此外,根据结构的具体工作条件,有时还要求钢材具有适应低温、高温等环境的能力。

根据上述要求,结合多年的实践经验,现行国家标准《钢结构设计标准》(GB/T 50017—2017)中主要推荐碳素结构钢中的 Q235 钢、低合金高强度结构钢中的 Q345 钢、Q390 钢、Q420 钢,以及《建筑结构用钢板》(GB/T 19879—2015)标准中的钢材,可作为结构用钢。随着研究的深入,必将有一些满足要求的其他种类钢材可供使用。若选用《钢结构设计标准》(GB/T 50017—2017)中还未推荐的钢材时,需要有可靠的依据,以确保钢结构的质量。

3. 钢材的基本性能

1) 单向拉伸性能

钢材单向拉伸性能按《金属材料 拉伸试验 第 1 部分:室温试验方法》(GB/T 228.1—2010)中的相关要求试验得到,可用图 1-5(a)所示的实测应力-应变曲线(σ-ε 曲线)描述。图 1-5(b)所示的是钢材应变硬化阶段以前的 σ-ε 曲线简化,称为理想弹塑性体 σ-ε 曲线,用于钢结构的理论推导或说明构件的工作性能。

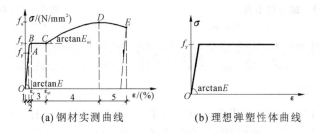

(a) 钢材实测曲线 (b) 理想弹塑性体曲线

图 1-5 钢材拉伸试验所得 σ-ε 曲线示意图

1—弹性变形阶段;2—弹塑性变形阶段;3—塑性阶段;4—应变硬化阶段;5—颈缩阶段

单向拉伸试验可得到钢材的一些极为有用的力学性能指标,如屈服强度 f_y、抗拉强度 f_u、伸长率 d、弹性模量 E 等。其中,前三项是承重建筑钢结构要求钢材必须合格的三项基本力学性能指标。

2) 冷弯性能

钢材的冷弯性能由冷弯试验确定。冷弯试验不仅能直接反映钢材的弯曲变形能力和塑性性能,还能显示钢材内部的冶金缺陷(如分层、非金属夹渣等)状况,是判别钢材塑性变形能力及冶金质量的综合指标。对焊接承重结构及重要的非焊接承重结构采用的钢材还应具有冷弯试验合格的保证。

3) 冲击韧性

钢材的冲击韧性是指钢材在冲击荷载作用下断裂时吸收机械能的一种能力,是衡量钢材抵抗可能因低温、应力集中、冲击荷载作用等而致脆性断裂能力的一项机械指标。冲击韧性由钢材的缺口试件的冲击试验确定。冲击韧性用 A_{kv} 表示,单位为 J。

冲击韧性与温度有关,当温度低于某一负温值时,冲击韧性值将急剧降低。因此在寒冷地区建造的直接承受动力荷载的钢结构,除应有常温冲击韧性的保证外,还应按钢材的牌号,使其具有 $-20\ ℃$ 或 $-40\ ℃$ 的冲击韧性保证。

所谓具有冲击韧性保证,即 A_{kv} 值必须满足规定的要求。我国现行钢材标准规定的 A_{kv} 值取决于钢号和温度条件,例如:对于温度 $t \geqslant -20\ ℃$ 的 Q235B、C、D 级钢材,要求 $A_{kv} \geqslant 27$ J;对于温度 $t \geqslant -40\ ℃$ 的 Q345、Q390 和 Q420 B、C、D、E 级钢材,当厚度为 12~150 mm 时,$A_{kv} \geqslant 34$ J。

4) 钢材受压和受剪时的性能

钢材在单向受压(短试件)时,其受力性能基本上与单向受拉相同。受剪的情况也相似,但抗剪屈服点 τ_y 及抗剪强度 τ_u 均低于 ϕ_y 和 ϕ_u;剪变模量 G 也低于弹性模量 E。

钢材的弹性模量 E、剪变模量 T、线膨胀系数 α 和质量密度 ρ 见表1-1。

表1-1 钢材的物理性能指标

弹性模量 $E/(N/mm^2)$	剪变模量 $G/(N/mm^2)$	线膨胀系数 α(以每℃计)	质量密度 $\rho/(kg/m^3)$
2.06×10^5	7.9×10^4	1.2×10^{-5}	7.85×10^3

5) 焊接性

焊接性是钢材对焊接加工的适应性,指在一定的焊接工艺条件下能获得优质焊接接头的难易程度,焊接性好的钢材,焊接质量易于保证。含碳量小于 0.20% 的碳素钢具有良好的焊接性。含碳量增加,钢材强度提高,但同时钢材的塑性、韧性、冷弯性能及抗锈能力下降,冷脆性增加,使钢材的焊接性能显著下降,所以焊接结构要求含碳量控制在 0.12%~0.20%,并希望变化越小越好,这样焊接性能就有保证,力学性能也稳定。

6) 抗火和抗锈性能

钢材虽然属于不燃材料,但在火灾发生时的高温作用下,其力学性能如屈服强度等都会随温度升高而急剧降低,所以裸露的钢结构防火性能极差,其耐火极限仅为 15 分钟因此对有防火要求的建筑要慎用钢结构,如采用就需考虑防火措施,以达到该建筑物要求的梁、柱耐火极限。根据这一特点,在原有处于受荷状态的结构上施焊,事先必须采取加固措施,以防结构失稳破坏。

钢材在大气作用下会产生锈蚀,锈蚀的程度与建筑物周围的环境和钢材的材质有关。低合金钢的抗锈蚀能力优于碳素结构钢,室外钢结构的锈蚀速度约为室内的5倍,有防锈涂层的钢结构锈蚀速度比无涂层的钢结构约慢5~10倍。锈蚀将减小结构有效截面,影响结构的安全度,所以对钢结构要进行防锈处理,根据周围环境和使用要求,进行相应的涂装保护。

4. 钢材的主要技术性能

从钢结构应用的情况分析,对钢材有三个方面的技术性能要求,即化学成分、力学性能和工艺性能(也称为加工性能),前两项应满足结构的功能要求(如强度、刚度、疲劳等),第三项则应满足加工过程的要求。

1) 化学成分和力学性能

碳素结构钢或优质碳素结构钢,不同牌号、不同等级的钢材对化学成分和力学性能指标要求不同。低合金高强度结构钢牌号按屈服点大小,分为 Q345、Q390、Q420、Q460、Q500、Q550、Q620 和 Q690 等八种。

建筑钢结构应用合金结构钢的有钢拉杆、索具和锚具等,其主要材质为 Q345、45 号钢、Cr 系列钢组、CrNi 系列钢组等。其中,45 号钢和 Q345 钢材的性能分别参见优质碳素结构钢和低合金高强度结构钢。

建筑结构用钢板按屈服点大小,分为 Q235GJ、Q345 GJ、Q390 GJ、Q420 GJ 和 Q460 GJ 等五个系列。

厚度方向性能钢板,一般应采用板厚为 15~150 mm,屈服点不大于 500 MPa 的镇静钢板。要求内容有两方面:含硫量的限制和厚度方向断面收缩率的要求值,据此分为 Z15、Z25、Z35 三个级别。

2）加工性能

钢材在加工成构件时，要经过切割、折边、弯曲、冷压、焊接、矫正、铣削、磨削、车削等加工工序，在这一系列工序加工过程中所表现出来的性能称为钢材的加工性能，建筑钢结构使用的钢材需要有良好的加工性能。钢材按加工状态时温度的不同，可分为热加工性能和冷加工性能。

（1）钢材热加工性能。

钢材的热加工性能主要表现为焊接性能、热加工和热矫正等性能。钢材在加热到500 ℃以上时，随着温度升高，材料极限强度及屈服点将大大降低，这时钢材的塑性很好，加工比较容易。当加热温度超过1350 ℃，则达到了钢材的熔点。

钢材在加热到200～300 ℃时，塑性显著降低，称为"蓝脆"现象，在这个温度范围，凡是需要加工变形的钢材，无论是在受热状态或冷却至室温以后，性能都会变脆。为了避免"蓝脆"现象的发生，热加工时钢材的加热温度最低不能低于500 ℃，最高温度应比钢材的熔点低200 ℃左右（一般控制在1000～1100 ℃）。

钢材温度在720 ℃以上用水冷却时，钢材将出现淬火组织，性质变脆。在720 ℃以下用水冷却时，能加速材料的收缩变形，且一般不会出现淬火组织。但在实际生产中，应尽量避免钢材采用水冷却，特别是一些低合金高强度结构钢，热加工后严禁采用水冷却。

（2）钢材冷加工性能。

钢材的冷加工性能主要表现为剪切、锯切、铣削、刨、车、磨、冷弯、冷压等性能。钢材冷加工会使材料内部组织发生变化，使强度提高5%～9%，延伸率降低20%～30%，脆性增加，这种现象称为冷作硬化。距离加工区域越远，冷作硬化的影响越小。普通钢材一般可以不考虑其硬化影响；对于低合金高强度结构钢，因其延伸率降低，必要时可以对加工区域采取退火或回火处理，以提高其塑性。

钢材在低温状态时，性能会发生变化，如塑性会降低、变脆。所以碳素结构钢冷加工环境温度不得低于－16 ℃，低合金高强度结构钢冷加工环境温度不得低于－12 ℃。

四、建筑钢结构选材原则

1. 一般选材原则

各种结构对钢材性能各有要求，选用时需根据要求对钢材的强度、塑性、韧性、耐疲劳性能、焊接性能、耐锈蚀性能等进行全面考虑。对于厚钢板结构、焊接结构、低温结构和采用含碳量高的钢材制作的结构，还应防止脆性破坏。

2. 其他选材原则

（1）当选用Q235-A、Q235-B级钢时，还应遵守以下规定。

① Q235-A、Q235-B级钢宜优先选用镇静钢（即Q235-AZ、Q235-BZ）。

② 焊接承重钢结构不应采用Q235-A钢。

（2）下列各类钢结构不应采用Q235-A、Q235-B级的沸腾钢（即Q235-AF或Q235-BF）。

① 直接承受动力荷载，并需验算疲劳的焊接结构。

② 直接承受动力荷载，不需验算疲劳但工作温度低于－20 ℃的焊接结构。

③ 直接承受动力荷载，不需验算疲劳但工作温度低于－30 ℃的非焊接结构。

④ 工作温度低于－20 ℃的受弯、受拉的重要焊接结构，或工作温度低于－30 ℃的所有承重焊接结构。

（3）有特殊使用条件或要求的钢结构选材补充规定如下。

① 按抗震设防设计计算的承重钢结构,其钢材材性应符合以下要求。
- 钢材的强屈比,即抗拉强度与屈服强度之比(按实物性能值)不应小于1.2。
- 钢材应有明显的屈服台阶,且伸长率不应小于20%。
- 具有良好的可焊性及合格的冲击韧性。

② 高烈度(8度及8度以上)抗震设防地区的主要承重钢结构,以及高层、大跨等建筑的主要承重钢结构所用的钢材宜参照《全国民用建筑工程设计技术措施 结构》中相关要求选用。当为下列应用条件时,其主要承重结构(如框架、大梁、主桁架等)钢材的质量等级不宜低于C级,必要时还可要求碳当量的附加保证。
- 设计安全等级为一级的工业与民用建筑钢结构。
- 抗震设防类别为甲级的建筑钢结构。

③ 重要承重钢结构(高层或多层钢结构框架等)的焊接节点,当截面板件厚度 $t \geqslant 40$ mm,并承受沿板厚方向拉力(撕裂作用)时,该部位或构件的钢材应按《厚度方向性能钢板》(GB 5313-2010)的规定(分 Z15、Z25、Z35 三个级别),附加保证板 Z 向的断面收缩率,一般可选用 Z15 或 Z25。

④ 高层钢结构或大跨钢结构等的主要承重焊接构件,其板材应选用符合《建筑结构用钢板》(GB/T 19879-2015)标准中的 Q235GJ 钢或 Q345GJ 钢,当所用板材厚度 $t \geqslant 40$ mm 并有抗撕裂 Z 向性能要求时,该部位钢材应选用标准中保证 Z 向性能的 Q235GJZ 钢或 Q345GJZ 钢。并在设计文件中应注明所选钢材的牌号、等级及 Z 向性能等级(Z15、Z25、Z35)和碳当量要求。

五、钢材检验

1. 一般说明

钢结构工程所采用的钢材,都应具有质量证明书,当对钢材的质量有疑义时,应按国家现行有关标准的规定进行抽样检验。作为钢厂的产品,通用的检验项目包括化学分析、拉伸、弯曲、冲击、厚度方向性能、超声波检验、表面质量、尺寸、外形等。检验规则明确产品由供方技术监督部门检查和验收,需方有权进行验证。钢材应成批验收,每批由同一牌号、同一炉号、同一质量等级、同一品种、同一尺寸、同一交货状态的钢材组成,每批钢材重量不得大于 60 t。只有 A 级钢或 B 级钢允许同一牌号、同一质量等级、同一冶炼和浇注方法、不同炉号组成混合批,但每批不得多于 6 个炉号,且各炉号含碳量之差不得大于 0.02%,含锰量之差不得大于 0.15%。

属于下列情况之一,钢结构工程用的钢材须同时具备材质质量保证书和试验报告:① 国外进口的钢材;② 钢材质量保证书的项目少于设计要求(应提供缺少项目的试验报告);③ 钢材混批;④ 设计有特殊要求的钢结构用钢材。

2. 钢材性能复验内容

钢材复验内容包括化学成分分析和力学性能试验两部分。

1) 钢材的化学成分分析

钢材的化学成分分析方法及允许偏差应分别符合国家标准的规定。钢的化学成分分析主要采用试样取样法,取样和制样应符合国家标准规定,复验属于成品分析(相对于钢材的产品质保书上规定的是熔炼分析),成品分析的试样必须在钢材具有代表性的部位采取。试样应均匀一致,能代表每批钢材的化学成分,并应具有足够的数量,以满足全部分析要求。化学分析用试样样屑,可以钻取、刨取或用某些工具机制取。样屑应粉碎并混合均匀。制取样屑时,不能用水、油或其他润滑剂,并应去除表面氧化铁皮和脏物。成品钢材还应除去脱碳层、渗碳层、涂层、涂层金属或其他外来物质。成品分析用的试样样屑应根据不同的型材(如板材、管材、棒材、角钢、工字钢、槽钢、H型钢等)按不同要求取得。

2) 钢材的力学性能试验及试样取样

钢材力学性能试验包括拉伸试验、冲击韧性试验和弯曲试验三部分。

(1) 试样取样规定。

各种试验的试样取样,应遵循国家标准《钢及钢产品 力学性能试验取样位置及试样制备》(GB/T 2975—2018)的要求(在产品标准或双方协议对取样另有规定时,则按规定执行)。标准规定样坯应在外观及尺寸合格的钢材上切取,切取时应防止因受热、加工硬化及变形而影响其力学及工艺性能。用烧割法切取样坯时,必须留有足够的加工余量,一般应不小于钢材的厚度,且不得小于20 mm。

工字钢、槽钢、角钢、H型钢、T型钢应按图1-6所示部位切取拉伸、弯曲和冲击样坯。

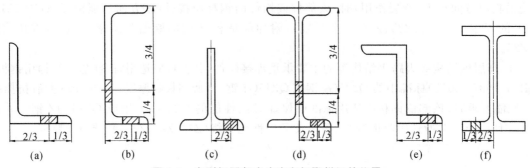

图1-6 在型钢腿部宽度方向切取样坯的位置

钢板应分别按图1-7和图1-8所示部位切取拉伸、弯曲和冲击试样的样坯。

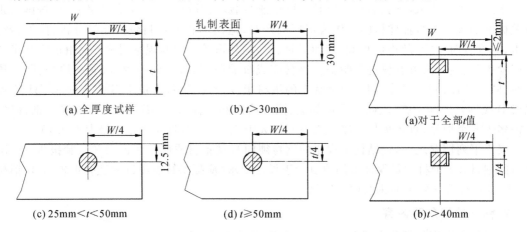

图1-7 在钢板上切取拉伸样坯的位置　　图1-8 在钢板上切取冲击样坯的位置

钢管应分别按图1-9和图1-10所示部位切取拉伸、弯曲和冲击试样的样坯。

方形钢管应分别按图1-11和图1-12所示部位切取拉伸、弯曲和冲击试样的样坯。

(2) 钢材拉伸试验。

拉伸试样的横截面形状有圆形、矩形、多边形、环形以及不经机加工的全截面等。

试样原始标距与原始横截面积有 $L_0 = K\sqrt{S_0}$ 关系者称为比例试样。国际上使用的比例系数 K 的值为5.65,原始标距应不小于15 mm;当试样横截面积太小,以致采用比例系数 K 为

5.65的值不能符合这一最小标距要求时,可以采用较高的值(优先采用11.3)或采用非比例试样。非比例试样其原始标距(L_0)与其原始横截面积(S_0)无关。

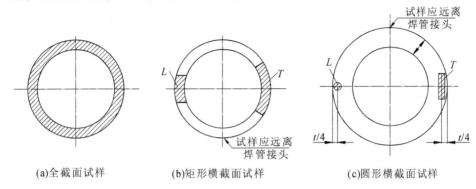

(a)全截面试样　　(b)矩形横截面试样　　(c)圆形横截面试样

图 1-9　在钢管上切取拉伸及弯曲样坯的位置

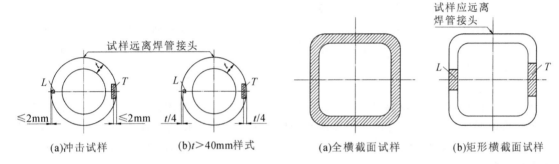

(a)冲击试样　　(b)$t>40mm$样式　　(a)全横截面试样　　(b)矩形横截面试样

图 1-10　在钢管上切取冲击样坯的位置　　**图 1-11　在方形钢管上切取拉伸及弯曲样坯的位置**

拉伸试样有多种类型,其中板材试样、管材试样和棒材试样与建筑钢材关系密切。厚度大于等于3 mm板材试样形状见图1-13。

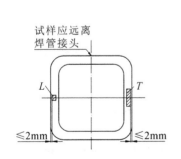

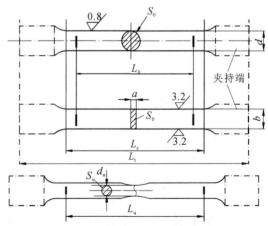

图 1-12　在方形钢管上切取冲击样坯的位置　　**图 1-13　比例试样**

注:①四面机加工的矩形横截面试样伸裁试验时其表面粗糙度应不劣于 0.8;②试样头部形状仅为示意性。

管材试样可以为全壁厚纵向弧形试样、管段试样、全壁厚横向试样和管壁厚度机加工的圆形横截面试样,参见图1-14和图1-15。

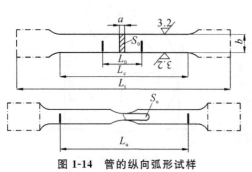

图 1-14 管的纵向弧形试样
注:试样头部形状仅为示意性。

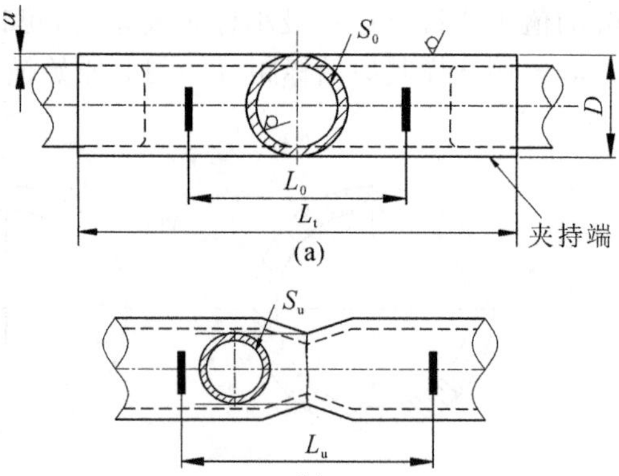

图 1-15 管段试样

钢材的拉伸试验应遵循国家标准《金属材料 拉伸试验 第 1 部分:室温试验方法》(GB/T 228.1—2010)的规定,在误差符合要求的各种类型试验机上对试样进行拉伸,一直拉到断裂,并用图解法等多种方法测定各项力学指标。试验中应控制拉伸速度,根据应力水平分别控制应力速率为 $6\sim60$ N/(mm²)·s^{-1},控制应变速率为 $0.00025\sim0.0025$/s,测定抗拉强度 R_m 的应变速率应不超过 0.008/s。

(3) 钢材弯曲试验。

该试验过程是将一定形状和尺寸的试样放置于弯曲装置上,以规定直径的弯心将试样弯曲到所要求的角度后,卸除试验力检查试样承受变形的能力。弯曲试验在压力机或万能试验机上进行,试验机上装备有足够硬度的支承辊,其长度大于试样宽度,支座辊的距离可调节,另备有不同直径的弯心。

弯曲试样可以有不同形状的横截面,但钢结构常用的为板状试样,板厚不大于 25 mm 时,试样厚度与材料厚度相同,试样宽度为其厚度的 2 倍,但不得小于 10 mm;当材料厚度大于 25 mm 时,试样厚度加工成 25 mm,保留一个原表面,宽度加工成 30 mm。试验机能力允许时,厚度大于 25 mm 的材料,也可用全厚度试样进行试验,试样宽度取为厚度的 2 倍。弯曲时,原表面位于弯曲的外侧。弯曲试样长度根据试样厚度和弯曲试验装置而定,其长度为:

$$L \approx (5a+150) \text{mm}$$

式中:a 为试样厚度。

弯曲试验结果评定标准如下。

① 完好:试样弯曲处的外表面金属基体上无肉眼可见因弯曲变形产生的缺陷时称为完好。

② 微裂纹:试样弯曲外表面金属基体上出现的细小裂纹,其长度不大于 2 mm,宽度不大于 0.2 mm 时称为微裂纹。

③ 裂纹:试样弯曲外表面金属基体上出现开裂,其长度大于 2 mm、小于等于 5 mm,宽度大于 0.2 mm、小于等于 0.5 mm 时称为裂纹。

④ 裂缝:试样弯曲外表面金属基体上出现明显开裂,其长度大于 5 mm,宽度大于 0.5 mm 时称为裂缝。

⑤ 裂断:试样弯曲外表面出现沿宽度贯穿的开裂,其深度超过试样厚度的 1/3 时称为裂断。

钢结构用钢材弯曲试验合格要求为达到完好标准。

(4) 钢材冲击试验。

标准试样尺寸为 10 mm×10 mm×55 mm 带有 V 形或 U 形缺口的试样为标准试样,如

图 1-16 所示。如试料不够制备标准尺寸试样,可使用宽度 7.5 mm、5 mm 或 2.5 mm 的小尺寸试样。试样可以保留一或两个轧制面,缺口的轴线应垂直于轧制面,缺口底部应光滑,无与缺口轴线平行的明显划痕。

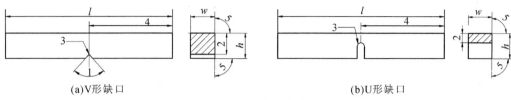

图 1-16 夏比冲击试样

冲击韧性值 A_{kv} 按一组 3 个试样算术平均值计算,允许其中 1 个试样单值低于标准规定,但不得低于规定值的 70%。

任务2　钢结构连接用焊接材料

金属的焊接方法有多种,由于成本、应用条件等原因,在建筑钢结构制造与安装领域,广泛使用的是电弧焊。电弧焊是以高温集中热源加热待连接金属,使之局部熔化、冷却后形成牢固连接的过程。

建筑钢结构焊接按焊接方法的不同可分为:焊条电弧焊、埋弧焊、CO_2 气体保护焊(自动或半自动)、螺柱焊以及电渣焊等。这些焊接方法涉及的焊接材料有:焊条、焊丝、焊剂、CO_2 气体等。焊接材料质量的优劣,不仅直接影响焊缝质量的稳定,还影响生产效率和生产成本。

在建筑钢结构的制造中,应用于焊接结构的焊接材料性能必须符合现行国家标准的相关规定。

一、焊条

涂有药皮的供弧焊用的熔化电极称为电焊条,简称焊条,如图 1-17 所示。焊条一方面起传导电流和引燃电弧的作用,另一方面作为填充金属与熔化的母材结合形成焊缝。因此,正确了解和选择焊条,是获得优质焊缝质量的重要保证。

1. 焊条的组成

焊条由焊芯和药皮两部分组成,焊条的两端分别称为引弧端和夹持端。

1) 焊芯

焊芯是指焊条中被药皮包覆的金属芯,焊芯的作用是传导电流、引燃电弧、过渡合金元素等。

通常人们所说的焊条直径是指焊芯直径,结构钢焊条直径从 $\phi1.6$ mm~$\phi6.0$ mm,共有 7 种规格。生产上应用最多的是 $\phi3.2$ mm、$\phi4.0$ mm 和 $\phi5.0$ mm 三种焊条。

焊条长度是指焊芯的长度,一般为 200~550 mm。

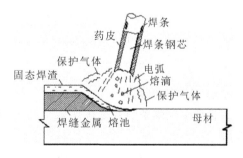

图 1-17 焊条示意图

2）药皮

焊条上压涂在焊芯表面上的涂料层称为药皮。涂料是指在焊条制造过程中,由各种粉料和黏结剂按一定比例配制的药皮原料。

(1) 药皮的作用。

焊条药皮在焊接过程中起着极为重要的作用,主要有:机械保护作用、冶金处理作用和改善焊接工艺性能作用。

(2) 药皮的组成。

根据焊条药皮的作用,药皮的组成通常包含作为造气剂、造渣剂的矿物质,作为脱氧剂的铁合金、金属粉,作为稳弧剂的易电离物质以及为制造工艺所需要的黏结剂。

(3) 药皮的类型。

根据药皮主要组成物的不同,目前国产焊条的药皮可分为8种类型,分别为:氧化钛型、钛钙型、钛铁矿型、氧化铁型、纤维素型、低氢型、石墨型和盐基型等。

2. 焊条的分类

焊条的分类方法很多,可以从不同的角度对焊条进行分类。一般可根据用途、熔渣的酸碱性、性能特征或药皮类型等分类。

在钢结构制作中,应用较多的是按焊条熔渣的酸碱度分类,将焊条分为酸性和碱性焊条（又称为低氢型焊条）两类。

碱性焊条药皮组分中含有较多的大理石、氟石和较多的铁合金,熔渣呈碱性。其具有足够的脱氧、脱硫、脱磷能力,合金元素烧损较少,由于氟石的去氢能力强,降低了焊缝的含氢量。非金属夹杂物较少,焊缝具有良好的抗裂性能、力学性能,所以被广泛应用于钢结构的焊接。

3. 焊条的型号及特性

1) 碳钢焊条

碳钢焊条型号根据熔敷金属的力学性能、药皮类型、焊接位置和焊接电流种类来划分。

碳钢焊条型号各部分含义为:①字母"E"表示焊条,前两位数字表示熔敷金属抗拉强度最小值,单位为MPa;② 第三位数字表示焊条的焊接位置,"0"或"1"表示是否适用于全位置焊条（平、立、仰、横）,"2"表示适用于平焊及平角焊,"4"表示适用于向下立焊;③ 第三和第四位数字组合表示焊接电流种类及药皮类型;④ 在第四位数字后附加"R"表示耐吸潮焊条,附加"M"表示耐吸潮和力学性能有特殊规定的焊条,附加"1"表示冲击性能有特殊规定的焊条。

例如,碳钢焊条E4315的含义如下。

2) 低合金钢焊条

低合金钢焊条型号是按熔敷金属力学性能、化学成分、药皮类型、焊接位置和电流种类来划分。

低合金钢焊条型号编制方法与碳钢焊条基本相同,但后缀字母为熔敷金属化学成分分类代号,并以短横线"-"与前面数字分开,若还具有附加化学成分时,附加化学成分直接用元素符号表示,并以短横线"-"与前面后缀字母分开。对于 E50××-×、E55××-×、E60××-× 型低氢焊条的熔敷金属化学成分分类后缀字母或附加化学成分后面加字母"R"时,表示耐吸潮焊条。

例如,低合金钢焊条 E5515-B3-VWB 的含义如下。

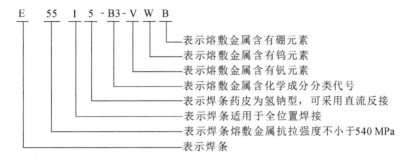

二、焊丝

焊接时作为填充金属或同时用来导电的金属丝,称为焊丝。它是广泛使用的焊接材料,根据焊接方法的不同,焊丝可分为埋弧焊焊丝、CO_2 气体保护焊焊丝、电渣焊焊丝、自保护焊焊丝和气焊焊丝等。在建筑钢结构焊接领域,常用焊丝主要有埋弧焊焊丝、CO_2 气体保护焊焊丝和电渣焊焊丝三种。按焊丝的截面形状结构的不同,可分为实芯焊丝、药芯焊丝等。焊丝的选用应符合现行国家相关规范要求。

1. 实芯焊丝

大多数熔焊方法,如埋弧焊、电渣焊等普遍使用实芯焊丝。实芯焊丝主要起填充金属及合金化的作用,有时也作为导电电极。焊丝的种类很多,按材质主要分为钢焊丝和有色金属焊丝。

实芯焊丝型号的表示方法为 ER××-×。其中,字母 ER 表示焊丝,ER 后面的两位数字表示熔敷金属的最低抗拉强度,短横线"-"后面的字母或数字表示焊丝化学成分分类代号。如果还附加其他化学成分,则直接用元素符号表示,并以短横线"-"与前面数字分开。根据需要,还可在型号后附加扩散氢代号 HX,其中 X 代表 15、10 或 5。

例如,ER50-2H5 的含义如下。

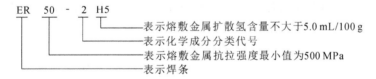

2. 药芯焊丝

1) 药芯焊丝的特点

药芯焊丝是将薄钢带卷成圆形钢管或异形钢管的同时,在其中填满一定成分的药粉,经拉制而成的一种焊丝,又称粉芯焊丝或管状焊丝。药粉的作用与焊条药皮相似,区别在于焊条药皮敷涂在焊芯的外层,而药芯焊丝的药粉被薄钢带包裹在芯里。药芯焊丝绕制成盘状供应,易于实现机械化自动化焊接。

(1) 优点。

① 对各种钢材的焊接,适应性强。调整焊剂的成分和比例极为方便和容易,可以提供所要

求的焊缝化学成分。

② 工艺性能好,焊缝成形美观。采用气渣联合保护,获得良好成形。加入稳弧剂使电弧稳定,熔滴过渡均匀。飞溅少,且颗粒细,易于清除。

③ 熔敷速度快,生产效率高。在相同焊接电流下药芯焊丝的电流密度大,熔化速度快,其熔敷率约85%~90%,生产效率比焊条电弧焊高约3~5倍。

④ 可用较大焊接电流进行全位置焊接。

(2)缺点:焊丝制造过程复杂;焊接时,送丝较实心焊丝困难;焊丝外表容易锈蚀,粉剂易吸潮,因此对药芯焊丝储存与管理的要求更为严格。

2)药芯焊丝的种类及其焊接特性

(1)按焊丝结构分。

药芯焊丝按其结构分为无缝焊丝和有缝焊丝两类。无缝焊丝是由无缝钢管压入所需的粉剂后,再经拉拔而成,这种焊丝可以镀铜,性能好、成本低。

有缝焊丝按其截面形状又可分为简单截面的O形和复杂截面的折叠形两类。折叠形又分梅花形、T形、E形和中间填丝形等,如图1-18所示。

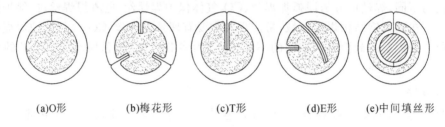

(a)O形　　　(b)梅花形　　　(c)T形　　　(d)E形　　　(e)中间填丝形

图1-18　有缝药芯焊丝的截面形状

药芯截面形状越复杂越对称,电弧越稳定,焊丝熔化越均匀,药芯的冶金反应和保护作用越充分。O形焊丝因药芯不导电,电弧容易沿四周钢皮旋转,故稳定性较差。当焊丝直径小于2 mm时,截面形状差别的影响已不明显。所以小直径(≤2.0 mm)药芯焊丝一般采用O形截面,大直径(≥2.4 mm)药芯焊丝多采用折叠形复杂截面。

(2)按保护方式分。

药芯焊丝分为外加保护和自保护两种。外加保护的药芯焊丝在焊接时需外加气体或熔渣保护。气体保护焊时多用CO_2,也有用$Ar+25\%CO_2$或$Ar+2\%O_2$混合气体进行保护;熔渣保护是指药芯焊丝和焊剂配合用于埋弧焊、堆焊和电渣焊。

自保护焊丝是依赖药芯燃烧分解出的气体来保护焊接区,不需外加保护气体。药芯产生气体的同时,也产生熔渣保护了熔池和焊缝金属。

(3)按药芯性质分。

药芯焊丝芯部粉剂的组分与焊条药皮相类似,一般含有稳弧剂、脱氧剂、造渣剂和合金剂等。如果粉剂中不含造渣剂,则称无造渣剂药芯焊丝,又称金属粉型药芯焊丝。如果含有造渣剂,则称有造渣剂药芯焊丝或粉剂型药芯焊丝。

有造渣剂的药芯焊丝,按其渣的碱度可分钛型(酸性渣)、钛钙型(中性或弱碱性渣)和钙型(碱性渣)药芯焊丝。金属粉型药芯中大部分是铁粉、脱氧剂和稳弧剂等。表1-2所示为这几种药芯类型焊丝的特性比较。

表 1-2 各种药芯焊丝的焊接特性比较

项　目		填充粉类型			
		钛型	钙钛型	氧化钙-氟化钙	金属粉型
工艺性能	焊道外观	美观	一般	稍差	一般
	焊道形状	平滑	稍凸	稍凸	稍凸
	电弧稳定性	良好	良好	良好	良好
	熔滴过渡	细小滴过渡	滴状过渡	滴状过渡	滴状过渡（低电流时短路过渡）
	飞溅	细小、极少	细小、少	粒大、多	细小、极少
	熔渣覆盖	良好	稍差	差	渣极少
	脱渣性	良好	稍差	稍差	稍差
	烟尘量	一般	稍多	多	少
焊缝性能	缺口韧度	一般	良好	优	良好
	扩散氢含量/[mL·(100 g)$^{-1}$]	2～10	2～6	1～4	1～3
	氧质量分数/($\times 10^{-6}$)	600～900	500～700	450～650	600～700
	抗裂性能	一般	良好	优	优
	X射线检查	良好	良好	良好	良好
	抗气孔性能	稍差	良好	良好	良好
	熔敷效率/(%)	70～85	70～85	70～85	90～95

3) 碳钢药芯焊丝型号及性能

碳钢药芯焊丝型号是根据其熔敷金属力学性能、焊接位置及焊丝类别特点(如保护类型、电流类型及渣系特点等)进行划分。

焊丝型号的表示方法为：E×××T-×ML。其中，各部分含义如下：① "E"表示焊丝；② "E"后面的两个符号"××"表示熔敷金属的力学性能；③ "E"后面的第三个符号"×"表示推荐的焊接位置，其中，"0"表示平焊和横焊位置，"1"表示全位置；④ "T"表示药芯焊丝；⑤ 短横线后面的符号"×"表示焊丝的类别特点；⑥ "M"表示保护气体为(75%～80%)Ar+CO_2，当无字母"M"时，表示保护气体为CO_2或为自保护类型；⑦ "L"表示焊丝熔敷金属的冲击性能在-40 ℃时，其V形缺口冲击功不小于27J，当无字母"L"时，表示焊丝熔敷金属的冲击性能符合一般要求。

碳钢药芯焊丝型号示例如下。

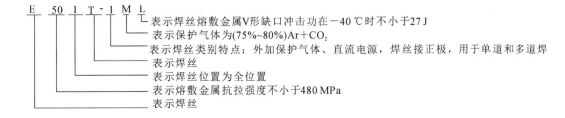

4) 低合金钢药芯焊丝型号及性能

焊丝按药芯类型分为非金属粉型药芯焊丝和金属粉型药芯焊丝。非金属粉型药芯焊丝型号按熔敷金属的抗拉强度、化学成分、焊接位置、药芯类型和保护气体进行划分；金属粉型药芯焊丝型号按熔敷金属的抗拉强度和化学成分进行划分。

非金属粉型药芯焊丝型号表示方法为:E×××T×-××(-JH×)。各部分含义如下:① "E"表示焊丝;② "E"后面的前两个符号"××"表示熔敷金属的最低抗拉强度;③ "E"后面的第三个符号"×"表示推荐的焊接位置;④ "T"表示非金属粉型药芯焊丝;⑤ "T"后面的符号"×"表示药芯类型及电流种类;⑥ 第一个短横线后面的第一个符号"×"表示熔敷金属化学成分代号;⑦ 第一个短横线后面第二个符号"×"表示保护气体类型,"C"表示CO_2气体,"M"表示Ar+(20%~25%)CO_2混合气体,此处该位置没有符号,表示不采用保护气体,为自保护型;⑧ 第二个短横线及字母"J"表示焊丝具有更低温度的冲击性能;⑨ 第二个短横线及字母"H"表示熔敷金属扩散氢含量,"×"为扩散氢含量最大值。

金属粉型药芯焊丝型号表示方法为:E××C-×(-H×)。各部分含义如下:① "E"表示焊丝;② "E"后面的两个符号"××"表示熔敷金属的最低抗拉强度;③ "C"表示金属粉型药芯焊丝;④ 第一个短划后面的符号"×"表示熔敷金属化学成分代号;⑤ 第二个短划及字母"H"表示熔敷金属扩散氢含量,"×"为扩散氢含量最大值。

非金属粉型低合金钢药芯焊丝型号示例如下。

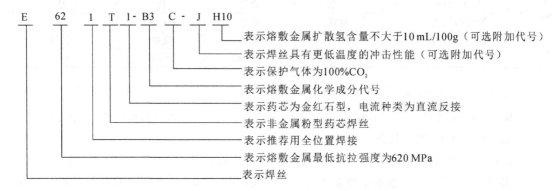

金属粉型低合金钢药芯焊丝型号示例如下。

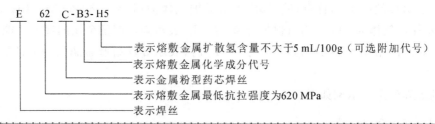

三、焊接材料选用

1. 焊条的选用

焊条选用原则有:等强度原则、同性能原则和等条件原则等。

1) 等强度原则

对于承受静载或一般载荷的构件或结构,通常选用抗拉强度与母材相等的焊条。例如,Q235钢抗拉强度在400 MPa左右,可以选用E43系列的焊条。

2) 同性能原则

在特殊环境下工作的结构如要求耐磨、耐腐蚀、耐高温或低温等具有较高的力学性能,应选用能够保证熔敷金属的性能与母材相近或近似的焊条。如焊接不锈钢时,应选用不锈钢焊条。

3) 等条件原则

根据构件或结构的工作条件或特点选择焊条。如焊件需要承受动载荷或冲击载荷,应选用熔敷金属冲击韧性较高的低氢型碱性焊条。

此外,对于由不同强度等级钢材组成的焊接接头,则应按强度级别较低的钢材来选用焊条。

2. CO_2气体保护焊与埋弧焊焊接材料的选用

与焊条一样,首先应满足设计强度要求,符合焊接规程及焊材产品标准等规定要求,相互匹配,遵循等强度、同性能、等条件的原则。

四、焊接材料检验

1. 一般说明要求

建筑钢结构焊接材料的检验通常包括焊条、焊丝和焊剂,它们都应具有质量证明书。当对焊接材料的质量有疑异时,应按国家现行有关标准的规定进行抽样检验。

1) 焊条检验

成品焊条由制造厂质量检验部门按批检验。

(1) 批量划分。每批焊条由同一批号焊芯、同一批号主要涂料原料、以同样涂料配方及制造工艺制成。E××01、E××03及E4313型焊条的每批最高量为100 t,其他型号焊条的每批最高量为50 t。

(2) 验收的基本规定。焊条检验项目包括角焊缝、熔敷金属化学成分、熔敷金属力学性能、焊缝射线探伤、药皮含水量/扩散氢含量等。

2) 气体保护电弧焊用碳钢、低合金钢焊丝检验

成品焊丝由制造厂质量检验部门按批检验。

(1) 批量划分。每批焊丝应由同一炉号、同一形状、同一尺寸、同一交货状态的焊丝组成。

(2) 取样方法。每批任选一盘(卷、桶),直条焊丝任选一最小包装单位,进行焊丝化学成分、熔敷金属力学性能、射线探伤、尺寸和表面质量等检验。

(3) 验收的基本规定。焊丝检验验收项目包括化学成分、熔敷金属力学性能、射线探伤、扩散氢含量等。

3) 埋弧焊用碳钢、低合金钢焊丝检验

成品焊丝由制造厂质量检验部门按批检验。

(1) 批量划分。每批焊丝由同一炉号、同一形状、同一尺寸、同一交货状态的焊丝组成。

(2) 取样方法。从每批焊丝中抽取3%,但不少于2盘(卷、捆),进行化学成分、尺寸和表面质量检验。

4) 焊剂检验

成品焊剂由制造厂质量检验部门按批检验。

(1) 批量划分。每批焊剂应由同一批原材料,以同一配方及制造工艺制成。每批焊剂最多不超过60 t。

(2) 取样方法。焊剂取样,若焊剂散放时,每批焊剂抽样不少于6处。若从包装的焊剂中取样,每批焊剂至少抽取6袋,每袋中抽取一定量的焊剂,总量不少于10 kg。把抽取的焊剂混合均匀,用四分法取出5 kg焊剂,供焊接试件用,余下的5 kg用于其他项目检验。

(3) 焊剂质量检验。

① 焊剂颗粒度检验。检验普通焊剂颗粒度时,把0.450 mm(40目)筛上颗粒和2.50 mm(8

目)筛上颗粒的焊剂分别称量。检验细颗粒度焊剂时,把 0.280 mm(60 目)筛下颗粒和 2.00 mm(10 目)筛下颗粒的焊剂分别称重。分别计算出 0.450 mm(40 目)、0.280 mm(60 目)筛下和 2.00 mm(10 目)、2.50 mm(8 目)筛上的焊剂占总质量的百分比。要求<0.450 mm(40 目)或 <0.280 mm(60 目)的比例不大于 5.0%;>2.50 mm(8 目)或>2.00 mm(10 目)的比例不大于 2.0%。

② 焊剂含水量检验。把焊剂放在温度为 150 ℃±10 ℃的炉中烘干 2 h,从炉中取出后立即放入干燥器中冷却至室温,称其质量。要求焊剂含水量不大于 0.10%。

③ 焊剂机械夹杂物检验。用目测法选出机械夹杂物,称其质量,要求不大于 0.30%。

④ 焊剂焊接工艺性能检验。焊接力学性能试验时,同时检验焊剂的焊接工艺性能,逐道观察脱渣性能、焊道熔合、焊道成形及咬边情况。其中,有一项不合格时,认为该批焊剂未通过焊接工艺性能检验。

2. 焊接材料熔敷金属性能试验

1)试验用母材要求

试验用母材应采用与熔敷金属化学成分性能相当的钢材。若采用其他母材,应采用试验焊丝在坡口面和垫板面焊接隔离层,隔离层的厚度加工后不小于 3 mm。在确保熔敷金属不受母材影响的情况下,也可采用其他方法。

2)熔敷金属力学性能试验

(1)力学性能试件制备。

① 熔敷金属力学性能试验试件焊接应根据所需试验的要求,按国家现行规范的相关要求进行焊接。

② 试件应按图 1-19 所示的要求在平焊位置制备,试板焊前予以反变形或拘束,以防止角变形。试件焊后不允许矫正,角变形超过 5°的试件应予报废。

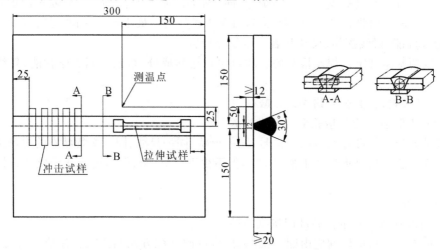

图 1-19 射线探伤和力学性能试验的试件制备(单位:mm)

(2)焊后热处理。

试件放入炉内时,炉温不得高于 320 ℃,以不大于 220 ℃/h 的速率加热到规定温度。保温 1 h 后,以不大于 200 ℃/h 的速率冷却到 320 ℃以下任一温度,从炉中取出,在静态大气中冷却至室温。

(3) 熔敷金属拉伸试验。

按图1-20中的规定,从射线探伤后的试件上加工一个熔敷金属拉伸试样进行拉伸。拉伸试验应符合《焊缝及熔敷金属拉伸试验方法》(GB/T 2652—2008)的相关规定。

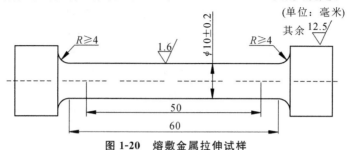

图1-20 熔敷金属拉伸试样

(4) 熔敷金属冲击试验。

按图1-21的要求从截取熔敷金属拉伸试样的同一试件上加工5个熔敷金属夏比V形、U形缺口冲击试样。

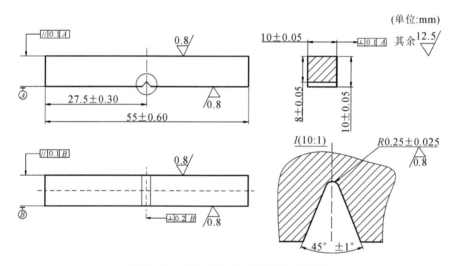

图1-21 夏比V形、U形缺口冲击试样

熔敷金属冲击试验按《焊接接头冲击试验方法》(GB/T 2650—2008)和规定的试验温度条件进行,在计算5个冲击吸收功的平均值时,去掉一个最大值和一个最小值,余下的3个值应有至少两个大于27 J,另一个不得小于20 J,三个平均值不得小于27 J。

任务3 钢结构用铸钢件材料

一、铸钢件材料选用

铸钢件材料的选用应符合中国工程建设标准化协会制定的《铸钢节点应用技术规程》(CECS 235—2008)的规定,同时应综合考虑结构的重要性、荷载特性、节点形式、应力状态、铸件厚度、工作环境和铸造工艺等多种因素,选用合适的铸钢牌号与热处理工艺。

焊接结构用铸钢件与构件母材焊接时,在碳当量与构件母材基本相同的条件下,按照与构件母材相同技术要求选用相应的焊条、焊丝与焊剂,同时应进行焊接工艺评定试验。

铸钢材料应具有屈服强度、抗拉强度、伸长率、断面收缩率、冲击功(考虑环境温度)和碳、硅、锰、硫、磷、合金元素等含量的合格保证,对焊接铸钢还应有碳当量的合格保证。

铸钢件壁厚不宜大于100 mm,当壁厚超过100 mm时应考虑厚度效应引起的屈服强度、伸长率、冲击功等的降低。各类可焊铸钢件材料与材性要求可参照表1-3选用。非焊接铸钢件材料与材性要求亦可参照表1-3选用,但可不要求碳当量作为保证条件。

表1-3 可焊铸钢件材性选用要求

序号	荷载特性	节点类型与受力状态	工作环境温度	要求性能项目	适用铸钢牌号
1	承受静力荷载或间接动力荷载	单管节点、单、双向受力状态	高于-20 ℃	屈服强度、抗拉强度、伸长率、断面收缩率、碳当量、常温冲击功 $A_{kv} \geq 27J$	ZG230-450H ZG275-485H G20Mn5N
2			低于或等于-20 ℃	同第1项但0 ℃冲击功 $A_{kv} \geq 27J$	ZG275-485H G20Mn5N
3		多管节点、三向受力复杂受力状态	高于-20 ℃	同第1项	
4			低于或等于-20 ℃	同第2项	G20Mn5N
5	承受直接动力荷载或7~9度设防的地震作用	单管节点、单、双向受力状态	高于-20 ℃	同第2项	同第2、3项
6			低于或等于-20 ℃	同第1项但0 ℃冲击功 $A_{kv} \geq 27J$	ZG275-485H G17Mn5QT G20Mn5N
7		多管节点、三向受力复杂受力状态	高于-20 ℃	同第2项	G17Mn5QT G20Mn5N G20Mn5QT
8			低于或等于-20 ℃	同第6项。但9度地震设防时-40 ℃冲击功 $A_{kv} \geq 27J$	

二、铸钢件材料理化性能

焊接结构用铸钢、德国标准焊接结构用铸钢、非焊接结构用铸钢的化学成分、碳当量、力学性能应符合规定。

三、铸钢件材料检验

1. 一般要求

建筑结构用铸钢件的外观要求较高,对其表面粗糙度和表面缺陷必须逐个进行检查。铸钢件材料几何形状和尺寸应遵循首件必检、单件必检、批量抽检的检验原则。检查规则明确产品由供货方技术监督检查和验收,检验批量划分一般有以下三种方式,具体要求可由供需双方商定:

(1)按炉次分:铸钢件为同一类型,由同一炉次浇注,在同一炉作相同热处理的为一批。

(2)按数量和重量分:同一牌号在熔炼工艺稳定的条件下,几个炉次浇注的并经相同工艺多次热处理后,以一定数量或以一定重量的铸件为一批。

(3)按件分:指某些铸件技术上有特殊要求的,以一件或几件为一批。

对于精度要求较高的铸钢件,则应逐个检验。

2. 铸钢件外部质量检验

（1）铸钢件材料表面粗糙度应根据所用涂料种类确定，不同涂料有不同的要求，应根据产品说明书确定，一般宜为 25～50 μm。对需要超声波探伤和焊接的部位，应进行打磨或机械加工，其表面粗糙度宜为 Ra≤25 μm。

（2）铸钢件的几何形状与尺寸应符合订货图样、模样或合同的要求，尺寸偏差应符合现行国家标准《铸件　尺寸公差、几何公差与机械加工余量》(GB/T 6414—2017)规定。

（3）铸钢件端口圆和孔机加工的允许偏差，平面、端面、边缘机械加工的允许偏差应符合规范规定或设计要求。

3. 铸钢件材料理化性能检验

铸钢件材料按熔炼炉次进行化学成分分析，拉力试验按现行国家标准《金属材料　拉伸试验　第1部分：室温试验方法》(GB/T 228.1—2010)的规定执行，冲击试验按现行国家标准《金属夏比摆锤冲击试验方法》(GB/T 229—2007)的规定执行。力学性能试验，每一批量取一个拉伸试样，试验结果应符合技术条件的要求。做冲击试验时，每一批量取三个冲击试样进行试验，三个试样的平均值应符合技术条件或合同中的规定，其中一个试样的值可低于规定值，但不得低于规定值的 70%。

4. 铸钢件材料无损检验

铸钢件材料超声波检测质量应按现行国家标准《钢结构超声波探伤及质量分级法》(JG/T 203—2007)的规定执行，当检测部位是与其他构件相连接的部位时应为Ⅱ级，当检测部位是铸钢件本体的其他部位时应为Ⅲ级。

任务4　钢结构用连接紧固件

一、铸钢件材料选用

高强度螺栓连接副应符合国家标准《钢结构用高强度大六角头螺栓、大六角头螺母、垫圈技术条件》(GB/T 1231—2006)和《钢结构用扭剪型高强度螺栓连接副》(GB/T 3632—2008)的规定。高强度螺栓从外形上可分为大六角头和扭剪型两种；按性能等级可分为 8.8 级、10.9 级、12.9 级等，目前我国使用的大六角头高强度螺栓有 8.8 级和 10.9 级两种，扭剪型高强度螺栓只有 10.9 级一种。从世界各国高强度螺栓的发展过程来看，过高的螺栓强度会带来螺栓的滞后断裂问题，造成工程隐患，经过试验研究和工程实践，发现强度在 1000 MPa 左右的高强度螺栓既能满足使用要求，又可最大限制地控制因强度太高而引起的滞后断裂的发生。

1. 大六角头高强度螺栓连接副

大六头高强度螺栓连接副含一个螺栓、一个螺母、两个垫圈(螺头和螺母两侧各一个垫圈)。螺栓、螺母、垫圈在组成一个连接副时，其性能等级应匹配。

2. 扭剪型高强度螺栓连接副

扭剪型高强度螺栓连接副含一个螺栓、一个螺母、一个垫圈；目前国内只有 10.9 级一个性能等级。

3. 高强度螺栓连接副螺栓材料性能

高强度螺栓连接副螺栓、螺母、垫圈力学性能应符合规定。

二、普通紧固件

按照螺栓性能等级划分，一般 8.8 级以下（不含 8.8 级）的通称为普通螺栓。建筑钢结构中常用的普通螺栓钢号一般为 Q235。

建筑钢结构中使用的普通螺栓，一般为六角头螺栓。螺栓的标记通常为 M$d×z$，其中 d 为螺栓规格（即直径）、z 为螺栓的公称长度。普通螺栓按制作精度可分为 A、B、C 三个等级，A、B 级为精制螺栓，C 级为粗制螺栓，钢结构用连接螺栓除特殊注明外，一般即为普通粗制 C 级螺栓。

普通螺栓的通用规格为 M8、M10、M12、M16、M20、M24、M30、M36、M42、M48、M56 和 M64 等。

1. 用于建筑工程的结构钢有哪几种？
2. 常用于建筑钢材的型钢有哪几种？
3. 钢材的基本性能指标有哪些？
4. 简述拉伸试验的几个阶段。
5. 钢材的加工性能有哪些？
6. 钢材的选用原则有哪些？
7. 说明 Q390GJE 钢材牌号中各部分的含义。
8. Q345B 材料采用手工电弧焊、埋弧焊和 CO_2 气体保护焊时，分别选用什么焊材？
9. 高强度螺栓有哪两类？对应的性能等级分别是什么？

 案例与实训

实地参观一钢结构工程项目，详细了解其钢结构用材情况，了解其材料的种类、性能，掌握其选用原则。

学习情境 2 零部件加工制作

■ **知识内容**

① 钢结构放样和下料方法；② 钢材切割及边缘加工技术；③ 钢材弯曲、辊压成形加工技术；④ 钢材及预制件制孔方法。

■ **技能训练**

① 能够说明零件加工的主要流程与关键方法；② 能够进行典型钢结构放样；③ 能制定钢材下料切割方案；④ 能制定钢材弯曲、辊压的工艺术措施；⑤ 能制定钢材制孔的工艺措施。

■ **素质要求**

① 养成求实、严谨的科学态度；② 与人沟通、团队协作的团队精神；③ 乐于奉献，踏实吃苦的作风。

任务1　钢结构放样和下料

放样首先要能看懂看通图纸，图纸是放样的依据。看图的实质是审查图纸是否有问题，看图是放样的准备工作，也是对所要制造的构件（产品）的认识过程。我们使用的图纸是按正投影原理画出的施工图。施工图是钣金工从事生产的依据，图面上的内容主要包括构件的尺寸、形状、粗糙度、标题栏和有关技术说明等五部分。我们看图也就是要看懂这五部分，经过看图分析、综合归纳能使我们形成该构件的主体概念、能够想象出该构件（产品）的各部分在空间的相互位置、大小形状，看懂图纸后才能进行放样。

一、放样

放样是钢结构建筑工程的首道工序,其目的是:① 设计图纸上不可知的尺寸或近似尺寸以及三维结构可以在放样时得到,如结构中的三曲面构件,通过放样制订立体样箱,可以一目了然;② 放样是以设计图纸为准,发现问题则应及时反馈给设计师,以便及时改进并完善设计。如有的大型屋架,托架上、下弦杆、竖杆、斜杆汇交节点在放样后绘制确切可行的节点图,提请设计师认可后进行施工;③ 通过放样,求得杆件的实长、板件的实际形状后作为下料的依据;④ 有的工程,按设计要求,对桁架大梁或实腹板大梁,放样应起拱,并从中可见对其他结构尺寸是否变化,获得第一手资料,作为设计和制作依据。半个多世纪以来,放样发展很快,从手工 1:1 实尺放样发展到当代的计算机放样。

古代的木工放大样,就是实尺放样,钢结构铆接也是手工实尺放样。古代木工中有一个称为"抹眼"的工种,负责放样,排列铆钉孔,孔是用铜管蘸上白油漆抹出来的,此工种就称为"抹眼","抹眼"还负责下料。古代木工的放样、制作样板,又称"出样"。

20 世纪 50 年代中期,焊接结构代替了铆接结构,"抹眼"改称装配工,中小企业钢结构装配工一专多能,会放样、下料和装配;大企业则分为放样、拉划线、装配等工种。手工放样时,工人弯腰屈膝、蹲着操作、脆着划线,工作效率不高。

由于钢结构向大型化发展,实尺放样受到限制,在 20 世纪 70 年代曾采用比例放样与光学投影下料工艺。其原理是将构件用 1:10 比例绘制成图,采用光学投影,在钢板上显示出实际尺寸,钢板表面涂有感光材料,一经照射便留下清晰的线条,达到下料目的,图形误差不大于 2 mm,工作效率较高,实动工时为手工实尺放样的 60%,下料工时为手工下料的 40%,样台占地面积为实尺放样的 20%。

随着计算机技术的发展,在钢结构制作中逐渐采用数字放样,一般用于三向光顺,结构排列、结构展开,最后输出数据,进行数控切割,或输入型钢冷弯机进行型钢加工。它把钢结构手工放样、下料、切割三道工序转变为计算机数据处理和数控下料切割。若已知钢板规格,可运用计算机进行排料(套料),然后将数据输入数控切割机,就可切割出所需形状的工件。

建筑桁架管结构制作常用 CNEG 系列数控管道切割机,它是把放样、下料切割三道工序合而为一的专用设备,很适用于建筑业。

二、钢结构构件展开

将构件的表面,按其实际形状和大小,平铺在一个平面上,称为构件的表面展开。展开后所得到的平面图形,称为该构件的展开图。

构件展开的原理是:一段圆弧线,细分成很多短线段之后,可以把短线段近似的当成直线处理;一个曲面,细分成很多小曲面之后,可以把小曲面当成平面处理,如图 2-1 和图 2-2 所示。

若构件的表面是由一组相互平行的直素线所构成,如直圆管、棱柱等,可用平行线法展开;若构件的表面是由一组直素线构成,且这线组直素线都汇交于一个共同点,如圆锥、斜圆锥、棱锥等,可用放射线法展开;若构件的表面即不是由一组相互平行的直素线构成,又不是一组都汇交于一个共同点的直素线构成,如螺旋叶片等,可用三角形法展开。

三、建筑钢结构放样与下料

建筑钢结构放样是整个钢结构制作工艺中的第一道工序,也是至关重要的一道工序。其原理就是将结构定位尺寸或空间三维尺寸转换成可操作的平面二维尺寸。

学习情境2
零部件加工制作

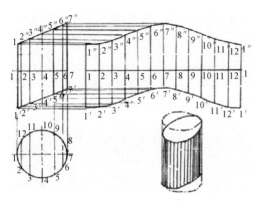

图 2-1　上下均斜截的圆管的展开

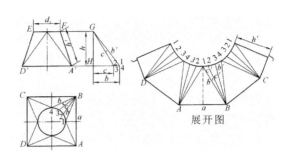

图 2-2　圆顶方底台（天圆地方）构件表面的展开

放样应从熟悉图纸开始,首先应仔细阅读技术要求及说明,并逐个核对图纸之间的尺寸和方向等。特别应注意各部件之间的连接点、连接方式和尺寸是否一一对应。

放样应熟悉整个钢结构加工工艺,了解工艺流程及加工过程,还应了解钢结构加工过程中需用机械设备的性能及规格。在整个钢结构制造中,放样工作是非常重要的一环,因为所有的零件尺寸和形状都必须先行放样,然后依样进行加工,最后才把各个零件装配成一个整体。因此,放样工作的准确与否将直接影响结构的质量。

原始人工放样所蕴含的内容有:核对施工图纸的外形尺寸,孔距以及各部分的连接尺寸;以1∶1的比例在样板台上弹出大样和节点;制作样板和样杆作为下料、弯制、铣、刨、制孔等加工的依据。

当大样尺寸过大时,可分段弹出。对一些三角形的构件,如果只对其节点有要求,则可以缩小比例弹出样子,但应注意其精度。放样弹出的十字基准线,二线必须垂直。然后据此十字线逐一划出其他各个点及线,并在节点旁注上尺寸,以备复查及检验。

样板一般用 0.5~0.75 mm 的铁皮或塑料板制作。样杆一般用钢皮或扁铁制作,当长度较短时可用木样杆。用于计量长度依据的钢盘尺,特别注意应经授权的计量单位计量,且附有偏差卡片,使用时按偏差卡片的记录数值校对其误差数。钢结构制作、安装、验收及土建施工用的量具,必须用同一标准进行鉴定,应具有相同的精度等级。样板、样杆上应注明工号、图号、零件号、数量及加工边、坡口部位、弯折线和弯折方向、孔径和滚圆半径等。由于生产的需要,通常须制作适用于各种形状和尺寸的样板和样杆。

放样号料用的工具有:划针、冲子、手锤、粉线、弯尺、直尺、钢卷尺、大钢卷尺、剪子等。

除手工实尺放样外,建筑钢结构放样常用的方法还有计算机放样。

任务2　钢材切割加工

钢材切割技术的发展历史见图 2-3,1950~1980 年主要使用剪切切割机(氧-乙炔气)割(其中,1950—1960 手动气割、1950—2006 自动气割),1980 年以后使用等离子切割,1993 年以后激光切割的发展使得材料基本不受热影响并可以实现无人操作。

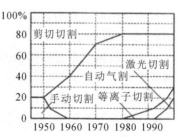

图 2-3　切割技术的变迁图

一、气割

1. 气割原理

利用气体火焰的热能将钢件切割处预热到一定温度,然后以高速切割氧流,使钢燃烧并放出热量实现切割。常用氧-乙炔焰作为气体火焰切割,也称氧-乙炔气割。

1) 氧气和乙炔的性质

氧气是一种无色、无味、无嗅的气体,和乙炔气混合燃烧时的温度可达 3150 ℃ 以上,最适用于焊接和气割。

纯氧在高温下很活泼。当温度不变而压力增加时,氧气可以和油类发生剧烈的化学反应而引起发热自燃,产生剧烈的爆炸,所以,要严防氧气瓶与油脂接触。

乙炔又称电石气。乙炔是不饱和的碳氢化合物,在常温和大气压力下,它是无色的气体。工业乙炔中,因为混有许多杂质如磷化氢及硫化氢等,具有刺鼻的特别气味。

乙炔是一种可燃气体。乙炔温度高于 600 ℃ 或压力超过 0.15 MPa 时,遇到明火会立即爆炸(乙炔空气混合气的自燃温度为 305 ℃),所以焊接和气割现场要注意通风。

2) 气割的过程和条件

气割由金属的预热、燃烧和氧化物被吹走三个过程所组成。开始气割时,必须用预热火焰将气割处的金属预热到燃点(碳钢燃点约 1100~1150 ℃),然后把气割氧喷射到温度达燃点的金属并开始剧烈地燃烧,产生大量的氧化物(熔渣)。由于燃烧时放出大量的热,使熔渣被吹走,这样上层金属氧化时产生的热传至下层金属,使下层金属预热到燃点,气割过程由表面深入到整个厚度,直至将金属割穿。

各种金属的气割性能不同,只有符合下列条件的金属才能顺利进行气割:① 金属在氧气中的燃点低于金属的熔点;② 氧化物熔点低于金属本身的熔点;③ 金属在燃烧时能放出较多的热;④ 金属的导热性不能过高。

2. 气割设备

1) 手工割炬

手工割炬有射吸式和等压式两种。

射吸式割炬由预热和切割两部分组成,氧气从氧气接头进入后分成两路:一路由预热火焰的氧气控制阀进入射吸室,产生射吸作用,与乙炔气混合组成预热火焰;另一路是由切割氧气阀控制,在工件预热到可进行切割状态时,打开气阀,射出切割氧气射流,进行切割。

等压式割炬的乙炔、预热火焰的氧气、切割氧气,分别由单独的管子通入割嘴,但由于预热氧和乙炔是自由状态,没有射吸作用,在割嘴内混合后再在割嘴外产生预热火焰。等压式割炬必须使用中压乙炔或高压乙炔,火焰燃烧才能稳定,不易回火,所以又称为高压割炬。

目前使用得较多的是射吸式割炬。

2) 半自动气割机

半自动气割机是能够移动的小车式气割机,由切割小车、导轨、割炬、气体分配器,自动点火装置及割圆附等组成,见图 2-4。

半自动气割机在我国应用广泛,常用的有 GC1-30 型半自动气割机。其可进行直线和直径大于 200 mm 的圆周、斜面、V 形坡口等形状的气割。

3) 自动气割机

现在国外已广泛使用数控气割机。我国已能自行设计和制造光电跟踪气割机(见图 2-5)和数控气割机(见图2-6),并已在生产中使用。

图2-4 半自动气割机

图2-5 光电跟踪气割机

二、等离子切割机

等离子切割是应用特殊的割炬,在电流、气流及冷却水的作用下,产生高达20000～30000 ℃的等离子弧熔化金属而进行切割。等离子切割具有切割温度高、冲刷力大、切口较窄、切割边质量好、变形小、可以切割任何高熔点金属等特点。适用于不锈钢、铝、铜及其合金等的切割,在一些尖端技术上应用广泛,如图2-7和图2-8所示。

图2-6 数控气割机

图2-7 等离子弧切割

图2-8 数控等离子切割

等离子弧焰切割是一种热切割,是以高温高速等离子弧焰流为热源、以压缩空气或其他切割气体为工作气体,将被切割的金属局部熔化,并同时用高速气流将已熔化的金属吹走形成狭窄切缝。等离子弧柱的温度极高,可达10000～30000 ℃,远远超过了所有金属或非金属材料的熔点,见图2-9。因此等离子弧的切割过程不是依靠氧化反应,而是靠熔化来切割材料的,因而其切割的适用范围比氧切割(气体火焰切割)大得多,几乎能切割所有的金属、非金属、多层及复合材料,等离子弧切割常见于不锈钢厚板的切割,如图2-10所示。

三、激光切割

激光切割的原理是利用高功率密度的激光束扫描材料表面,在极短时间内将材料加热到几千至上万摄氏度,使材料熔化或气化,再用高压气体将熔化或气化物质从切缝中吹走,达到切割材料的目的;激光束聚焦成很小的光点后,使焦点处达到很高的功率密度。这时光束输入的热量远远超过被材料反射、传导或扩散的热量,材料很快加热至气化程度,蒸发形成孔洞,随着光束与材料相对线性移动,使孔洞连续形成宽度很窄的切缝。因此,切边受热影响很小,基本没有工件变形。激光切割和加工如图2-11和图2-12所示。

激光切割具有以下特点。

(1) 激光切割的切缝窄,工件变形小。激光切割的切径宽度一般小于0.5 mm,但也有达到

1 mm左右的。切径宽度与工件的材料及厚度、激光束的功率、焦距及焦点位置、激光束的直径、喷吹气体的压力及流量等多种因素有关。

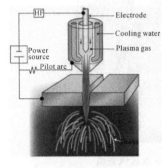  

图 2-9　等离子弧的切割过程　　图 2-10　等离子弧切割不锈钢厚板　　图 2-11　激光切割

（2）激光切割因无毛刺、皱折、精度高，从而优于等离子弧切割、气体火焰切割等常规切割方法，而且切割后的工件无须清理。

（3）容易实现自动化激光切割　对许多船舶配件制造行业来说，由于现代数控三维激光切割系统、激光切割机器人系统可以高切割速度切割不同形状与尺寸的工件，从而它往往比冲切、模压工艺更被优先选用。

近代的气体激光器的功率数量级已达到万瓦级，其切割普通碳钢板的厚度可达 10～15 mm，因此，可以预见激光切割在建筑钢结构下料中将会有越来越广泛的应用。

四、机械切割

1. 钢材剪切

钢材的剪切是通过两剪刃的相对运动来切断材料的加工方法。如图 2-13 所示的龙门剪板机是钢结构制造厂使用最广的一个剪切机械。

2. 钢材锯割

在钢结构制造厂，常用的锯割机械有：弓形锯、带锯、圆盘锯、摩擦锯和砂轮锯。锯割机械的主要用途是切割各类型钢。如图 2-14 所示为常用切割机械。

图 2-12　激光加工

图 2-13　龙门剪板机

图 2-14　常用切割机械

任务3　钢材边缘加工

在钢结构制造中，经过剪切或气割过的钢板边缘，其内部会硬化或变态。所以，如桥梁或重型吊车梁的重型构件，须将下料后的边缘刨去 2~4 mm，以保证质量。此外，为了保证焊缝质量和工艺性焊透以及装配的准确性，前者要将钢板边缘刨成或铲成坡口，后者要将边缘刨直或铣平。

一般需要进行边缘加工的部位有：① 吊车梁翼缘板、支座支承面等具有工艺性要求的加工面；② 设计图纸中有技术要求的焊接坡口；③ 尺寸精度要求严格的加劲板、隔板、腹板及有孔眼的节点板等。

常用的边缘加工的方法有：铲边、刨边、铣边、碳弧气刨边等四种。

一、铲边

铲边是通过对铲头的锤击作用而铲除金属的边缘多余部分而形成坡口。铲边分为手工铲边和机械铲边。手工铲边主要使用手锤和手铲等，机械铲边使用风动铲锤和铲头等。

二、刨边

刨边主要是用刨边机进行。刨边的构件加工有直边和斜边两种，如图 2-15 和图 2-16 所示。刨边加工的余量随钢材的厚度，钢板的切割方法而不同，一般刨边加工余量为 2~4 mm。

三、铣边

对于有些构件的端部，可采用铣边（端面加工）的方法以代替刨边。铣边是为了保持构件的精度，如吊车梁、桥梁等接头部分，钢柱或塔架等的金属底承压部位，能使其力由承压面直接传至底板支座，以减少连接焊缝的焊脚尺寸。这种铣削加工，一般是在端面铣床或铣边机上进行的。

四、碳弧气刨

碳弧气刨就是把碳棒作为电极，与被刨削的金属间产生电弧，此电弧具有 6000 ℃ 左右高温，足以把金属加热到熔化状态，然后用压缩空气的气流把熔化的金属吹掉，达到刨削或切削金属的目的。

任务4　钢材弯曲成形加工

一、弯曲加工的含义与分类

弯曲加工是根据构件形状的需要，利用加工设备和一定的工、模具，把板材或型钢弯制成一定形状的工艺方法，如图 2-17 所示。

弯曲加工按加工方法可分为压弯、滚弯、拉弯等；按加热程度可分冷弯、热弯等。冷弯是指在常温下进行弯制加工，其适用于一般薄板、型钢等的加工。热弯是指将钢材加热至 950~1100 ℃，在模具上进行弯制加工，其适用于厚板及较复杂形状构件、型钢等的加工。

图 2-15 直边刨边机

图 2-16 斜边刨边机

图 2-17 机械弯曲机

二、弯曲线与材料纤维方向的关系

(1) 当弯曲线和材料纤维线垂直时,材料具有较大的抗拉强度,不易发生裂纹。
(2) 当弯曲线与材料纤维方向平行时,材料的抗拉强度较差,容易发生裂纹,甚至断裂。
(3) 双向弯曲时,弯曲线应与材料纤维方向成一定的夹角。

三、弯曲变形的回弹

弯曲过程,是在材料弹性变形后,再达到塑性变形的过程。塑性变形时,外层受拉伸,内层受压缩,拉伸和压缩使材料内部产生应力。应力的产生,造成材料变形过程中存在一定的弹性变形。在失去外力作用时,材料就产生一定程度的回弹。影响回弹的因素包括以下几个方面。

(1) 材料的机械性能。屈服强度越高,回弹就越大。
(2) 变形程度。弯曲半径 R 与材料厚度 t 之比, R/t 的数值越大,回弹就越大。
(3) 变形区域。变形区域越大,回弹就越大。
(4) 摩擦情况。材料表面和模具表面之间的摩擦,直接影响坯料各部分的应力状态。大多数情况下,会增大弯曲变形区的拉应力,则回弹减小。

任务5 板材与型钢的辊压成形加工

一、卷板

卷板是压力容器类结构件筒节制造的必需工艺方法之一。近代的钢板卷板一般在数控卷板机(见图 2-18)上完成,卷板有热卷板(见图 2-19)和冷卷板两种方式。

压力容器的筒节毛坯制造有两种方法:① 轧制板热卷板后焊接成圈;② 铸造圈坯后锻造成圈。前者是沿用多年的方法,其优点是筒圈材料可选用商品热轧板,再用大型卷板机热卷,但热卷的压力容器筒体,材料的显微组织的性能不如锻件;后者的优点是锻件质量高,但必须拥有万吨级以上的大型锻造液压机才行。

近代的卷板机采用压辊压力数控系统,以提高卷板精度。

二、型钢辊压

成品供应的型钢(I 型钢、T 型钢、L 型钢、条型扁钢等)都可通过三辊式的型钢辊压装备辊压成具有一定曲率半径的环状型钢,如图 2-20 所示。

图 2-18　数控卷板机

图 2-19　热卷板

(a)　　　　　　　　　　　　　　(b)

图 2-20　型钢辊压

任务6　钢材制孔加工

一、制孔的含义与分类

制孔是指用孔加工机械或机具在实体材料(如钢板、型钢等)上加工孔的作业。制孔在钢结构制造中占有一定的比重,尤其是高强螺栓的采用,使孔加工不仅在数量上,而且在精度要求上都有了很大提高。

制孔通常有钻孔和冲孔两种方法。钻孔的使用较普遍,其原理是切削,精度高,孔壁损伤小。冲孔,一般只用于较薄钢板和非圆孔的加工,而且要求孔径一般不小于钢材的厚度。

二、钻孔的加工方法

1. 划线钻孔

钻孔前先在构件上划出孔的中心和直径,在孔的圆周上(90°位置)打四只冲眼,可作为钻孔后检查用。孔中心的冲眼应大而深,在钻孔时作为钻头定心用。划线工作一般用划针和钢尺。

为提高钻孔效率,可将数块钢板重叠起来一起钻孔,但重叠板厚一般不超过 50 mm,而且重叠板边必须用夹具夹紧或点焊固定。厚板和重叠板钻孔时要检查平台的水平度,以防止孔的中心倾斜。

2. 钻模钻孔

当批量大,孔距精度要求较高时,常用钻模钻孔。钻模分为通用型、组合型、专用型等。通用型积木式钻模,可在模具出租站订租;组合式和专用型钻模则由本单位设计制造。

3. 数控钻孔

数控钻孔，不用在工件上划线、打样冲眼，整个过程都是自动进行的。高速数控定位，钻头行程数字控制，钻孔效率高、精度高。

数控三向多轴钻床，生产效率比摇臂钻床提高了几十倍，它与钻床形成连动生产线，是目前钢结构加工的发展趋向，如图 2-21 所示。

图 2-21 数控三向多轴钻床

1. 什么是放样？放样的目的是什么？
2. 放样和号料的主要方法有哪些？
3. 简述钢结构件展开的基本原理。
4. 金属材料气割应符合哪些条件？
5. 简述激光切割的原理。
6. 钢材的切割方法有哪些，各有什么特点？
7. 钢材边缘加工的目的是什么，加工方法有哪些？
8. 为什么钢板能进行弯曲加工，弯曲加工应着重注意什么？
9. 为什么弯曲加工会产生回弹，如何处理回弹？
10. 钢材弯曲加工的方法有哪些？
11. 钢材制孔有哪些方法？

 案例与实训

到钢结构公司学习钢结构零部件加工制作。

（1）目的：通过到钢结构公司现场学习，在工程师的讲解下，对钢结构制作的零部件加工制作工作过程有一个详细的了解和认识。

（2）能力标准及要求：掌握钢结构零部件加工制作要求。

（3）实训条件：钢结构制作公司。

（4）步骤：① 课堂讲解钢结构零部件加工制作流程与要点；② 结合课堂内容及问题，深入钢结构加工车间，详细了解钢结构零部件加工制作工作内容及可能出现的问题；③ 完成钢结构零部件加工制作现场学习报告，内容主要是钢结构零部件加工制作工作要点。

学习情境 3 钢结构构件装配方法的选用

■ 知识内容

① 钢结构焊接原理与工艺;② 建筑钢结构焊接方法的选用;③ 焊接质量问题及焊接质量控制;④ 普通螺栓连接技术要求;⑤ 高强螺栓连接工艺的特点与要求。

■ 技能训练

① 能够拟定焊接工艺文件;② 能够根据工程实际说明螺栓连接及高强螺栓连接的施工要求。

■ 素质要求

① 养成求实、严谨的科学态度;② 培养与人沟通,通力协作的团队精神;③ 勤于动手,踏实吃苦的工作作风。

任务1 钢结构焊接方法的选用

焊接是钢结构加工制作中十分重要的加工工艺,是通过加热或加压(或二者并用),并且用(或不用)填充材料,使焊件达到原子结合的一种加工方法。与螺栓连接、铆接相比,焊接具有节省金属材料、接头密封性好、设计施工较为容易、生产效率较高和劳动条件较好等优点,如图3-1所示。

一、焊接方法分类

1. 基本焊接方法分类

随着焊接技术的不断发展,焊接方法越来越多,而且新的方法仍在不断涌现,所以分类繁

钢结构制作与安装

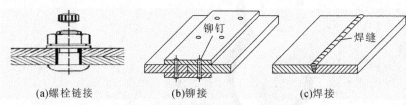

图 3-1　螺栓连接、铆接和焊接

多;最常见和应用最多的分类方法为族系法。族系法是根据焊接工艺中的某几个特征将其分为若干大类,然后进一步根据其他特征细分为若干小类,如此形成族系。常见基本焊接方法分类见表 3-1。

表 3-1　焊接方法分类表

基本焊接方法	熔化焊接	电弧焊	熔化极	螺柱焊(栓钉焊)
				焊条电弧焊
				埋弧焊
				气体保护焊
				氩弧焊(熔化极)
			非熔化极	钨极氩弧焊
				原子氢焊
				钨极氦弧焊
				等离子弧焊
		气焊		氧-氢
				氧-乙炔
				空气-乙炔
		电阻焊		固体电阻焊(电阻点焊、缝焊、凸焊及对焊等)
				电渣焊
		高能束焊		电子束焊
				激光焊
	固相焊接			铝热焊
				冷压焊
				高频焊
				摩擦焊
				爆炸焊
				锻焊
				超声波焊
	钎焊			火焰钎焊
				感应钎焊
				炉中钎焊
				浸渍钎焊
				电子束钎焊

　　族系法分类是根据焊接过程中两种材料结合时状态工艺特征来分类的,共分为三大类。材料结合时的状态为液相的焊接方法称为熔化焊接,简称熔焊;材料结合时状态为固相的焊接方法称为固相焊接;材料结合时状态为固相兼液相的焊接方法称为钎焊。每一大类又可按照各自的焊接工艺特性再进一步细分。例如,熔化焊,按能源种类可分为电弧焊、气焊、电渣焊;电弧焊可分为熔化极和非熔化极等。

2. 钢结构工程常用焊接方法

建筑钢结构的制作、安装中,焊接主要采用熔化极焊接中的电弧焊和电渣焊。其中最常用的焊接方法有手工电弧焊、熔化极气体保护焊、埋弧焊、螺柱焊(栓焊)、电渣焊等,分类见表3-2。

表 3-2　建筑钢结构常用焊接方法

焊接方法	手工焊	焊条电弧焊		
	半自动焊	熔化极气体保护焊	CO_2 保护焊	实芯焊丝 药芯焊丝
			$CO_2 + O_2$ 保护焊	
			$CO_2 + Ar$ 保护焊	
		埋弧半自动焊		
		自保护焊		
		重力焊		
		螺柱焊(栓焊)		
	全自动焊	埋弧焊		
		熔化极气体保护焊	CO_2 保护焊	实芯焊丝 药芯焊丝
			$CO_2 + O_2$ 保护焊	
			$CO_2 + Ar$ 保护焊	
		非熔化嘴电渣焊		
		熔嘴电渣焊		

二、常用焊接方法的适用范围

1. 焊条电弧焊

焊条电弧焊(亦称手工电弧焊)是手工操作焊条,利用焊条与被焊工件之间的电弧热量将焊条与工件接头处熔化,冷却凝固后获得牢固接头的焊接方法。

手工电弧焊是电弧焊接方法中发展最早、应用最广泛的焊接方法之一。它是以外部涂有涂料的焊条作为电极和填充金属,电弧在焊条的端部和被焊工件表面之间燃烧,涂料在电弧热作用下一方面可以产生气体以保护电弧,另一方面可以产生熔渣覆盖在熔池表面,防止熔敷金属与周围气体的相互作用。熔渣的作用是与熔敷金属产生物理化学反应或添加合金元素,以改善焊缝的金属性能。

手工电弧焊具有设备简单、轻便、不需要辅助气体保护、操作灵活、适应性强、应用范围广(适用于大多数金属和合金的焊接),能在空间任意位置焊接等优点。电弧焊在建筑钢结构中得到广泛使用,可在室内、室外及高空中平、横、立、仰的任意位置进行施焊。

但由于手工电弧焊具有对焊工操作技术要求高、焊工培训费用大、劳动条件差、生产效率低等缺点,在建筑钢结构制作与安装的实际应用中,主要用于特殊部位其他焊接方法无法进行施焊、受焊接施工环境影响其他焊接方法很难保证焊接质量以及定位焊接和焊接缺陷的修补等情况。

2. 埋弧焊

埋弧焊是以连续送进的焊丝作为电极和填充金属。焊接时,在焊接区域的上面覆盖着一层颗粒状焊剂,电弧在焊剂下燃烧,将焊丝端部和局部母材熔化,形成焊缝。

在电弧热的作用下,一部分溶剂熔化成熔渣并与液态金属发生冶金反应,熔渣浮在金属熔池的表面,一方面可以保护焊缝金属,防止空气的污染,并与熔化金属发生物理化学反应,改善焊缝金属的化学成分及性能；另一方面还可以使焊缝金属缓慢冷却。

埋弧焊由于电弧热量集中、熔深大、焊缝质量均匀、内部缺陷少、塑性和冲击韧性好，故优于手工焊。半自动埋弧焊介于自动埋弧焊和手工焊之间，但应用受到其自身条件的限制，焊机须沿焊缝的导轨移动，一般适用于大型构件的直缝和环缝焊接。常被用于梁、柱、支撑等构件主体直焊缝、拼板焊缝，直缝焊管纵、环缝等焊接。

3. 熔化极气体保护电弧焊

熔化极气体保护电弧焊是以焊丝和焊件为两个极，它们之间产生电弧热来熔化焊丝和焊件母材，同时向焊接区域送入保护气体，使焊接区域与周围的空气隔开，对焊接缝进行保护。焊丝自动送进，在电弧作用下不断熔化，与熔化的母材一起融合形成焊缝金属。

熔化极气体保护焊按保护气体的不同可分为：CO_2气体保护焊、惰性气体保护焊和混合气体保护焊。

（1）CO_2气体保护电弧焊　是目前应用最为广泛的焊接方法之一，它是以CO_2作为保护气体。CO_2在高温下会分解出氧而进入熔池，因此必须在焊丝中加入适量的锰、硅等脱氧剂。CO_2气体保护焊的主要特点为：成本较低，使用大电流和细焊丝，焊接速度快、熔深大、作业效率高，但只能用于碳钢和低合金钢焊接。

（2）惰性气体保护焊　用氩或氦作为保护气体，惰性保护气体不参与熔池的冶金反应，适用于各种质量要求较高或易氧化的金属材料，如不锈钢、铝、钛、锆等的焊接，但成本较高。

（3）混合气体保护焊　保护气体以氩为主，加入适量的二氧化碳（15%～30%）或氧（0.5%～5%）。与CO_2气体保护焊相比，这种保护焊焊接规范，成形较好，质量较佳；与熔化极惰性气体保护焊相比，熔池较活泼，冶金反应较佳，既经济又有惰性气体保护焊的性能。

建筑钢结构制作领域，普遍使用的是CO_2气体保护电弧焊，对于焊缝质量要求较高的部位，也采用混合气体保护焊。

气体保护焊电弧加热集中、焊接速度快，故焊缝强度比手工焊高，且塑性和抗腐蚀性能好，适合厚钢板或特厚钢板的焊接。

CO_2气体保护焊手工操作比手工电弧焊的焊接速度快，热量集中，熔池较小，焊接层数少，焊接电弧容易对中焊接，可适应各种位置焊接，焊后基本上无熔渣。在焊接质量上焊接变形小，焊缝有较好的抗锈能力，但焊缝外表面不平滑。

由于CO_2气体保护焊具有生产效率高、操作性能好、易于实现机械化和自动化，以及焊缝质量好、对铁锈的敏感性小等优点，且不用焊剂，所以在钢结构生产中已得到广泛应用。CO_2气体保护焊主要采用手工操作，手持焊枪移动焊接，也可进行自动焊接。

4. 电渣焊

多高层建筑钢结构中较多地采用箱形截面钢柱，在梁柱节点区的柱截面内需设置与梁翼缘等厚的加劲板（横隔板），而加劲板应与箱形截面柱的柱身板采用坡口熔透焊。此时采用一般手工焊时，加劲板四周的最后一条边的焊缝无法焊接，因此需要采用电渣焊。电渣焊一般有两种形式：熔嘴电渣焊和非熔嘴电渣焊。

1）熔嘴电渣焊

熔嘴电渣焊是用细直径冷拔无缝钢管外涂药皮制成的管焊条作为熔嘴，焊丝在管内送进。焊接时，将管焊条插入被焊钢板与铜块形成的缝槽内，电弧将焊剂熔化成熔渣池，电流使熔渣温度超过钢材的熔点，从而熔化焊丝和钢板边缘，构成一条堆积的焊缝，把被焊钢板连成整体。

熔嘴电渣焊常为竖直施焊，或焊接倾角不大于30°。这种焊接方法产生较大的热量，为减少焊接变形,焊缝应对称布置和同时施焊。

2) 非熔嘴电渣焊

非熔嘴电渣焊与熔嘴电渣焊的区别:焊丝导管外表不涂药皮,焊接时导管不断上升且不熔化、不消耗。

其焊接原理同熔嘴电渣焊。使用细直径焊丝配合直流平特性电源,焊速大,焊缝和母材热影响区的性能比熔嘴电渣焊有所提高,因此在近年来得到了重视和应用。

5. 螺柱焊(栓钉焊)

将金属螺柱或其他金属紧固件(如栓、钉等)焊到工件上去的方法称为螺柱焊,在建筑钢结构中又称为栓钉焊。螺柱焊是将螺柱端头置于陶瓷保护罩内与母材接触并通以直流电,使螺柱端部与工件表面之间产生电弧,电弧作为热源在工件上形成熔池,同时螺柱端部被加热形成熔化层,维持一定的电弧燃烧时间后,在压力作用下将螺柱端部浸入熔池,并将液态金属挤出接头之外,螺柱整个截面与母材牢固结合而形成连接接头。陶瓷保护罩的作用是集中电弧热量,隔离外部空气,保护电弧和熔化金属免受氮、氧的侵入,并防止熔融金属的飞溅。

根据采用的电源不同,螺柱焊可分为以下三种基本形式。

(1) 稳定电弧螺柱焊。稳定电弧螺柱焊的放电过程是持续而稳定的过程,焊接电流不用经过调制,焊接过程中电流基本上是恒定的。

(2) 不稳定电弧螺柱焊。它是利用交流电使大容量的电容器充电后向栓钉与母材之间瞬时放电,达到熔化栓钉端头和母材的目的。由于电容放电能量的限制,一般用于小直径(≤12 mm)栓钉的焊接。

(3) 电弧电流经过波形控制的电弧螺柱焊。一般采用两个并联电源先后给电弧供电,其焊接过程只有稳定电弧螺柱焊的十分之一或几十分之一。

在建筑钢结构中基本采用稳定电弧栓钉焊。稳定电弧栓钉焊又分为两种:普通栓钉焊和穿透栓钉焊,普通栓钉焊亦称非穿透栓钉焊;穿透栓钉焊常用于组合楼板和组合梁,焊接时,将压型钢板焊透,使栓钉、压型钢板和钢构件三者焊接在一起。

三、常用焊接方法的工艺

1. 焊条电弧焊及焊接工艺

1) 焊条电弧焊原理

焊条电弧焊(亦称手工电弧焊)是手工操作焊条,利用焊条与被焊工件之间的电弧热量将焊条与工件接头处熔化,冷却凝固后获得牢固接头的焊接方法,如图3-2所示。

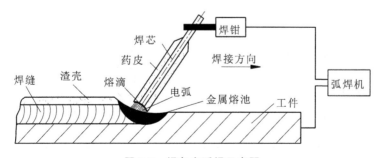

图 3-2 焊条电弧焊示意图

2)焊接工艺

(1)电源极性。

用直流电源焊接时,工件和焊条与电源输出端正负极的接法,称为极性。工件接直流电源正极,焊条接负极时,称正接或正极性;工件接负极,焊条接正极时称反接或反极性。电源是采用正接还是反接,主要从电弧稳定燃烧考虑。不同类型焊条要求的接法不同,一般在焊条说明书上都有规定。用交流弧焊电源焊接时,极性不断变化,不用考虑极性接法。

(2)焊条直径。

焊条直径应根据焊件厚度、焊接位置、接头形式、焊接层数等来选择。厚度较大的焊件,搭接和T形接头的焊缝应选用直径较大的焊条。对于小坡口焊件,为了保证底层的熔透,宜选用较细的焊条,如打底焊时一般选用 $\phi 2.5$ mm 或 $\phi 3.2$ mm 焊条。不同的焊接位置,选用的焊条直径也不同,通常平焊时选用较粗的 $\phi(4.0\sim 6.0)$ mm 焊条;立焊和仰焊时选用较细的 $\phi(3.2\sim 4.0)$ mm 焊条;横焊时选用 $\phi(3.2\sim 5.0)$ mm 焊条。对于重要的钢结构应根据焊接电流范围(根据热输入确定)参照表3-3确定焊条直径。

表3-3 各种直径焊条使用电流参考值

焊条直径/mm	1.6	2.0	2.5	3.2	4.0	5.0	5.8
焊接电流/A	25~40	40~60	50~80	100~150	160~210	200~270	260~300

(3)电弧电压。

电弧电压是指电弧部的电压,与电弧长大致成比例增加。电弧长,电弧电压高,反之则低。焊接过程中电弧不宜过长,否则容易出现电弧燃烧不稳定、飞溅大、熔深浅及产生咬边、气孔等缺陷;若电弧太短,容易粘焊条。一般情况下,电弧长度等于焊条直径的0.5~1倍为好,相应的电弧电压为16~25 V。碱性焊条宜选择短弧焊,电弧长度为焊条直径的0.5倍较好;酸性焊条的电弧长度应等于焊条直径。

(4)焊接电流。

焊接电流越大,熔深越大,焊条熔化快,焊接效率也高,但焊接电流过大时,飞溅和烟雾大,焊条尾部容易发红,部分涂层要失效或崩落,而容易产生咬边、焊瘤、烧穿等缺陷,增大焊接变形,还会使接头热影响区晶粒粗大,焊接接头韧性降低。焊接电流太小时不易起弧,焊接时电弧不稳定、易熄弧,容易产生未焊透、未熔合、气孔和夹渣等缺陷,而且生产效率低。焊接电流对焊接质量的影响详见表3-4。

表3-4 焊接电流对焊接质量的影响

电流过强时	电流过弱时
(1)容易产生咬边; (2)熔深过大; (3)飞溅多; (4)渣的覆盖恶化,焊道外观粗糙; (5)焊条红热; (6)焊条熔化速度过快; (7)焊区过热脆化; (8)容易生产热裂纹、气孔; (9)焊接中引起药皮脱落	(1)容易生产焊瘤; (2)熔深不足; (3)容易夹渣; (4)焊道窄,余高大; (5)焊条熔化速度慢; (6)易产生冷裂纹

选择焊接电流时,应根据焊条类型、焊条直径、焊件厚度、接头形式、焊缝位置及焊接层次综合考虑。首先保证焊接质量,其次应尽量采用较大的电流,以提高生产效率。

焊接电流的选择应与焊条直径相配合,直径大小主要影响电流密度。一般按焊条直径的4倍值选择焊接电流。考虑焊接位置,在平焊时选择偏大的电流,非平焊位置焊接时,为了易于控制焊缝成形,焊接电流宜比平焊位置减小10%～20%。考虑焊接层次,通常打底焊道为了保证背面焊道的质量,使用较小的电流;填充焊道为提高效率,保证熔合好,使用较大的电流;盖面焊道为防止咬边和保证焊道成形美观,使用电流稍微小些。焊条药皮的类型对选择焊接电流值有影响,主要按药皮的导电性不同来选择,如铁粉型焊条药皮导电性强,使用电流较大。表3-5所示为不同焊条种类、直径、焊接位置时焊接电流的选择范围。

表 3-5 不同焊条种类、直径时焊接电流的选择范围

焊条种类	焊接位置	焊条直径/mm						
		2.6	3.2	4.0	5.0	6.0	6.4	7.0
钛铁矿型 (E××01)	F.V.O.H	50～85 40～70	80～130 60～110	120～180 100～150	170～240 130～200	240～180 —	—	300～370 —
钛钙型 (E××03)	F.V.O.H	65～100 50～90	100～140	140～190 110～170	200～260 140～210	250～330	—	310～390
氧化钛型 (E××13)	F.V.O.H	55～95 50～90	80～130 70～120	125～175 100～160	170～230 120～200	230～300	240～320	—
低氢型 (E××16) (E××15)	F.V.O.H	50～85 50～80	90～130 80～115	130～180 110～170	180～240 150～210	250～310	—	300～380
铁粉氧化钛型(E××24)	F.H	—	130～160	180～220	240～290	—	350～450	—
铁粉低氢型(E××28)	F.H	—	—	140～180	180～220	240～270	270～300	290～340

(5) 焊接速度。焊接速度太小时,母材易过热变脆,焊缝过宽;焊接速度太大时,焊缝很窄,也会造成夹渣、气孔、裂纹等缺陷。一般焊接速度的选择应与电流相配合。

(6) 运条方式。手工电弧焊时的运条方式有直线形式及横向摆动方式。横向摆方式还分螺旋形、月牙形、锯齿形、八字形等,均由焊工掌握控制焊道的宽度,但要求焊缝晶粒细密。冲击韧性较高时,宜采用多道、多层焊接。

(7) 焊接层次。无论是角接还是坡口对接,均要根据板厚和焊道厚度、宽度安排焊接层次以完成整个焊缝。多层次焊时,后焊焊道对前道焊道回火作用可改善接头的组织和力学性能。

(8) 焊缝缺陷产生原因及改进、防治措施(见表3-6)。

表 3-6 手工电弧焊焊缝缺陷原因及改进、防治措施

缺陷类别	原因	改进、防治措施
气孔	焊条未烘干或烘干温度、时间不足;焊口潮湿、有锈、油污;弧长太大、电压过高	按焊条使用说明的要求烘干;用钢丝刷和布清理干净,必要时用火焰烤;减小弧长
夹渣	电流太小、熔池温度不够,渣不易浮出	加大电流
咬边	电流太大	减小电流
熔宽太大	电压过高	减小电压
未焊透	电流太小	加大电流
焊瘤	电流太小	加大电流
焊缝表面凸起太大	电流太大,焊速太慢	加快焊速
表面波纹粗	焊速太快	减慢焊速

2. 埋弧焊及焊接工艺

1) 埋弧焊焊接原理

埋弧自动焊是电弧在可熔化的颗粒状焊剂覆盖下燃烧的一种电弧焊,又称焊剂层下自动电弧焊,简称埋弧焊。埋弧焊按自动化程度的不同可分为自动埋弧焊和半自动埋弧焊,其区别在于自动埋弧焊的电弧移动是由专门机构控制完成的,而半自动埋弧焊电弧的移动是依靠手工操纵的。依据应用场合和要求的不同,焊丝有单丝、双丝和多丝等。埋弧自动焊示意图如图3-3所示。

焊接时,焊机送丝机构将光焊丝自动送进,焊丝在一层可熔化的颗粒状焊剂覆盖下引燃电弧,并保持一定的弧长,进行焊接。在焊丝前面,粒状焊剂从漏斗中不断流出,撒在工件接合处的表面上,电弧在焊剂层下面燃烧,熔化被焊工件、焊丝和焊剂,液态金属形成熔池,熔化的焊剂及熔渣覆盖在熔池表面。随焊接小车沿着轨道均匀地向前移动(或小车不动,工件以匀速运动),电弧向前移动,前方金属不断熔化形成新的熔池,而其后面冷却凝固形成焊缝,液态熔渣凝固形成渣壳,盖在焊缝上面,最后电弧在引出板上熄灭,焊接结束。埋弧自动焊的纵向截面图如图3-4所示。

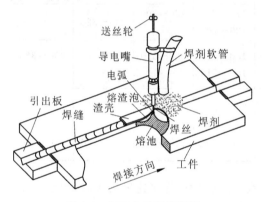

图3-3 埋弧自动焊示意图　　　　图3-4 埋弧自动焊纵向截面图

2) 埋弧焊焊接工艺

影响焊缝成形和质量的因素有:焊接电流、电弧电压、焊接速度、焊丝直径、焊丝倾斜角度、焊丝数量和排列方式、焊剂粒度和堆放高度,而最后三项因素的影响是埋弧焊所特有的。

(1) 焊接电流。在其他条件不变时,熔深与焊接电流成正比,即电流增加,熔深增加。电流小,熔深浅,余高和宽度变小;电流大,熔深大,余高过大,容易产生高温裂纹。

(2) 电弧电压。电弧电压和电弧长度成正比,在相同的电弧电压和焊接电流时,如果选择的焊剂不同,电弧空间电场强度不同,则电弧长度不同。如果其他条件不变,改变电弧电压,电弧电压低,熔深大,焊缝宽度窄,容易产生热裂纹;电弧电压高时,焊缝宽度增加,余高不够。埋弧焊焊接时,电弧电压是依据焊接电流调整的,即一定的焊接电流要保持一定的弧长才可能保证焊接电弧的稳定燃烧。

(3) 焊接速度。焊接速度对焊缝的熔深和熔宽都有影响,通常熔深和熔宽与焊接速度成反比:焊接速度小,焊接熔池大,焊缝熔深和熔宽均较大,随着焊接速度增加,焊缝熔深和熔宽都将减小。焊接速度过小,熔化金属量多,焊缝成形差;焊接速度过大时,熔化金属量不足,容易产生咬边。实际焊接时,为了提高生产率,在增加焊接速度的同时必须加大电弧功率,以保证焊缝质量。

(4) 焊丝直径。焊接电流、电弧电压、焊接速度一定时,焊丝直径不同,焊缝形状会发生变化。熔深与焊丝直径成正比关系。一定的焊丝直径,使用的电流有一定的范围,使用电流越大,熔敷率越高。在焊接电流相同时,使用较小直径的焊丝可以获得加大焊缝熔深、减小熔宽的效果,与粗焊丝相比,细焊丝可提高焊接速度、生产率,节约电能。

(5) 焊剂堆放高度。焊剂堆放高度一般为 25~50 mm,应保证在丝极周围埋住电弧。当使用黏结焊剂或烧结焊剂时,由于密度小,焊剂比熔炼焊接高出 20%~50%。焊剂堆高越大,焊缝余高越大,熔深越浅。焊剂堆高太小时,对电弧的保护不全,影响焊接质量。焊剂堆高太大时,易使焊缝产生气孔和表面成形不良。因此必须根据使用电流的大小适当选择焊剂堆放高度,当电流及弧压大时,应适当增大焊剂堆放高度和宽度。

(6) 焊剂粒度。电流大时,应选用细粒度焊剂,否则焊缝外形不良;电流小时,应选用粗粒度焊剂,否则焊缝表面易出现麻坑。一般粒度为 8~40 目,细粒度为 14~80 目。

(7) 焊剂回收次数。焊剂回收反复使用时,要清除飞溅颗粒、渣壳、杂物等。反复使用次数过多时应与新焊剂混合使用,否则影响焊缝质量。

(8) 焊丝数目。双焊丝并列焊接时,可以增加熔宽,提高生产率。双焊丝串列焊分双焊丝共熔池和不共熔池两种形式。

在实际生产中,通过焊接工艺评定试验仔细选择焊丝直径、电流、电压、焊接速度、焊接层数等参数值,对于焊缝质量的保证是很重要的。

3) 埋弧焊焊缝缺陷产生原因及防治措施

埋弧焊缝的常见缺陷种类,除了与手工电弧焊时相似的情况以外,还有一些不同情况,如夹渣与焊剂的存在有关,裂纹则与埋弧焊熔深较大以及焊丝与焊剂的成分匹配有关。表 3-7 中列出了埋弧焊的焊接缺陷产生原因及防治措施。

表 3-7 埋弧焊的焊接缺陷原因及防治措施

缺陷	原　　因	防　治　措　施
气孔	接头的锈、氧化皮、有机物(油脂、木屑)	接头打磨、火焰烧烤、清理
	焊剂吸湿	约 300 ℃ 烘干
	污染的焊剂(混入刷子毛)	收集焊剂不要用毛刷,只用钢丝刷,特别是焊接区尚热时本措施更重要
	焊速过大(角焊缝超过 650 mm/min)	降低焊接速度
	焊剂堆高不够	升高焊剂漏斗
	焊剂堆高过大、气体逸出不充分	降低焊剂漏斗,全自动时适当高度为 30~40 mm
	焊丝有锈、油	清洁或更换焊丝
	极性不适当	焊丝接正极性
焊缝裂纹	焊丝焊剂的组配对母材不适合(母材含碳量过高,焊缝金属含锰量过低)	使用含锰量高的焊丝,母材含碳量高时预热
	焊丝的含碳量和含硫量过高	更换焊丝
	多层焊接时第一层产生的焊缝不足以承受收缩变形引起的拉应力	增大打底焊道厚度
	角焊缝焊接时,特别在沸腾钢中由于熔深大和偏析产生裂纹	减少电流和焊接速度
	焊道形状不当,熔深过大,熔宽过窄	使熔深和熔宽之比大于 1.2,减少焊接电流,增大电压
夹渣	母材倾斜形成下坡焊、焊渣流到焊丝前	反向焊接,尽可能将母材水平放置
	多层焊接时焊丝和坡口某一侧面过近	坡口侧面和焊丝的距离至少要等于焊丝的直径
	电流过小,层间残留有夹渣	提高电流,以便残留焊剂熔化
	焊接速度过低,渣流到焊丝之前	增加电流和焊接速度
	最终层的电弧电压过高,焊剂被卷进焊道的一端	必要时用熔宽窄的二道焊代替熔宽大的一道焊熔敷最终层

3. 气体保护焊及焊接工艺

1) 气体保护焊的焊接过程

气体保护焊是采用连续等速送进的可熔化的焊丝与被焊工件之间的电弧作为热源来熔化焊丝和母材金属,形成熔池和焊缝的焊接方法。为了得到良好的焊缝应利用外加气体作为电弧介质并保护熔滴、熔池金属及焊接区高温金属免受周围空气的有害作用。其焊接过程原理如图3-5所示。焊丝盘上的焊丝被送丝辊直接送入导电嘴,或者经过送丝软管后再送至焊枪的导电嘴(半自动焊),然后到达焊接电弧区进行焊接。保护气体以一定的流量从喷嘴流出,把电弧和熔池与空气隔离开来,阻止空气对熔化金属的有害作用。随着电弧的移动,焊丝不断地熔化,形成连续的焊缝。

2) CO_2气体保护焊工艺

CO_2气体保护焊工艺参数除了与一般电弧焊相同以外,还有CO_2气体保护焊所特有的保护气成分配比流量、焊丝伸出长度(即导电嘴与工件之间距离)、保护气罩与工件之间距离等,对焊缝成形和质量有重大影响。

(1) 焊接电流和电压的影响　当电流大时,焊缝的熔深和余高大;当电压高时,熔宽熔深浅。焊接电流大,则焊丝熔敷速度大,生产效率高。采用恒压电源(平特性)等速度送丝系统时,一般规律为送丝速度快则焊接电流大,熔敷速度随之增加。

(2) 熔滴过渡方式　焊接时,在电弧的热作用下,焊丝不断被熔化形成熔滴,熔滴离开焊丝末端进入熔池的过程,称为熔滴过渡。CO_2气体保护焊中,有两种熔滴过渡,即两种电弧形式:短路过渡的短弧焊和非轴向颗粒过渡的长弧焊。

短路过渡的特点为:① 采用小电流、低电压(电弧长度短),电弧稳定,飞溅较小,熔滴过渡频率高,焊缝成形较好;② 适合于焊接薄板及进行全位置焊接;③ 短路过渡焊接主要采用细焊丝,一般为$\phi(0.6\sim1.6)$ mm。

长弧过渡有两种形式:滴状过渡和颗粒过渡。当熔滴直径等于2～3倍的焊丝直径时,称为滴状过渡。滴状过渡常伴有短路发生,飞溅多,成形差,因此很少应用。生产上用的是熔滴呈颗粒状过渡的长弧焊,熔滴直径小于焊丝直径(约小2～3倍),在过渡中很少有短路发生。焊接规范,波动较小,电弧燃烧稳定,电弧穿透力强,母材熔深大,飞溅少,成形好。其适合于中等厚度工件的水平位置焊接,主要采用较粗的焊丝,一般为$\phi 1.6$ mm和$\phi 2.0$ mm焊丝。

(3) CO_2＋Ar混合气配比的影响　短路过渡时,CO_2含量在50％～70％范围内有良好的效果。在大电流滴状过渡时,Ar含量为75％～80％时,可以达到喷射过渡,电弧稳定,飞溅很少。在20％CO_2＋80％Ar混合气体条件下,焊缝表面最光滑,但熔透率减少,熔宽变窄。

(4) 保护气流量的影响　气体流量大时保护较充分,但流量太大时对电弧的冷却和压缩很剧烈,扰乱熔池,影响焊缝成形。

(5) 导电嘴与焊丝端头距离的影响　导电嘴与焊丝伸出端的距离称为焊丝伸出长度,长度大,有利于提高焊丝的熔敷率;但伸出长度过大时,会使电弧过程不稳定,应予以避免。通常$\phi 1.2$ mm焊丝伸出长度保持在15～20 mm,按焊接电流大小来选择。

(6) 焊距与工件的距离　焊距与工件距离(如图3-6中H)太大时,焊缝易出气孔;距离太小时,则保护罩易被飞溅堵塞,需经常清理保护罩。严重时,出现大量气孔,焊缝金属氧化,甚至导电嘴与保护罩之间产生短路而烧损,必须频繁更换。其距离应根据使用电流的大小而定,如图3-7所示。

(7) 电源极性的影响　采用反接时(即焊丝线接正极,母材接负极),电弧稳定。反之则电弧不稳。

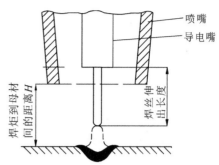

图 3-6 焊炬到母材间的距离及焊丝伸出长度

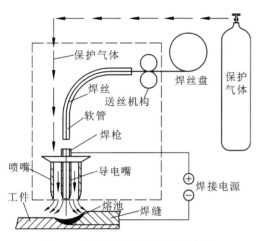

图 3-5 熔化极气体保护焊示意图

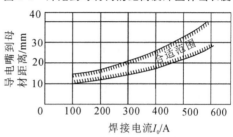

图 3-7 与焊接电流相适应的焊枪高度

(8) 焊接速度的影响 CO_2 气体保护焊,焊接速度的影响与其他电弧焊方法相同。焊接速度太慢,则熔池金属在电弧下堆积;反而减小熔深,且热影响区太宽。对于热输入敏感的母材,易造成熔合线及热影响区脆化。焊接速度太快,不仅易出现焊缝成形不良(波纹粗)、气孔等缺陷,而且对淬硬敏感性强的母材易出现延迟裂纹。因此焊接速度应根据焊接电流、电压的选择来合理匹配。

(9) CO_2 气体纯度的影响 气体的纯度对焊接质量有一定的影响,杂质中的水分和碳氢化合物使熔敷金属中扩散氢含量增高,对厚板采用多层焊易产生冷裂纹或延迟裂纹。

在重、大型结构中,低合金高强钢特厚板节点拘束应力较大的主要焊缝焊接时,应采用优等品;在低碳钢厚板节点主要焊缝焊接时,可采用一等品;对于一般轻型结构薄板焊接,可采用合格品。

(10) 焊接缺陷产生的原因及防治措施 CO_2 气体保护焊中许多焊缝缺陷及过程不稳定的产生原因均与保护气体和细焊丝的使用特点有关,表 3-8 中列出了 CO_2 气体保护焊常见缺陷产生的原因及其防治措施。

表 3-8 CO_2 气体保护焊中常见缺陷产生的原因及其防治措施

缺陷种类	可能的原因	防治措施
凹坑气孔	没供 CO_2 气体	检查送气阀门是否打开,气瓶是否有气,气管是否堵塞或破断
	风大,保护效果不充分	挡风
	焊嘴内有大量黏附的飞溅物,气流混乱	除去粘在焊嘴内的飞溅物
	使用的气体纯度太差	使用焊接专用气体
	焊接区污垢(油、锈、漆等)严重	将焊接处清理干净
	电弧太长或保护罩与工件距离太大或严重堵塞	降低电弧电压,降低保护罩或清理、更换保护罩
	焊丝生锈	使用正常的焊丝

续表

缺陷种类	可能的原因	防治措施
咬边	1.电弧长度太长	1.减小电弧长度
	2.焊接速度太快	2.降低焊接速度
	3.指向位置不当(角焊缝)	3.改变指向位置
焊瘤	对焊接电流来说电弧电压太低	提高电弧电压
	焊接速度太快	提高焊接速度
	指向位置不当(角焊缝)	改变指向位置
裂缝	焊接条件不当： (1)电流大、电压低； (2)焊接速度太快	调整至适当条件： (1)提高电压； (2)降低焊接速度
	坡口角度过小	加大坡口角度
	母材含碳量及其他合金元素含量高(热影响区裂纹)	进行预热
	使用的气体纯度差(水分多)	用焊接专用气体
	在焊坑处电流被迅速切断	进行补弧坑操作
焊道弯曲	焊丝矫正不充分	调整矫正轮
	焊丝伸出长度过长	使伸出长度适当(25 mm以下)
	导电嘴磨损太大	更换导电嘴
	操作不熟练	培训焊工至熟练
飞溅过多	焊条条件不适当(特别是电压过高或电流太小)	调整到适当的焊接条件
	导电嘴太大或已严重磨损	改换适当孔径的导电嘴
电弧不稳	焊丝不能平衡送给	(1)清理导管和送丝管中磨屑、杂物； (2)减少导管弯曲
	送丝轮过紧或过松	适当扭紧
	焊丝卷回转不圆滑	调整至能圆滑动作
	焊接电源的输入电压变动过大	增大设备容量
	焊丝生锈或接地线接触不良	使用无锈焊丝,使用良好、可靠的接地夹具
焊丝和导电嘴粘连	导电嘴与母材间距过短	调整到适当间距
	焊丝送给突然停止	平滑送给焊丝

4.电渣焊及焊接工艺

1)电渣焊原理

电渣焊可分为引弧造渣、正常焊接和引出三个阶段,分别介绍如下。

(1)引弧造渣阶段　开始电渣焊时,在电极和引弧装置起焊槽之间引出电弧,将不断加入的固体焊剂熔化,在起焊槽、成形挡块之间形成液体渣池,当渣池达到一定深度后,电弧熄灭,转入电渣焊过程。在引弧造渣阶段,电渣过程不够稳定,渣池温度不高,焊缝金属和母材熔合不好,因此焊后应将起焊部分割除。

(2)正常焊接阶段　当电渣过程稳定后,焊接电流通过渣池产生的热使渣池温度可达到1600 ℃～2000 ℃。渣池将电极和被焊工件熔化,形成的钢水汇集在渣池下部,成为金属熔池。随着电极不断向渣池送进,金属熔池和其上的渣池逐渐上升,金属熔池的下部远离热源的液体金属逐渐凝固形成焊缝。

(3)引出阶段　在被焊工件上部装有引出装置,以便将渣池和在停止焊接时易于产生缩孔和裂纹的那部分焊缝金属引出工件。在引出阶段,应逐步降低电流和电压,以减少产生缩孔和裂纹。焊后应将引出部分割除。

如图3-8所示为丝极电渣焊过程示意图。

2) 熔嘴电渣焊焊接工艺

(1) 焊前准备。

熔嘴需烘干,烘干温度为100 ℃～150 ℃,保温时间为1 h。焊剂如受潮也须烘干,烘干温度为150 ℃～350 ℃,保温时间为1 h。

检查熔嘴钢管内部是否通顺,导电夹持部分及待焊构件坡口是否有锈、油污、水分等有害物质,以免焊接过程中产生停顿、飞溅或焊缝缺陷。

用马形卡具及楔子安装、卡紧水冷铜成形块(如采用永久性钢垫块则应焊于母材上),检查其与母材是否贴合,以防止熔渣和熔融金属流失不稳甚至被迫中断。检查水流出入成形块是否通畅,管道接口是否牢固,以防止冷却水断流而使成形块与焊缝熔合。

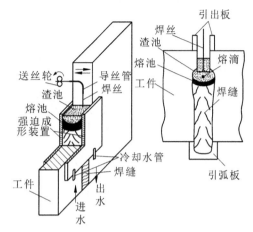

图3-8 电渣焊(丝极)示意图

在起弧底处施加焊剂,一般为120～160 g,以使渣池深度能达到40～60 mm。

(2) 引弧。

采用短路引弧法,焊丝伸出长度约为30～40 mm。伸出长度太小时,引弧的飞溅物易造成熔嘴端部堵塞;伸出长度太大时焊丝易爆断,过程不能稳定进行。如图3-9所示为送丝速度和电流对焊接过程的影响示意图。

(3) 焊接。

应按预先设定的参数值调整电流、电压,随时观测渣池深度。渣池深度不足或电流过大时,电压下降,可随时添加少量焊剂。随时观测母材红热区,使其不超出成形块宽度以外,以免熔宽过大。随时控制冷却水温在50～60 ℃,水流量应保持稳定。

(4) 熄弧。

熔池必须引出到被焊母材的顶端以外。熄弧时应逐步减小送丝速度与电流,并采取焊丝滞后停送、填补弧坑的措施,以避免裂纹和减小收缩。

(5) 熔渣流失。

如果成形块与母材贴合不严,造成熔渣突然流失,熔嘴端即离开了渣池表面,仅有焊丝还在渣池中(见图3-10),导电面积减小,电流突降,电压升高,必须立即添加焊剂方能继续焊接过程。

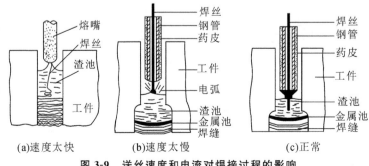

图3-9 送丝速度和电流对焊接过程的影响

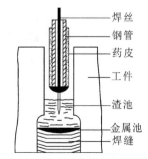

图3-10 熔渣突然流失对焊接的影响

(6) 熔嘴电渣焊焊缝缺陷产生原因及防治措施详见表 3-9。

表 3-9　熔嘴电渣焊焊缝缺陷产生原因及防治措施

缺陷种类	产生原因	防治措施
热裂纹	(1) 在焊材、母材中 S，P 杂质元素正常的情况下，是由于送丝速度、电流过大造成熔池太深，在焊缝冷却结晶过程中因低熔点共晶聚集于柱状晶会合面而产生； (2) 熄弧引出部分的热裂纹是由于送丝速度没有逐步降低，骤然断弧而引起	(1) 降低送丝速度，必要时降低焊材和母材中的 S，P 含量； (2) 采用正确的熄弧方法，逐步降低送丝速度
未焊透或焊透、但未熔合，同时存在夹渣	(1) 焊接电压过低； (2) 送丝速度太低； (3) 渣池太深； (4) 电渣过程不稳定； (5) 熔嘴沿板厚方向位置偏离原设定要求	对 (1)～(3) 条原因，针对性地调整到合理参数； (4) 保持电渣稳定； (5) 调直熔嘴，调整位置
气孔	(1) 水冷成形块漏水； (2) 堵缝的耐火泥污染熔池； (3) 熔嘴、焊剂或母材潮湿	(1) 事先检查； (2) 仔细操作； (3) 焊前严格执行烘干规定

5. 栓钉焊及焊接工艺

1）栓钉焊的焊接过程

栓钉焊过程可以用图 3-11 表示，具体步骤如下：① 把栓钉放在焊枪的夹持装置中，将相应直径的保护瓷环置于母材上，将栓钉插入瓷环内并与母材接触，如图 3-11(a) 所示；② 按动电源开关，栓钉自动提升，激发电弧，如图 3-11(b) 所示；③ 焊接电流增大，使栓钉端部和母材局部表面熔化，如图 3-11(c) 所示；④ 设定的电弧燃烧时间到达后，将栓钉自动压入母材，如图 3-11(d) 所示；⑤ 切断电流，熔化金属凝固，并使焊枪保持不动，如图 3-11(e) 所示；⑥ 冷却后，栓钉端部表面形成均匀的环状焊缝余高，敲碎并清除保护环，如图 3-11(f) 所示。

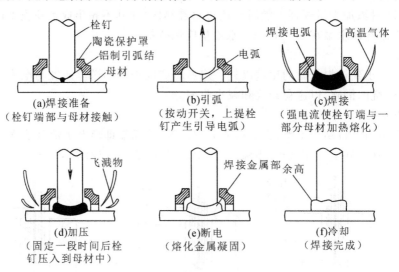

图 3-11　栓钉焊过程示意图

2）栓钉焊质量要求及检验方法

(1) 圆柱头栓钉焊接接头的抗拉性能应符合规范要求。

(2) 在工程中栓钉焊的质量要求主要通过打弯试验来检验,即用铁锤敲击栓钉圆柱头部位使其弯曲30°后,观察其焊接部位有无裂纹,若无裂纹为合格。栓钉焊接头的外观及外形尺寸合格要求见表3-10。对接头外形不符合要求的情况,可以用手工电弧焊补焊。

表3-10 栓钉焊接头外观与外形尺寸合格要求

外观检验项目	合 格 要 求
焊缝形状	360°范围内,焊缝高>1 mm,焊缝宽>0.5 mm
焊缝缺陷	无气孔、无夹渣
焊缝咬肉	咬肉深度<0.5 mm
焊钉焊后高度	焊后高度偏差<±2 mm

(3) 栓钉焊质量保证措施。栓钉不应有锈蚀、氧化皮、油脂、潮湿或其他有害物质。母材焊接处,不应有过量的氧化皮、锈、水分、油漆、灰渣、油污或其他有害物质。如不满足要求,应用抹布、钢丝刷、砂轮机等方法清扫或清除。

保护瓷环应干燥,受过潮的瓷环应在使用前置于烘箱中经120°烘干1~2 h。

6. 碳弧气刨

1) 碳弧气刨原理、特点及应用

(1) 碳弧气刨原理。

碳弧气刨是利用碳棒与工件之间产生的电弧热将金属熔化,同时利用压缩空气将熔化的金属吹掉,从而在金属上刨削出沟槽的一种热加工工艺。其工作原理如图3-12所示。

(2) 碳弧气刨的特点。

① 与风铲或砂轮相比,其效率高,噪音小,并可减轻劳动强度。

② 与等离子弧相比,其设备简单,压缩空气容易获得且成本低。

③ 由于碳弧气刨是利用高温而不是利用氧化作用刨削金属的,因此不但适用于黑色金属,而且适用于不锈钢及铜、铝等有色金属。

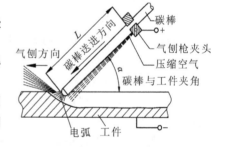

图3-12 碳弧气刨工作原理示意图

④ 由于碳弧气刨是利用压缩空气把熔化金属吹去,因此可以进行全位置操作。手工碳弧气刨的灵活性和可操作性较好,因而在狭窄的工位或可达性较差的部位,碳弧气刨仍可使用。

⑤ 在清理焊缝缺陷时,被刨削面光洁明亮,在电弧下可以清楚观察到缺陷的形状和深度,有利于缺陷的清除。

⑥ 碳弧气刨也有明显的缺点:产生烟雾、噪音较大、粉尘污染、弧光辐射、对操作者的技术要求高。

(3) 碳弧气刨的应用。

在钢结构生产中,碳弧气刨主要应用于清理焊根、清理焊缝缺陷、开坡口等。

2) 碳弧气刨操作要点

碳弧气刨是利用碳棒或石墨棒作为电极,与工件之间产生的电弧将金属熔化,并用压缩空气将熔化金属吹除的切割方法,也可在金属上加工沟槽。

碳弧气刨操作方便,灵活性高,可进行全位置操作。与砂轮或风铲相比,噪声小,效率高,在某些机械可达性差的部位加工时更有优越性。特别是在清除焊缝缺陷或清除焊根时,能在电弧下能清楚观察到缺陷的形状和深度,因此常用来清除焊缝缺陷或清理焊根。

(1) 刨前准备：① 检查导气管是否漏气，检查石墨棒是否漏电；② 根据石墨棒直径调节电流；③ 调节空气压力，压力要大于 0.4 MPa；④ 调整石墨棒伸出长度为 80～100 mm；⑤ 穿戴好防护用品；⑥ 电源极性，采用**直流反接**；⑦ 刨削速度 0.5～1.2 m/min。

(2) 起刨：① 打开气阀后再引弧，以免引起"夹碳"，在垂直位置应在高处起刨，由上向下刨削，便于吹出熔渣；② 石墨棒的中心应对准刨槽中心，工作角为 90°，否则刨出的槽不对称，行走角由刨槽深度确定，一般为 30～60°；③ 要保持均匀的刨削速度，刨削过程正常时，能听到连续、均匀、清脆的"嚓嚓"声，此时电弧稳定，能得到光滑、均匀的刨槽；④ 用矩形石墨棒刨 V 形槽的坡口面时，可使用断续电弧，此时听到断续、有节奏的"嚓嚓"声，既可避免石墨棒烧损不均匀，又可不影响刨削质量，但每次熄弧时间不能太长，而且重新引燃电弧后，要保证弧长不变，否则会影响刨削质量；⑤ 碳弧气刨时，若石墨棒与刨槽或铁水短路，就会产生"夹碳"缺陷，该处碳与金属结合生成一层含碳很高的脆硬层，不易被碳弧熔化和吹除，会阻碍碳弧气刨的继续进行，此处若不清除，焊后会使焊缝渗碳，或出现气孔和裂纹，"夹碳"必须认真清除，其方法是在它前面引弧，加大刨槽深度，将"夹碳"处连根一起刨掉，或用角向磨光机磨掉；⑥ 用碳弧气刨清除裂纹时，应先将裂纹两端刨掉，然后尽快以较深的刨削量连续刨削，彻底除去裂纹；⑦ 用碳弧气刨清根时，应将焊根的缺陷及未焊透处彻底清除掉；⑧ 刨槽时不准在钢板上任意引弧，以免损坏工件表面，引起不必要的麻烦；⑨ 刨削结束时，先断弧，待石墨棒冷却后再关气。

四、焊接质量检验

1. 基本规定

1) 质量检查依据

质量检查人员应按《钢结构焊接规范》(GB 50661—2011) 及施工图纸和技术文件要求，对焊接质量进行监督和检查。

2) 检查人员主要职责

(1) 对所用钢材及焊接材料的规格、型号、材质以及外观进行检查，均应符合图纸和相关规程、标准的要求。

(2) 监督检查焊工合格证及认可施焊范围。

(3) 监督检查焊工是否严格按焊接工艺技术文件要求及操作规程施焊。

(4) 对焊缝质量按照设计图纸、技术文件及相关规范要求进行验收检验。

3) 检查方案编制

检查前应根据施工图及说明文件规定的焊缝质量等级要求编制检查方案，由技术负责人批准并报监理工程师备案。检查方案应包括检查批的划分、抽样检查的抽样方法、检查项目、检查方法、检查时机及相应的验收标准等内容。

4) 抽样检查时，应符合下列要求

(1) 焊缝处数的计数方法：工厂制作焊缝长度小于等于 1000 mm 时，每条焊缝为 1 处；长度大于 1000 mm 时，将其划分为每 300 mm 为 1 处；现场安装焊缝每条焊缝为 1 处。

(2) 可按下列方法确定检查批：按焊接部位或接头形式分别组成批；工厂制作焊缝可以同一工区(车间)按一定的焊缝数量组成批；多层框架结构可以每节柱的所有构件组成批；现场安装焊缝可以区段组成批；多层框架结构可以每层(节)的焊缝组成批。

(3) 批的大小宜为 300～600 处。

(4) 抽样检查除设计指定焊缝外应采用随机取样方式取样。

5) 检查合格的确定

抽样检查的焊缝数如不合格率小于 2% 时,该批验收应定为合格;不合格率大于 5% 时,该批验收应定为不合格;不合格率为 2%～5% 时,应加倍抽检,且必须在原不合格部位两侧的焊缝延长线各增加一处,如在所有抽检焊缝中不合格率不大于 3% 时,该批验收应定为合格,大于 3% 时,该批验收应定为不合格。当批量验收不合格时,应对该批余下焊缝的全数进行检查。当检查出一处裂纹缺陷时,应加倍抽查。如在加倍抽检焊缝中未检查出其他裂纹缺陷时,该批验收应定为合格,当检查出多处裂纹缺陷或加倍抽查又发现裂纹缺陷时,应对该批余下焊缝的全数进行检查。

6) 不合格部位的处理

所有查出的不合格焊接部位应按焊缝缺陷返修的规定予以返修至检查合格。

2. 外观检验

1) 一般规定

(1) 所有焊缝应冷却到环境温度后进行外观检查,Ⅱ、Ⅲ类钢材的焊缝应以焊接完成 24 h 后检查结果作为验收依据,Ⅳ类钢材应以焊接完成 48 h 后的检查结果作为验收依据。

(2) 外观检查一般用目测,裂纹的检查应辅以 5 倍放大镜并在合适的光照条件下进行,必要时可采用磁粉探伤或渗透探伤,尺寸的测量应用量具、卡规。

(3) 焊缝外观质量应符合下列规定:① 一级焊缝不得存在未焊满、根部收缩、咬边和接头不良等缺陷,一级焊缝和二级焊缝不得存在表面气孔、夹渣、裂纹和电弧擦伤等缺陷;② 二级焊缝的外观质量除应符合第①条的要求外,还应满足表 3-11 的有关规定;③ 三级焊缝的外观质量应符合表 3-11 的有关规定。

表 3-11 焊缝外观质量允许偏差

焊缝质量等级 检验项目	二 级	三 级
未焊满	≤0.2+0.02t 且 ≤1 mm,每 100 mm 长度焊缝内未焊满累积长度≤25 mm	≤0.2+0.04t 且 ≤2 mm,每 100 mm 长度焊缝内未焊满累积长度≤25 mm
根部收缩	≤0.2+0.02t 且 ≤1 mm,长度不限	≤0.2+0.04t 且 ≤2 mm,长度不限
咬边	≤0.05t 且 ≤0.5 mm,连续长度≤100 mm,且焊缝两侧咬边总长≤10%焊缝全长	≤0.1t 且 ≤1 mm,长度不限
裂纹	不允许	允许存在长度≤5 mm 的弧坑裂纹
电弧擦伤	不允许	允许存在个别电弧擦伤
接头不良	缺口深度≤0.05t 且 ≤0.5 mm,每 1000 mm 长度焊缝内不得超过 1 处	缺口深度≤0.1t 且 ≤1 mm,每 1000 mm 长度焊缝内不得超过 1 处
表面气孔	不允许	每 50 mm 长度焊缝内允许存在直径≤0.4t 且 ≤3 mm 的气孔 2 个;孔距应≥6 倍孔径
表面夹渣	不允许	深≤0.2t,长≤0.5t 且 ≤20 mm

(4) 栓钉焊焊后应进行打弯检查。其合格标准为:当焊钉打弯至 30°时,焊缝热影响区不得有肉眼可见的裂纹,检查数量应不小于焊钉总数的 1%。

(5) 电渣焊、气电立焊接头的焊缝外观成形应光滑,不得有未熔合、裂纹等缺陷。当板厚小于 30 mm 时,压痕、咬边深度不得大于 0.5 mm;当板厚大于或等于 30 mm 时,压痕、咬边深度不得大于 1.0 mm。

2) 焊缝尺寸应符合下列规定

(1) 焊缝焊脚尺寸应符合表 3-12 的规定。

表 3-12 焊缝焊脚尺寸允许偏差

序号	项目	示意图	允许偏差/mm	
1	角焊缝及部分焊透的角接与对接组合焊缝		$h_f \leq 6$ 时 0~1.5	$h_f > 6$ 时 0~3.0
2	一般全焊透的角接与对接组合焊缝		$h_f \geq \left(\dfrac{t}{4}\right)_0^{+4}$ 且 ≤ 10	
3	需经疲劳验算的全焊透角接与对接组合焊缝		$h_f \geq \left(\dfrac{t}{2}\right)_0^{+4}$ 且 ≤ 10	

注：$h_f \geq 8.0$ mm 的角焊缝其局部焊脚尺寸允许低于设计要求值 1.0 mm，但总长度不得超过焊缝长度的 10%。

(2) 焊缝余高及错边应符合表 3-13 的规定。

表 3-13 焊缝余高和错边允许偏差

序号	项目	示意图	允许偏差/mm	
			一、二级	三级
1	对接焊缝余高(C)		$B < 20$ 时，C 为 0~3； $B \geq 20$ 时，C 为 0~4	$B < 20$ 时，C 为 0~3.5； $B \geq 20$ 时，C 为 0~5
2	对接焊缝错边(d)		$d < 0.1t$ 且 ≤ 2.0	$d < 0.15t$ 且 ≤ 3.0
3	角焊缝余高(C)		$h_f \leq 6$ 时，C 为 0~1.5； $h_f >$ 时，C 为 0~3.0	

(3) 焊接 H 形梁腹板与翼缘板的焊缝两端在其两倍翼缘板宽度范围内，焊缝的焊脚尺寸不得低于设计要求值。

3. 无损检测

(1) 无损检测应在外观检查合格后进行。

(2) 焊缝无损检测报告签发人员必须持有相应探伤方法的Ⅱ级或Ⅱ级以上资格证书。

(3) 设计要求全焊透的焊缝，其内部缺陷的检验应符合下列要求：① 一级焊缝应进行 100%

的检验,其合格等级应为现行国家标准《焊缝无损检测 超声检测 技术、检测等级和评定》(GB/T 11345—2013)B级检验的Ⅱ级及Ⅱ级以上;② 二级焊缝应进行抽检,抽检比例应不小于20%,其合格等级应为现行国家标准《焊缝无损检测 超声检测 技术、检测等级和评定》(GB/T 11345—2013)B级检验的Ⅲ级及Ⅲ级以上;③ 全焊透的三级焊缝可不进行无损检测。

(4) 设计文件指定进行射线探伤或超声波探伤不能对缺陷性质作出判断时,可采用射线探伤进行检测、验证。

(5) 射线探伤应符合现行国家标准《金属熔化焊焊接接头射线照相》(GB/T 3323—2005)的规定,射线照相的质量等级应符合AB级的要求。一级焊缝评定合格等级应为《金属熔化焊焊接接头射线照相》(GB/T 3323—2005)的Ⅱ级及Ⅱ级以上,二级焊缝评定合格等级应为《金属熔化焊焊接接头射线照相》(GB/T 3323—2005)的Ⅲ级及Ⅲ级以上。

(6) 下列情况之一应进行表面检测:① 外观检查发现裂纹时,应对该批中同类焊缝进行100%的表面检测;② 外观检查怀疑有裂纹时,应对怀疑的部位进行表面探伤;③ 设计图纸规定进行表面探伤时;④ 检查员认为有必要时。

(7) 铁磁性材料应采用磁粉探伤进行表面缺陷检测。确因结构原因或材料原因不能使用磁粉探伤时,方可采用渗透探伤。

(8) 磁粉探伤应符合国家现行标准《焊缝无损检测 磁粉检测》(GB/T 26951—2011)的规定,渗透探伤应符合国家现行标准《焊缝无损检测 焊缝渗透检测验收等级》(GB/T 26953—2011)的规定。

(9) 磁粉探伤和渗透探伤的合格标准应符合本章中外观检验的有关规定。

任务2 普通螺栓连接

钢结构的螺栓连接的紧固工具和工艺均较简单,易于实施,进度和质量较容易保证,拆装维护方便,所以螺栓连接在钢结构安装连接中得到广泛的应用。螺栓连接分为普通螺栓连接和高强度螺栓连接两大类。按受力情况的不同又各分为抗剪螺栓连接、抗拉螺栓连接和同时承受剪拉的螺栓连接三种。

普通螺栓连接中使用较多的是粗制螺栓(C级螺栓)连接。其抗剪连接是依靠螺杆受剪和孔壁承压来承受荷载。抗拉连接则依靠沿螺杆轴向受拉来承受荷载。粗制螺栓抗剪连接中,由于螺杆孔径较螺杆直径大1.0~1.5 mm,有空隙,受力后板件间将发生一定大小的相对滑移,因此只能用于一些不直接承受动力荷载的次要构件和不承受动力荷载的可拆卸结构的连接和临时固定用的连接中。由于螺栓的抗拉性能较好,因而常用于一些使螺栓受拉的工地安装节点连接中。

普通螺栓连接中的精制螺栓(A、B级螺栓)连接,受力和传力情况与上述粗制螺栓连接完全相同,因质量较好可用于要求较高的抗剪连接,但由于螺栓加工复杂,安装要求高,价格昂贵,工程上已极少使用,逐渐地被高强度螺栓连接所替代。

一、普通螺栓性能与规格

1. 普通螺栓的性能

螺栓按照性能等级分3.6、4.6、4.8、5.6、5.8、6.8、8.8、9.8、10.9、12.9等十个等级。其中,

8.8级以上螺栓材质为低合金钢或中碳钢并经热处理(淬火、回火),称为高强度螺栓;8.8级以下(不含8.8级)螺栓材质为低碳钢或中碳钢,称为普通螺栓。

螺栓性能等级标号由两部分数字组成,分别表示螺栓的公称抗拉强度和材质的屈强比。例如,性能等级4.6级的螺栓其含意为:第一部分数字(4.6中的"4")为螺栓材质公称抗拉强度(N/mm^2)的1/100;第二部分数字(4.6中的"6")为螺栓材质屈强比的10倍;两部分数字的乘积($4×6="24"$)为螺栓材质公称屈服点(N/mm^2)的1/10。

2. 普通螺栓规格

普通螺栓按照形式可分为六角头螺栓、双头螺栓、沉头螺栓等。按制作精度可分为A、B、C三个等级。其中,A、B级为精制螺栓,C级为粗制螺栓。钢结构用连接螺栓,除特殊注明外,一般即为普通粗制C级螺栓。

3. 螺母

钢结构常用的螺母,其公称高度h大于或等于$0.8D$(D为与其相匹配的螺栓直径),螺母强度设计应选用与之相匹配螺栓中最高性能等级的螺栓强度,当螺母拧紧到螺栓保证荷载时,必须不发生螺纹脱扣。

螺母性能等级分为4、5、6、8、9、10、12级等,其中8级(含8级)以上的螺母与高强度螺栓匹配,8级以下的螺母与普通螺栓匹配。螺母的螺纹应和螺栓相一致,一般应为粗牙螺纹(除非特殊注明用细牙螺纹),螺母的机械性能主要是螺母的保证应力和硬度,其值应符合规范规定。

4. 垫圈

常用钢结构螺栓连接的垫圈,按形状及其使用功能可以分为以下四类。

(1) 圆平垫圈:一般放置于紧固螺栓头及螺母的支承面下面,用于增加螺栓头及螺母的支承面,同时防止被连接件表面损伤。

(2) 方形垫圈:一般置于地脚螺栓头及螺母支承面下,用于增加支承面及遮盖较大螺栓孔眼。

(3) 斜垫圈:主要用于工字钢、槽钢翼缘倾斜面的垫平,使螺栓支承面垂直于螺杆,避免紧固时造成螺母支承面和被连接的倾斜面局部接触。

(4) 弹簧垫圈:防止螺栓拧紧后在动载作用下的振动和松动,依靠垫圈的弹性功能及斜口摩擦面防止螺栓的松动。一般用于有动荷载(振动)或经常拆卸的结构连接处。

二、普通螺栓连接工艺

1. 一般要求

普通螺栓作为永久性连接螺栓时,应符合下列要求。

(1) 对一般的螺栓连接,螺栓头和螺母下面应放置平垫圈,以增大承压面积。

(2) 螺栓头下面放置的垫圈一般不应多于2个,螺母头下放置的垫圈一般不应多于1个。

(3) 对于设计有要求防松动的螺栓、锚固螺栓应采用有防松装置的螺母或弹簧垫圈,或用人工方法采取防松措施。

(4) 对于承受动荷载或重要部位的螺栓连接,应按设计要求放置弹簧垫圈,弹簧垫圈必须设置在螺母一侧。

(5) 对于工字钢、槽钢类型钢应使用斜垫圈,使螺母和螺栓头部的支承面垂直于螺杆。

2. 螺栓直径及长度的选择

(1) 螺栓直径。螺栓直径的确定应由设计人员按等强原则通过计算确定,但对于同一个工程,螺栓直径的规格应尽可能少,便于施工和管理;另外螺栓直径还应与被连接件的厚度相匹配。

(2) 螺栓长度。螺栓的长度通常是指螺栓螺头内侧面到螺杆端头的长度,一般都是以 5 mm 进制。从螺栓的标准规格上可以看出,螺纹的长度基本不变。影响螺栓长度的因素主要有:被连接件的厚度、螺母高度、垫圈的数量及厚度等,可按以下公式计算。

$$L = \delta + H + nh + C$$

式中:δ 为被连接件总厚度(mm);H 为螺母高度(mm),一般为 $0.8D$;n 为垫圈个数;h 为垫圈厚度(mm);C 为螺纹外露部分长度(mm),2~3 mm 为宜,一般为 5 mm。

3. 螺栓的布置

螺栓连接接头中螺栓的排列布置主要有并列和交错排列两种形式,螺栓间的间距确定既要考虑连接效果(连接强度和变形),又要考虑螺栓的施工。

4. 螺栓孔

对于精制螺栓(A、B 级螺栓),螺栓孔必须是Ⅰ类孔,应具有 H12 的精度,孔壁表面粗糙度 Ra 不应大于 12.5 μm,为了保证上述精度要求必须钻孔成型。

对于粗制螺栓(C 级螺栓),螺栓孔为Ⅱ类孔,孔壁表面粗糙度 Ra 不应大于 25 μm。

5. 螺栓的紧固和检验

普通螺栓连接对螺栓紧固轴力没有要求,因此螺栓的紧固施工以操作者的手感及连接接头的外形控制为准,通俗来说就是一个操作工使用普通扳手靠自己的力量拧紧螺母,保证被连接接触面能密贴,无明显的间隙即可。这种紧固施工方式虽然有很大的差异性,但能满足连接要求。为了使连接接头中螺栓受力均匀,螺栓的紧固次序应从中间开始,对称向两边进行;对大型接头应采用初拧和复拧,即两次紧固方法,保证接头内各个螺栓能均匀受力。

普通螺栓的连接应牢固可靠,无锈蚀、松动等现象,外露丝扣不应少于 2 扣。检验较简单,一般采用锤击法,即用 3 公斤小锤,一手扶螺栓(或螺母)头,另一手用锤敲,要求螺栓头(螺母)不偏移、不颤动、不松动,锤声比较干脆;否则说明螺栓紧固质量不好,需要重新紧固施工。

任务3 高强度螺栓连接

高强度螺栓连接按其受力状况,可分为摩擦型连接、承压型连接和张拉型连接三种类型。其中,前两种连接主要承受剪力,第三种主要承受拉力。摩擦型连接是目前广泛采用的连接形式。

摩擦型连接是依靠连接板件间的摩擦力来承受荷载。连接中的螺栓孔壁不承压,螺杆不受剪。这种连接应力传递圆滑,接头刚性好,通常所指的高强度螺栓连接,就是这种摩擦型连接。高强度螺栓摩擦型连接以板件间的摩擦力刚要被克服作为承载能力极限状态。

承压型连接以摩擦力被克服、节点板件发生相对滑移后孔壁承压和螺栓受剪破坏作为承载能力极限状态。这种连接由于在摩擦力被克服后将产生一定的滑移变形,因而其应用受到限制。但此连接的承载能力高于高强度螺栓摩擦型连接,经济性好。

张拉型连接:当外力与高强度螺栓轴向一致时,如法兰连接、T型连接、螺栓球节点连接等这类高强度螺栓连接称张拉型连接。该连接的特点是:外力和由高强度螺栓预紧力产生在连接件间的压力相平衡。

一、高强度螺栓的种类与规格

高强度螺栓从外形上可分为大六角头和扭剪型两种;按性能等级可分为8.8级、10.9级、12.9级等。目前我国使用的大六角头高强度螺栓有8.8级和10.9级两种,扭剪型高强度螺栓只有10.9级一种。试验研究和工程实践表明,强度在1000 MPa左右的高强度螺栓既能满足使用要求,又可以最大限度地控制因强度太高而引起的滞后断裂的发生。

(1) 大六角头高强度螺栓连接副。大六角头高强度螺栓连接副含一个螺栓、一个螺母、两个垫圈(螺头和螺母两侧各一个垫圈)。螺栓、螺母、垫圈在组成一个连接副时,其性能等级要匹配。

(2) 扭剪型高强度螺栓连接副。扭剪型高强度螺栓连接副含一个螺栓、一个螺母、一个垫圈;目前国内只有10.9级一个性能等级。

(3) 高强度螺栓连接副的机械性能。高强度螺栓连接副实物的机械性能主要包括螺栓的抗拉荷载、螺母的保证荷载及实物硬度等。

二、高强度螺栓连接工艺

1. 一般规定

(1) 高强度螺栓连接在连接前应对连接副实物和摩擦面进行检验和复验,合格后才能进入安装施工。

(2) 对每一个连接接头,应先用临时螺栓或冲钉定位。为了防止损伤螺纹引起扭矩系数的变化,严禁把高强度螺栓作为临时螺栓使用。对于一个接头,临时螺栓和冲钉的数量应根据该接头可能承担的荷载计算确定,并应符合下列规定:① 不得少于安装螺栓总数的1/3;② 不得少于两个临时螺栓;③ 冲钉穿入数量不宜多于临时螺栓的30%。

(3) 高强度螺栓的穿入,应在结构中心位置调整后进行,其穿入方向应以施工方便为准,力求一致。安装时要注意垫圈的正反面,即:螺母带圆台面的一侧应朝向垫圈有倒角的一侧;对于大六角头高强度螺栓连接副靠近螺头一侧的垫圈,其有倒角的一侧朝向螺栓头。

(4) 高强度螺栓的安装应能自由穿入孔,严禁强行穿入,如不能自由穿入时,该孔应用铰刀进行修整;修整后孔的最大直径应小于1.2倍螺栓直径。修孔时,为了防止铁屑落入板叠缝中,铰孔前应将四周螺栓全部拧紧,使板叠密贴后再进行,严禁气割扩孔。

(5) 高强度螺栓连接中,连接钢板的孔径应略大于螺栓直径,并必须采取钻孔成型的方法,钻孔后的钢板表面应平整、孔边无飞边和毛刺,连接板表面应无焊接飞溅物、油污等。

(6) 高强度螺栓连接板螺栓孔的孔距及边距除应符合规范要求外,还应考虑专用施工机具的可操作空间。

(7) 高强度螺栓在终拧以后,螺栓丝扣外露应为2至3扣,其中允许有10%的螺栓丝扣外露1扣或4扣。

2. 大六角头高强度螺栓连接工艺

1) 大六角头高强度螺栓连接副扭矩系数

对于大六角头高强度螺栓连接副,拧紧螺栓时,加到螺母上的扭矩值M和导入螺栓的轴向紧固力（轴力）P 之间存在如下的对应关系。

$$M = K \cdot D \cdot P$$

式中：D 为螺栓公称直径（mm）；P 为螺栓轴力（kN）；M 为施加于螺母上扭矩值（kN·m）；K 为扭矩系数。

扭矩系数 K 与下列因素有关：① 螺母和垫圈间接触面的平均半径及摩擦系数值；② 螺纹形式、螺距及螺纹接触面间的摩擦系数值；③ 螺栓及螺母中螺纹的表面处理及损伤情况等。

高强度螺栓连接副的扭矩系数 K 是衡量高强度螺栓质量的主要指标，是一个具有一定离散性的综合折减系数，我国标准规定 10.9 级大六角头高强度螺栓连接副必须按批保证扭矩系数供货，同批连接副的扭矩系数平均值为 0.110～0.150（10.9 级），其标准偏差应小于或等于 0.010，在安装使用前必须按供应批进行复验。

大六角头高强度螺栓连接副，应按批进行检验和复验，所谓批是指：同一性能等级、材料、炉号、螺纹规格、长度（当螺栓长度≤100 mm 时，长度相差≤15 mm；当螺栓长度＞100 mm 时，长度相差≤20 mm，可视为同一长度）、机械加工、热处理工艺、表面处理工艺的螺栓为同批；同一性能等级、材料、炉号、螺纹规格、机械加工、热处理工艺、表面处理工艺的螺母为同批；同一性能等级、材料、炉号、规格、机械加工、热处理工艺、表面处理工艺的垫圈为同批；分别由同批螺栓、螺母、垫圈组成的连接副为同批连接副。

2）扭矩法施工

对于大六角头高强度螺栓连接副来说，当扭矩系数 K 确定之后，由于螺栓的轴力（预拉力）P 是由设计规定的，则螺栓应施加的扭矩值 M 就可以容易地计算确定，根据计算确定的施工扭矩值，使用扭矩扳手（包括手动、电动、风动等）按施工扭矩值进行终拧，这就是扭矩法施工的原理。

螺栓的轴力 P 时应根据设计预拉力值来确定，一般考虑螺栓的施工预拉力损失 10%，即螺栓施工预拉力（轴力）P 按 1.1 倍的设计预拉力取值。

螺栓在储存和使用过程中扭矩系数易发生变化，所以在工地安装前一般都要进行扭矩系数复检，复检合格后根据复验结果确定施工扭矩，并以此安排施工。

扭矩系数试验用的螺栓、螺母、垫圈试样，应从同批螺栓副中随机抽取，按批量大小一般取 5～10 套。由于经过扭矩系数试验的螺栓仍可用于工程，所以如果条件许可，样本多取一些更能反映该批螺栓的扭矩系数。试验状态应与螺栓使用状态相同，试样不允许重复使用。扭矩系数复验应在国家认可的有资质的检测单位进行，试验所用的轴力计和扭矩扳手应经计量认证。

在采用扭矩法终拧前，应首先进行初拧，对螺栓多的大接头，还需进行复拧。初拧的目的就是使连接接触面密贴，一般常用规格螺栓（M20、M22、M24）的初拧扭矩在 200～300 N·m，螺栓轴力达到 10～50 kN 即可，在实际操作中，可以让一个操作工使用普通扳手用自己的手力拧紧即可。

初拧、复拧及终拧的次序，一般来说都是从中间向两边或四周对称进行，初拧和终拧的螺栓都应做不同的标记，避免漏拧、超拧等安全隐患，同时也便于检查人员检查紧固质量。

3）转角法施工

因扭矩系数的离散性，特别是螺栓制造质量或施工管理不善，扭矩系数会超过标准值（平均值和变异系数），在这种情况下采用扭矩法施工，即用扭矩值控制螺栓轴力的方法就会出现较大的误差。为了解决这一问题，引入转角法施工。转角法是利用螺母旋转角度控制螺杆弹性伸长量来控制螺栓轴向力的方法，如图 3-13 所示。

试验结果表明，螺栓在初拧以后，螺母的旋转角度与螺栓轴向力成对应关系，当螺栓受拉处

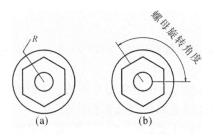

图 3-13 转角施工方法

于弹性范围内时,二者成线性关系。根据这一线性关系,在确定螺栓的施工预拉力(一般为 1.1 倍设计预拉力)后,就很容易得到螺母的旋转角度,施工操作人员按照此旋转角度紧固施工,就可以满足设计上对螺栓预拉力的要求,这就是转角法施工的基本原理。

高强度螺栓转角法施工分初拧和终拧两步进行(必要时需增加复拧),初拧的要求比扭矩法施工严格。这是因为连接板会有间隙,起初螺母的转角大都消耗于板的间隙,转角与螺栓轴力关系极不稳定;初拧的目的是为消除板间隙的影响,给终拧创造一个大体一致的基础。

转角法施工在我国已有 40 多年的历史,但对初拧扭矩的大小没有标准,各个工程根据具体情况确定。一般来说,对于常用螺栓(M20、M22、M24),初拧扭矩定在 200～300 N·m 比较合适,原则上应该使连接板缝密贴为准。终拧是在初拧的基础上,再将螺母拧转一定的角度,使螺栓轴向力达到施工预拉力。转角法施工次序如下:

- 初拧:采用定扭扳手,从栓群中心顺序向外拧紧螺栓。
- 初拧检查:一般采用敲击法,即用小锤逐个检查,目的是防止螺栓漏拧。
- 划线:初拧后对螺栓逐个进行划线。
- 终拧:用专用扳手使螺母再旋转一个额定角度,螺栓群紧固的顺序同初拧。
- 终拧检查:对终拧后的螺栓逐个检查螺母旋转角度是否符合要求,可用量角器检查螺栓与螺母上划线的相对转角作标记;对终拧完的螺栓用不同颜色笔作出明显的标记,以防漏拧和重拧,并供质检人员检查。

终拧使用的工具目前有风动扳手、电动扳手、电动定转角扳手及手动扳手等。一般的扳手控制螺母转角大小的方法是将转角角度刻划在套筒上,这样当套筒套在螺母上后,用笔将套筒上的角度起始位置划在钢板上,开机后待套筒角度终点线离开钢板上标记后,直到终拧完毕,这时套筒旋转角度即为螺母旋转的角度。当使用定扭角扳手时,螺母转角由扳手控制,达到规定角度后,扳手自动停机。为了保证终拧转角的准确性,施拧时应注意防止螺栓与螺母共转的情况发生,为此螺头一边应有人配合卡住螺头。

螺母的旋转角度应在施工前复验,复验程序同扭矩法施工,即复验用的螺栓、螺母、垫圈试样,应从同批螺栓副中随机抽取,按批量大小一般取 5～10 套,试验状态应与螺栓使用状态相同,试样不允许重复使用。转角复验应在国家认可的有资质的检测单位进行,试验所用的轴力计、扳手及量角器等仪器应经过计量认证。

3. 扭剪型高强度螺栓连接工艺

扭剪型高强度螺栓和大六角头高强度螺栓在材料、性能等级及紧固后连接的工作性能等方面都是相同的,所不同的是外形和紧固方法。扭剪型高强度螺栓是一种自标量型(扭矩系数)的螺栓,其紧固方法采用的是扭矩法原理,施工扭矩是由螺栓尾部梅花头的切口直径来确定的。

1) 紧固原理

扭剪型高强度螺栓的紧固采用专用电动扳手,扳手的扳头由内外两个套筒组成,内套筒套在梅花头上,外套筒套在螺母上,在紧固过程中,梅花头承受紧固螺母所产生的反扭矩,此扭矩与外套筒施加在螺母上的扭矩大小相等,方向相反,螺栓尾部梅花头切口处承受该纯扭矩作用。当加于螺母的扭矩值增加到梅花头切口扭断力矩时,切口断裂,紧固过程完毕,因此施加螺母的最大扭矩即为梅花头切口的扭断力矩,如图 3-14 所示。

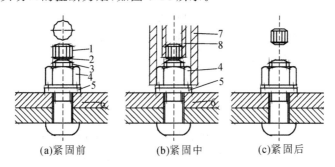

图 3-14　扭剪型螺栓紧固过程

1—梅花头;2—断裂切口;3—螺栓螺纹部分;4—螺母;5—垫圈;6—被紧固的构件;7—外套筒;8—内套筒

由材料力学可知,切口的扭断力矩 M_b 与材料及切口直径有关,即:

$$M_b = \frac{\pi}{16}d_0^3 \cdot \tau_b$$

式中:τ_b 为扭转极限强度(MPa),$\tau_b = 0.77 f_u$;d_0 为切口直径(mm);f_u 为螺栓材料的抗拉强度(MPa)。

施加在螺母上的扭矩值 M_k 应等于切口扭断力矩 M_b,即:

$$M_k = M_b = K \cdot d \cdot P = \frac{\pi}{16}d_0^3 \cdot (0.77 f_u)$$

由上式可得:

$$P = \frac{0.15 d_0^3 f_u}{K \cdot d}$$

式中:P 为螺栓的紧固轴力;f_u 为螺栓材料的抗拉强度;K 为连接副的扭矩系数;d 为螺栓的公称直径;d_0 为梅花头的切口直径。

由上式可知,扭剪型高强度螺栓的紧固轴力 P 不仅与其扭矩系数有关,而且与螺栓材料的抗拉强度及梅花头切口直径直接有关,这就给螺栓制造提出了更高更严的要求,需要同时控制 K、f_u、d_0 三个参量的变化幅度,才能有效控制螺栓轴力的稳定性,为了便于应用,在扭剪型高强度螺栓的技术标准中,直接规定了螺栓轴力 P 及其离散性,而隐去了与施工无关的扭矩系数 K 等。

2)紧固轴力

大六角头高强度螺栓连接副在出厂时,制造商应提供扭矩系数值及变异系数,同样,扭剪型高强度螺栓连接副在出厂时,制造商应提供螺栓的紧固轴力及其变异系数(或标准偏差)。在进入工地安装前,需要对连接副进行紧固轴力的复验,复验用的螺栓、螺母、垫圈必须从同批连接副中随机取样,按批量大小一般取 5~10 套,试验状态应与螺栓使用状态相同。试验应在国家认可的有资质的检测单位进行,试验使用的轴力计应经过计量认证。

扭剪型高强度螺栓的紧固轴力试验,一般取试件数(连接副)紧固轴力的平均值和标准偏差来判定该批螺栓连接副是否合格。

由同批螺栓、螺母、垫圈组成的连接副为同批连接副,这里批的概念同大六角头高强度螺栓连接副。

3)扭剪型高强度螺栓连接副紧固施工

扭剪型高强度螺栓连接副紧固施工相对于大六角头高强度螺栓连接副紧固施工要简便得

多,正常的情况采用专用的电动扳手进行终拧,梅花头拧掉标志着螺栓终拧的结束,对于检查人员来说也很直观明了,只要检查梅花头掉没掉就可以了。

为了减少接头中螺栓群间相互影响及消除连接板面间的缝隙,紧固要分初拧和终拧两个步骤进行,对于超大型的接头还要进行复拧。扭剪型高强度螺栓连接副的初拧扭矩可适当加大,一般初拧螺栓轴力可以控制在螺栓终拧轴力值的 50%~80%,对常用规格的高强度螺栓(M20、M22、M24)初拧扭矩可以控制在 400~600 N·m,若用转角法初拧,初拧转角控制在 45°~75°,一般以 60°为宜。

由于扭剪型高强度螺栓是利用螺尾梅花头切口的扭断力矩来控制紧固扭矩的,所以用专用扳手进行终拧时,螺母一定要处于转动状态,即在螺母转动一定角度后扭断切口,才能起到控制终拧扭矩的作用。否则由于初拧扭矩达到或超过切口扭断扭矩或出现其他一些不正常情况,终拧时螺母不再转动切口即被拧断,失去了控制作用,螺栓紧固状态成为未知,造成工程安全隐患。

扭剪型高强度螺栓的终拧过程如图 3-15 所示,具体介绍如下。

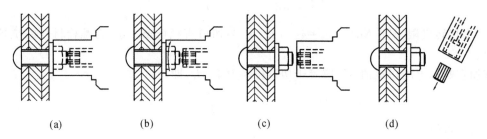

图 3-15　扭剪型高强度螺栓连接副终拧示意图

(1) 先将扳手内套筒套入梅花头上,再轻压扳手,再将外套筒套在螺母上。完成本项操作后最好晃动一下扳手,确认内、外套筒均已套好,且调整套筒与连接板面垂直。

(2) 按下扳手开关,外套筒旋转,直至切口拧断。

(3) 切口断裂,扳手开关关闭,将外套筒从螺母上卸下,此时注意拿稳扳手,特别是高空作业时。

(4) 启动顶杆开关,将内套筒中已拧掉的梅花头顶出,梅花头应收集在专用容器内,禁止随便丢弃,特别是应防止高空坠落伤人。

三、高强度螺栓连接的主要检验项目

高强度螺栓连接是钢结构工程的主要分项工程之一,其施工质量直接影响着整个结构的安全,是质量过程控制的重要一环。从工程质量验收的角度来说,高强度螺栓连接施工的主要检验项目有下列几种。

1. 资料检验

高强度螺栓连接副(包括螺栓、螺母、垫圈等)应配套成箱供货,并附有出厂合格证、质量证明书及质量检验报告,检验人员应逐项与设计要求及现行国家标准进行对照,对不符合的连接副不得使用。

对大六角头高强度螺栓连接副,应重点检验扭矩系数检验报告;对扭剪型高强度螺栓连接副应重点检验紧固轴力检验报告。

2. 工地复验项目

1) 大六角头高强度螺栓连接副扭矩系数复验

复验用螺栓连接副应在施工现场待安装的螺栓批中随机抽取,每批应抽取 8 套连接副进行复验。复验使用的计量器具应经过标定,误差不得超过 2%。每套连接副只应做一次试验,不得重复使用。

连接副扭矩系数的复验是将螺栓插入轴力计或高强度螺栓自动检测仪,然后在螺母处施加扭矩,在轴力计或高强螺栓自动检测仪上可以读出螺栓紧固轴力(预拉力)。当螺栓紧固轴力(预拉力)达到规定范围后,读出施加于螺母上的扭矩值 T。并按式(3-1)计算大六角头高强度螺栓连接副的扭矩系数 K。

$$K = \frac{T}{P \cdot d} \quad (3\text{-}1)$$

式中:T 为施拧扭矩(N·m);d 为高强度螺栓的公称直径(mm);P 为螺栓紧固轴力(预拉力)(kN)。

每组 8 套连接副扭矩系数的平均值应为 0.11~0.15,标准偏差小于或等于 0.010。

若采用高强度螺栓自动检测仪(见图 3-16),则当螺栓轴力值达到规定范围(见表 3-14)后,仪器自动停止施加扭矩,并记录下此时的扭矩值和轴力值,给出扭矩系数。

图 3-16 高强度螺栓自动检测仪

表 3-14 螺栓紧固轴力值范围(kN)

螺栓规格	M12	M16	M20	M24	M27
紧固轴力 P	49~59	93~113	142~177	206~250	265~324

2) 扭剪型高强度螺栓连接副预拉力复验

复验用的螺栓连接副应在施工现场待安装的螺栓批中随机抽取,每批应抽取 8 套连接副进行复验。试验用的轴力计、应变仪、扭矩扳手或高强度螺栓自动检测仪等计量器具应经过标定,其误差不得超过 2%。

采用轴力计方法复检连接副预拉力时,应将螺栓直接插入轴力计,紧固螺栓分初拧、终拧两次进行,初拧应采用扭矩扳手,初拧值应控制在预拉力(轴力)标准值的 50% 左右,终拧采用专用电动扳手,施拧至端部梅花头拧掉,读出轴力值。每套连接副只应做一次试验,不得重复使用。在紧固过程中垫圈发生转动时,应更换连接副,重新试验。

当采用高强度螺栓自动检测仪时,不需要扭矩扳手,仪器上夹具起到扳手的作用。栓杆轴力值和扭矩值由仪器显示器给出。

复验螺栓连接副(8 套)的紧固轴力平均值和标准偏差应符合规定要求(见表 3-15),其变异系数应不大于 10%。

表 3-15 高强度螺栓连接副紧固轴力(kN)

螺栓规格	M16	M20	M24	M27
每批紧固轴力的平均值 P	99~120	154~186	191~231	222~270
标准偏差 p	10.1	15.7	19.5	22.7

变异系数按式(3-2)计算。

$$\delta = \frac{\sigma_P}{\overline{P}} \times 100\% \tag{3-2}$$

式中:δ 为紧固轴力的变异系数;σ_P 为紧固轴力的标准差;$\overline{P}$ 为紧固轴力的平均值。

3) 高强度螺栓连接摩擦面的抗滑移系数值应复验

在制作单位进行了合格试验的基础上,由安装单位进行高强度螺栓连接摩擦面的抗滑移系数值的复验。试验用的试验机应经过标定,误差控制在 1% 以内;传感器、应变仪等误差应控制在 2% 以内。

每组试件将四套高强度螺栓连接副穿入各孔中,改四套高强度螺栓连接副为经预拉力复验的同批扭剪型高强度螺栓连接副,或为经扭矩系数复验的同批高强度螺栓连接副。施拧用扭矩扳手,分为初拧和终拧两次进行。初拧值(T_0)应为预拉力标准值(P)的 50% 左右。T_0 可按式(3-3)计算。

$$T_0 = 0.065 P \cdot d \tag{3-3}$$

式中:P 值查表选择与螺栓公称直径 d 相应的值取用。

终拧后,螺栓预拉力应符合设计预拉力值的 0.95～1.05 倍的要求。不进行实测时,扭剪型高强度螺栓连接副的预拉力可按同批复验预拉力的平均值取用;大六角头高强度螺栓连接副可按同批复验扭矩系数的平均值经换算后取用。

试件组装好后,应在其侧面划出观察滑移的直线,以便确认是否发生滑移。然后将试件置于拉力试验机上,试件轴线应与试验机夹具中心严格对中。对试件加荷时,应先施加 10% 的抗滑移设计荷载,停 1 min 后,再平稳加荷,加荷速度为 3～5 kN/s,直至滑移发生,测得滑移荷载。

当试验发生下列情况之一时,所对应的荷载可视为试件的滑移荷载:① 试验机发生明显的回针现象;② 试件侧面划线发生可见的错动;③ X-Y 记录仪上变形曲线发生突变;④ 试件突然发生"嘣"的响声。

试件的滑移通常会在两端各发生一次,当两次滑移所对应的滑移荷载相差不大时,可取其平均值作为计算用滑移荷载;当两次滑移所对应的滑移荷载相差较大时,可取其最小值作为计算用滑移荷载。

根据测得的滑移荷载和螺栓预拉力的取用值,计算抗滑移系数。测得的抗滑移系数应符合规范、标准或设计的要求。若不符合规范中的规定,构件摩擦面应重新处理,处理后再重新进行检测。

3. 一般检验项目

(1) 高强度螺栓连接副的安装顺序及初拧、复拧扭矩检验。检验人员应检查扳手标定记录、螺栓施拧标记及螺栓施工记录,有疑义时抽查螺栓的初拧扭矩。

(2) 高强度螺栓的终拧检验。大六角头高强度螺栓连接副在终拧完毕 48 h 内应进行终拧扭矩的检验,首先对所有螺栓进行终拧标记的检查,终拧标记包括扭矩法和转角法施工两种标记,除了标记检查外,检查人员最好用小锤对节点的每个螺栓逐一进行敲击,从声音的不同找出漏拧或欠拧的螺栓,以便重新拧紧。对扭剪型高强度螺栓连接副,终拧是以拧掉梅花头为标志,可用肉眼全数检查,非常简便,但扭剪型高强度螺栓连接的工地施工质量重点应放在施工过程中的监督检查上,如检查初拧扭矩值及观察螺栓终拧时螺母是否处于转动状态,转动角度是否适宜(以 60° 为理想状态)等。

大六角头高强度螺栓的终拧检验就显得比较复杂,分扭矩法检查和转角法检查两种,应该说对扭矩法施工的螺栓应采用扭矩法检查,同理对转角法施工的螺栓应采用转角法检查。

常用的扭矩法检查方法有如下两种:① 将螺母退回60°左右,用表盘式定扭扳手测定拧回至原来位置时的扭矩值,若测定的扭矩值较施工扭矩值低10%以内即为合格;② 用表盘式定扭扳手继续拧紧螺栓,测定螺母开始转动时的扭矩值,若测定的扭矩值较施工扭矩值大10%以内即为合格。

转角法检查终拧扭矩的方法如下:① 检查初拧后在螺母与螺尾端头相对位置所划的终拧起始线和终止线所夹的角度是否在规定的范围内;② 在螺尾端头和螺母相对位置划线,然后完全卸松螺母,再按规定的初拧扭矩和终拧角度重新拧紧螺栓,观察与原划线是否重合,一般角度误差在±10°为合格。

(3) 高强度螺栓连接副终拧后应检验螺栓丝扣外露长度,要求螺栓丝扣外露2~3扣为宜,其中允许有10%的螺栓丝扣外露1扣或4扣,对同一个节点,螺栓丝扣外露应力求一致,便于检查。

(4) 其他检验项目。

① 高强度螺栓连接摩擦面应保持干燥、整洁,不应有飞边、毛刺、焊接飞溅物、焊疤、氧化铁皮、污垢和不应有的涂料等。

② 高强度螺栓应自由穿入螺栓孔,不应气割扩孔,遇到必须扩孔时,最大扩孔量不应超过$1.2d$(d为螺栓公称直径)。

四、高强度螺栓连接副的储运与保管

高强度螺栓不同于普通螺栓,它是一种具备强大紧固能力的紧固件,其储运与保管的要求比较高,根据其紧固原理,要求在出厂后至安装前的各个环节必须保持高强度螺栓连接副的出厂状态,也即保持同批大六角头高强度螺栓连接副的扭矩系数和标准偏差不变;保持扭剪型高强度螺栓连接副的轴力及标准偏差不变。应该说对大六角头螺栓连接副来说,假如状态发生变化,可以通过调整施工扭矩来补救,但对扭剪型高强度螺栓连接副就没有补救的机会,只有改用扭矩法或转角法施工来解决。

1. 影响高强度螺栓连接副紧固质量的因素

对于高强度螺栓来说,当螺栓强度一定时,大六角头螺栓的扭矩系数和扭剪型螺栓的紧固轴力就成为影响施工质量的主要参数,而影响连接副扭矩系数及紧固轴力的主要因素有:① 连接副表面处理状态;② 垫圈和螺母支承面间的摩擦状态;③ 螺栓螺纹和螺母螺纹之间的咬合及摩擦状态;④ 扭剪型高强度螺栓的切口直径。

从高强度螺栓紧固原理来说,不难理解上述四项主要因素。就是说在紧固螺栓时,外加扭矩所做的功除了使螺栓本身伸长,从而产生轴向拉力外,同时要克服垫圈与螺母支承面间的摩擦及螺栓螺纹与螺母螺纹之间的摩擦力。通俗来说就是外加扭矩所做的功分为有用功和无用功两部分。例如,螺栓、螺母、垫圈表面处理不好,有生锈、污物或表面润滑状态发生变化,或螺栓螺纹及螺母螺纹损伤等在储运和保管过程中容易发生的问题,就会加大无用功的份额,从而在同样的施工扭矩值下,螺栓的紧固轴力就达不到要求。

2. 高强度螺栓连接副的储运与保管要求

(1) 高强度螺栓连接副应由制造厂按批配套供应,每个包装箱内都必须配套装有螺栓、螺母及垫圈,包装箱应能满足储运的要求,并具备防水、密封的功能。包装箱内应带有产品合格证和质量保证书;包装箱外表面应注明批号、规格及数量。

（2）在运输、保管及使用过程中应轻装轻卸，防止损伤螺纹，发现螺纹损伤严重或雨淋过的螺栓不应使用。

（3）螺栓连接副应成箱在室内仓库保管，地面应有防潮措施，并按批号、规格分类堆放，保管使用中不得混批。高强度螺栓连接副包装箱码放底层应架空，距地面高度大于 300 mm，码高一般不大于 5~6 层。

（4）使用前尽可能不要开箱，以免破坏包装的密封性。开箱取出部分螺栓后也应原封包装好，以免沾染灰尘和锈蚀。

（5）高强度螺栓连接副在安装使用时，工地应按当天计划使用的规格和数量领取，当天安装剩余的也应妥善保管，有条件的话应送回仓库保管。

（6）在安装过程中，应注意保护螺栓，不得沾染泥沙等脏物和碰伤螺纹。使用过程中如发现异常情况，应立即停止施工，经检查确认无误后再行施工。

（7）高强度螺栓连接副的保管时间不应超过 6 个月。当由于停工、缓建等原因，保管周期超过 6 个月时，若再次使用须按要求进行扭矩系数试验或紧固轴力试验，检验合格后方可使用。

1. 为什么说焊接加工技术是现代钢结构生产的关键技术之一？
2. 焊接方法分为哪几类？钢结构最常用的是哪一类？
3. 简述手工焊条电弧焊在钢结构施工中的使用原理及范围。
4. 简述 CO_2 气体保护焊在钢结构施工中的使用原理及范围。
5. 简述埋弧自动焊在钢结构施工中的使用原理及范围。
6. 简述电渣焊在钢结构施工中的使用原理及范围。
7. 简述栓钉焊在钢结构施工中的使用原理及范围。
8. 普通螺栓连接时，如有防松要求，应采取什么措施？当被连接钢板厚度为 16 mm 时，螺栓直径宜取多少？螺纹露出螺母的长度一般为多少？
9. 已知：两块 14 mm 厚的钢板用普通螺栓连接，螺母厚度为 23 mm，垫圈厚度为 4 mm，垫圈个数为两个，请计算螺栓长度。

 案例与实训

到钢结构公司学习钢结构焊接工艺。

（1）目的：通过到钢结构公司现场学习，在工程师的讲解下，对钢结构焊接工作过程有一个详细的了解和认识。

（2）能力标准及要求：掌握钢结构焊接工作要点。

（3）实训条件：钢结构制作公司。

（4）步骤如下：①课堂讲解钢结构焊接工作，观看焊接工艺和安全注意事项视频；②结合课堂内容及问题，组织钢结构焊接现场学习，详细了解钢结构焊接的焊前准备、焊接工艺、注意事项及可能出现的问题等；③完成钢结构焊接现场的学习报告，内容主要是钢结构焊接工作要点。

学习情境 4 典型装配式钢构件制作

■ 知识内容

① 装配式钢构件制作的基本原理；② 典型装配式钢构件的制作方法。

■ 技能训练

① 能够编制焊接 H 型钢、箱型柱、十字柱等典型钢构件的制作工艺；② 能够说明钢网架、铸钢节点、相贯构件节点、大直径厚壁钢管加工制作要点。

■ 素质要求

① 勤于思考、求实严谨的科学态度；② 善于与人交流沟通，具备团队协作的素养；③ 乐于奉献，踏实吃苦的作风。

任务1 焊接 H 型钢制作

一、认识焊接 H 型钢制作

各种 H 型钢柱、梁、檩条、支撑或桁架所采用的焊接 H 型钢，基本形式都是由腹板和上下翼缘板垂直构成。不同结构，腹板与翼缘板的相对位置及角度等有所区别。应用最多的是腹板居中、左右和上下对称的等截面焊接 H 型钢，腹板与翼缘板之间由四条纵向焊缝连接。

焊接 H 型钢的组装方案一般有工装胎架组装和组立设备组装两种，焊接方式一般有四种，见表 4-1。

表 4-1 H 型钢焊接方式

序号	焊接方法	示意图	特点
1	电弧焊（焊条电弧焊、CO_2焊、埋弧焊）	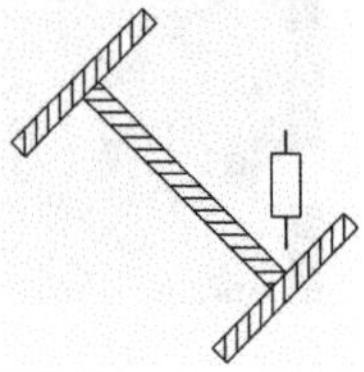	船形位置单头焊,焊缝成形好。变形控制难度大,工件翻身次数多,生产效率较低
2	电弧焊（CO_2自动焊、埋弧焊）	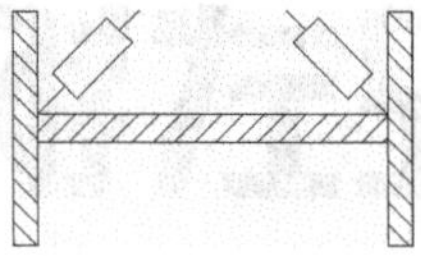	卧放位置,双头在同侧、同步、同方向施焊。翼缘板有角变形。左右两侧不对称,易产生旁弯,工件至少翻身一次
3	电弧焊（CO_2自动焊、埋弧焊）	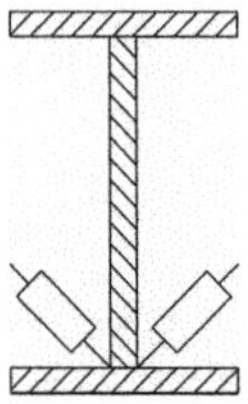	立放位置,双头两侧对称同步、同方向施焊。翼缘板的角变形左右对称,有上拱或下挠变形,工件最少翻身一次
4	电阻焊	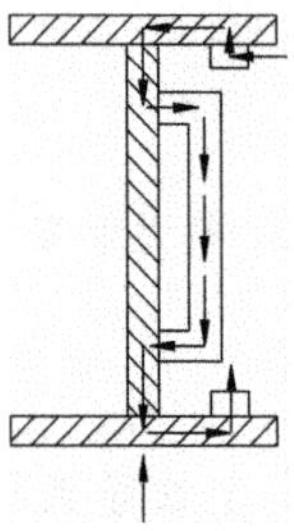	立放位置,上下翼缘板同步和腹板边装配边通过高频电流并加压完成施焊。不须工件翻转,生产效率高,但需要辅助设备配套

对于品种单一、规格尺寸变化不大（在组立设备允许范围内）的焊接 H 型钢的生产可采用机械化或自动化水平较高的生产线作业。

目前 H 型钢生产线使用较为普遍,在专业钢结构制造企业,使用最广泛的是采用组立设备进行 H 型钢组装、自动埋弧焊进行四条纵向焊缝的焊接、H 型钢矫正机进行翼缘板角变形矫正的焊接 H 型钢生产线。

二、焊接 H 型钢制作工艺

焊接 H 型钢制作工艺流程如图 4-1 所示。

钢板矫平 → 下料 → 坡口 → 组立（组装、定位焊）→ 焊接 → 矫正 → 检验 → H 型钢成品

图 4-1 焊接 H 型钢生产工艺流程

焊接 H 型钢生产线主要由下料设备、组立设备、焊接设备、矫正设备组成（如图 4-2、图 4-3、图 4-4、图 4-5 所示）,此外还有配套的翻转设备、输送辊道等,以实现 H 型钢的组立、焊接、矫正以及翻转、输送等工作。适用于 T 型钢、H 型钢和变截面 H 型钢的制作。

附录 A　H 型钢制作施工工艺规程

学习情境 4

典型装配式钢构件制作

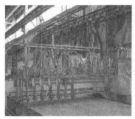   

图 4-2　直条切割机　　图 4-3　H 型钢组立机　　图 4-4　H 型钢门式埋弧焊机　　图 4-5　H 型钢翼缘板矫正机

1. 下料设备

焊接 H 型钢生产线的下料设备一般配备数控多头切割机或直条多头切割机。此类切割设备下料效率高,纵向割矩可根据板宽进行调整,可一次同时切割出多块板条。

2. H 型钢组立机

H 型钢组立机是进行 H 型钢的组立和定位焊接的设备。一般都采用 PLC 可编程序控制器,对型钢的夹紧、对中、定位焊接及翻转实行全过程自动控制,速度快、效率高。

H 型钢组立机的工作程序分两步:第一步组成"⊥"形,第二步将"⊥"翻转 180°与另一翼缘板组立成 H 型,其工作原理为:① 翼缘板放入,由两侧定位装置使之对中;② 腹板放入,由翻转装置使其立放,由定位装置使之对中;③ 由液压顶紧装置使翼板和腹板之间紧贴;④ 数控的点焊机头自动在两侧进行间断的定位焊接。

3. 焊接设备

H 型钢生产线配备的焊机一般为埋弧自动焊机,通常采用门式焊接机和悬臂式焊接机两种类型。焊机一般都配备焊缝自动跟踪系统和焊剂自动输送回收系统,并具有快速返程功能。主机与焊机为一体化联动控制,操作方便,生产效率高。

龙门式双焊机自动焊时,有以下两种布置方式。

(1) 在同一工件的两侧同时焊接,采取角接焊形式焊接。

(2) 两个工件同时进行船形位置焊。由两台焊机在内侧焊接是因为在内侧焊时,可以由一名操作者在中间同时操作两台焊机。

4. 翻转机和矫正机

H 型钢生产线上配以链条式翻转机和输送机,可达到整个焊接、输送、翻转过程的全自动化生产。

在组对、焊接过程中不可避免地要进行翻转工件,在生产线中配有翻转机,则可避免等待行车而大大提高工效。翻转机应有前后两道,其工作原理是:平时放松,不与工件接触,使用时张紧提起链子,转动链轮,使工件转至需要角度再放下。

经过焊接,H 型钢的翼缘板必然会产生变形,而且翼缘板与腹板的垂直度也有偏差,因此必须采用 H 型钢矫正机进行矫正。

5. H 型钢拼、焊、矫组合机

在 H 型钢的制作过程中,其中 2 块翼缘板和 1 块腹板的拼装、点焊、焊接及焊后翼缘矫正,按常规工艺是由 3 台设备来完成的,而 H 型钢的拼、焊、矫组合机将上述三道工序集于一身,具有结构紧凑、占地省、生产效率高等优点。

三、H型钢组立工艺要领

1. 组立注意事项

（1）在H型钢组立前，组装人员必须熟悉施工图、组立工艺及有关技术文件的要求；零件的材质、规格、数量以及外观质量应符合要求。

（2）翼缘板拼接长度不应小于2倍的板宽；腹板拼接宽度不应小于300 mm，长度不小于600 mm。拼接焊缝应符合一级焊缝的质量要求。组立前应将翼板上与腹板结合处的对接焊缝磨平，磨平的宽度为4倍的腹板厚度。

（3）腹板与翼缘板焊接连接区域及四周30～50 mm范围内的铁锈、毛刺、污垢、冰雪等必须在组装前清除干净。

（4）翼缘板拼接缝和腹板拼接缝的间距应不小于200 mm。

2. 组立顺序

H型钢组立顺序如图4-6所示。

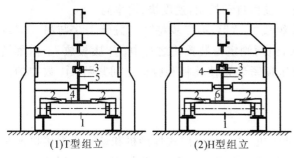

图4-6 焊接H型组立顺序示意图
1—导轨；2—翼缘板定位器；3—顶紧机构；
4—下翼缘板；5—腹板；6—上翼缘板

（1）T型组立：把下翼板置于组立机水平轨道上，调整定位装置使翼缘板位于组立水平轨道中央，然后组装腹板，进行端部错位调整，采用腹板定位机构调整腹板，使之与下翼缘板中心对齐并顶紧，检查腹板中心偏移以及下翼缘板与腹板的垂直度，合格后进行定位焊接。

（2）H型组立：把上翼板置于组立机水平轨道上，调整定位装置使其位于组立水平轨道中央，然后将T型钢组装到上翼缘板上，进行端部错位调整，采用腹板定位机构调整T型钢腹板，使之与上翼缘板中心对齐并顶紧，检查腹板中心偏移量、上翼缘板与腹板的垂直度以及截面尺寸，合格后进行定位焊接。

四、H型钢焊接工艺

H型钢的焊接主要有翼缘和腹板的长度拼接以及纵向焊缝焊接。腹板和翼缘的纵向焊缝根据设计和板厚要求可以分为角焊缝、部分熔透焊缝和全熔透焊缝。

（1）角焊缝焊接：为了保证四条角焊缝的焊接质量，常采用船形位置焊接，其倾角为45°，焊缝的焊接顺序及构件的倾斜和翻转按图4-7所示的顺序进行。

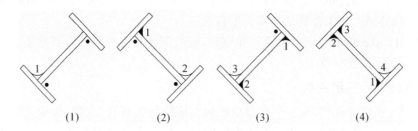

图4-7 焊接H型钢角焊缝船形位置的焊接顺序

埋弧焊焊接工艺参数可以按照焊脚尺寸要求参照表 4-2 选择。

表 4-2　H 型钢角焊缝埋弧焊焊接工艺参数

焊脚/mm	电流/A	电压/V	速度/(m/h)	焊丝直径/mm	伸出长度/mm
6	500～550	30～32	40～41	ϕ4.8	25～30
8	550～600	30～32	38～39	ϕ4.8	25～30
10	550～600	30～32	30～32	ϕ4.8	30～35
12	600～650	32～34	25～27	ϕ4.8	30～35
14	650～700	32～34	20～23	ϕ4.8	30～35

（2）部分熔透和全熔透焊缝焊接：构件焊接位置应根据坡口角度进行调整，保证焊缝表面处于水平位置，焊接工艺参数应根据焊接试验确定。表 4-3 所示为 H 型钢全熔透埋弧自动焊工艺参数实例。

表 4-3　H 型钢埋弧自动焊工艺参数

钢材	构件位置	接头形式与坡口	焊剂	焊丝	焊缝层次	焊接电流/A	焊接电压/V	焊接速度/(m/h)	预热/℃	备注
Q345B			SJ101	H10Mn2	底部	700～750	30～34	16～18	100～150	清根
					坡口	525～575	30～32	28～30		
					加强角缝	620～660	35	25		
					盖面	700～750	30～35	20～22		

五、焊接 H 型钢的允许偏差

焊接 H 型钢翼缘板和腹板的气割下料公差、截面偏差及焊缝质量等均应符合设计的要求和国家规范的有关规定。焊接 H 型钢的外形尺寸允许偏差见表 4-4。

表 4-4　焊接 H 型钢的外形尺寸允许偏差

项　目		允许偏差	检验方法	图　例
截面高度 h	$h<500$	±2.0	用钢尺检查	
	$500<h<1000$	±3.0		
	$h\geq1000$	±4.0		
截面宽度 b		±3.0		
腹板中心偏移 e		2.0	用钢尺检查	
翼缘板垂直度 Δ		$b/100$，且不应大于 3.0	用直角尺和钢尺检查	

续表

项　　目		允许偏差	检验方法	图　例
弯曲矢高 f（受压杆件除外）		$l/1000$，且不应大于 10.0	用拉线、直角尺和钢尺检查	
扭曲 Δ		$h/250$，且不应大于 5.0	用拉线、吊线和钢尺检查	
腹板局部平面度(f)	$t<14$	3.0	用 1 m 直尺和塞尺检查	
	$t\geqslant 14$	2.0		

任务2　箱形截面柱制作

一、箱形截面柱加工简介

在高层建筑钢结构中，箱型截面柱(简称箱型柱)用量很大。箱型柱由四块钢板焊接而成，柱子一般都比较长，要贯穿若干层楼层，每层均与横梁或斜支撑连接。为了提高柱子的刚度和抗扭能力，在柱子内部设置有横向肋板(又称为隔板)，一般设置在柱子与梁、斜支撑等连接的节点处。在上、下节柱连接处，下节柱子顶部要求平整。其典型结构形式和断面示例如图 4-8 所示。

箱型柱四个角接接头的坡口形式一般如图 4-9 所示。当板厚大于 40 mm 时，应采用防止层状撕裂的坡口形式。在全熔透部位可设置永久性钢垫板。四条焊缝一般可采用 CO_2 气保焊或埋弧焊焊接，当壁厚较大，或在较低气温下焊接时，应按照《钢结构焊接规范》(GB 50661—2011)的要求采取预热及后热措施。

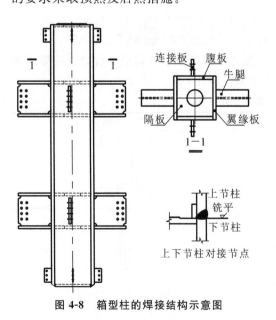

图 4-8　箱型柱的焊接结构示意图

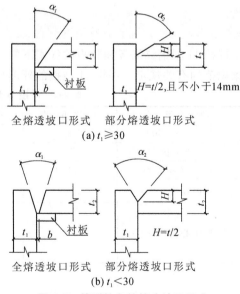

图 4-9　箱型柱角接接头坡口形式

注：α_1、α_2 为坡口角度；
t_1、t_2 分别为腹板、翼缘板厚度；H 为坡口深度，b 为坡口间隙。

内隔板与面板的四条连接焊缝,由于柱内空间小,只能焊其中三条,最后一面的焊缝可采用电渣焊的方法解决,但由于电渣焊热输入大,单侧焊会引起柱体的弯曲变形,所以在实际生产中采用在内隔板两侧用电渣焊对称焊接。电渣焊接头形式如图4-10所示。

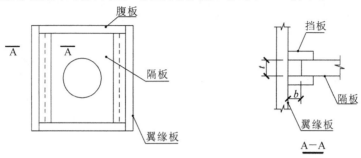

图 4-10 箱型柱电渣焊接头形式

注:t 为隔板厚度;b 为隔板端头至翼缘板的距离;$t \times b$ 为电渣焊孔的尺寸。

二、箱型柱制作工艺

箱型柱制作工艺流程如图4-11所示。

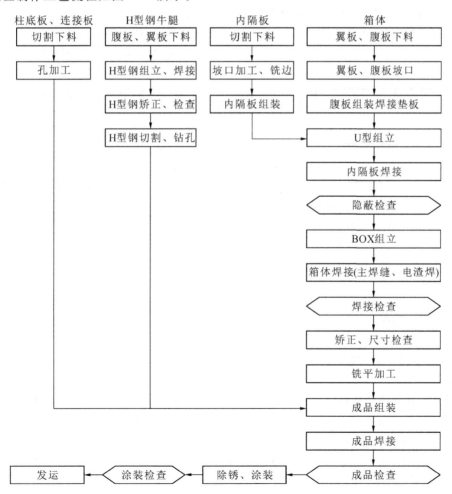

图 4-11 箱型柱制作工艺流程图

1. 零部件加工

零部件加工精度是保证构件质量的关键,正确的选择零部件的加工方法能有效地保证零部件的加工质量,提高生产效率、降低生产成本。加工方法的选择应考虑零部件的规格尺寸、形状、作用,以及批量等因素,结合加工企业的实际生产状况进行多方案优化选择。

(1) 直条零件(如箱体翼缘板、腹板;用于制作牛腿的 H 型钢翼缘板、腹板等)采用数控多头火焰(或等离子)切割机切割下料。下料长度的确定以图纸尺寸为基础,并根据构件截面大小和连接焊缝的长度,考虑预留焊接收缩余量和加工余量。

(2) 批量较大的零件(如加劲板、连接板、内隔板等)为提高生产效率和保证零件质量,一般选用数控等离子切割机或数控火焰切割机下料;小批量的规则零件可采用小车式火焰切割机切割下料。

(3) 同规格等截面 H 型钢牛腿数量较多时,可将数段牛腿长度相加,采用焊接 H 型钢生产线先制作成较长段的 H 型钢,然后采用数控 H 型钢加工线进行锯切、钻孔、锁口加工,有利于保证牛腿加工质量并提高生产效率。当牛腿与连接构件的截面、规格相同时,可将牛腿与连接构件一起加工成 H 型钢,再进行锯切、钻孔、锁口加工,以保证牛腿与连接构件截面的一致性。

(4) 零件板上高强度螺栓孔宜采用平面数控钻床进行加工,H 型钢上高强度螺栓孔宜采用三维数控钻床进行加工,以保证各零部件孔位的准确性。

(5) 钢板切割前用钢板矫正机对不平整钢板进行矫正,确认合格后再切割。

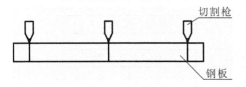

图 4-12 直条多头火焰切割下料示意图

(6) 为了保证切割直条零件的质量,采用火焰切割时,为防止零件两边因受热不均匀而产生旁弯,一般采用数控多头火焰切割机从板两边同时垂直切割下料,如图 4-12 所示。

(7) 钢材切割面应无裂纹、夹渣、分层和大于 1 mm 的缺棱。气割允许偏差应符合表 4-5 的要求。

表 4-5 气割允许偏差

项目	允许偏差/mm
零件的宽度、长度	±3.0
切割面平面度	$0.05t$,但不大于 2.0
割纹深度	0.3
局部缺口深度	1.0

注:t 为切割面厚度。

2. 箱体组立装配

1) 组装前准备

(1) 检查各待组装零部件标记,核对零件材质、规格、编号及外观尺寸、形状的正确性,发现问题及时反馈。

(2) 划线:在箱体的翼板、腹板上均划出中心线、端部铣削加工线;翼板上以中心线为基准划出腹板定位线、坡口加工线;腹板、翼板上以柱顶铣削加工线为基准划出内隔板等组装定位线及电渣焊孔位置。检查划线无误后打样冲眼进行标识,如图 4-13 所示。

(3) 坡口加工:按照焊接要求采用划线进行坡口加工。坡口加工以腹板、翼板中心为基准采用半自动火焰对称切割加工坡口。

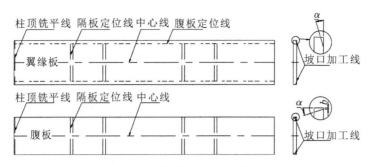

图 4-13 箱型面板划线示意图

2)内隔板组装

由于电渣焊是利用液态的熔渣的电阻热作为能源进行焊接的,为了防止在焊接时发生漏渣现象,电渣焊垫板与箱体面板必须紧密贴合,应对其接触面进行铣平加工,同时也有利于箱体截面形状和尺寸的保证。采用先组装后铣平的加工方案时,组装时应留有一定的铣平加工余量。为了提高生产效率,目前大多先对 4 块垫板与箱体面板接触的四个端面用铣边机铣平,然后与隔板在专用胎模或内隔板组装机上进行装配,保证几何尺寸在允许范围内,如图 4-14 所示。

3)箱体 U 型组立

(1)在箱体的腹板上装配焊接垫板,进行定位焊并焊接,在进行垫板安装时,先以中心线为基准安装两侧垫板,应严格控制两垫板外边缘之间的距离,如图 4-15 所示。

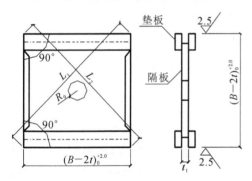

图 4-14 内隔板组装图

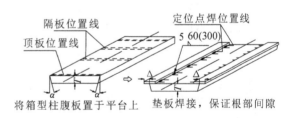

图 4-15 焊接垫板的组装示意图

注:B 为箱形柱的外截面尺寸,t 为箱形柱柱身板厚度,t_1 为内隔板厚度,L_1、L_2 为对角线尺寸且 $|L_1-L_2|<1.5$ mm。

(2)组装内隔板、柱顶板:把划好线的下翼板水平放置于胎架(或组立机)平台上,按照定位线把已装配好的内隔板组装在下翼板之上,调整内隔板与下翼板垂直度,合格并顶紧后进行定位焊接。内隔板与下翼板的间隙不得大于 0.5 mm,隔板与下翼板的垂直度不得大于 1 mm。按照同样方式组装柱顶板,如图 4-16 所示。

(3)组装两侧腹板:使内隔板对准腹板上所划的隔板定位线,调整翼板与腹板之间的垂直度不得大于 $b/500$(b 为边长);将腹板与翼板、隔板顶紧,并检查截面尺寸及腹板与翼缘板的垂直度,合格后进行定位焊接,如图 4-17 所示。

(4)内隔板焊接:进行内隔板与箱型腹板之间焊缝的焊接,采用 CO_2 气体保护焊从柱的中间向两端进行焊接。

4)隐蔽检查

检查内隔板位置、内隔板与下翼缘板垂直度、内隔板与腹板的全熔透焊缝 UT 检测、焊缝外

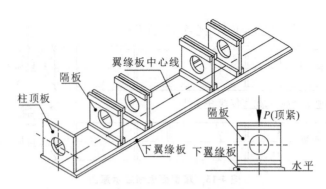

图 4-16　组装内隔板、柱顶板

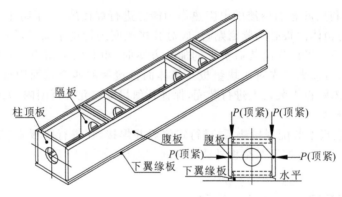

图 4-17　装配两侧腹板组

观质量检查、箱体内杂物;制作单位专检合格后应形成隐蔽检查记录,并应报监理进行验收检查。验收合格后方允许组装上翼板。

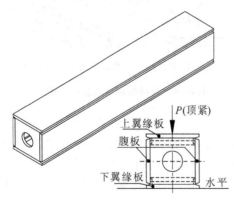

图 4-18　箱体 BOX 组立

5）箱型组立

将已形成 U 型的箱体吊至箱型组立机平台上,组装上翼板、组装时截面高度方向加放焊接收缩余量。将上翼板与腹板顶紧并检查截面尺寸、腹板与翼板错位偏差、扭曲量等,合格后进行定位焊接,如图 4-18 所示。

3. 箱体焊接

箱体焊接主要为箱体四条纵向焊缝的焊接以及内隔板与箱体翼缘板之间（电渣焊）的焊接。传统的焊接次序可以先焊接主焊缝,然后进行电渣焊焊接,其不足之处是电渣焊引出端和引入端清理后影响主焊缝的感观质量。为了获得良好的构件外观质量,目前普遍采用先焊接电渣焊焊缝,清理、打磨电渣焊引入和引出端后,再焊接主焊缝的工艺。

1）熔嘴电渣焊焊接工艺要领

（1）熔嘴（管状焊条）:不应有明显锈蚀和弯曲,用前经 250 ℃保温 1 小时烘干,然后在 80 ℃左右的温度下存放和待用。按所焊接的焊缝长度确定焊管的使用长度,即焊缝实际长度加 250～350 mm 即为焊管所需长度。

(2) 焊丝:按工艺指定焊丝的牌号和规格使用。焊丝的盘绕应整齐紧密,没有硬碎弯、锈蚀和油污。焊丝盘上的焊丝量最少不得少于焊一条焊缝所需的焊丝用量。

(3) 焊机及仪表:所有焊机的各部位均应处于正常工作状态,不得有带病作业现象,焊机的电流表、电压表和调节旋钮刻度指数的指示正确性和偏差数要清楚明确。

(4) 电源:电源的供应和稳定性应予以保证,避免焊接过程中中途停电和网压波动过大,开始焊接前应和配电室值班员取得联系,何时停电要预先通知,网压波动>10%时停止作业。

(5) 构件放置及焊孔清理:把构件水平置于胎架上,离地面高度约 400 mm 左右,使电渣焊焊孔处于垂直状态,检查焊孔内情况,如有潮湿、污物、过大焊瘤和锈蚀严重以及焊孔与钻孔错位严重等现象,应进行清除和修整,直至合格。

(6) 按焊孔位置对称地采用两台焊机同时施焊,如图 4-19 所示。

(7) 引弧器、收弧器:在引弧器内填装引弧剂和焊剂,其厚度各约为 15 mm,填好之后,将引弧器置于焊孔下端,位置调整对正后,用千斤顶或夹具固定,不得有松动现象。然后将收弧器置于焊口上端与焊口对正后固定。

(8) 装熔嘴:将已调直和烘干的焊管一端插入焊孔内,不涂焊药的一端插入焊机的熔嘴夹持器内并用紧固螺栓紧固。焊机的控制电源合闸给电,将焊丝盘装入焊机盘架。焊丝经矫正导轮导入焊管内,随之调整矫正轮的压力使之适度。

(9) 调整焊管和焊丝位置:焊管下端调至距助焊剂约 10 mm,焊管与孔壁在垂直方向与焊孔平行,在水平方向位于焊孔中心,将焊丝断续地送入焊管至露出下端。焊管位置通常处于焊孔中心,但当隔板、翼板的厚度相差较大时因两板所需热量不同,因而焊管在焊孔中的位置要稍偏于厚板的一侧为宜,当两板的厚度差别不大时,可不考虑偏向。

(10) 焊接规范:根据焊口尺寸,参考表 4-6 中的参数。

表 4-6 熔嘴电渣焊焊接规范参数

焊口尺寸($t \times b$)	渣池深度/mm	焊接电流/A	焊接电压/V	焊接速度/(cm/min)
(20~30)×25	44	400	31~33	2.0
(30~50)×25	45	420	33~35	1.4~2.0
(60~80)×30	46	450	35~38	1.0~1.4

注:t 与 b 为电渣焊孔尺寸,见图 4-10。

(11) 引弧前对引弧器加热至 100 ℃左右,按启动按钮开始引弧,随后进入焊接过程。引弧初期参数波动大或伴有明弧现象是正常的,随着熔敷金属的增加,渣池逐渐建立,规范参数也趋于稳定。在建立渣池的过程中,要及时细调各规范参数,使之符合要求。进入电渣过程的初期,焊接电压可比要求略高 1~2 V。

(12) 焊接中助焊剂的添加:当渣池出现翻滚波动较大甚至明弧时即可添加助焊剂。添加助焊剂以少而慢的原则进行,当渣池恢复平静稳定状态时则暂停添加。

(13) 焊接端部清理:在引、收弧器拆卸之后,并在焊缝完全冷却之后采用切割或碳弧气刨将收弧端"焊帽"去除,去除时不得损伤母材,要求与母材基本平齐,然后用砂轮修磨至光滑平整。收弧端清理好后,将构件翻身,接着清理和修整引弧端"焊帽"。

2) 箱体主焊缝的焊接工艺

在钢构件的制作中埋弧自动焊广泛应用于箱体主焊缝的焊接。有时在要求全焊透的接头中为了避免坡口底部因焊漏而破坏焊缝成形,也采用药皮焊条手工电弧焊或 CO_2 气体保护焊打底,然后用埋弧自动焊填充和盖面的焊法。随着厚板箱型截面柱采用得越来越多,为了提高生产效率,多丝埋弧焊的方法也越来越普遍。

(1) 焊丝和焊剂的选用：埋弧自动焊焊丝的各项性能指标，应符合《熔化焊用钢丝》(GB/T 14957—1994)的各项规定。被选用的焊丝牌号必须与相应的钢材等级、焊剂的成分相匹配；埋弧自动焊的焊剂应符合《埋弧焊用热强钢实心焊丝、药芯焊丝和焊丝-焊剂组合分类要求》(GB/T 12470—2018)标准的有关规定，被选用的焊剂牌号必须与所采用的焊丝牌号和焊接工艺方法相匹配，焊剂在使用前应严格按照要求烘干。

(2) 引熄弧板的设置：引熄弧板材质应与母材相同，其坡口尺寸形状也应与母材相同。埋弧焊焊缝引出长度应大于60 mm，其引熄弧板的板宽不小于100 mm，长度不小于150 mm。

(3) 焊接位置及顺序：平焊位置焊接，为了控制焊接变形，采用两台埋弧焊机同向同规范焊接，如图4-20所示。

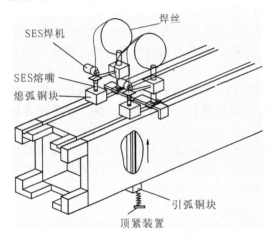

图4-19 箱体对称电渣焊示意图

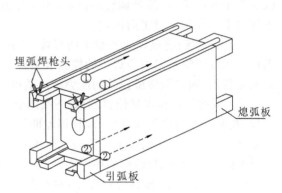

图4-20 箱体主焊缝焊接位置及顺序示意图

(4) 焊接工艺参数：焊接工艺参数应根据焊接试验确定。表4-7、表4-8所示为箱体埋弧自动焊工艺参数(采取气保焊打底，埋弧自动焊填充及盖面，打底厚度根据板厚而定，一般为10~20 mm)。焊缝坡口形式及尺寸如图4-21(a)所示。

表4-7 箱体坡口平焊单丝埋弧焊工艺参数

序 号	板 厚	焊 道	焊丝直径/mm	电流/A	电压/V	速度/(m/h)	伸出长度/mm
1	14~20	盖面	$\phi 4.8$ mm	630~670	33~36	19~22	25~30
2	20~30	盖面	$\phi 4.8$ mm	650~700	35~38	18~20	25~30
3	30~60	填充层	$\phi 4.8$ mm	700~750	34~36	20~22	25~30
		盖面层	$\phi 4.8$ mm	650~700	32~34	21~24	25~30

表4-8 箱体坡口平焊双丝埋弧焊工艺参数

序 号	板 厚	电 极	焊丝直径/mm	电流/A	电压/V	速度/(m/h)	伸出长度/mm
1	T>30	DC	$\phi 4.8$ mm	650~750	34~36	25~35	25~30
		AC	$\phi 4.8$ mm	700~800	33~38	25~35	25~30
2	T>60	DC	$\phi 4.8$ mm	650~750	34~36	25~35	25~30
		AC	$\phi 4.8$ mm	700~800	33~38	25~35	25~30

随着钢结构技术的不断发展，厚板在箱体构件上得到了越来越广泛的应用。而在箱体构件的实际生产中，为了提高效率，构件焊接通常采取的是窄间隙坡口技术，这一技术的具体工艺参数应根据制作构件的实际情况，通过焊接工艺试验最终确定，参考焊缝坡口形式及尺寸可见图4-21(b)。

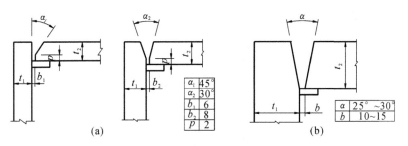

图 4-21 箱体主焊缝坡口形式及尺寸示意图

注:t_1为腹板厚度,t_2为翼缘板厚度。

4. 箱型柱端面铣

箱型柱端面铣削前应先确认箱体已经过矫正并且合格,同时对设备的完好性进行检查确认。对箱型柱上端面进行铣削加工,粗糙度要求 $12.5~\mu m$,垂直度要求 $0.5~mm$,如图 4-22 所示。

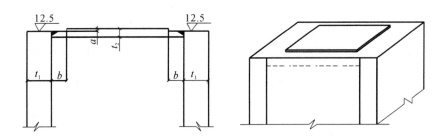

图 4-22 箱型柱端面铣示意图

注:t_1为箱体柱身板厚度,t_2为箱体顶板厚度,a为铣削厚度,b为铣削宽度。

铣削完毕后,对端面垂直度利用大角尺进行检测,同时对铣削范围利用直尺检测。要求顶板与柱身板之间焊缝处熔合应良好,若存在局部熔合缺陷应将缺陷清除后补焊并进行重新打磨。

5. 箱型柱成品组装要领

(1) 钢柱装配前,应首先确认箱型柱的主体已检测合格,局部的修补及弯扭变形均已调整完毕。

(2) 将钢柱本体放置于装配平台上,确立水平基准。然后,根据各部件在图纸上的位置尺寸,进行划(弹)线,其位置线包括中心线、基准线等,各部件的位置线应采用双线标识,定位线条应清晰、准确,避免因线条模糊而造成尺寸偏差。

(3) 待装配的部件(如牛腿等),应根据其在结构中的位置,先对部件进行组装焊接,使其自身组焊在最佳的焊接位置上完成,实现部件焊接质量的有效控制。

(4) 在装配胎架上,按其部件在钢柱上的位置进行组装,如图 4-23 所示。

任务3 十字柱加工

一、十字柱加工简介

十字柱一般作为劲性钢骨柱,其主体由一个 H 型截面和两个 T 型截面组合而成,为了提高柱子的刚性和抗扭能力,在柱子与梁、斜支撑等连接的节点处设置有加劲板。其他部位相邻翼缘板间设置有连接缀板。翼缘板上设置有剪力钉（栓钉）以保证与混凝土的结合强度。其典型结构示意图见图 4-24。

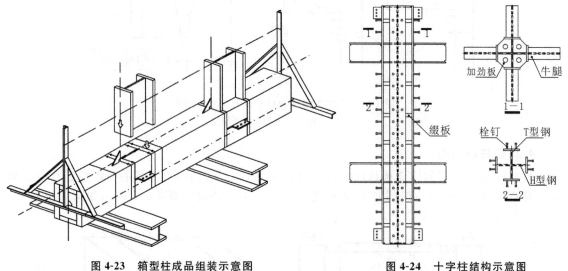

图 4-23　箱型柱成品组装示意图　　　　图 4-24　十字柱结构示意图

二、十字柱加工工艺流程

十字柱主体的组立过程主要分为三个步骤，即 H 型钢的制作、T 型钢的制作及十字柱的组立。典型十字柱的加工工艺流程如图 4-25 所示。

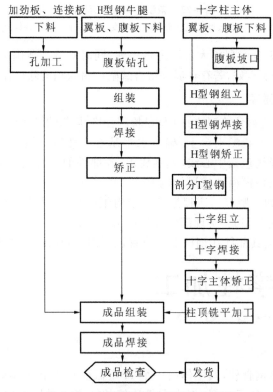

图 4-25　典型十字柱加工工艺流程图

H型截面前面已经介绍过,这里主要介绍T型截面的制作和十字形截面的组装。

三、T型钢的加工制作

T型钢的加工制作通常采用以下两种方法:① 先组装成T型钢,然后通过工艺板连接成H型钢;② 先加工成H型钢,再剖分成两个T型钢。

T型截面制作时为了减少焊接变形,常采取2根T型组对焊接的方法。先组装好两个T型截面,然后在组装胎架上将两个T型截面腹板用工艺板(工艺板两面对称安装)连接进行组对;待焊接完成矫正后钻孔,最后拆除工艺板并打磨,如图4-26所示。

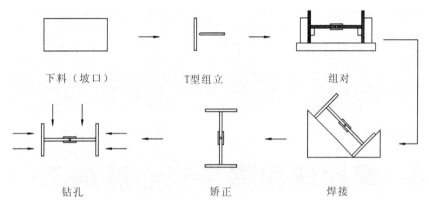

图4-26 T型钢制作流程示意图

先加工成H型钢,再剖分成两个T型的加工方法具体为:为了减少剖分时的变形,在进行H型钢腹板下料时,其腹板宽度为两块T型钢腹板宽度之和,在腹板直条切割时采用间断切割,使其外形上仍是一块整板;待H型钢的组焊、矫正完毕后,再利用手工割枪将预留处割开,使其成为两个T型钢。如图4-27所示为腹板切割下料示意图。

四、十字形组立

H型钢及T型钢检验合格后进行十字形的组立,十字形组立步骤具体如下。

(1) 将H型钢放置于水平胎架上,并在H型钢腹板上划出T型钢组装定位线,以定位线为基准组装T型钢,用千斤顶将T型钢与H型钢顶紧,检查截面长、宽及对角尺寸,并用吊线检查扭曲偏差、用拉线检查弯曲偏差,合格后进行定位焊接。

(2) 翻转180°按同样的方法组装另一侧T型钢,如图4-28所示。

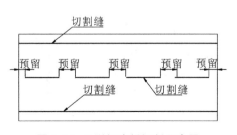

图4-27 T型钢腹板切割示意图

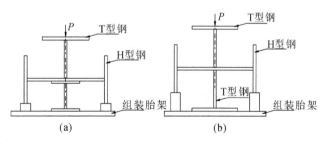

图4-28 十字形组立示意图

五、十字柱焊接

十字柱的焊接主要是 H 型钢和 T 型钢主焊缝焊接,以及拼装成十字形后十字接头四条主焊缝的焊接。

H 型钢和 T 型钢主焊缝焊接的焊接工艺要领同 H 型钢主焊缝的焊接。

十字接头四条主焊缝焊接时,应采取合理的焊接顺序,以控制其焊接变形(尤其是扭曲变形),当要求为坡口组合焊缝时,一般采用 CO_2 气体保护焊打底,打底焊时采用对称施焊。打底焊焊完后将十字柱放置于在专用焊接架上进行船形位置埋弧自动焊焊接,其焊接位置及焊接顺序如图 4-29 和图 4-30 所示。

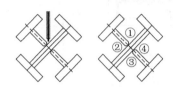

图 4-29 焊接位置示意图

图 4-30 焊接次序图

任务4 螺栓球和焊接空心球加工

一、螺栓球和焊接空心球加工简介

在空间网架结构中,普遍采用球节点连接,用得最多的节点一般有螺栓球和焊接空心球两种。

螺栓球通过高强度螺栓与杆件相连接,其构造形式如图 4-31 所示。由于采用机械方式连接,故要求螺栓球具有较好的机械加工性能,同时螺栓球需要承受拉力和压力,对力学性能的要求较高。因此,螺栓球采用 45♯ 钢制造。

焊接空心球由两个半球焊接而成,通过焊接与杆件相连。其材质一般选用可焊性良好的 Q235 或 Q345;当焊接空心球壁厚(即钢板的厚度)大于等于 40 mm 时,应采用抗层状撕裂的钢板,钢板的厚度方向性能级别 Z15、Z25、Z35 相应的含硫量、断面收缩率应符合国家标准《厚度方向性能钢板》(GB/T 5313—2010)的规定。

焊接空心球的计算公式和典型规格系列在相应的行业规程和标准中已有,分为形式如图 4-32 所示,分为加肋和不加肋两种类型。在杆件内力较大或球的直径较大的情况下,一般应采用加肋焊接球。

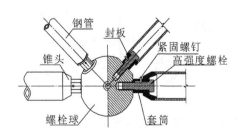

图 4-31 螺栓球节点示意图

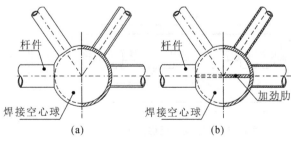

图 4-32 焊接空心球节点示意图

根据建筑构造形式的需要和建筑师的要求，目前在一些工程中（如国家游泳中心、首都机场T3A航站楼等）使用了异型焊接空心球，如削冠焊接空心球，即在焊接空心球的一个半球上削掉一部分球冠形成球缺，并用盖板封堵，再与另一半球焊接形成削冠焊接空心球。其结构形式如图4-33所示。目前，削冠焊接空心球在规范和产品标准中没有相应的计算方法和可供选择的规格，工程中采用时应进行计算分析或进行承载力试验。

(a)　　(b)

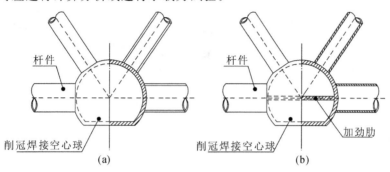

图4-33　削冠焊接空心球节点示意图

二、焊接空心球制作

1. 焊接空心球制作工艺流程

1）焊接空心球

焊接空心球的制作工艺流程如图4-34所示。

钢板下料 → 钢板加热 → 钢板压制成半球 → 半球切边、坡口 → 装配 → 焊接 → 检验

图4-34　焊接空心球制作工艺流程

其加工过程如图4-35所示。半圆球采用圆钢板热压成型，是一个拉伸的过程，会引起钢板壁厚发生变化。下料时，应预放钢板厚度余量，以保证焊接球承载力。其变化规律如图4-36所示。

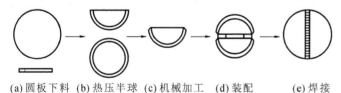

(a) 圆板下料　(b) 热压半球　(c) 机械加工　(d) 装配　(e) 焊接

图4-35　焊接空心球制作过程示意图

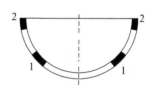

图4-36　半球成型壁厚变化规律示意图

1—偏薄；2—偏厚

2）削冠焊接空心球

削冠焊接空心球的制作工艺流程如图4-37所示。

钢板下料 → 加热 → 压制成半球 → 球冠切割 → 球冠压平 → 切边、坡口
球冠切割 → 球缺坡口
切边、坡口 / 球缺坡口 → 球缺焊盖板 → 球缺与半球组装 → 焊接 → 检验

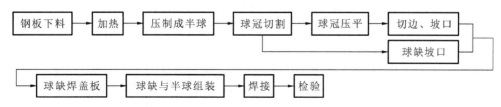

图4-37　削冠焊接空心球制作工艺流程

其加工过程如图 4-38 所示。

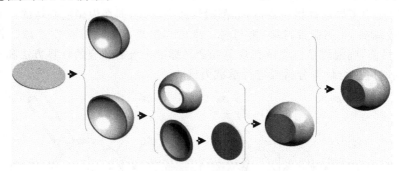

图 4-38　削冠焊接空心球制作过程示意图

2. 加工工艺要领

1）切割下料

半球圆形钢板坯料采用数控切割设备下料，下料尺寸应加放成形后的切边余量，下料后坯料的直径允许偏差为 2.0 mm。钢板的厚度应进行有效控制，避免成型后的球壁厚超差。

2）坯料加热

钢板坯料的加热应采用加热炉整体加热，加热温度为 1000～1100 ℃。对 Q235 和 Q345 钢的终压温度分别不低于 700 ℃ 和 800 ℃。压制成形的半球表面应光滑圆整，不应有局部凸起或折皱。

3）削冠焊接空心球加工

在进行削冠焊接空心球加工时，可将其中的一个半球按设计尺寸削去球冠（留下球缺），然后将球冠放回加热炉加热，并在锻压设备上重新压成平板，冷却至室温后，切除环向多余部分，使切割后的圆形平板与球缺空洞吻合。

4）焊接接头坡口形式与尺寸

模压成型的半球经检验圆度合格后，采用机械或火焰切割修切边缘及坡口，装配定位焊接内环肋，组装加劲肋时应注意肋的方向。如图 4-39 所示为不加肋空心球与加肋空心球的焊接接头坡口形式及尺寸。

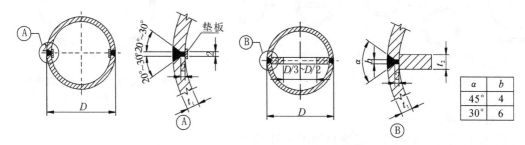

图 4-39　空心球焊接接头坡口形式及尺寸

注：t_1 为焊接空心球厚度；t_2 为肋板厚度；α 为坡口角度；b 为离缝间隙；D 为焊接空心球外径。

5）焊接

空心球的焊接方法可用药皮焊条手工电弧焊或 CO_2 保护半自动或自动焊，球体则放在转胎上转动。壁厚大于 16 mm 的大型空心球制作焊接时宜用埋弧自动焊，但可先用 CO_2 气体保护焊或手工电弧焊小直径焊条打底，以保证在焊透同时避免烧穿，然后再用自动埋弧焊填充、盖面。

其焊接参数与平板焊接相近。大规模生产时还可以采用机床式球体自动焊设备,如气保护空心球自动焊接机,采用电动机驱动和液压驱动实现球体的装卡、夹紧、转动、卸落以及焊枪的进退、摆动,并用微机程序控制无触点限位开关来控制各层焊接过程。保护气体可配用纯 CO_2 或 $Ar+CO_2$ 混合气体。可以满足不同板厚的球体焊缝高效率焊接和质量要求。

当空心球不转动,采用手工和半自动焊接时的焊接顺序,一般采用180°对称焊接法,见图 4-40。

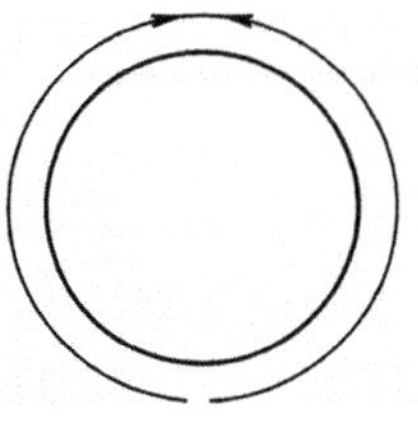

6) 焊缝检验

焊接空心球焊缝应进行无损检测,一般采用超声波探伤,其质量等级应符合设计要求。当设计无要求时应符合规范中规定的二级焊缝质量标准。

图 4-40 无转胎时空心球对称焊接顺序示意

三、螺栓球制作

1. 螺栓球制作工艺流程

螺栓球一般采用 45# 圆钢经下料、加热、锻造、热处理、机加工等一系列工序加工而成,其加工工艺流程如图 4-41 所示。

毛坯下料 → 坯料加热 → 锻造成型 → 热处理 → 毛坯球检验 → 机械加工 → 检验

图 4-41 螺栓球制作工艺流程图

2. 加工要领

1) 毛坯下料

锻造螺栓球的毛坯料应采用圆钢,不允许采用废钢或钢锭,否则容易产生裂纹、夹层等质量问题。根据球径大小,选择不同直径的圆钢采用锯切加工下料。

2) 加热、锻造

圆钢坯料加热采用炉中整体加热的方法,加热到 1100~1200 ℃后进行保温,使温度均匀,终锻温度不得低于 800 ℃。锻造采用胎模锻,设备采用空气锤或压力机。成型后的毛坯球不应有褶皱、过烧和裂纹等缺陷。当有极少量深度不大于 2 mm 的表面微裂纹时,可采取打磨处理消除,并应修整与周围母材圆滑过渡,处理后不允许存在裂纹。

3) 毛坯球热处理

锻造成型的毛坯球存在较大的内应力,所以必须经过正火处理,以减小毛坯球的内应力。正火处理加热温度一般为 850 ℃。

4) 机械加工

螺栓球机械加工的内容为:劈面、钻孔、螺纹加工等。

采用数控加工中心或专用车床进行加工,当采用专用车床加工时应配以专门的工装夹具,夹具的转角误差不得大于 10′。螺栓球上的所有螺孔最好一次装夹、一次加工完成,以确保螺孔的角度精度。

5) 螺栓球加工精度要求

为了减少网架结构安装时产生的装配应力,保证网架结构几何尺寸和空间形态符合设计要求,螺栓球的加工精度应符合以下要求:① 螺栓球任意螺孔之间的空间夹角角度误差≤±30′;② 螺栓球螺孔端面至球心距离≤±0.2 mm;③ 为了保证螺栓球螺孔的加工精度,应使螺纹公差符合国家标准《普通螺纹 公差》(GB/T 197—2018)中6H级精度的规定。

任务5 铸钢节点加工

一、铸钢节点加工简介

铸钢节点在建筑钢结构中的应用越来越多,一般对于重要节点或复杂节点设计往往会选用铸钢节点。但由于铸钢节点的造价较高,焊接要求严格,因此,建议尽量采用造价相对较低、焊接性能较好的连接节点(如焊接空心球节点、直接相贯节点等)。

铸钢节点作为重要的连接部件,必须保证有足够的强度,良好的焊接性,较好的机械性能等。根据《铸钢节点应用技术规程》(CECS 235—2008)的规定,铸钢节点材料分为焊接结构用和非焊接结构用两大类。焊接结构用铸钢节点的材质应选用符合现行国家标准规定。

二、铸钢节点加工工艺流程

铸钢节点简要加工工艺流程如图4-42所示。

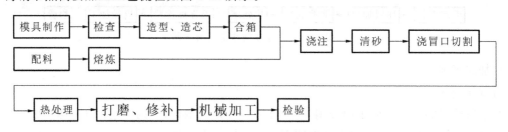

图 4-42 铸钢节点加工工艺流程图

三、铸钢节点加工工艺要领

铸钢节点在铸造前,应编制完整的铸造工艺,特别应对模型尺寸、钢水化学成分、内部组织、外形尺寸、热处理方法等进行严格规定。

图 4-43 铸钢节点示意图

铸钢节点在整个加工工艺流程中,首先进行的是模型制作。对模型尺寸的控制非常重要,只有模型尺寸准确,才能使铸造完成的铸钢节点满足质量要求。铸钢节点在浇注之前,应对钢水的化学成分进行控制,可采用炉前快速分析方法来实现。铸钢节点的示意如图4-43所示。

浇注温度的高低对铸件的质量影响很大。温度高时,液体金属的黏度下降,流动性提高,可以防止铸件产生浇注不足、冷隔及气孔、夹渣等铸造缺陷。温度过高将增加金属的总收缩量、吸气量和二次氧化现象,使铸件容易产生缩孔、缩松、粘砂和气孔等缺陷。较高的浇注速度,可使金属液更好的充满铸型,铸件各部分温差小,冷却均匀,不易产生氧化和吸气。但速度过高,会使钢液强烈冲刷铸型,容易产生冲砂缺陷。

铸钢件的铸态组织一般存在严重的枝晶偏析、组织极不均匀以及晶粒粗大和网状组织等问题,需要通过热处理消除或减轻其有害影响,改善铸钢件的力学性能。此外,由于铸钢件结构和壁厚的差异,同一铸件的各部位具有不同的组织状态,并产生相当大的残余内应力。因此,铸钢件一般都以热处理状态供货,热处理状态一般为正火或调质。

铸造完成后的铸钢件对其表面应进行打磨处理,对有公差要求的内孔、外圆或表面应采用钻削、车削、铣削或刨削等方法进行精加工。

铸钢件存在缺陷时,可采用焊接修补方法修补缺陷。对于缺陷深度在铸件壁厚20%以内且小于25 mm或需修补的单个缺陷面积小于65 cm^2 时,可以直接进行焊接修补。当缺陷大于或等于上述尺寸时的缺陷修补称为重大焊补。对于重大焊补必须经设计同意并编写详细的焊接修补方案后才能进行修补。

任务6 圆管和矩形管相贯线加工

一、圆管和矩形管相贯线加工简介

随着建筑钢结构的快速发展,大跨度桁架结构的应用越来越多,采用的杆件类型主要为圆钢管和矩形钢管,连接节点则大部分为直接相贯焊接节点。相贯线的加工,传统工艺方法一般采用人工放样、手工气割和砂轮打磨坡口。这种加工方法尺寸精度低,坡口质量差,且加工速度慢,已无法满足工程的需要。随着科学技术的发展,目前已出现了五维和六维数控加工设备,只需技术人员采用专用实体编程软件,得出相贯面原始数据后,传输到切割设备的计算机上,即可对管子进行全自动等离子或火焰切割,相贯线与坡口一次成形。此种加工方法的精度和外观质量都较好,杆件的长度误差可以控制在1 mm以内,坡口平滑光洁,不用打磨即可直接组焊。

二、圆管相贯线加工

圆管相贯线加工工艺已较成熟,可采用数控相贯线切割机加工,其相贯线的加工与剖口能一次完成。目前使用较多的有五维数控和六维数控相贯线加工设备。根据设备型号的不同可加工不同直径的钢管,目前国内最大的相贯线设备可加工直径 $\phi1850$ 的钢管。

数控相贯线加工设备可实现无图化生产,由技术人员输入相关数据后就能自动加工所需的相贯线和剖口。

圆管相贯线加工工艺流程见图4-44,工厂加工实景见图4-45。

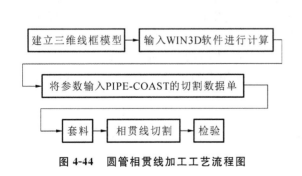

图4-44 圆管相贯线加工工艺流程图

图4-45 五轴数控相贯线切割机

三、矩形管相贯线加工

矩形钢管可分为正方形钢管和长方形钢管。正方形钢管可用六维数控相贯线切割机加工，其加工方法与圆钢管相贯线加工相同。而长方形钢管的相贯线加工还没有专门的数控相贯线加工设备，一般采用半自动切割或手工切割。当用手工切割时，首先由技术人员在计算机上按1∶1放样，然后工人按1∶1制作样板，按样板画线后进行切割。采用半自动切割机进行切割的工艺流程见图4-46，工厂加工实景见图4-47。

图 4-46　长方形钢管相贯线加工流程图

(a)　　　　　　　　　　　(b)

图 4-47　长方形钢管相贯线切割

任务7　大直径厚壁圆钢管加工

一、大直径厚壁圆钢管加工简介

近年来我国钢结构工程建设迅速发展，特别是大跨度空间钢结构和高层（超高层）结构等得到了广泛应用，此类结构大量采用大直径厚壁圆钢管作为主构件，而且随着跨度、高度和荷载的加大，需要更大直径与壁厚的钢管。

在以往的工程中采用的钢管一般直径较小或者壁厚较薄，目前国内常采用在常温下卷制或压制成形、埋弧焊焊接的工艺生产建筑结构用大直径厚壁圆钢管（又称大直径直缝埋弧焊管）。

钢管的卷制成形和压制成形加工是在外力作用下，使钢板的外层纤维伸长，内层纤维缩短而产生弯曲变形（中间层纤维不变）。实际生产中，成形工艺选择卷制还是压制，应根据设计要求、钢管的径厚比（钢管外径 D 与钢管壁厚 t 之比）、材质、设备的加工能力等确定。在设备满足要求的条件下，一般当径厚比 $D/t \geqslant 25$ 时（Q345B），可采用卷制成形加工工艺；当径厚比 $D/t \geqslant 18$ 时（Q345B），可采用压制成形加工工艺。

二、钢管卷制成形加工工艺

1. 钢管卷制成形加工工艺流程

钢管卷制成形加工工艺流程见图4-48。

图 4-48 钢管卷制成形加工工艺流程图

2. 设备

圆管的卷制成形采用卷板机,卷板机按轴辊数目和位置可分为三辊卷板机和四辊卷板机两类。大直径厚壁圆管常采用三辊卷制成形,加工设备为液压数控水平下调式三辊卷板机,目前国内常用的设备型号及性能见表 4-9。

表 4-9 几种常用三辊卷板机型号及性能

规格型号	满载最小直径	主电动功率	外形尺寸/mm
EZW11-125×3000 mm	2400 mm	52 kW×2	—
EZW11-100×2500 mm	2500 mm	37 kW×2	—
EZW11-80×3500 mm	2500 mm	35 kW×2	—
EZW11-50×3200 mm	2000 mm	26 kW×2	6450×3320×2526
EZW11-50×3000 mm	2000 mm	26 kW×2	6250×3320×2526
EZW11-50×2500 mm	1200 mm	26 kW×2	5750×3320×2526
EZW11-40×4000 mm	2000 mm	26 kW×2	7250×3320×2526
EZW11-40×3600 mm	2000 mm	18.5 kW×2	6940×1710×2136
EZW11-30×3500 mm	1500 mm	13 kW×2	6500×1850×2091
EZW11-30×3000 mm	1000 mm	13 kW×2	6050×1850×2091
EZW11-30×2000 mm	1500 mm	9 kW×2	4300×1900×1895
EZW11-25×3200 mm	1050 mm	9 kW×2	5690×2150×1960
EZW11-25×2500 mm	950 mm	9 kW×2	4800×1900×1895
EZW11-20×4000 mm	1050 mm	9 kW×2	6450×2150×1960
EZW11-20×2500 mm	850 mm	6.3 kW×2	4700×1740×1670

3. 卷圆

1) 预弯

三辊卷板机卷圆时,钢板两端有一段长度为 a 的直边无法卷圆,如图 4-49(a)、(b)所示,称为剩余直边,其长度取决于两下辊的中心距,为消除剩余直边,卷板前需进行板边预弯。预弯可以在压力机上用专用的压模进行模压预弯,如图 4-49(d)所示,也可以用预制的厚钢板模在三辊卷板机上进行板边预弯,如图 4-49(c)所示。

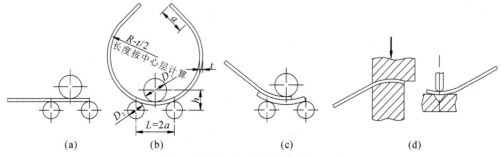

图 4-49 对称式三辊卷板机原理示意

注:D_1 为上辊直径;D_2 为下辊直径;h 为上下辊中心距;t 为钢管壁厚;R 为钢管半径;a 为直边长度;L 为下辊间距。

2）卷圆

（1）为了防止卷圆时产生扭斜，卷制开始时，工件必须对中，使工件的母线与辊子轴线平行，三辊卷板机设置有保证工件对中的挡板，可以采用倾斜给料的方法，让一个下辊起对中挡板作用。

（2）卷圆进给：分一次进给和多次进给，取决于工艺限制条件和设备限制条件，冷卷时不得超过允许的最大变形率，保证板、辊之间不打滑，不得超过辊子的允许应力与设备的最大功率。在工艺、设备和圆度误差范围内，以最少的进给次数完成卷圆，以达到最高的生产率。

（3）在卷制过程中采用模板检查卷圆的内径，同时检查钢板纵向与辊子轴线保持垂直，以保证按要求进行卷制。

（4）考虑冷卷时钢材的回弹，卷圆时必须施加一定的过卷量，使回弹后工件的直径为加工图要求的工件直径。

4.焊接

由于受卷板设备条件的限制，长的大直径厚壁圆钢管卷制成形一般是把钢板的宽度作为每段钢管（称为管节）的长度（一般≤4000 mm），然后把管节进行接长至需要的钢管长度。由于钢管的壁厚较厚，纵缝和环缝的焊接一般采用内、外焊接，焊接方法通常采用埋弧焊。对环缝的内、外焊可采用悬臂式埋弧焊机，对纵缝的内、外焊可采用小车式或悬臂式埋弧焊。内、外焊接见图4-50。

(a)　　　　　　　　　　　　　(b)

图4-50　纵缝及环缝的焊接示意图

三、钢管压制成形加工工艺

1.钢管压制成形加工工艺流程

在压制成形大直径厚壁圆管生产线中，逐步折弯成形法（即PFP法）因其投资较小，能加工不同管径、不同壁厚的焊管，且质量较好，产量适中，应用比较广泛。该方法是将端头预弯的钢板在压力机上以较小的步长，较多的次数逐步对板料进行折弯，最后经钢管合缝焊机成形为圆管。其工艺流程如图4-51所示。

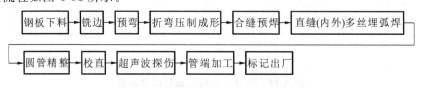

图4-51　钢管压制成形加工工艺流程图

2. 主要设备及用途

PFP 法生产线主要的大型工艺设备有：铣边机、预弯机、电液伺服数控折弯成型机、合缝预焊机、直缝（内外）埋弧焊机、精整机、校直机等。主要设备实景图片见图 4-52。

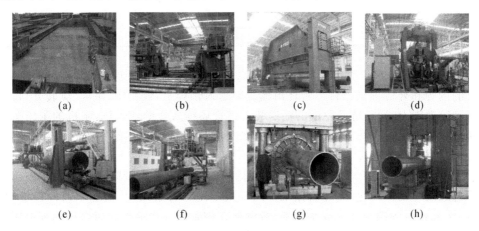

图 4-52 钢管压制成形加工设备

（1）钢板铣边机　主要用于钢板剖口加工，并保证钢板两边平行，同时加工出焊接坡口。整机由两台铣边机组成，两边同时铣削，每边装有多把固定的铣刀，在钢板通过时进行铣削加工。其优点是加工效率高，且产生的铁屑易于收集。

（2）预弯机　主要用于对需要弯折成圆管的钢板两侧板边进行预弯处理，使板边具有与成形后圆管半径相对应的渐开线，防止圆管成形时，接口两侧存在剩余直边而产生桃形缺陷，保证圆管的圆度。整机由两台压力预弯机相对安装在两个底座上，由一台电动机及双伸轴减速器同时带动安装在机器底部的左右旋转丝杠旋转，使两台端头预弯机接近或远离，从而对不同宽度钢板两端头同时进行预弯。经过铣边加工的钢板，逐段送入机器上下模之间，在上下模的压力下使材料产生弯曲变形。主机前后配有进出料辊道，可将预弯成型的工件送入下一道工序。机床的预弯模具由相应的管径参数决定，由于对钢板的端头预弯是分段进行的，因此上下模具均有过渡段，即圆弧半径逐渐变大，且圆心的位置也随着变化，避免了分段预弯造成钢板的撕裂等缺陷。

（3）电液伺服数控折弯成型机　用于对经过预弯加工的钢板，经过逐步折弯成形，加工成与圆管直径相等的开口圆管坯。不同的制造商生产的设备型号和性能均不同，目前使用的较多的 PPF3600/125 电液伺服数控折弯成型机的主要性能见表 4-10。该机采用单板框式结构，刚性好，强度高。主机采用了电液比例同步液压阀，左右立柱上各安装一只光栅，与计算机、比例阀组成一个闭环伺服控制，使滑块保持同步运行，保证了机器的高精度。在整个成形过程中，压头及送板均采用计算机控制，可根据不同的钢材强度等级、板厚、板宽自动调整压下量、压下力和钢板进给量，同时上下模具具有补偿变形功能，有效地避免了模具变形对成形所造成的不良影响，保证在压制过程中全长方向的平直度。成形时送进步长均匀，保证了管子的圆度和焊接边的平直度。

表 4-10　PPF3600/125 电液伺服数控折弯成型机主要技术参数

参数名称	数　值	单　位	备　注
公称压力	36000	kN	—
折弯长度	12200	mm	—不含引弧板

续表

参数名称	数值	单位	备注
折弯直径	φ406～φ1422	mm	—
工作速度	6	mm/s	—
功率	430	kW	—
设备自重	600000	kg	—

(4) 合缝预焊机　用于对已成形合格的开口圆管坯进行合缝并预焊,以保持钢管的形状,为下步工序的内焊和外焊提供条件。管坯由输送辊送入预焊机,经对中、举起、旋转开口至上方位置后再落到输送辊上,通过链条驱动的输送装置将管坯推入合缝预焊机,主机的主压头、两辅助压头及两支撑辊形成标准的圆形空间,液压系统将力通过压头传递给钢管,借传动链条带动连续不断合拢并进行合缝焊接。

(5) 钢管内焊机　用于对预焊后的圆管进行内壁焊接。在焊接时钢管平放在输送车上,输送车的输送速度应确保均速,无冲击振动。内焊机采用悬臂梁结构,输送车的位移量超过悬臂梁的长度,在悬臂梁的端部装有焊接装置,悬臂梁在钢管内。当输送车以焊接速度退回时,钢管内壁焊缝采用多丝埋弧焊工艺焊接。该内焊机通过悬臂梁将焊接电极、焊丝、焊剂及焊接电流提供到焊接处。

(6) 钢管外焊机　用于对内焊后的钢管进行外壁焊接。外焊时,钢管同样平放在输送车上,输送车在焊头下方匀速移动。该外焊机通过对地车驱动电机的变频调速达到焊接所需要的速度。焊机机头部位配有十字滑架,焊接过程中可实现水平、垂直方向的微调,以便控制焊接机头的焊缝位置对中。外焊缝采用多丝埋弧焊工艺焊接。

(7) 圆管精整机　用于对圆度超差的圆管逐段从外部施加压力,改善圆管圆度,使之达到标准要求。主机为四立柱液压机,在主机前后配备输送辊道和可升降的旋转辊道。精整时,在圆度超差的圆管界面上找出椭圆截面的长轴方向,并使其旋转到垂直方向,逐段送入精整模,在精整模的压力作用下逐段将圆管精整达到圆度标准要求。

(8) 圆管校直机　用于圆管的直线度矫直,一般为通用型圆管校直机。

1. 焊接 H 型钢制作的工艺流程是怎样的?
2. 怎样焊接 H 型钢的 4 条角焊缝?
3. 简述箱形截面柱制作的工艺要点。
4. 怎样焊接箱形截面柱的 4 条角焊缝?
5. T 型钢加工的变形如何控制?
6. 简述十字柱制作的工艺要点。
7. 怎样焊接十字柱的 4 条角焊缝?
8. 简述钢网架制作的工艺要点。
9. 简述铸钢节点制作的工艺要点。
10. 简述圆管和矩形管相贯构件制作的工艺要点。
11. 简述钢管卷制成形的加工工艺。

12. 大直径厚壁圆钢管加工的工艺要点是什么?

作业题

1. 如图 4-53 所示为某工程箱型钢柱,箱型柱规格为 □1400×1400×40,厚度≥40 mm 材质为 Q345GJC-Z15,其他材质为 Q345C,箱型柱主焊缝、隔板与箱型柱及牛腿与箱型柱的焊缝均为全熔透一级,箱型柱内部纵向劲板为部分熔透焊缝,牛腿翼缘板与腹板之间的焊缝为角焊缝,请编制该箱型柱的工艺流程图。

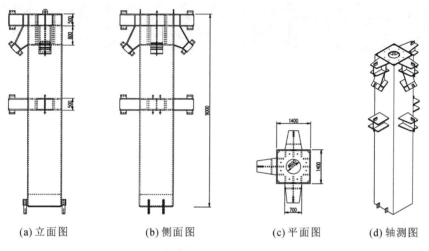

(a) 立面图　　　(b) 侧面图　　　(c) 平面图　　　(d) 轴测图

图 4-53　题 1 图

2. 规格为 ϕ1400×40、材质为 Q345B、长度为 10000 mm 的钢管,可采用哪些方法加工成形,并分别说明其优缺点,要求按其中一种方法编制加工工艺。

学习情境 5

中大型钢构件组装与拼装

知识内容

① 理解组装与拼装的原理;② 掌握常见中大型钢构件的组装与拼装方法;③ 掌握常见中大型钢构件的组装与拼装的工具、量具;④ 了解常见中大型钢构件的组装与拼装的工程案例。

技能训练

① 能够根据工程实际编制组装方案;② 能够使用常用组装工器具;③ 能够说明钢桁架、多高层钢构、高耸钢构等的组装要点。

素质要求

① 善于钻研、严谨求实的科学态度;② 团队协作意识强,善于组织协调;③ 踏实肯干、乐于付出的工作作风。

任务1 认识组装与拼装

钢结构是由很多构件(包括杆件和节点等)通过螺栓或焊缝连接在一起的。钢结构的组装是遵照施工图的要求,把已加工完成的各零件或半成品构件,用装配的手段组合成独立的成品。一些大型构件由于受到运输条件、起重能力等的限制不能整体出厂(小型构件可以在工厂内加工完后直接运到施工现场),必须分成若干段(或块)进行加工,然后运至施工现场后进行拼装。为了保证施工现场顺利拼装,应在出厂前对各分段(或分块)进行预拼装。另外,还应根据构件或结构的复杂程度、设计要求或合同协议规定,对结构在工厂内进行整体或部分预拼装。

预拼装时构件或结构应处于自由状态,不得强行固定。预拼装完成后进行拆卸时,不得损坏构件，对点焊的位置应进行打磨，保证各个接口光滑整洁。

任务2 组装与拼装的方法及要求

一、组装与拼装的分类及方法

1. 预拼装分类

根据构件、结构的不同类型和要求，预拼装可分为构件预拼装、桁架预拼装、部分结构预拼装和整体结构预拼装等。

（1）构件预拼装：由若干分段（或分块）拼装成整体构件。

（2）桁架预拼装：桁架预拼装又可分为分段桁架对接预拼装和散件预拼装。当分段桁架组装完成后能够满足运输要求时，分段桁架在工厂焊接成形后进行对接预拼装，称为分段桁架对接预拼装。当分段桁架焊接成形后的尺寸超过运输条件时，一般采用散件（即杆件和节点）在工厂加工完后进行预拼装，然后把散件直接运到施工现场，称为散件预拼装。

（3）部分结构预拼装：当结构很复杂、体量很大或受到预拼装场地及条件限制，无法进行整体结构预拼装时，可采用部分结构预拼装。部分结构预拼装时可选取标准结构单元或相邻结构单元进行预拼装。当采用标准结构单元预拼装时，可只选取其中一个或几个单元进行预拼装；当采用相邻结构单元预拼装时，应考虑与上下、左右、前后单元都进行预拼装。

（4）整体结构预拼装：整体结构完整在工厂内进行预拼装，这种方法只适用于小规模、特别复杂、特别重要的结构，一般较少采用。

2. 预拼装方法

预拼装方法一般分为平面预拼装（也称卧拼）和立体预拼装（也称立拼）。当为平面结构时，一般采用平面预拼装，当为空间结构时可采用平面预拼装或立体预拼装。

二、拼装要求

1. 预拼装要求

（1）所有进行预拼装的构件加工质量应符合设计和相关规范的要求。

（2）预拼装场地所用的支撑凳（胎架）或平台应测量找平，预拼装完成后进行测量时，应拆除全部临时固定或拉紧装置。

（3）如为螺栓连接的结构，在预拼装时所有节点连接板均应装上，除检查各尺寸外，还应采用试孔器检查板叠孔的通过率，并应符合下列规定：① 当采用比孔公称直径小 1.0 mm 的试孔器检查时，每组孔的通过率不应小于 85%；② 当采用比螺栓公称直径大 0.3 mm 的试孔器检查时，通过率为 100%。

（4）预拼装测量时间应在日出前、日落后或阴天进行；测量用的量具应与施工现场统一，并与标准尺比对，根据比对偏差对长度进行修正。

（5）预拼装检验合格后，应在构件上标注定位线、中心线、标高基准线等，需要时还可以在构件上焊上临时定位器，以便于按预拼装的定位结果进行安装。对大型或复杂构件还应表明重量、重心位置，防止构件在起吊和运输过程中发生变形或危险。

（6）预拼装尺寸应考虑焊接收缩等拼装余量。

2. 预拼装允许偏差

构件预拼装的允许偏差应符合表 5-1 的要求。

表 5-1　构件预拼装的允许偏差（mm）

构件类型	项目		允许偏差	检查方法
多节柱	预拼装单元总长		±5.0	用钢尺检查
	预拼装单元弯曲矢高		$L/1500$，且不应大于 10.0	用拉线和钢尺检查
	接口错边		2.0	用焊缝量规检查
	预拼装单元柱身扭曲		$H/200$，且不应大于 5.0	用拉线、吊线和钢尺检查
	顶紧面至任一牛腿距离		±2.0	用钢尺检查
梁、桁架	跨度最外两端安装孔或两端支承面最外侧距离		$L/1500$，±5.0	用焊缝量规检查
	接口截面错位		2.0	
	拱度	设计要求起拱	±$L/5000$	用拉线和钢尺检查
		设计未要求起拱	$L/2000$	
	节点处杆件轴线错位		3.0	画线后用钢尺检查
管构件	预拼装单元总长		±5.0	用钢尺检查
	预拼装单元弯曲矢高		$L/1500$，且不应大于 10.0	用拉线和钢尺检查
	对口错边		$t/10$，且不应大于 3.0	用焊缝量规检查
	坡口间隙		+2.0 −1.0	
构件平面总体预拼装	各楼层柱距		±4.0	用钢尺检查
	相邻楼层梁与梁之间距离		±3.0	
	各层间框架两对角线之差		$H/2000$，且不应大于 5.0	
	任意两对角线之差		$\sum H/2000$，且不应大于 8.0	

三、拼装主要工具、量具

预拼装主要工具、量具见表 5-2。

表 5-2　构件预拼装主要工具、量具

名称	图示	用途
全站仪		用于测角（包括水平角、竖直角等）、测距（包括斜距、平距、高差等）、测高程高差和测空间坐标等
经纬仪		用于测角、测距、测高、测定直线等
水准仪		用于测量结构的水平线和测定各点间的高度差等
线垂		用于测量工件的垂直度或进行定位等

续表

名　　称	图　　示	用　　途
直尺		用于测量长度
钢卷尺		用于大尺寸的测量
拉磅		用于测量张拉力
墨斗或粉线		用于放样时弹出黑白色长直线
千斤顶		用于顶升高度不大的场合
样冲		用于标记、钻孔时定中心等
冲钉		用于螺栓孔群定位
水平软管		用于测量多个工件的水平度
焊缝量规		用于测量焊件坡口、装配尺寸、焊缝尺寸和角度等
游标卡尺		用于测量工件厚度、外径、内径及孔深度等
水平尺		用于测量工件表面的水平度

续表

名称	图示	用途
电焊机	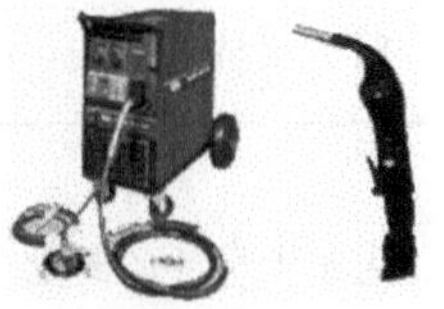	用于焊接工件
气割		用于切割工件

任务3 典型结构预拼装实例

一、大跨度钢管桁架结构预拼装

大跨度钢管桁架结构一般是指由钢管构件组成的桁架结构；根据桁架截面形状的不同，可分为平面桁架和立体桁架，立体桁架断面有三角形（正放或倒置）、四边形及多边形等。钢管桁架的弦杆可以是直杆或曲杆（弧形），还可以在钢管内穿预应力索而成为预应力立体桁架。桁架的主要施工环节为：施工详图设计、杆件工厂加工、组装、预拼装和现场组装、安装等。其中，工厂预拼装方法可分为：分段对接预拼装和散件预拼装，具体采取哪种预拼装方法，应根据桁架组装后能否符合运输条件和施工现场吊装能力来确定。

近几年来，随着经济实力的增强和社会发展的需要，大跨度钢管桁架结构发展迅猛，特别在大跨度公共建筑中应用非常广泛，如机场航站楼、会展中心、火车站房、体育场馆、大剧院等。

工程实例

上海松江大学城资源共享区体育馆钢结构工程

1. 工程概况

松江大学城资源共享区体育馆工程是松江大学城的主要硬件设施之一，是松江大学城资源共享区的重要组成部分，位于松江文汇路以南，文翔路以北，龙腾路以东，龙城路以西，俯视平面为椭圆形，建筑面积28767 m^2，场馆可容纳观众8000多人，如图5-1所示。

体育馆钢结构屋盖主桁架为大跨度钢管桁架结构，跨度126.133 m，重量约180吨。桁架断面为倒三角形，三根弦杆布置于三角形的三个顶点上。上、下弦杆采用弧形钢管，上弦钢管规格为 $\phi 711 \times 20$ mm，下弦钢管规格为 $\phi 711 \times 30$ mm。上下弦间腹杆规格为 $\phi 273 \times 8$ mm，上弦之间连杆规格为 $\phi 406 \times 8$ mm，主桁架之间的连杆为 $\phi 406 \times 8$ mm，如图5-2所示。整个屋盖系统由主桁架、横向连杆以及V形支撑组成，横向连杆为变截面形式，采用 $\phi 711 \times 16$ mm、$\phi 610 \times 16$ mm 钢管。

2. 主桁架结构特点

（1）弦杆的弯弧加工采用在大型油压机上逐步压制成形法，其成形尺寸将直接影响桁架的整体外形，所以弦杆弯弧加工精度要求高。

(2) 桁架外形尺寸大、重量重,分段组装后无法运输,因此采取在工厂内散件加工、散件整体预拼装,运至施工现场进行拼装的方法。

(3) 桁架矢高达到 12 m,整体预拼装胎架搭设需求量大。

图 5-1 松江大学城资源共享区体育馆

图 5-2 钢结构屋盖主桁架效果图

3. 主桁架工厂整体预拼装工艺

1) 桁架工厂整体预拼装方法的确定

根据桁架特点,桁架工厂预拼装采取散件预拼装法。

2) 桁架工厂整体预拼装工艺

(1) 桁架工厂整体预拼装工艺流程如图 5-3 所示。

(2) 桁架工厂整体预拼装要点具体如下。

① 桁架整体预拼装胎架设置。桁架预拼装胎架设置应方便,满足杆件定位、装拆、起吊等工序要求。支撑桁架弦杆的胎架间距不能过长,每段弦杆预拼装时下方不少于 3 个支撑点,并要求均匀分布,在接口附近应设置支撑胎架,以保证杆件端部定位的准确性。

在桁架投影线平面位置,以投影线为基准布置拼装胎架,胎架应具有足够刚度和稳定性,以满足桁架整体预拼装的承重要求。

② 桁架预拼装。预拼装前,先在胎架上划出定位线,以定位线为基准依次进行桁架杆件的拼装,在拼装过程中对定位点进行临时固定。桁架在定位焊接过程中应严格控制焊接工艺,由持证合格焊工施焊,确保焊缝质量,焊接应牢固,满足预拼装要求。

③ 预拼装检验。桁架整体预拼装完成后,对桁架进行检验,检验的内容主要有:桁架整体外形尺寸;桁架各杆件对接口错边及间隙的大小;记录检测、测量的有关数据。

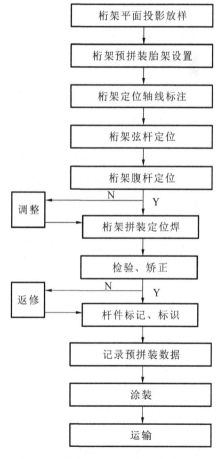

图 5-3 桁架工厂预拼装工艺流程图

④ 标记、标识。桁架整体预拼装合格后,在各杆件接口处标注出相应编号、定位线等标记,以便现场组装。

⑤ 主桁架工厂散件整体预拼装示意图和照片如图 5-4 和图 5-5 所示。

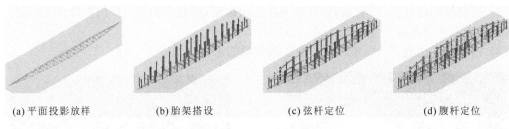

(a) 平面投影放样　　　(b) 胎架搭设　　　(c) 弦杆定位　　　(d) 腹杆定位

图 5-4　桁架预拼装示意图

二、大跨度型钢桁架结构预拼装

大跨度型钢桁架结构是由焊接型钢或轧制型钢组合而成的桁架结构；根据桁架截面形状的不同可分为平面型钢桁架和立体型钢桁架。这类桁架一般都属于超大、超重结构，每榀桁架重量少则几十吨，多则上百吨，甚至几百吨或上千吨。

大跨度型钢桁架在实际生产制造中，常常被分解成多个加工分段，每个加工段制作完成后再进行预拼装，然后运至施工现场，再在施工现场拼装成整榀桁架或吊装单元。工厂预拼装一般采用分段对接预拼装的方法。

工程实例

新建虹桥交通枢纽中心虹桥站站房主体钢结构工程

1. 工程概况

新建虹桥交通枢纽中心是集城市轨道交通、京沪高铁、磁悬浮等为一体的现代化综合性交通枢纽中心，位于上海虹桥机场西侧，是华东地区的重要铁路枢纽之一。

高铁虹桥站总建筑面积 24 万平方米，它由新建主体站房、站台无柱雨棚、南北辅助办公楼、站场设备房四部分组成，如图 5-6(a) 所示。主体站房为 5 层结构，地上二层，地下三层，其中地下二层及地下三层为虹桥地铁西站。地上站房 $-2.550 \sim 10.000$ m 为 1400 mm×1400 mm 箱形混凝土柱与高为 3.5 m 的大跨度型钢桁架组成的框架体系；横向框架最小跨度为 21.0 m，最大跨度为 24.0 m；纵向框架最小跨度为 12.0 m，最大跨度为 46.050 m。桁架现场安装见图 5-6(b)。

图 5-5　桁架预拼装现场照片

(a) 虹桥交通枢纽中心效果图　　(b) 虹桥交通枢纽中心桁架现场安装

图 5-6　虹桥交通枢纽中心虹桥交通枢纽中心效果图

2. 桁架结构特点

(1) 桁架最大跨度为 46.050 m，高为 3.5 m，单榀重达 230 吨，属于超重、超大型桁架。

(2) 桁架为焊接 H 型构件、焊接箱型构件或焊接日字形构件的型钢桁架，弦杆外侧设有连接牛腿。桁架制作焊接工作量大，焊接变形控制难度大。

(3) 受加工、运输条件的限制,桁架工厂制作被分成四个加工段,所有加工段制作完成后进行预拼装;由于桁架重量达 230 吨,每个加工段重量达 50 多吨。因此,对预拼装场地、预拼装胎架和行车要求都非常高。

3. 桁架工厂预拼装工艺

1) 桁架工厂预拼装方法的确定

根据桁架制作工艺,工厂预拼装采取分段对接预拼装法。

2) 桁架工厂预拼装工艺

(1) 桁架预拼装工艺流程如图 5-7 所示。

(2) 桁架工厂预拼装要点具体如下。

① 桁架工厂预拼装胎架设置。胎架的设置应方便、牢固,满足分段桁架(杆件)定位、装拆、起吊等工序的要求。分段桁架采取卧式预拼装,支撑桁架弦杆的胎架间距不能过长。由于分段桁架重量较重,每分段桁架上下弦杆预拼装时下方不少于 3 个支撑点,并要求均匀分布。在桁架接口附近应设置支撑胎架,以保证杆件端部定位的准确性。

在桁架投影线平面位置,以投影线为基准布置拼装胎架。胎架应具有足够刚度和稳定性,以满足预拼装桁架的承重要求。

② 分段桁架预拼装。预拼装前,先在胎架上画出定位线,以此为定位基准依次进行分段桁架的预拼装,在预拼装过程中应对定位点进行临时固定。分段桁架之间的对接定位焊应由焊接技术好的持证焊工施焊。

③ 预拼装检验。分段桁架预拼装完成后,对桁架进行检验,检验的内容主要有:桁架预拼装外形尺寸;桁架各杆件对接口错边及间隙的大小;记录检测、测量的有关数据。

④ 标记、标识。桁架预拼装合格后,在分段桁架杆件接口处标注出相应编号、定位线等标记,以便现场组装。

⑤ 桁架预拼装示意图如图 5-8 所示。

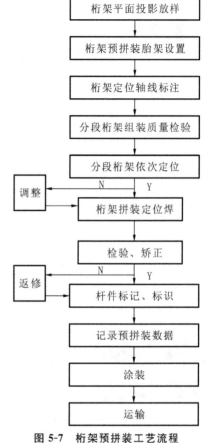

图 5-7 桁架预拼装工艺流程

(a) 桁架平面投影放样

(b) 胎架搭设

(c) 钢柱及第一段桁架定位

(d) 第二段桁架定位

(e) 第三段桁架定位

(f) 第四段桁架定位

图 5-8 桁架预拼装示意图

三、多面体空间刚架结构预拼装

多面体空间刚架结构作为一种新型结构体系,不同于传统的空间网格结构、桁架结构,它极大地丰富了建筑结构选形。多面体空间刚架结构具有杆件排列不规则、构件种类及数量多、外形及焊缝质量要求高、空间位置及构造复杂等特点。此类结构体系在我国实际工程中已成功应用。

工程实例

国家游泳中心——"水立方"钢结构工程

1. 工程概况

国家游泳中心(水立方)的建筑造型看上去像一个装满水的立方体,它是由中国建筑工程总公司牵头,由中建国际设计顾问有限公司、澳大利亚 PTW 公司、澳大利亚 ARUP 公司组成的联合体设计,融建筑设计与结构设计于一体,体现了"水立方"的理念。该结构设计新颖、独特,与国家体育场(鸟巢)共同构成 2008 年北京奥运会的两大精品工程,如图 5-9 和图 5-10 所示。

国家游泳中心(水立方)的长、宽、高分别为 177.338 m×177.338 m×30.636 m,赛时总建筑面积约 8 万平方米,可容纳观众 17000 人,其中永久座位 6000 座,临时座席 11000 座。屋盖及墙体结构均为多面体空间刚架结构,如图 5-11 所示。它由球节点、焊接矩形管、圆管等三种基本构件组成。计算杆件单元为 20670 根,其中焊接矩形钢管为 9199 根,圆钢管为 11471 根。计算节点为 10075 个,其中焊接球节点 9309 个(整球 4281 个,异形球 5208 个),相贯节点 1441 个。整个工程基本构件总计 29979 件。

图 5-9 国家游泳中心外景　图 5-10 国家游泳中心内景

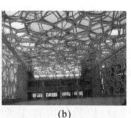
图 5-11 多面体空间刚架结构

2. 结构特点

(1) 构件、节点数量多、种类多。

(2) 构件的空间位置复杂,构件之间纵横交错,呈现出一种"随机、无序"的状态,每个构件的空间位置均不相同。

(3) 构件外形要求高:为了使建筑外形看起来方方正正,像一个立方体一样,墙面及屋面的内外表面杆件全部采用焊接的矩形截面杆件,而球节点全部采用表面削平的空心球体,从而使得所有内外表面都为平面。

3. 工厂预拼装工艺

1) 工厂预拼装单元的划分

国家游泳中心这一新型复杂空间结构(墙面和屋面均为刚架结构,如图 5-12 和图 5-13 所示),体量大,工厂无法满足整体预拼装,采取了部分结构预拼装方法。即将整个结构划分为多个结构单元,然后抽取部分典型结构单元进行预拼装。

2) 工厂预拼装工艺

(1) 工厂预拼装工艺流程如图 5-14 所示。

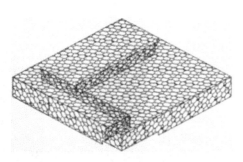

图 5-12 刚架结构轴侧图

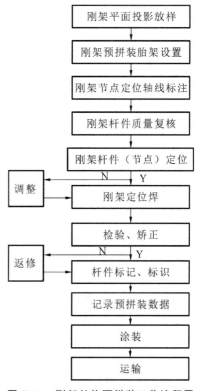

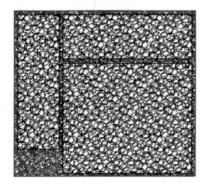

图 5-13 刚架结构平面图

图 5-14 刚架结构预拼装工艺流程图

(2) 刚架结构工厂预拼装要点。

① 刚架结构工厂预拼装胎架设置。空间刚架结构预拼装是以球节点为基准,所以支撑胎架设置为托架形式(用于支撑预拼装的球节点)。胎架应具有足够的刚度和稳定性,以满足刚架预拼结构单元的承重要求。支撑托架数量和设置位置由节点数和节点平面投影位置确定,搭设高度应为预拼装时节点的空间高度减去球体半径。

② 刚架结构拼装工艺。预拼装前,在胎架上划出定位线,以定位线为基准依次进行刚架球节点的固定,然后再进行节点之间的杆件拼装。为保证刚架定位焊接质量符合预拼装要求,预拼装后杆件端部光顺圆滑,定位焊应由焊接技术好的持证焊工施焊。

③ 预拼装检验。刚架预拼装结构单元所有节点、杆件定位后,进行整体检测,检测内容主要有:预拼装结构单元外形尺寸;各节点与杆件相贯口间隙的大小;记录检测测量的有关数据。

④ 标记、标识。由于多面体空间刚架结构节点、杆件数量多,而且外形形状基本相似,所以预拼装后杆件(节点)标记、标识在结构中显得特别重要。每个结构单元预拼装后应在节点和对应杆件处标上相应编号、定位线等标记,以方便现场拼装。

⑤ 刚架结构工厂预拼装示意图如图 5-15 所示。

(a) 刚架平面投影放样　　(b) 胎架搭设　　(c) 刚架球节点定位　　(d) 刚架杆件定位

图 5-15 刚架结构预拼装示意图

四、多高层钢结构预拼装

工程实例

杭州万银大厦钢结构工程

1. 工程概况

杭州万银大厦位于杭州市钱江新城核心区块,是一座集商务、办公、营业为一体的智能化高档办公楼,项目总建筑面积约9.2万平方米。主楼地下3层,地上45层,顶层标高176.200 m,结构体系为钢结构框架-钢筋砼核心筒结构体系,见图5-16。

主楼钢柱共有17根,其中14根地下部分(标高-10.550 m~-0.050 m)为焊接十字形钢柱,截面规格为:+800×300×20×32 mm,地上部分(标高-0.050 m~176.200 m)为焊接箱形柱,截面规格为:□800×32 mm、□800×28 mm、□800×25 mm、□800×20 mm四种。其余3根为箱形柱,规格为□500×20 mm,标高为-3.950 m~66.420 m。裙楼共四层,标高为-3.950m~18.585m;钢柱为箱形柱,共24根,规格有□600×400×18 mm、□400×16 mm两种。楼层采用焊接H型钢梁,主要截面高度有750 mm、700 mm和650 mm三种,楼板采用压型钢板组合楼板。

图5-16 杭州万银大厦效果图

2. 钢结构特点

(1)本工程为典型的高层钢结构框架-钢筋砼核心筒结构,沿主楼向上设置有三道外伸桁架;外伸桁架将外围的钢框架柱与中间的钢筋砼核心筒结构连成整体,共同抵抗水平荷载作用。

(2)外伸桁架尺寸42.0×5.55 m,采用大跨度型钢桁架,桁架散件制作后进行工厂预拼装。

(3)外框架钢柱牛腿与楼层梁,以及柱之间的斜向支撑等连接均采取了栓焊节点的形式,因此螺栓孔数量多,螺栓孔加工准确与否,直接影响现场安装穿孔率。

3. 工厂预拼装

1)预拼装方法的确定

根据框架结构特点,工厂预拼装方法主要包含两方面:外伸桁架的预拼装采取散件预拼装法;框架柱梁的工厂预拼装采取部分结构预拼装法。

下面以外伸桁架工厂预拼装为例说明。

2)外伸桁架工厂预拼装

(1)桁架工厂预拼装工艺流程如图5-17所示。

(2)桁架工厂预拼装工艺具体如下。

① 桁架工厂预拼装胎架设置。桁架采取散件整体预拼

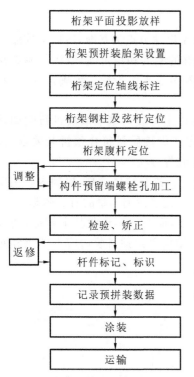

图5-17 桁架工厂预拼装工艺流程

装法,胎架的设置应方便桁架钢柱、弦杆和腹杆的定位、装拆、起吊等工序要求。桁架为卧式预拼装,支撑桁架杆件的胎架间距不能过长,每根弦杆下方支撑点数不得少于3个,且要求均匀分布;在接口附近应设置支撑胎架,以保证杆件端部定位的准确性。在桁架投影平面位置,以投影线为基准布置预拼装胎架,胎架应具有足够刚度和稳定性,以满足预拼装桁架的承重要求。

② 桁架工厂预拼装工艺。预拼装前,在胎架上画出定位线,以此为定位基准依次进行桁架杆件的拼装并固定。进行桁架弦杆一端(预留)连接螺栓孔的加工。利用普通(临时)螺栓将桁架杆件和所有连接板连接,拼装成桁架整体。

③ 预拼装检验。桁架整体预拼装完成后,对桁架进行检验,检测内容主要有:测量桁架尺寸;检验桁架各杆件接口的错边及间隙的大小;采用试孔器检查节点处板叠孔的通过率;记录检测、测量的相关数据。

④ 标记、标识。桁架整体预拼装合格后,在各杆件接口处标注出相应编号、定位线等标记,以便现场整体组装。

⑤ 外伸桁架预拼装示意图如 5-18 所示。

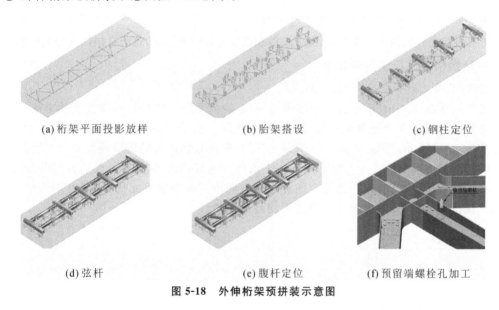

图 5-18 外伸桁架预拼装示意图

五、高耸钢结构预拼装

工程实例

广州新电视塔钢结构工程

1. 工程概况

广州新电视塔高 610 米,由一座高 454 米的主塔体和高 156 米的天线桅杆构成。该结构设计新颖、造型优美、线条流畅、结构独特,建成后,已成为广州市的标志性建筑,如图 5-19 所示。

广州新电视塔由钢结构外筒和钢筋混凝土内筒组成,钢结构外筒由钢管构件构成,包括钢管混凝土柱、钢管环梁和钢管斜撑。钢管混凝土立柱为锥型钢管柱,共 24 根,呈倾斜布置,倾角各不相同;立柱直径与壁厚沿高度变化,由底部外径 $\phi 2000$ mm、壁厚 50 mm 缩至顶部外径 $\phi 1200$ mm、壁厚 30 mm;钢材材质为 Q345GJC,管内填充 C60 高强混凝土。斜撑截面尺寸为

图 5-19 广州新电视塔效果图

$\phi 700 \sim \phi 850$ mm,壁厚 $30 \sim 40$ mm,材质为 Q345GJC 和 Q390GJC,通过在柱上焊出的牛腿与柱连接。环梁截面尺寸为 $\phi 700 \sim \phi 800$ mm,壁厚 $25 \sim 30$ mm,材质为 Q345GJC;环梁共有 46 组,环梁的间距由腰部的 8 m 向上向下递增,至塔顶及底部时为 12.5 m。环梁与水平面成 15.5°夹角,通过在柱上焊出的外伸连接件与柱连接。每道环梁每个分段均为曲线,由 24 个分段组成一个椭圆形封闭环。

2. 工程特点

外筒所有构件都呈空间三维倾斜,又附带各种节点分段,空间定位非常困难。24 根锥型圆管柱由 4296 节锥形管节装焊而成,累积误差控制较难。1104 个圆管相贯节点,对接口精度要求比较高。

外筒钢立柱的安装精度为 1/2000,且不大于 5 mm,远远高于一般超高层建筑和塔桅结构的安装精度。对钢构件加工精度提出了更高的要求。

为了有效控制外筒构件制作误差,保证构件在高空安装时的精度,对所有构件进行工厂预拼装。

3. 外筒钢构件工厂预拼装工艺

1)预拼装单元划分

由于主塔体高 454 m,不可能进行整体预拼装,因此采取了部分结构预拼装的方法。将主塔体沿高度方向分成了 9 个预拼装阶段,如图 5-20 所示。由于主塔体水平投影尺寸较大,在底部椭圆达到 80 m×60 m,顶部 54 m×40.5 m,工厂一般没有如此大的拼装场地平台。因此将整个外筒沿椭圆周长方向分为 6 个分区,如图 5-21 所示。这样沿高度方向和水平方向共分成 54 个结构单元进行预拼装。同时,在高度方向和水平方向均保留相邻单元构件(即共用构件)与下一单元进行预拼装,以保证每个分区相互之间均经过预拼装。

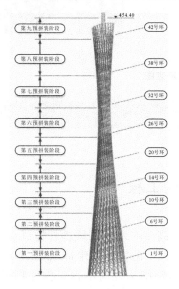

图 5-20 高度方向预拼装单元划分

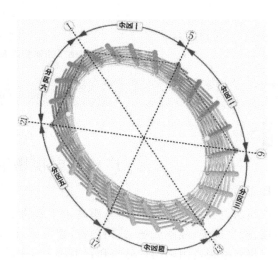

图 5-21 周长方向预拼装单元划分

2)预拼装工艺

(1)预拼装共用构件的设置。主塔体预拼装沿高度方向分成 9 个分区,周长方向分成 6 个分区,各分区沿高度方向和周长方向存在与相邻单元之间的接口,因此,在沿高度方向和周长方向各设置共用构件,即图 5-20 中的 6、10、14、20、26、32、38、44 号环和图 5-21 中的 1、5、9、13、17、21 轴立柱为预拼装时的共用构件,以保证所有分区相互之间均经过预拼装(俗称姐妹段预拼装,如图 5-22 和图 5-23 所示)。

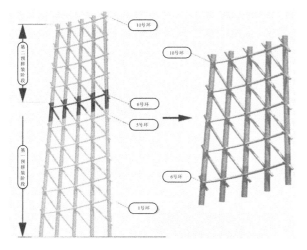

图 5-22 沿高度方向共用构件

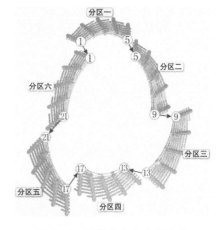

图 5-23 沿周长方向共用构件

(2) 外筒钢结构工厂预拼装工艺流程如图 5-24 所示。

(3) 预拼装放样及胎架搭设。外筒钢结构预拼装采取卧式拼装的方法。首先放出预拼装单元中心线的平面投影线,然后以此线为基准搭设预拼装胎架,搭设时注意以下几点。

① 对各预拼装单元设定水平基准面,以此平面放出钢柱、环梁和支撑投影中心线。

② 本工程预拼装为卧式预拼装,各胎架位置及标高均需在计算机实体模型中测得;各胎架与钢管柱之间采用模板定位,模板需采用数控切割,以保证胎架的定位精度。

③ 胎架需具有足够的承载力,且预拼装场地应铺设钢板或在胎架下部设置型钢,以避免构件重量过大引起沉降,导致胎架发生变形。

预拼装胎架搭设完成后,应对其进行整体检测,所有检测数据均应做好记录。检测合格后进行预拼装。

(4) 构件定位。

① 按先钢柱后环梁,最后斜撑的总体拼装顺序,从中心向两边依次将构件定位至胎架上。

② 各钢柱定位时,以柱顶端铣面为基准,保证节点牛腿位置和倾斜角度的准确性。

③ 环梁及支撑定位,控制与钢柱及牛腿对接口间距

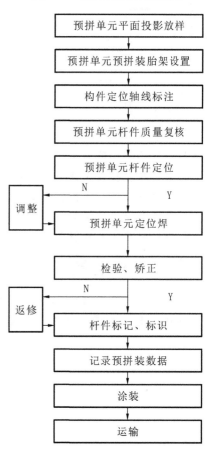

图 5-24 外筒钢结构工厂预拼装工艺流程

及错边量。

（5）检测、测量。各构件预拼装后进行整体检测、测量,对局部超差部位进行矫正,并记录测量数据。

（6）标记和脱模预拼装完成后,在构件上进行标记。环梁在两端标明各自对应的轴线号,斜撑在两端标明上端和下端,明确现场安装方向;同时在连接处打上对合标记线,作为现场安装的依据。接着进行下一分区钢构件预拼装,依次类推,直至完成外筒所有钢构件的预拼装。

（7）外筒钢结构预拼装示意图如图 5-25 所示。

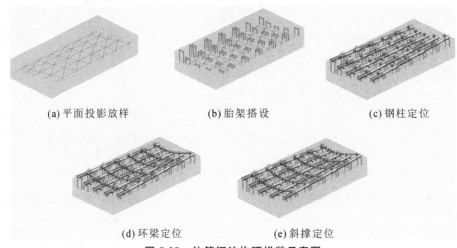

图 5-25　外筒钢结构预拼装示意图

1. 钢结构预拼装方法有哪些？
2. 钢结构预拼装应符合什么要求？
3. 常见的钢结构预拼装的工具、量具有哪些？
4. 简述高层钢结构梁、柱预拼装的主要要点。
5. 试分析广州新电视塔主体钢结构管构件采用何种预拼装形式？

已知柱采用箱形钢柱,梁采用焊接 H 型钢梁;柱上设牛腿,梁与牛腿之间采用栓焊连接(上、下翼缘板采用焊接,腹板采用高强度螺栓连接)。试编写预拼装方案。

学习情境 6 钢结构制作质量检验与质量控制

知识内容

① 理解钢结构制作质量检验与质量控制的原理;② 掌握钢结构制作质量检验与质量控制的方法;③ 了解钢结构制作质量检验标准和主要指标的允许偏差;④ 了解常见钢结构件的检查重点;⑤ 了解钢结构件原材料、制作、焊接、高强螺栓连接、涂装、储存和运输等环节质量控制要求。

技能训练

① 能够根据需要选择合适的检验方法;② 能正确选择钢结构件质量检验的工具和设备;③ 能够根据需要说明质量控制的要点,并组织实施。

素质要求

① 精益求精、务实严谨的科学态度;② 善于沟通交流,团队协作;③ 踏实而又创新的工作作风。

任务1 钢结构件质量检验

一、钢结构件质量检验的含义

钢结构件是指在工厂内制作完成的钢结构产品,如柱、梁、桁架、支撑、吊车梁、杆件、节点等,是构成结构的基本单元。构件大小的划分应根据工厂及现场的起重设备、运输方式、道路情况、结构形式等综合考虑、合理选择。当构件重量或尺寸超过起重能力或运输要求时,可分段或分块,然后把分段或分块构件运到现场后再拼装,形成完整的构件。

虽然钢结构的结构形式千变万化,构件截面或尺寸互不相同,但需要控制的质量要求是相同的,即内在质量和外观质量。构件的内在质量主要包括焊缝质量和构件尺寸,构件的外观质量主要是观感质量,其具体质量要求应符合国家标准要求以及设计或合同文件的要求。

钢结构件质量检验是指对构件检验项目中的性能进行测量、检查、试验等,并将结果与标准规定进行比较,以确定每项性能是否合格所进行的活动。构件的质量检验项目分为主控项目和一般项目。主控项目是指建筑工程中对安全、卫生、环境保护和公众利益起决定性作用的项目;一般项目是指除主控项目以外的检验项目。主控项目必须符合规范合格质量标准的要求,一般项目的检验结果应有80%及以上的检查点(值)符合规范合格质量标准的要求,且最大值不应超过其允许偏差值的1.2倍。

二、钢结构件质量检验的要求

钢结构件质量检验的内容主要包括:尺寸检验、焊缝检验和外观检测。

1. 钢结构件制作允许偏差

钢结构件制作的允许偏差应符合要求,见表6-1表至6-14。

表6-1 焊接 H 型钢尺寸允许偏差(mm)

项 目		允许偏差	检验方法	图 例
截面尺寸	$h(b) \leqslant 500$	±2.0	用钢尺检查	
	$500 < h(b) \leqslant 1000$	±3.0		
	$h(b) > 1000$ 连接处	±3.0		
	其他处	±4.0		
腹板中心偏移(e)		2.0		
翼缘板对腹板的垂直度(Δ)	连接处	1.5	用直角尺和钢尺检查	
	其他处	$b/150$,且不应大于5.0		
弯曲矢高(受压构件除外)		$L/1000$,且不应大于10.0	用拉线、吊线和钢尺检查	—
扭曲	连接处	$h/250$,且不应大于3.0		—
	其他处	$h/250$,且不应大于5.0		
腹板局部平面度(f)	$t \leqslant 14$	3.0	用1m直尺和塞尺检查	
	$t > 14$	2.0		

注:L 为焊接 H 型钢长度。

表 6-2 箱型构件尺寸允许偏差（mm）

项　　目			允许偏差	检测方法	图　　例
截面尺寸	$h(b) \leqslant 500$		±2.0	用钢尺检查	
	$500 < h(b) \leqslant 1000$		±3.0		
	$h(b) > 1000$	连接处	±3.0		
		其他处	±4.0		
箱型截面对角线差			3.0		
腹板至翼缘板中心线距离(a)			2.0		
柱身板垂直度(Δ)	连接处		1.5	用直角尺和钢尺检查	
	其他处		$h(b)/150$，且不应大于 5.0		
弯曲矢高			$L/1000$，且不大于 10.0	用拉线、吊线和钢尺检查	—
扭曲	连接处		$h/250$，且不大于 3.0		—
	其他处		$h/250$，且不大于 5.0		—

注：L 为箱形构件长度。

表 6-3 十字形构件尺寸允许偏差（mm）

项　　目			允许偏差	检验方法	图　　例
截面尺寸	$h(b) \leqslant 500$		±2.0	用钢尺检查	
	$500 < h(b) \leqslant 1000$		±3.0		
	$h(b) > 1000$	连接处	±3.0		
		其他处	±4.0		
中心偏移(e)			2.0		
柱身板垂直度(Δ)	连接处		1.5	用直角尺和钢尺检查	
	其他处		$h(b)/150$，且不应大于 5.0		
弯曲矢高			$L/1000$，且不大于 10.0	用拉线、吊线和钢尺检查	—
扭曲	连接处		$h/250$，且不大于 3.0		—
	其他处		$h/250$，且不大于 5.0		—

注：L 为十字形构件长度。

表 6-4 焊接连接制作组装允许偏差（mm）

项目		允许偏差	检验方法	图例
对口错边（Δ）		$t/10$，且不应大于 3.0	用焊缝量规检查	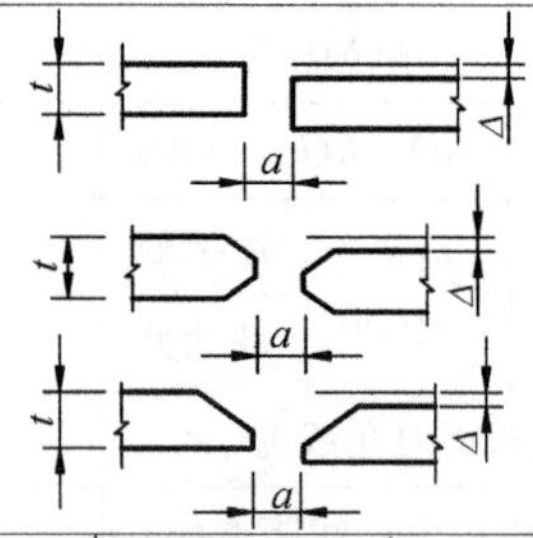
间隙（a）		±1.0		
搭接长度（a）		±5.0	用钢尺检查	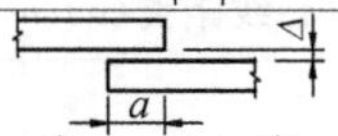
缝隙（Δ）		1.5	用塞尺检查	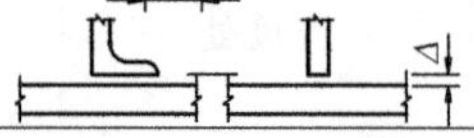
型钢错位（Δ）	连接处	1.0	用焊缝量规检查	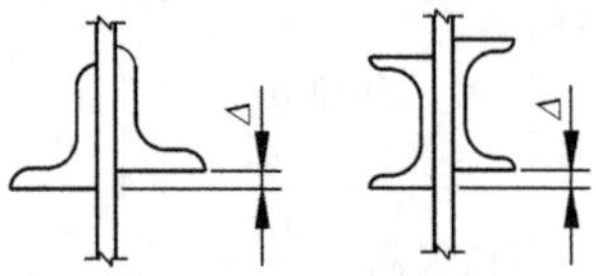
	其他处	2.0		

表 6-5 单层钢柱外形尺寸允许偏差（mm）

项目		允许偏差	检验方法	图例
柱底面到柱端与桁架连接的最上一个安装孔距离（l）		±$l/1500$ ±15.0	用钢尺检查	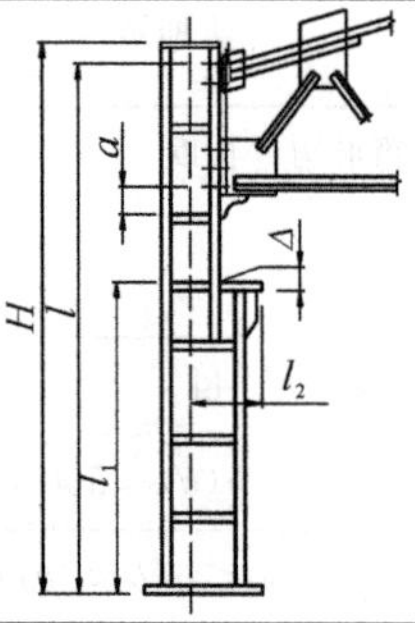
柱底面到牛腿支承面距离（l_1）		±$l_1/2000$ ±8.0		
受力支托表面到第一个安装孔距离（a）		±1.0	用拉线、直角尺和钢尺检查	
牛腿面的翘曲或扭曲（Δ）	$l_2 \leqslant 1000$	2.0		
	$l_2 > 1000$	3.0		
柱身弯曲矢高		$H/1000$，且不应大于 10.0		
柱身扭曲	牛腿处	$h/250$，且不应大于 3.0	用拉线、吊线和钢尺检查	—
	其他处	$h/250$，且不应大于 5.0		
柱截面尺寸	连接处	±3.0	用钢尺检查	
	其他处	±4.0		
翼缘板对腹板的垂直度（Δ）	连接处	1.5	用直角尺和钢尺检查	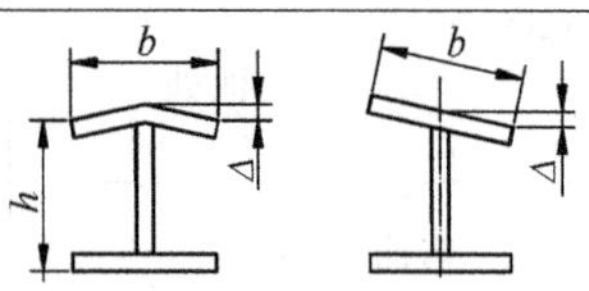
	其他处	$b/150$，且不应大于 5.0		
柱脚底板平面度		5.0	用直尺和塞尺检查	—
柱脚螺栓孔中心对柱轴线的距离（a）		3.0	用钢尺检查	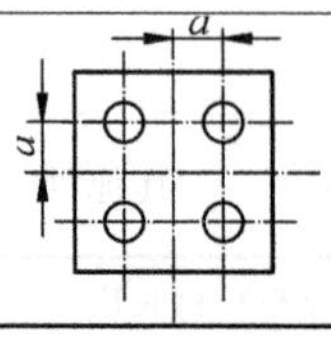

表 6-6 多节钢柱外形尺寸允许偏差(mm)

项目		允许偏差	检验方法	图例
一节柱高度(H)		±3.0	用钢尺检查	
两端最外侧安装孔距离(l_3)		±2.0	用钢尺检查	
铣平面到第一个安装孔距离(a)		±1.0		
柱身弯曲矢高(f)		$H/250$，且不应大于 5.0	用拉线和钢尺检查	
一节柱的柱身扭曲	连接处	$h/250$，且不应大于 3.0	用拉线、吊线和钢尺检查	
	其他处	$h/250$，且不应大于 5.0		
牛腿端孔至柱轴线距离(l_2)		±3.0	用钢尺检验	
牛腿面的翘曲或扭曲(Δ)	$l_2 \leqslant 1000$	2.0	用拉线、直角尺和钢尺检查	
	$l_2 > 1000$	3.0		
柱截面尺寸	连接处	±3.0	用钢尺检查	
	其他处	±4.0		
柱脚底板平面度		5.0	用直尺和塞尺检查	
翼缘板对腹板的垂直度(Δ)	连接处	1.5	用直角尺和钢尺检查	
	其他处	$b/150$，且不应大于 5.0		
柱脚螺栓孔对柱轴线的距离(a)		3.0	用钢尺检查	
箱形截面对角线差		3.0		
柱身板垂直度(Δ)	连接处	1.5	用直角尺和钢尺检查	
	其他处	$h(b)/150$，且不应大于 5.0		

表 6-7　焊接实腹钢梁外形尺寸允许偏差（mm）

项　　目		允许偏差	检验方法	图　　例
梁长度(l)	端部有凸缘支座板	0 −5.0	用钢尺检查	
	其他形式	±l/2500 ±10.0		
端部 高度(h)	h≤2000	±2.0		
	h>2000	±3.0		
两端最外侧安装孔距离(l_1)		±3.0		
拱度	设计要求起拱	±l/5000	用拉线和 钢尺检查	
	设计未要求起拱	10.2 −5.0		
弯曲矢高		l/100， 且不应大于 10.0		
扭曲		h/250， 且不应大于 5.0	用拉线、吊线 和钢尺检查	
腹板局部 平面度(f)	t≤14	3.0	用 1 m 直尺 和塞尺检查	
	t>14	2.0		
吊车梁翼缘板 对腹板的垂直度		b/150， 且不应大于 3.0	用直角尺 和钢尺检查	
吊车梁上翼缘板 与轨道接触面平面度		1.0	用 200 mm、1 m 直尺和塞尺检查	
箱形截面对角线差		3.0	用钢尺检查	
箱形截面两腹板 至翼缘板中心线距离(a)		2.0		
梁端板的平面度 （只允许凹进）		h/500， 且不应大于 2.0	用直角尺 和钢尺检查	—
梁端板与腹板的垂直度		h/500， 且不应大于 2.0		—

注：吊车梁严禁下挠。

表 6-8 钢屋架(桁架)外形尺寸允许偏差(mm)

项　目		允许偏差	检验方法	图　例
桁架跨度最外端两个孔或两端支承处最外侧的距离(l)	$l \leqslant 24$ m	+3.0 -7.0	用钢尺检查	
	$l > 24$ m	+5.0 -10.0		
桁架跨中高度		±10.0		
桁架跨中拱度	设计要求起拱	±l/5000		
	设计未要求起拱	10.0 -5.0		
节间弦杆的弯曲(受压除外)		a/1000,且不应大于5.0		
节点中心偏移		3.0	用尺量检查	
跨中垂直度(Δ)		h/250,且不应大于15.0	用吊线、拉线、经纬仪和钢尺现场实测	
弯曲矢高(f)	$l \leqslant 30$ m	L/1000,且不应大于10.0	用吊线、拉线、经纬仪和钢尺现场实测	
	30 m$< l \leqslant 60$ m	l/1000,且不应大于30.0		
	$l > 60$ m	l/1000,且不应大于50.0		
支承面到第一个安装孔距离(a)		±1.0	用钢尺检查	
檩条连接支座间距(a)		±5.0		

注:吊车桁架严禁下挠。

表6-9 钢管构件外形尺寸允许偏差(mm)

项 目	允许偏差	检验方法	图 例
直径(d)	$\pm d/500$，且不应大于± 5.0	用钢尺检查	
构件长度(l)	± 3.0	用钢尺检查	
管口圆度	$d/500$，且不应大于5.0	用钢尺检查	
端面对管轴的垂直度	$d/500$，且不应大于3.0	用焊缝量规检查	
弯曲矢高	$l/1500$，且不应大于5.0	用拉线、吊线和钢尺检查	
对口错边	$t/10$，且不应大于3.0	用拉线和钢尺检查	

注:对方矩形管 d 为长边尺寸。

表6-10 钢平台、钢梯和防护钢栏杆外形尺寸允许偏差(mm)

项 目	允许偏差	检验方法	图 例
平台长度和宽度	± 5.0	用钢尺检查	
平台两对角线差(l_1-l_2)	6.0	用钢尺检查	
平台支柱高度	± 3.0	用钢尺检查	
平台支柱弯曲矢高	5.0	用拉线和钢尺检查	
平台表面平面度(1 m范围内)	6.0	用1 m直尺和塞尺检查	
梯梁长度(l)	± 5.0	用钢尺检查	
钢梯宽度(b)	± 5.0	用钢尺检查	
钢梯安装孔距离(a)	± 3.0	用钢尺检查	
梯梁纵向挠曲矢高	$l/1000$	用拉线和钢尺检查	
踏步间距	± 5.0	用钢尺检查	
栏杆高度	± 5.0	用钢尺检查	
栏杆立柱间距	± 10.0	用钢尺检查	

表6-11 墙架、檩条、支撑系统钢构件允许偏差(mm)

项 目	允许偏差	检验方法	图 例
构件长度(l)	± 4.0	用钢尺检查	
构件两端最外侧安装孔距离(l_1)	± 3.0	用钢尺检查	
构件弯曲矢高	$l/1000$，且不应大于10.0	用拉线和钢尺检查	
截面尺寸	$+5.0$，-2.0	用钢尺检查	

学习情境 6 钢结构制作质量检验与质量控制

表 6-12 焊接空心球加工允许偏差（mm）

项 目	规 格	允许偏差	检验方法
直径	$D \leqslant 300$	±1.5	用卡尺和游标卡尺检查
	$300 < D \leqslant 500$	±2.5	
	$500 < D \leqslant 800$	±3.5	
	$D > 800$	±4.0	
圆度	$D \leqslant 300$	±1.5	用卡尺和游标卡尺检查
	$300 < D \leqslant 500$	±2.5	
	$500 < D \leqslant 800$	±3.5	
	$D > 800$	±4.0	
壁厚减薄量	$t \leqslant 10$	$\leqslant 18\% t$，且不应大于 1.5	用卡尺和测厚仪检查
	$10 < t \leqslant 16$	$\leqslant 15\% t$，且不应大于 2.0	
	$16 < t \leqslant 22$	$\leqslant 12\% t$，且不应大于 2.5	
	$22 < t \leqslant 45$	$\leqslant 11\% t$，且不应大于 3.5	
	$t > 45$	$\leqslant 8\% t$，且不应大于 4.0	
对口错边量	$t \leqslant 20$	$\leqslant 10\% t$，且不应大于 1.0	用套模和游标卡尺检查
	$20 < t \leqslant 40$	2.0	
	$t > 40$	3.0	
焊缝余高	—	0～1.5	用焊缝量规检查

注：D 为焊接空心球的外径，t 为焊接空心球的壁厚。

表 6-13 螺栓球加工允许偏差（mm）

项 目		允许偏差	检验方法	图 例
毛坯球直径	$D \leqslant 120$	+2.0 −1.0	用卡尺和游标卡尺检查	
	$D > 120$	+3.0 −1.5		
球的圆度	$D \leqslant 120$	1.5	用卡尺和游标卡尺检查	
	$120 < D \leqslant 250$	2.5		
	$D > 250$	3.0		
同一轴线上两铣平面平行度	$D \leqslant 120$	0.2	用百分表V形块检查	
	$D > 120$	0.3		
铣平面距球中心距离 a		±0.2	用游标卡尺检查	
相邻两螺纹孔夹角 θ		±30′	用分度头检查	
两铣平面与螺栓孔轴线垂直度		$0.5\% r$	用百分表检查	

表 6-14 钢网架（桁架）用钢管杆件加工允许偏差（mm）

项 目	允许偏差	检验方法
长度	±1.0	用钢尺和百分表检查
端面对管轴的垂直度	$0.5\% r$	用百分表V形块检查
管口曲线	1.0	用套模和游标卡尺检查

注：r 为钢管半径。

2. 钢结构件焊缝质量要求

钢结构件焊缝质量应符合相应的要求。

三、常用钢结构件检查重点

钢结构中各构件在整个结构中所处的位置不同,受力状态不一样,所以在制作过程中的要求也就不一样。因此,在进行构件检查时,其检查的侧重点也有所区别。

1. 钢屋架检查重点

钢屋架一般由型钢(主要为角钢)制作而成,其检查重点如下。

(1) 在钢屋架的检查中,要注意检查节点处各型钢重心线交点的重合情况,控制重心线偏移不大于 3 mm。若出现超差现象,应及时提供数据,请设计人员进行验算,如不能使用,应拆除更换。

- 产生重心线偏移的原因:组装胎具变形或装配时杆件未靠紧胎模所致。
- 重心线偏移的危害:造成局部弯矩,影响钢屋架的正常工作状态,造成钢结构工程的隐患。

(2) 要加强对钢屋架焊缝的检查工作,特别是对受力较大的杆件焊缝,要进行重点检查控制,其焊缝尺寸和质量标准必须满足设计要求和国家规范的规定。为了保证钢屋架焊缝质量,钢屋架上、下弦角钢肢部焊缝可采取适当加大焊缝的处理,第一遍焊接只填满圆角,第二遍达到焊缝成形,成形后焊角高度一般应大于角钢肢边厚度的1/2。

- 产生焊缝缺陷的原因:钢屋架上连接焊缝较多,每段焊缝长度又不长,而且上、下弦角钢截面大,刚性强,在焊缝收缩应力的作用下,易产生收缩裂纹。
- 焊缝缺陷的危害:影响钢屋架整体受力和使用寿命,造成钢结构工程的内部隐患。

(3) 钢屋架的垂直度和侧向弯曲矢高应按同类构件数抽查10%,且不少于三个,其允许偏差应符合规定。

(4) 为了保证安装工作的顺利进行,检查中应严格控制连接部位孔的位置,孔位尺寸应在允许偏差范围之内,对于超过允许偏差的孔应及时进行相应的技术处理。

(5) 设计要求起拱的,必须满足设计规定,检查中应控制起拱尺寸及其允许偏差。

(6) 应注意屋架中各隐蔽部位的检查,如由两支角钢背靠背组焊的杆件,其夹缝部位在组装前应按要求除锈、涂漆。

2. 钢桁架检查重点

桁架在钢结构中的应用很广,如在工业与民用建筑的屋盖(屋架等)和吊车梁(即吊车桁架)、桥梁、起重机(塔架、梁或臂杆等)、水工闸门、海洋采油平台中,常用钢桁架作为承重结构的主要构件。在制作钢桁架过程中应重点检查以下几点。

(1) 桁架受力支托(支承面)表面至第一个安装孔的距离应采用钢尺全数检查,其允许偏差在±1.0 mm之内。

(2) 钢桁架设计要求起拱的,其极限偏差应在±l/5000 mm之间,未要求起拱的其极限偏差在-5~10 mm之间,其中吊车桁架严禁下挠。

(3) 对桁架结构杆件轴线交点错位进行检查,其允许偏差不得大于3.0 mm。

(4) 桁架的垂直度和侧向弯曲矢高应按同类构件数抽查10%,且不少于三个,其允许偏差应符合要求。

(5) 桁架上有顶紧要求的顶紧接触面应有75%以上的面积紧贴,检查时按接触面数量的

10%抽检,且不应少于10个。

(6)高强度螺栓连接孔和普通螺栓连接的多层板叠,应采用试孔器进行全数检查,其穿孔率不得低于85%。

3. 钢柱检查重点

(1)钢柱悬臂(牛腿)及相关的支承肋承受动荷载,一般采用K形坡口焊缝,焊接时应保证全熔透,焊后需进行焊缝外观质量和超声波探伤内部质量检查。

(2)制作钢柱过程中,由于板材尺寸不能满足需要而进行拼接时,拼接焊缝必须全熔透,保证与母材等强度,焊后进行焊缝外观质量和超声波探伤内部质量检查。

(3)柱端、悬臂等有连接的部位,应注意检查相关尺寸,特别是高强度螺栓连接时,更要加强控制。另外,柱底板的平直度、钢柱的侧弯等注意检查控制,其偏差应符合要求。

(4)设计图要求柱身与底板刨平顶紧的,应按国家规范的要求对接触面进行顶紧的检查,顶紧接触面不应少于75%紧贴,且边缘最大间隙不应大于0.8 mm,以确保力的有效传递。

(5)钢柱柱脚不采用地脚螺栓,而采用直接插入基础预留孔,再进行二次灌浆固定的,应注意检查插入混凝土部分不得涂装。

(6)箱形柱一般都设置内隔板,为确保钢柱尺寸,并起到加强作用,内隔板需经加工刨平、组装焊接几道工序。由于柱身封闭后无法检查,应注意加强工序检查,检查内隔板加工刨平、装配贴紧的情况,以及焊接方法和质量均应符合设计要求。

(7)空腹钢柱(格构柱)的检查要点与实腹钢柱相同。由于空腹钢柱截面复杂,要经多次加工、小组装、再总装到位。因此,空腹柱在制作中各部位尺寸的配合十分重要,在其质量控制检查中应侧重于单体构件的工序检查,只有各部件的工序检查符合质量要求,钢柱的总体尺寸才能达到质量要求。

4. 钢梁检查重点

(1)钢梁的垂直度和侧向弯曲矢高应按同类构件数抽查10%,且不少于三个,其允许偏差应符合要求。

(2)钢梁上的对接焊缝应错开一定的距离。H型钢梁翼缘板与腹板的拼接焊缝要错开200 mm以上,与加劲肋也错开200 mm以上。箱型钢梁翼缘板与腹板的拼接焊缝应错开500 mm以上。

(3)钢梁连接处的腹板中心线偏移量小于2.0 mm。

(4)钢梁上高强度螺栓孔加工时,除保证孔的尺寸外还需严格控制钢梁两端最外侧安装孔的距离偏差在±3.0 mm之间(实腹梁)。

(5)钢梁设计要求起拱的,其极限偏差应在±l/5000 mm之间,未要求起拱的其极限偏差在-5~10 mm之间,其中吊车梁严禁下挠。

5. 吊车梁检查重点

(1)吊车梁的焊缝受冲击和疲劳影响,其上翼缘板与腹板的连接焊缝要求全熔透,一般视板厚不同开V或K形坡口。焊后应对焊缝进行超声波探伤检查,探伤比例应按设计文件的规定执行。若设计要求为抽检,当抽检发现超标缺陷时,应对该焊缝全数检查。检查时应重点检查两端的焊缝,其长度不应小于梁高,梁中间再抽检300 mm以上的长度。

(2)吊车梁加劲肋的端部焊缝有两种处理方法,应按设计要求确定:① 对加劲肋的端部进行围焊,以避免在长期使用过程中,其端部产生疲劳裂缝;② 要求加劲肋的端部留有20~30 mm不焊,以减弱端部的应力。

(3) 翼缘板和腹板上的对接焊缝应错开 200 mm 以上,与加劲肋也应错开 200 mm 以上。

(4) 吊车梁外形尺寸的控制,原则上长度负公差,高度正公差。

(5) 吊车梁上、下翼缘板边缘要整齐光洁,不得有凹坑,上翼缘板的边缘状态是检查重点,需特别注意。

(6) 无论吊车梁是否有起拱要求,焊接后都不得下挠。

(7) 控制吊车梁上翼缘板与轨道接触面的平面度不得大于 1.0 mm。

6. 支撑检查重点

(1) 支撑构件连接处的截面尺寸应符合要求,其长度尺寸允许偏差控制在 ±4.0 mm 之间。

(2) 孔加工时,除保证孔的尺寸外还应保证构件两端最外侧安装孔距离偏差符合要求。

(3) 支撑的整体垂直度和弯曲矢高应符合要求,以保证安装连接时其重心线能通过梁与柱轴线的交点(偏心支撑除外)。

(4) 在抗震设防的结构中,支撑采用焊接组合截面时,其翼缘板和腹板应采用坡口全熔透焊缝连接,焊缝尺寸和质量应符合设计要求和国家规范的规定。

7. 网架结构主要构件检查重点

(1) 焊接空心球的检查重点包括:① 钢板压成半圆后,表面不应有裂纹、褶皱,焊接球的对接坡口应采用机械加工,对接焊缝表面应打磨平整;② 焊接球表面应无明显波纹,局部凹凸不平不大于 1.5 mm;③ 焊接球直径、圆度、壁厚减薄量等尺寸及允许偏差应符合要求;④ 焊接球焊缝应进行无损检验,其质量应符合设计要求,当设计无要求时应符合二级质量标准的要求。

(2) 螺栓球的检查重点包括:① 螺栓球由圆钢加热后锻压而成,加工过程中可能产生表面微裂纹,深度小于 2~3 mm 的表面微裂纹可以打磨处理,但不允许存在深度更深或球体内部的裂纹;② 螺栓球成型后,应对每种规格的螺栓球进行 10% 且不少于 5 个的抽检,其不得有过烧、裂纹及褶皱;③ 螺栓球螺纹尺寸应符合现行国家标准规定,螺纹公差必须符合现行国家标准规定;④ 螺栓球直径、圆度、相邻两螺栓孔中心线夹角等尺寸及允许偏差应符合要求。

(3) 杆件的检查重点包括:钢网架杆件一般采用数控管子车床或数控相贯面切割机下料加工,以保证长度和坡口的准确性;杆件的检查项目主要包括长度、断面对管轴的垂直度和管口曲线,其允许偏差应符合相关规范。

8. 铸钢节点检查重点

铸钢节点的质量检查主要分为外观质量检查和内部质量检查:外观质量检查包括表面粗糙度、表面缺陷及清理状态、尺寸公差等;内部质量检查包括化学成分、力学性能以及内部缺陷等。铸钢节点如图 6-1 所示。

1) **外观质量检查重点**

(1) 铸钢节点表面应进行打磨、喷砂或喷丸处理,其表面粗糙度一般为 25~50 μm。需特别注意的是在铸钢节点与其他构件连接的焊接端口,焊前需进行表面打磨,粗糙度 Ra≤25 μm;有超声波探伤要求的表面粗糙度应达到 Ra≤12.5 μm。

(2) 铸钢节点表面应清理干净,修正飞边、毛刺、去除粘砂、氧化铁皮、热处理锈斑及内腔残余物等,不允许有影响铸钢节点使用性能的裂纹、冷隔、缩孔等缺陷的存在。

(3) 铸钢节点的几何形状尺寸应符合订货时图样、模样或合同中的要求,尺寸允许偏差应符合现行国家标准要求。

(4) 铸钢节点的实际形心与理论形心偏差一般应不大于 4 mm,或按图样、订货合同要求

 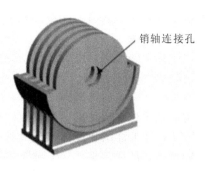

图 6-1 铸钢节点示意图

检查。

(5) 铸钢节点支座耳板上的销轴连接孔必须满足同心度要求,销孔的加工精度必须与销轴的加工精度相匹配,并保证同心。

(6) 铸钢节点的管口外径尺寸应按现行国家标准规定的极限负偏差控制,与外接钢管的允许偏差相配合考虑,同时满足对口错边量的要求。

(7) 铸钢节点与构件连接部位的接管角度偏差及耳板角度偏差应符合订货时图样、模样或合同要求,且不能大于1°。

2) 内部质量检查重点

(1) 应对铸钢节点进行化学成分和力学性能的分析,其结果应符合设计要求或国家规范的规定。

(2) 铸钢节点必须逐个进行无损检测,同时应特别注意与其他构件连接的部位,即支管管口的焊接坡口周围150 mm区域,以及耳板上销轴连接孔四周150 mm区域,应进行100%超声波探伤检验。

(3) 铸钢节点的支管和主管相贯处、界面改变处为超声波探伤盲区,应尽可能改进节点构造,避免或减少超声波探伤的盲区。对不可避免的超声波探伤盲区或目视检查有疑义时,可采用磁粉探伤或渗透探伤进行检验。

(4) 对铸钢节点缺陷可采用焊接修补,修补后应进行无损检测,检测要求与铸钢节点的其他部位相同。

四、检查工具和仪器

钢结构生产中用于检查工作的工具和仪器的种类很多,下面分项列出常用的一些检查工具和检查仪器。

(1) 钢结构焊接工程:放大镜、焊缝量规、钢尺、角尺及超声波、X射线、磁粉、渗透探伤所用的仪器等。

(2) 钢结构制作工程:钢尺、直尺、直角尺、游标卡尺、放大镜、焊缝量规、塞尺、孔径量规、试孔器及经纬仪、水准仪、全站仪等。

(3) 钢结构涂装工程:铲刀、锈蚀和除锈等级图片或对比样板及干漆膜测厚仪等。

五、钢结构件的修整

钢结构件的各项技术数据经检验合格后,对加工过程中造成的焊疤、凹坑应予以补焊并铲磨平整。对临时支撑、夹具应予以割除。

铲磨后零件表面的缺陷深度不得大于材料厚度负偏差值的1/2,对于吊车梁的受拉翼缘尤其应注意其光滑过渡。

在较大平面上磨平焊疤或磨光长条焊缝边缘,常用高速直柄风动手砂轮和角型砂轮机。

六、钢结构件的验收资料

钢结构制造单位在成品出厂时应提供钢结构出厂合格证书及技术文件,其中应包括:
① 设计图、施工详图和设计变更文件,设计变更的内容应在施工图中相应部位注明;② 制作中技术问题处理的协议文件;③ 钢材、连接材料和涂装材料的质量证明书和试验报告;④ 焊接工艺评定报告;⑤ 高强度螺栓摩擦面抗滑移系数试验报告、焊缝无损检验报告及涂层检测资料;⑥ 主要构件验收记录;⑦ 预拼装记录(需预拼装时);⑧ 构件发运和包装清单。

任务2 钢结构件质量控制基本要求

钢结构的制作过程,就是最终产品质量的形成过程,所以,过程质量控制是钢结构质量控制的重点。

一、质量控制特点

钢结构制作过程是一个极其复杂的综合过程,由于结构形式、建筑外形、质量要求、工艺方法等各不相同,且产品具有整体性强、手工作业多、过程周期长、受自然条件影响大等特点,故钢结构的制作质量比一般工业产品的质量控制要难。其主要表现在以下几个方面。

(1) 质量受影响的面广。例如,设计、材料、设备、环境、工艺、操作技能、技术措施、管理制度等都将影响钢结构的制作质量。

(2) 质量波动容易产生。因为钢结构制作不像其他产品生产,有相对固定的生产自动流水线,有成套的生产设备和稳定的生产环境,有相同系列规格和相同功能的产品;同时,由于影响质量的偶然性因素和系统性因素都较多,如材料差异、焊机电压电流变化、操作与环境的改变、仪表失灵等均会引起质量的波动,出现质量事故。

(3) 容易产生判断错误。钢结构在制作过程中,由于工序较多,并有一部分隐蔽工程,有的有时效性,若不及时检查实物,事后再看表面,就容易将不合格的产品判为合格的产品,出现判断错误。有的也可能将合格产品判为不合格产品,如高强度螺栓终拧后的检查工作。

(4) 检查时不能解体、拆卸。大部分钢构件制作完成后,一般不能像某些产品那样,可以解体、拆卸后检查内在质量,或重新更换零件;一般只进行外观和无损检测,即使发现质量有问题,一般也不可能像其他产品那样调换,只能进行返修。

所以,对钢结构制作质量应加倍重视,严格控制,将质量控制贯穿于制作全过程。

二、质量控制的要求和依据

1. 质量控制要求

根据钢结构的特点,在制作质量控制中,要求质检人员做到以下几点。

(1) 坚持"以防为主",重点进行事前质量控制,加强中间巡检,发现问题及时处理,找出不合格原因,落实纠正和预防措施,以达到防患于未然,把质量问题消除在萌芽状态。

（2）在制作前，应根据设计图纸、合同文件、有关规范和构件特点编制针对性强的质量控制文件，并应严格按文件执行。

（3）质检人员在制作过程中既要坚持质量标准，严格检查，又要及时指正，热情帮教。在制作前，要参与方案的制定和审查，提出保证质量的措施，完善质量保证体系。

（4）在处理质量问题的过程中，应尊重事实、尊重科学、立场公正，不受上级、好友的影响，以理服人，不怕得罪人，在工作中树立质检人员的权威。

（5）应注意掌握质量现状及发展动态，加强对不合格品的管理，促使整个制作过程的作业和活动均处于受控状态。

2. 质量控制依据

质量控制，即全过程质量控制，包括原材料、半成品、各工序及成品等。控制的依据首先是合同文件，其次是设计文件，第三是企业标准，第四是国家及行业相关的规范标准。但所有这些质量标准均不得低于国家及行业规范或标准所规定的要求。

三、质量控制方法

通过编制相关质量控制文件、过程检查和成品检验以及进行必需的试验等方式进行质量控制。

1. 编制质量控制文件

编制相关的质量控制文件，是全面控制质量的重要手段，其主要内容包括：① 审核设计文件（如施工详图、设计变更单等）；② 编制有关应用新工艺、新技术、新材料、新结构的技术文件；③ 编制和审核工艺文件（如制作要领书、技术指导书、涂装要领书、包装与运输要领书、工艺规程等）、质量检验文件（如质量检查要领书、质量检查表式等）等；④ 对有关材料、半成品的质量检验报告、合格证明书的审核；⑤ 及时反馈工序质量动态的统计资料或管理图表；⑥ 及时处理质量事故，做好处理报告，提出合适的纠正与预防措施；⑦ 编制产品验收交货资料。

2. 过程检查

1）检查内容

（1）物资准备检查。对原辅材料、加工设备、工装夹具、检测仪器等进行检查，使之符合要求。

（2）开工前检查。现场是否具备开工条件，开工后能否保证加工质量。

（3）工序交接检查。对于重要工序或对加工质量有重大影响的工序，在自检互检的基础上，还要加强质检人员巡检和工序交接检查。

（4）隐蔽工程检查。凡是隐蔽工程均需质检人员和监理工程师认证后方能覆盖封闭。

（5）跟踪监督检查。对加工难度较大的构件或特殊要求易产生质量问题的加工工序应进行随班跟踪监督检查。

（6）对分项、分部工程应在自检合格后，经监理工程师认可，签署验收记录。

2）检查方法

检查方法分为表面质量检查和内在质量检查。

（1）表面质量检查的方法有目测法和实测法。

① 目测法。目测检查法的手段可以归纳为看、摸、敲、照四个字。

● 看。就是根据质量标准进行外观目测。例如：钢材外观质量应无裂缝、无结疤、无折叠、无麻纹、无气泡和无夹杂;加工工艺执行应顺序合理,工人操作正常,仪表指示正确;焊缝表面质量应无裂缝、无焊瘤、无飞溅、咬边、夹渣、气孔、接头不良等;涂装质量除锈应达到设计和合同所规定的等级外,涂后 4h 内不得淋雨,漆膜表面应均匀、细致、无明显色差、无流挂、失光、起皱、针孔、气泡、脱落、脏物黏附、漏涂等。

- 摸。就是手感检查。主要适用于钢结构工程中的阴角,如构件的加劲板切角处的粗糙度和该处焊接包角情况可通过手摸加以检查。
- 敲。就是用工具进行声感检查。例如,高强度螺栓连接处是否密贴、螺栓是否拧紧,可采用敲击检查,通过声音的虚实确定是否紧贴。
- 照。对于难以看到或光线较暗的部位,则可采用镜子反射或灯光照射的方法进行检查。

② 实测法。实测检查法就是通过实测数据与设计或规范所规定的允许偏差对照,来判别质量是否合格,实测检查法的手段,可以归纳为量、拉、测、塞四个字。

- 量。就是用钢卷尺、钢直尺、游标卡尺、焊缝量规等检查制作精度,量出焊缝外观尺寸。
- 拉。就是用拉线方法检查构件的弯曲、扭曲。
- 测。就是用测量工具和计量仪器等检测轴线、标高、垂直度、焊缝内部质量、温度湿度、厚度等的偏差。
- 塞。就是用塞尺、试孔器、弧形套模等进行检查。例如,用塞尺对高强螺栓连接接触面间隙的检查,孔的通过率用试孔器进行检查,网架钢球用弧形套模进行检查等。

(2) 内在质量检查(试验检查)。

内在质量检查(试验检查)是指必须通过试验手段,才能对质量进行判断的检查方法。例如,对需复验的钢材进行机械性能试验和化学成分分析、焊接工艺评定试验、高强度螺栓连接副试验、摩擦面抗滑移系数试验等。

任务3 原材料质量控制

原材料质量是工程质量的基础,原材料质量不符合要求,工程质量也就不可能符合要求。所以,加强原材料的质量控制,是提高工程质量的基本条件。

钢结构工程项目的原材料主要分为主材和辅材。其中,主材为钢材(如钢板、钢管和型钢等);辅材为连接材料(如焊接材料、螺栓和铆钉等)和涂装材料(如防腐和防火涂料)。

一、原材料质量控制要点

(1) 为保证采购的原材料符合规定的要求,应选择合适的供货方,向合格的供货方采购。

(2) 对用于工程的主要材料,进场时必须具备正式的出厂合格证和材质证明书。如不具备或证明资料有疑异,应抽样复验,只有试验结果达到国家标准的规定和技术文件的要求时才能采用。

(3) 凡标志不清或怀疑质量有问题的材料,均应进行抽检,对于进口材料应进行商检。

(4) 材料抽样和检验方法,应符合国家有关标准和设计要求,应能反映该批材料的质量特性。对于重要的材料应按合同或设计规定增加抽样的数量。

(5) 对材料的性能、质量标准、适用范围和对加工的要求必须充分了解,慎重选择和使用材料。例如,焊条的选用应符合母材的等级,防腐、防火涂料应注意其相溶性等。

(6)材料的代用应征得设计者的认可。

二、原材料质量控制内容

原材料质量控制的内容主要有:材料的质量标准、材料的质量检验、材料的选用和材料的运输、储存管理等。

1. 材料的质量标准

1)钢材

(1)钢结构工程所使用的常用钢材应符合现行国家标准的规定。

(2)承重结构选用的钢材应有抗拉强度、屈服强度(或屈服点)、伸长率和硫、磷含量的合格保证,对焊接结构用钢,还应具有碳当量的合格保证。对重要承重结构的钢材,还应有冷弯试验的合格保证。

(3)对于重级工作制和吊车起重量等于或大于50 t的中级工作制焊接吊车梁、吊车桁架或类似结构的钢材,除应有以上性能合格保证外,还应有常温冲击韧性的合格保证。当设计有要求时,还须做−20 ℃和−40 ℃冲击韧性试验并达到合格指标。其他重要工作制的类似钢结构钢材,必要时,亦应有冲击韧性的合格保证。

(4)钢结构工程所采用的钢材,应附有钢材的质量证明书,各项指标应达到设计文件的要求。

(5)钢材表面质量除应符合国家现行有关标准的规定外,还应符合下列规定:当其表面有锈蚀、麻点、划伤、压痕的,其深度不得大于该钢材厚度负偏差值的1/2;钢材表面锈蚀等级按现行国家标准评定,工程中,优先选用A、B级,使用C级应彻底除锈;当钢材断口处发现分层、夹渣缺陷时,应会同有关单位研究处理。

(6)凡进口的钢材,应以供货国家标准或根据订货合同条款进行检验,商检不合格者不得使用。

(7)用于钢结构工程的钢板、型钢和管材的外形、尺寸、重量及允许偏差应符合现行国家及行业标准的要求。

2)连接材料

(1)钢结构工程所使用的连接材料应符合现行国家标准的要求。

(2)所用的连接材料均应附有产品质量合格证书,并符合设计文件和国家标准的要求。

(3)钢结构工程所使用的焊条药皮不得脱落,焊芯不得生锈,所使用的焊剂不得受潮结块或有熔烧过的渣壳。

(4)保护气体的纯度应符合工艺要求。当采用二氧化碳气体保护焊时,二氧化碳纯度不应低于99.5%,且其含水量应小于0.05%,焊接重要结构时,其含水量应小于0.005%。

(5)高强度大六角头螺栓连接副应按出厂批号复验扭矩系数,其平均值和标准偏差应符合现行标准规定。扭剪型高强度螺栓连接副应按出厂批号复验预拉力,其平均值和变异系数应符合现行标准规定。

3)涂装材料

(1)钢结构工程所采用的涂装材料,应具有出厂质量证明书和混合配料说明书,并符合现行国家有关标准和设计要求,涂料色泽应按设计或顾客的要求,必要时可作为样板,封存对比。

(2)对超过使用期限的涂料,需经质量检测合格后方可投入使用。

(3)钢结构防火涂料的品种和技术性能应符合设计要求,并经过国家检测机构检测符合现行国家有关标准的规定。

（4）钢结构防火涂料使用时应抽检黏结强度和抗压强度，并应符合现行国家有关标准规定。

2. 原材料的质量检验

1）原材料质量检验的目的

原材料质量检验的目的，是通过一系列的检测手段，将所取得的材料质量数据与材料的质量标准相对照，借以判断材料质量的可靠性，同时，还有利于掌握材料质量信息。

2）原材料质量检验的方法

原材料质量检验的方法有资料检查、外观检验、理化试验和无损检测等四种。

（1）资料检查　由质检人员对采购材料的质量保证资料、试验报告等进行审核，符合要求后才能使用。

（2）外观检验　对材料从品种、规格、标志、外形尺寸等进行直观检查。

（3）理化试验　借助试验设备、仪器对材料样品的机械性能、化学成分等进行试验分析。

（4）无损检测　在不破坏材料的前提下，利用超声波、X射线、表面探伤等仪器进行检测。

（5）材料质量检验项目见表6-15。

表6-15　材料检验项目

序号	材料名称	资料检查	外观检查	理化试验	无损检测
1	钢板	必须	必须	必须	必要时
2	型钢	必须	必须	必要时	必要时
3	焊材	必须	必须	必要时	—
4	高强度螺栓	必须	必须	必须	—
5	涂料	必须	必须	必要时	—
6	防火涂料	必须	必须	必须	—

3）材料取样检验的判断

材料取样检验一般适用于对原材料、半成品和辅助材料的质量检定。由于成品已定型且检验费用高，不可能对成品逐个进行检验，特别是破坏性试验，如必须取样检验，只能采取抽样检验，通过抽样检验，可判断该批成品是否合格。

（1）对质量有疑异的钢材或合同有特殊要求需进行跟踪追溯的材料应抽样复检，抽样检查必须分批分规格按标准复验。

（2）当质量证明书的保证项目少于设计要求时，在征得设计单位同意后可以对所缺项目（不多于两项）的钢材，每批抽样补做所缺项目试验，合格后也可使用。

（3）对于混炉批号、批号的钢材为不同强度等级时，应逐张（根）进行光谱或力学性能试验，确定强度等级。

（4）高强度螺栓连接副抗滑移系数试验每批、每种工艺单独检验，每批取样三组试件。

（5）防火涂料涂装中，每使用100 t薄型防火涂料应抽检一次黏结强度，每使用500 t厚涂型防火涂料应抽检一次黏结强度和抗压强度。

（6）材料的无损检测应根据合同和设计要求规定的抽样比例进行检测。

3. 材料的选择和使用要求

材料的选择和使用不当，均会严重影响工程质量或造成质量事故。为此，必须针对工程特点，根据材料的性能、质量标准、适用范围和对加工要求等方面进行综合考虑，慎重选择和使用材料。具体要求为：① 对混炉号、批号的钢材，当其为同一强度等级时，应按质量证明书中质量等级较差者使用;② 材料代用要征得设计部门的许可;③ 首次采用的钢材、焊接材料等应进行焊接工艺评定合格后才能选用;④ 选用的焊条型号应与构件钢材的强度相适应,药皮类型应按构件的重要性选用,对重要构件应采用低氢型焊条。

4. 材料的管理

(1) 加强对材料的质量控制,材料进厂必须按规定的技术条件进行检验,合格后才能入库和使用。

(2) 钢材应按种类、材质、炉号(批号)、规格等分类平整堆放,并做好标记。

(3) 焊材必须分类堆放,并有明显标志,不得混放,焊材仓库必须干燥通风,严格控制库内温度和湿度。

(4) 高强度螺栓的存放应防潮、防雨、防粉尘,并按类型、规格、批号分类存放保管。对长期保管或保管不善而造成螺栓生锈及沾染脏物等可能改变螺栓的扭矩系数或性能的螺栓,应视情况进行清洗、除锈和润滑等处理,并对螺栓进行扭矩系数或预拉力检验,合格后才能使用。

(5) 由于防腐和防火涂料属于时效性材料,库存积压易过期失效,应遵循先进先用的原则,注意时效管理。对因存放过久,超过使用期限的涂料,应取样进行质量检测,检测项目按产品标准的规定或设计部门要求进行。

(6) 企业应建立严格的进料验证、入库、保管、标记、发放和回收制度,使材料处于受控状态。

任务4 制作质量控制

钢结构构件制作过程质量控制是质量控制的重要环节,各个制作过程按工序排列,其控制内容见表 6-16。

表 6-16 构件加工制作质量控制一览表

序号	程序名称	质量控制内容
1	放样、号料	各部分尺寸核对
2	下料、切割	角度,各部分尺寸检查,切割面粗糙度,坡口角度
3	钻孔	孔径,孔距,孔边距,光洁度,毛边,垂直度
4	成形、组装	钢材表面熔渣、锈、油污的清除,间隙,点焊长度,间距,焊脚,角度,各部位尺寸检验
5	焊接	预热温度、区域,焊渣清除,焊材准备工作,焊道尺寸,焊接缺陷,必要的理化试验和无损检测
6	矫正	角度,垂直度,拱度,弯曲度,扭曲度,平面度,加热温度
7	端面加工、修整	长度,端面平整度,端面角度
8	热处理	温度控制,硬度控制
9	锻件	外观缺陷,温度控制,尺寸偏差
10	铸钢件	外观缺陷,尺寸偏差,化学成分控制,力学性能指标,内部缺陷探伤
11	预拼装	拼装胎架控制,尺寸偏差,标识标记
12	除锈	表面清洁度,表面粗糙度
13	涂装	目测质量,涂层厚度(干膜),环境条件控制,不涂装处的处理
14	包装编号	必要的标识,包装外观质量,包装实物核对
15	储存	堆放平整,防变形措施,表面保护
16	装运	装车明细表,外观检查,绑扎牢固

钢结构制作与安装

一、计量器具统一

1. 计量器具必须检定校准合格

钢结构工程制作和验收所使用的计量器具必须统一并在有效期内，即定期对所使用的计量器具送计量检验部门进行计量检定，并保证在检定有效期内使用。

2. 计量器具必须使用正确

不同计量器具有不同的使用要求。例如，钢卷尺在测量一定长度的距离时，应使用夹具和拉力计数器，不然的话，读数就有差异。

3. 计量器具的修正

计量器具在使用时应注意温度、光照等变化引起读数的变化，应对读数进行修正。

二、制作过程基本要求

1. 放样、号料和切割

（1）放样画线时应清楚标明装配标记、螺孔标记、加强板的位置方向、倾斜标记、其他配合标记和中心线、基准线及检验线，必要时应制作样板。

（2）应预留焊接收缩量和切割、刨边、铣加工余量；应注意构件的起拱下料尺寸等。

（3）画线前，材料的弯曲或其他变形应予以矫正。当采用火焰矫正时，加热温度应根据钢材性能选定，低合金高强度结构钢在加热矫正后应缓慢冷却。

2. 孔加工

（1）当孔加工采用冲孔方法时，应控制钢板的厚度不大于12 mm，冲孔后在孔周边采用砂轮打磨平整。

（2）批量生产的积累误差控制。在钢结构流水作业中，往往会产生批量生产的同一误差，而且这种误差是在国家规范所允许的偏差范围之内。例如，长度大于3 m的梁，在相邻两组端孔间距离允许偏差为±3 mm，如果偏差集中于一个方向的最大值时，对安装影响很大，特别是高层建筑中梁的集中负偏差，使安装非常困难。

3. 组装和预拼装

（1）零部件在组装前应矫正其变形并达到允许偏差范围以内，接触面应无毛刺、污垢和杂物，以保证构件的组装紧密贴合，符合质量标准。

（2）组装时，应有相应的工具和设备，如定位器、夹具、坚固的基础（或胎架）等，以保证组装有足够的精度。

（3）为了保证隐蔽部位的质量，应经质检人员和监理工程师检查认可，签发隐蔽部位验收记录，才能封闭。

（4）预拼装的构件必须是经检查确认符合图纸尺寸和构件精度要求的。需预拼装的相同构件应可互换。

（5）预拼装时，构件应在自由状态条件下进行，预拼装结果应符合有关规定要求。

（6）预拼装检查合格后，应根据预拼装结果标注中心线、基准线等标记，必要时应设置定位器。

4. 铣平加工

（1）柱接头的承压表面应按图纸要求进行铣平加工，应保证有75%以上的接触面紧贴，且边缘最大间隙不应大于 0.8 mm。

(2) 柱的铣平加工面应垂直于柱中心线。

(3) 其他需顶紧的接触面,亦应采用铣、刨、磨的方式进行加工,以保证顶紧的质量要求。

任务5 焊接质量控制

钢结构制作和组装时,由若干零件制成部件,再由若干部件组合成整体构件,其间必不可少的要使用某种方法进行连接。随着科学技术的发展,钢结构工程中先后出现了普通螺栓连接、铆钉连接、焊缝连接和高强度螺栓连接等连接方式。目前,钢结构工程中广泛采用了焊缝连接和高强度螺栓的摩擦连接。由于连接是起到结构成型和承受载荷的作用,如果连接存在超过允许的缺陷时,将使结构产生薄弱环节,影响结构的安全性和使用寿命,严重的将造成结构倒塌、人员伤亡、财产受损的危害事故,因此应加强对连接工序的质量控制。

焊接是 20 世纪初发展起来的技术,目前在钢结构工程中得到了广泛应用。由于焊接会出现不可避免的缺陷或残余应力,如不加以控制,将使某些局部缺陷因难以抵抗载荷和内部应力的作用而产生裂纹,局部微小的裂纹一经发生便有可能扩展到整体、造成结构发生断裂,一些钢结构建筑物倒塌、储罐爆炸、行驶中船只突然断裂都与焊接质量有直接关系。因此,在钢结构工程中,焊接是属于特殊工序,应建立从材料供应、焊前准备、组装、焊接、焊后处理和成品检验等全过程的质量控制系统。

一、焊接质量控制系统

1. 焊接质量控制系统

焊接质量控制系统见图 6-2。

图 6-2 焊接质量控制系统图

2. 焊接质量检验分类

焊接质量检验分类见图 6-3。

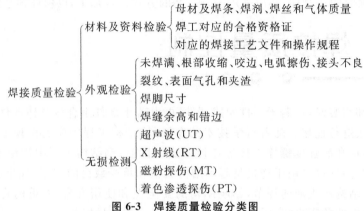

图 6-3 焊接质量检验分类图

二、焊接质量控制基本方法和手段

在焊接施工中，做好下列工作是焊接质量控制的基本方法和手段：① 焊工资格审查和技艺评定；② 焊接工艺评定试验；③ 制定合理的焊接工艺规程和标准；④ 保证焊接材料质量，建立严格的焊接材料领发制度；⑤ 保证焊件装配的质量；⑥ 严格执行焊接工艺纪律；⑦ 对焊接设备进行有效的管理；⑧ 对焊接返修工作进行严格的质量控制；⑨ 选用合适的热处理工艺并对热处理质量进行控制；⑩ 加强焊接施工过程和产品的最终质量检验。

三、焊接质量控制注意事项

1. 必须由合格的焊工按合适的焊接工艺施焊

焊接质量的好坏，除设计连接的构造是否合理外，还取决于所采用的焊接方法、工艺及进行操作的焊工的个人技术。因此，应检查参加焊接的焊工是否在考试合格证有效期内担任合格项目的焊接工作，严禁无证焊工上岗施焊。焊工停焊时间超过 6 个月，应重新考试取得合格证后方可上岗担任相应项目的焊接工作（包括钢材、焊材、焊接方法、焊接位置等）。同时应注意焊接工艺是否合适。

2. 注意实施预防焊接变形和焊接应力的措施

由于焊接过程中焊件受到局部不均匀的加热和焊缝在结构上的位置和焊缝截面的不对称，以及施焊顺序和施焊方向不合适，在焊缝区域会产生不同的焊接变形和焊接应力，如横向和纵向收缩、角变形、弯曲变形、波浪形变形、扭曲变形、焊接应力而导致焊缝根部开裂等。这种变形超过允许偏差值或焊接应力而导致的裂缝，都将影响结构的使用。因此，在实施焊接工艺过程中，应注意以下几点：① 合理选择焊接方法和规范，尽量选用线能量较低的方法，如采用 CO_2 自动焊代替手工电弧焊；② 选择合理的装配焊接顺序，总的原则是，将结构件适当分为几个部件，尽可能使不对称或收缩量大的焊接工作在部件组装时进行，以使焊缝自由收缩，在总装中减少焊接变形；③ 注意采用合理的焊接顺序和方向，尽量使焊缝在焊接时处于自由收缩状态，先焊收缩量比较大的焊缝和工作时受力较大的焊缝；④ 多层焊时，采用小圆弧面风枪和手锤锤击焊接区，使焊缝得到延伸，降低内应力；⑤ 厚板焊接中，在结构适当部位加热伸长，使其带动焊接部位伸长,焊接后加热区与焊缝同时收缩,从而降低焊接应力;⑥ 不得任意加大焊缝的宽度和高度,厚板多道焊时不能采用横向摆动进行焊接。

3. 焊接材料应严格按规定烘焙

焊接所使用的手工焊条药皮是由各种颗粒状物质黏结而成,极易受潮、脱落、结块、变质,对焊接质量影响较大(特别是低氢型焊条)。焊剂也易受潮,对焊接质量影响也较大。因此,除了注意焊条运输、储存过程防潮外,在使用前应按规定的烘焙时间和温度进行烘焙,并注意以下几点。

(1) 低氢型焊条取出后应随即放入焊工保温筒,在常温下使用,一般控制在 4 h 内。超过时间,应重新烘焙,同一焊条,重复烘焙次数不宜超过两次。

(2) 焊条烘焙时,严禁将焊条直接放入高温炉内,或从高温炉内直接取出。

(3) 焊条、焊剂烘焙,应由管理人员及时、准确填写烘焙记录,记录上应有牌号、规格、批号、烘焙温度和时间等项内容,并应有专职质检人员对其进行核查,认证签字,每批焊条不少于一次。

(4) 焊条烘焙时,不得成捆堆放,应铺平浅放,每层高度约三根焊条高度。

(5) 焊条保温筒应接通电源,保持焊条的温度,减缓受潮。

4. 焊接区装配应符合质量要求

焊接质量好坏与装配质量有密切的关系,装配质量除满足标准规定的焊接连接组装允许偏差外,还应满足下列要求:① 焊接区边缘 30~50 mm 范围内的铁锈、污垢、冰雪等必须清除干净,以减少产生焊接气孔等缺陷的因素;② 定位焊必须由持定位焊资格证的合格焊工施焊,定位焊不合格的焊接质量,如裂缝、焊接高度过高等,应处理纠正后才能进入正式焊接;③ 引出弧板应与母材材质相同,焊缝坡口形式相同,长度应符合标准的规定,引出弧板严禁用锤击落,避免损伤焊缝端部;④ 垫板焊时,垫板要与母材底面贴紧,以保证焊接金属与垫板完全熔合。

5. 焊接热处理的控制

不同材质、不同规格和不同的焊接方法,对焊接热处理有不同的要求。厚度大于 50 mm 的碳素结构钢和厚度大于 36 mm 的低合金高强度结构钢,焊接前应进行预热,焊后应进行后热。这主要是为了减小焊接应力和进行消氢处理,防止焊缝产生裂纹等缺陷。因此,凡是需要焊前预热、中间热处理、焊后热处理的焊件,必须严格遵照相应的热处理工艺规范进行热处理。其主要的热处理参数应由仪表自动记录或操作工人巡回记录,记录经专职检验员签字并经责任负责人签字后归档。

6. 焊缝的修补工作

由于各单位管理水平不同,焊工技术素质差异以及环境影响,难免产生不合格的焊缝,但不合格的焊缝是不允许存在的,一旦发生不合格焊缝,必须按返修工艺及时进行返修。

(1) 焊缝出现裂纹。裂纹是焊缝的致命缺陷,必须彻底清除后进行补焊。但是在补焊前应查明产生冷、热裂纹的原因,制定返修工艺措施,严禁焊工自行返工处理,以防再次产生裂纹。

(2) 经检查不合格的焊缝应及时返修,但返修将影响焊缝整体质量,增加局部应力。因此,焊缝同一部位的返修次数不宜超过两次。如超过两次,应挑选技能良好的焊工按返修工艺返修。特别是低合金高强度结构钢焊缝的返修工作,在第一次返修时就要引起重视。

7. 焊缝的质量检查事项

1) 焊缝外观质量检查

焊缝的外观质量检查方法主要是目测观察,焊缝外观缺陷质量控制主要是检查焊缝成型是否良好,是否有表面裂纹,焊道与焊道过渡是否平滑,焊渣、飞溅物等是否清理干净,外形尺寸是否符合要求等。对焊缝尺寸可采用焊缝检验尺(焊缝量规)检查,对表面裂纹可采用放大镜或渗透着色探伤及磁粉探伤检查。

2) 焊缝内在质量检查

焊缝内在质量检查一般采用非破坏性检查,其手段主要是无损检测,包括超声波探伤(UT)、射线探伤(RT)和表面磁粉探伤(MT),其中主要是进行超声波探伤。超声波探伤按一定比例抽取,当为一级焊缝时,按 100% 比例探伤;当为二级焊缝时,按 20% 比例探伤。探伤比例规定为每条焊缝长度的百分数,而不是构件焊缝总长度的百分数。但在网架结构中,则按焊口总数的百分比抽检。同时应注意焊缝进行探伤的最早时间是:碳素结构钢应在焊缝自然冷却到环境温度;低合金高强度结构钢应在完成焊接后 24 h(Q460 及以上为 48 h)。

四、焊接质量控制标准

钢结构工程焊缝质量等级及缺陷分级应符合相应要求。

任务6 高强度螺栓连接质量控制

一、高强度螺栓质量控制

高强度螺栓不同于普通螺栓,它是一种具备强大紧固能力的紧固件,因此对于其质量要求也比较高,要求在出厂后至安装前的各个环节必须保持高强度螺栓连接副的出厂状态,即保持大六角高强度螺栓连接副的扭矩系数和标准偏差不变;保持扭剪型高强度螺栓连接副的轴力及标准偏差不变。为了保证高强度螺栓连接副的质量应注意以下两个方面。

1. 高强度螺栓的采购

(1) 高强度螺栓的采购所选择的供应商必须是经国家有关部门认可的专业生产商,采购时一定要严格按照钢结构设计图纸选择螺栓等级。

(2) 高强度螺栓连接副应由制造厂按批配套供应,每个包装箱内都必须配套装有螺栓、螺母与垫圈,包装箱应满足储运的要求,并具备防水、密封的功能。包装箱内应带有产品合格证书和质量保证书;包装箱外表面应注明批号、规格及数量。

(3) 高强度大六角头螺栓连接副应按出厂批号复验扭矩系数,其平均值和标准偏差应符合现行行业标准规定;扭剪型高强度螺栓连接副应按出厂批号复验预拉力,其平均值和变异系数应符合现行行业标准规定。

2. 高强度螺栓连接副的保管

(1) 高强度螺栓在运输、保管及使用过程中应轻装轻卸,防止损伤螺纹,发现螺纹损伤严重或潮湿的螺栓不能使用。

(2) 高强度螺栓连接副应在室内仓库装箱保管,地面应有防潮措施,并按批号、规格分类堆放,保管使用中不得混批。高强度螺栓连接副包装箱码放时底层应架空,距地面高度(即架空高度)不小于 300 mm,码高一般不大于 6 层。

(3) 在使用前尽可能不要开箱,以免破坏包装的密封性。开箱取出部分螺栓后,剩余部分应原封包装好,以免沾染灰尘和锈蚀。

(4) 高强度螺栓连接副在安装使用时,应按当天计划使用的规格和数量领取,当天安装剩余的必须妥善保管,有条件的应送回仓库保管。

(5) 在安装过程中,应注意保护螺纹,不得沾染泥沙等赃物和碰伤螺纹。使用过程中如发现异常情况,应立即停止施工,经检查确认无误后再行施工。

(6) 高强度螺栓连接副的保管时间一般不能超过6个月。当由于停工、缓建等原因,保管周期超过6个月时,如要再次使用须按要求重新进行扭矩系数或紧固轴力试验,检验合格后才能使用。

二、连接接触面质量控制

高强度螺栓连接与普通螺栓相比所不同的是,在安装高强度螺栓时必须使螺栓中的预拉力达到屈服点的80%左右,从而使构件连接处产生比较高的预紧力。同时为了安装方便,螺栓孔孔径比螺栓杆大1~2 mm,螺栓杆与孔壁之间不接触。这样,在外力作用下,高强度螺栓连接就完全依靠构件连接处接触面的摩擦力来传递内力,因此构件摩擦面的处理显得尤为重要。

1. 钢材表面处理方法的选择

摩擦面的处理方法有很多种,其中常用的有:喷砂(或抛丸)后生赤锈;喷砂后涂无机富锌漆;砂轮打磨;钢丝刷清除浮锈;火焰加热清理氧化皮;酸洗等。其中,以喷砂(抛丸)为最佳处理方法。

2. 摩擦面抗滑移系数检验

摩擦面抗滑移系数检验主要是检验经过处理后的摩擦面,其抗滑移系数能否达到设计要求,当检验试验值高于设计值时,说明摩擦面处理满足要求;当试验值低于设计值时,摩擦面需要重新处理,直至达到设计要求。

3. 摩擦面的保护

应防止构件在运输、装卸、堆放、二次搬运、翻吊时连接板的变形。安装前,应处理好被污染的连接面表面。

影响摩擦面抗滑移系数除了摩擦处理方法以外,另一个重要因素是摩擦面生锈时间的长短。在一般情况下,表面生锈在60天左右达到最大值。因此,从工厂摩擦面处理到现场安装时间宜在60天左右时间内完成。同时应注意有些工厂摩擦面处理后用粘胶布(纸)封闭,安装单位在收货后,应根据需要及时清除粘胶布(纸),使摩擦面产生一定锈蚀,以增大抗滑移系数。

三、高强度螺栓施工质量控制

高强度螺栓连接是钢结构工程的重要组成部分,其施工质量直接影响整个结构的安全,是工程质量过程控制的重要环节。控制高强度螺栓连接施工质量有如下几方面。

1. 施工材料质量控制

(1) 高强度螺栓连接副(包括螺栓、螺母、垫圈等)应配套成箱供货,并附有出厂合格证、质量证明书及质量检验报告,检验人员应逐项与设计要求及现行国家标准进行对照,对不符合要求的连接副不得使用。

(2) 高强度螺栓验收入库后应按规格分类堆放。应防雨、防潮,遇有螺纹损伤或螺栓、螺母不配套时不得使用。

(3)高强度螺栓存放时间过长,或有锈蚀时,应抽样检查紧固轴力,满足要求后方可使用。螺栓不得沾染泥土、油污,否则必须清理干净。

(4)高强度螺栓连接副运送至现场后应进行工地复验,以保证工地施工时所使用的高强度螺栓的质量,对不符合设计要求和国家标准的连接副不得使用。对高强度螺栓连接副的复检包括:大六角头高强度螺栓连接副扭矩系数复验、扭剪型高强度螺栓连接副紧固轴力(预拉力)复验、高强度螺栓连接摩擦面的抗滑移系数值复验。

2. 作业条件质量控制

(1)高强度螺栓连接摩擦面必须符合设计要求,摩擦系数必须达到设计要求。摩擦面不允许有残留氧化铁皮。

(2)摩擦面的处理与保存时间、保存条件应与摩擦系数试件的保存时间、条件相同。

(3)摩擦面应防止被油污和涂料等污染,如有污染必须彻底清理干净。

(4)调整扭矩扳手:根据施工技术要求,认真调整扭矩扳手。扭矩扳手的扭矩值应在允许偏差范围之内。施工用的扭矩扳手,其误差应控制在±5%以内。校正用的扭矩扳手,其误差应控制在±3%以内。

(5)当施工采用电动扳手时,在调好挡位后应用扭矩测量扳手反复校正电动扳手的扭矩力与设计要求是否一致。扭矩值过高,会使高强度螺栓过拧,造成螺栓超负载运行,随着时间过长,会使大六角头高强度螺栓产生裂纹等隐患。当扭矩值过低时,会使高强度螺栓达不到预定紧固值,从而造成钢结构连接面摩擦系数下降,承载能力下降。

(6)当施工采用手动扳手时,应每天用扭矩测量扳手检测手动扳手的紧固位置是否正常,检查手动扳手的显示信号是否灵敏,防止超拧或紧固不到位。

(7)检查螺栓孔的孔径尺寸,孔边毛刺必须彻底清理。

(8)将同一批号、规格的螺栓、螺母、垫圈配套好,装箱待用。

3. 施工质量的控制

高强度螺栓的施工主要包括接头组装、安装临时螺栓、安装高强度螺栓、高强度螺栓紧固和高强度螺栓检查验收等几个步骤。为了保证高强度螺栓的施工质量应控制以下几方面。

(1)接头组装质量控制。

① 对摩擦面进行清理,对板不平直的,应在平直达到要求以后才能组装。摩擦面不能有涂料、污泥,孔的周围不应有毛刺,应对摩擦面用钢丝刷清理,其刷子方向应与摩擦受力方向垂直。

② 遇到安装孔有问题时,严禁用氧-乙炔扩孔,应采用铰刀或扩孔钻床扩孔,扩孔后应重新清理孔周围毛刺。严禁扩孔时铁屑落入板叠缝中。

③ 高强度螺栓接触面应紧密贴实,对因板厚公差、制造偏差或安装偏差等产生的接触面间隙,应采用以下方法进行处理:接触面间隙 $S \leqslant 1.0$ mm 可不处理;接触面间隙 1.0 mm $< S \leqslant 3.0$ mm 应将高出的部分磨成 1:10 的斜面,打磨方向应与受力方向垂直;接触面间隙 $S > 3.0$ mm 应加垫板,垫板两面应作摩擦面处理,其方法与构件摩擦面处理相同。

(2)安装临时螺栓质量控制:① 构件安装时应先安装临时螺栓,临时安装螺栓不能用高强度螺栓代替,临时安装螺栓的数量一般应占连接板组孔群中的 1/3,不能少于 2 个;② 少量孔位不正,位移量又较小时,可以用冲钉打入定位,然后再安装螺栓;③ 板上孔位不正,位移较大时应用铰刀扩孔;④ 个别孔位位移较大时,应补焊后重新打孔;⑤ 不得用冲子边校正孔位边穿入高强度螺栓;⑥ 安装螺栓达到30%时,可以将安装螺栓拧紧定位。

(3)安装高强度螺栓质量控制:① 高强度螺栓应自由穿入孔内,严禁用锤子将高强度螺栓强行打入孔内;② 高强度螺栓的穿入方向应该一致,局部受结构阻碍时可以除外;③ 不得在下雨天安装高强度螺栓;④ 高强度螺栓垫圈位置应该一致,安装时应注意垫圈正、反面方向;⑤ 高强度螺栓在栓孔中不得受剪,应及时拧紧。

(4) 高强度螺栓的紧固质量控制。

① 大六角头高强度螺栓全部安装就位后,开始进行紧固。紧固分两阶段进行,即初拧和终拧。先将全部高强度螺栓进行初拧,初拧扭矩一般为标准轴力的 60%~80%,具体应根据钢板厚度、螺栓间距等情况确定。若钢板厚度较大、螺栓布置间距较大时,初拧轴力应大一些。

② 根据大六角头高强度螺栓紧固顺序规定,初拧紧固顺序应从接头刚度大的地方向不受拘束的自由端顺序进行;或者从栓群中心向四周扩散进行。这是因为连接钢板翘曲不平时,如从两端向中间紧固,有可能使拼接板中间鼓起而不能密贴,从而失去了部分摩擦传力作用。

③ 大六角头高强度螺栓初拧和终拧应做好标记,防止漏拧,如图6-4所示。要求初拧后标记用一种颜色,终拧结束后标记用另一种颜色加以区别。

④ 为了防止高强度螺栓受外部环境的影响,使扭矩系数发生变化,要求初拧、终拧在同一天内完成。

⑤ 由于结构原因,个别大六角头高强度螺栓不能从同一方向穿入,拧紧螺栓时,只允许在螺母上施加扭矩,不允许在螺杆上施加扭矩,以防止扭矩系数发生变化。

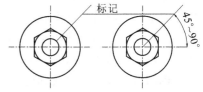

图6-4 高强度螺栓初拧和终拧的标记

(5) 高强度螺栓检查验收。

① 用 0.3 kg 小锤敲击,对高强螺栓进行普查,防止漏拧。

② 进行扭矩检查,抽查每个节点螺栓数的 10%,但不少于一个。检查时先在螺栓端面和螺母上画一直线,然后将螺母拧松约 60°,再用扭矩扳手重新扭紧,使两线重合,测得此时的扭矩应在 $0.9T_{ch} \sim 1.1T_{ch}$ 即为合格,T_{ch} 为检查扭矩(N·m)。如发现有不符合规定的,应再扩大检查 10%,如仍有不合格者,则整个节点的高强度螺栓应重新拧紧。扭矩检查应在螺栓终拧 1 h 以后及 24 h 之前完成。

③ 用塞尺检查连接板之间间隙,当间隙超过 1 mm 时,必须进行重新处理。

④ 检查大六角头高强度螺栓穿入方向是否一致,检查垫圈方向是否正确。

任务7 涂装质量控制

为了减轻或防止构件的腐蚀和提高钢材的耐火极限,采用涂料保护是目前防止钢构件腐蚀和防火的最主要手段之一。涂装防护是利用涂料的涂层使被涂物与环境隔离,从而达到防腐蚀和防火的目的,延长被涂构件的使用寿命。显而易见,涂层的质量是影响涂装防护效果的关键因素,而涂层的质量除了与涂料的质量有关外,还决定于涂装之前构件表面的除锈质量、涂层厚度、涂装的施工工艺条件等因素。

一、防腐涂料质量控制

为了保证构件的涂装质量,首先必须保证涂料的质量,涂料的质量控制是钢结构涂装质量控制过程中的重要环节。

(1) 钢结构制作的防腐涂料、稀释剂和固化剂,按现行国家标准和设计文件的要求选用。其品种、规格、性能应符合现行国家标准和设计的要求。

（2）涂料的型号、名称、颜色及有效期应与质量证明文件相符。涂料产品的包装应符合现行国家标准的要求。

（3）涂料应存放在干燥、通风、防止日光直接照射的专门仓库内，并应执行公安部门有关防火安全规定，必须严禁烟火，隔绝火源，远离热源。温度过高时应采取适当的降温措施，在冬季对水性涂料应采取适当的防冻措施。涂料开启后，不应存在结皮、结块等现象，不得使用过期、变质、结块失效的涂料。

（4）涂料产品包装标志上应标明有效储存期。有效储存期一律按产品生产日起算，有效储存期由产品标准规定。超过储存期，需要按标准规定重新进行检验，如果符合要求，仍可使用。

二、涂装前构件表面处理质量控制

涂装前构件表面的除锈质量是确保漆膜防腐蚀效果和保护寿命的关键因素。因此构件表面处理的质量控制是防腐涂层的最关键环节。涂装前的钢材表面处理，亦称除锈，它不仅是指除去钢材表面的污垢、油脂、铁锈、氧化皮、焊渣或已失效的旧漆膜的清除程度（即清洁度），还包括除锈后钢材表面所形成的合适的粗糙度。

1. 钢材表面处理方法的选择

钢材表面的除锈可按不同的方法分类。按除锈顺序可分为一次除锈和二次除锈；按除锈阶段可分为车间原材料预处理、分段除锈、整体除锈；按除锈方式可分为喷射除锈或抛射除锈、动力工具除锈、手工除锈和火焰除锈等。

不同的表面处理方法因除锈质量、对漆膜保护性能的影响、施工场地、费用等的不同，各有其优缺点。提高漆膜保护性能和使用寿命的最佳方法是采用喷射除锈方法。钢材表面处理的方法与质量等级见表 6-17，各种除锈方法优缺点见表 6-18。

表 6-17 钢材表面处理的方法与质量等级

等级	处理方法		处理手段和达到要求	
Sa1	喷射或抛射	喷（抛）棱角砂、铁丸、断丝和混合磨料	轻度除锈	只除去疏松轧制氧化皮、锈和附着物
Sa2			彻底除锈	轧制氧化皮、锈和附着物几乎都被除去，至少有 2/3 面积无任何可见残留物
$Sa2\frac{1}{2}$			非常彻底除锈	轧制氧化皮、锈和附着物残留在钢材表面的痕迹已是点状或条状的轻微污痕，至少有95%面积无任何可见残留物
Sa3			除锈到洁净	表面上轧制氧化皮、锈和附着物都完全除去，具有均匀多点金属光泽
St2	手工和动力工具	使用铲刀、钢丝刷、机械钢丝刷、砂轮等	彻底除锈	无可见油脂和污垢，无附着不牢的氧化皮、铁锈和油漆涂层等附着物
St3			非常彻底除锈	无可见油脂和污垢，无附着不牢的氧化皮、铁锈和油漆涂层等附着物 除锈比 St2 更为彻底，底材显露部分的表面应具有金属光泽
AF1 BF1 CF1	火焰	火焰加热作业后以动力钢丝刷清除加热后附着在钢材表面的产物		无氧化皮、铁锈、油漆涂层等附着物及任何残留的痕迹，应仅为表面变色

表 6-18　各种除锈方法优缺点对照表

除锈方法	除锈质量	对漆膜保护性能的影响	必要的施工场地	现场施工的适用性	粉尘问题	除锈费用	备　　注
喷射处理	◎	◎	×	○	×	×	◎——最佳 ○——良好 △——勉强适用 ×——不适用、差、费用大,缺点多
动力工具处理	△	○	◎	◎	○	○	
手工工具处理	×	○	◎	◎	◎	◎	
酸洗处理	◎	△	×	×	◎	×	

2. 钢材表面粗糙度的控制

钢材表面粗糙度即表面的微观不平整度,是由钢材表面初始粗糙度和经喷射除锈或机械除锈后得到的。钢材表面的粗糙度对漆膜的附着力、防腐蚀性能有很大的影响。漆膜附着于钢材表面主要是靠漆膜中的基料分子与金属表面极性基团相互吸引的结果。钢材表面喷射除锈后,随着粗糙度的增大,表面积也显著增加,在这样的表面上进行涂装,漆膜与金属表面之间的分子引力也会相应增加,使漆膜与钢材表面间的附着力相应提高。据研究表明,用不同粒径的铸铁棱角砂作磨料,以 0.7 MPa(约 7 kg/m^2)的压缩空气,进行钢材表面的喷射除锈,使除锈后钢材的表面积增加了 19%~63%。此外,以棱角磨料进行的喷射除锈,不仅增加了钢材的表面积,而且还能形成三维状态的几何形状,使漆膜与钢材表面产生机械的咬合作用,更进一步提高了漆膜的附着力。随着漆膜附着力的显著提高,漆膜的防腐蚀性能和保护寿命也将大大提高。

钢材表面合适的粗糙度有利于漆膜保护性能的提高。但是粗糙度太大或太小都不利于漆膜的保护性能。粗糙度太大,如漆膜用量一定时,则会造成漆膜厚度分布的不均匀,引起早期的锈蚀;另外还常常在较深的波谷凹坑内截留住气泡,将成为漆膜起泡的根源。粗糙度太小,不利于附着力的提高。因此,为了确保漆膜的保护性能,对钢材的表面粗糙度应有所限制。对于常用涂料合适的粗糙度范围以 30~75 μm 为宜,最大粗糙度值不宜超过 100 μm。

鉴于上述原因,对于涂装前钢材表面粗糙度必须加以控制。表面粗糙度的大小取决于磨料粒度的大小、形状、材料和喷射的速度、作用时间等工艺参数,其中以磨料粒度的大小对粗糙度的影响较大。因此,在钢材表面处理时必须对不同的材质、不同的表面处理要求,制定合适的工艺参数,并加以质量控制。

三、涂装质量控制

涂装质量好坏直接影响涂层效果和使用寿命。人们常说:"三分材料,七分施工",涂料是半成品,必须通过涂装到构件表面,成膜后才能起到防护作用。所以,对涂装准备工作、环境条件、涂装方法和涂装质量必须加强质量控制。

1. 涂装施工准备工作的质量控制

(1) 开桶前,首先应将桶外的灰尘、杂物除尽,以免其混入油漆桶内。同时对涂料的名称、型号和颜色进行检查,是否与设计规定或选用要求相符合,检查制造日期,是否超过储存期,凡不符合的应另行处理。开桶后,若发现有结皮现象,应将漆皮全部取出,而不能将漆皮捣碎混入漆中,以免影响质量。

(2) 由于涂料中各成分比重的不同,有的会出现沉淀现象。所以在使用前,必须将桶内的涂料和沉淀物全部搅拌均匀后才可使用。

(3) 双组分的涂料,在使用前必须严格按照说明书所规定的比例来混合。双组分涂料一旦配比混合后,就必须在规定的时间内用完,所以在配比混合时,必须控制好用量,以免产生浪费。

2. 环境条件的质量控制

(1) 工作场地。涂装工作尽可能在车间内进行,并应保持环境清洁和干燥,以防止已处理的构件表面和已涂装好的涂层表面被灰尘、水滴、油脂、焊接飞溅或其他脏物粘附在上面而影响质量。

(2) 环境温度。进行涂装时环境温度一般控制在 5~38 ℃之间。这是因为在气温低于 5 ℃时,环氧类化学固化型涂料的固化反应已经停止,因而不能施工;但对底材表面无霜条件下也能干燥的氯化橡胶类涂料,控制温度可按涂料使用说明到 0 ℃以下。另外,当气温在 30 ℃以上的温度条件下涂装时,溶剂挥发很快,在无气喷涂时,油漆内的溶剂在喷嘴与被涂构件之间大量挥发而发生干喷的现象,因此,需增大合适的稀释剂用量,直至不出现干喷现象为止。但过大用量又不利于控制涂层质量,因此,一般涂装温度不超过 38 ℃。但是有些涂料(如氯化橡胶漆)涂装环境温度可适当放宽,这些材料应按使用说明书要求进行控制。

(3) 相对湿度。涂装一般应控制相对湿度在 85%以下,也可以控制构件表面温度高于露点温度(露点是空气中水蒸气开始凝结成露水时的温度点,其与空气温度和相对湿度有关)3 ℃以上的条件下进行。这是因为涂装前应保证在已经过喷砂处理的钢材表面,或前道涂层上不能有结露现象。

(4) 其他质量控制。

① 钢材表面进行除锈处理后,一般应在 4~6 h 内涂第一道底漆。涂装前钢材表面不允许再有锈蚀,否则应重新除锈。同时当处理后的表面沾上油迹或污垢时,应用溶剂清洗后,方可涂装。

② 涂装后 4 h 内严防雨淋。当使用无气喷涂、风力超过 5 级时,不能喷涂。

③ 对构件需在工地现场进行焊接的部位,应留出 30~50 mm 的焊接位置不涂装或涂装可焊性环氧富锌防锈底漆。

④ 应按不同涂料要求严格控制层间最短间隔时间,保证涂料的干燥时间,避免产生针孔等质量问题。

3. 涂装方法的质量控制

防腐涂料涂装方法一般有浸涂、刷涂、滚涂和喷涂等。其中采用高压无气喷涂具有功率高、涂料损失少、一次涂层厚的优点,在涂装时应优先考虑选用。在涂刷过程中应遵循自上而下、从左到右、先里后外、先难后易、纵横交错的原则。

4. 施工质量的控制

涂装施工质量的控制工作是钢结构工程施工过程中较薄弱的环节,既普遍缺乏质量控制手段,又缺乏质量控制专业人员,因此,施工企业应加强涂装施工与质量控制专业人员的培训,提高涂装质量控制专业知识,确保涂装质量得到有效控制。施工现场质量控制除了本节上述内容外还应对涂层厚度、涂装外观质量和涂装修补进行质量控制。

(1) 涂层(漆膜)厚度的控制。为了使涂料能够发挥其最佳性能,足够的漆膜厚度是极其重要的,因此,必须严格控制漆膜的厚度。

(2) 涂装外观质量控制。由于涂装工作是分一次或多次进行,因此涂装的外观质量控制应是工作的全过程,要根据设计要求和规范的规定,对每道工序进行检查。其主要工作为:① 对涂装前构件表面处理的检查结果和涂装中每一道工序完成后的检查结果都应作记录,记录内容为工作环境温度、相对湿度、表面清洁度、各层涂刷遍数、配料、干膜(必要时湿膜)厚度等;② 目测涂装表面质量应均匀、细致,无明显色差,无流挂、失光、起皱、针孔、气孔、返锈、裂纹、脱落、脏物粘附、漏涂等,附着良好;③ 目测涂装表面,不得有误涂的情况产生。

(3) 涂装修补的质量控制。

构件在包装、储存、运输、安装、工地施焊和火焰矫正时,会造成部分漆膜碰坏和损伤,需要进行补涂;另外,还有一部分需在现场安装完成后才能进行补涂(如高强度螺栓连接区的补涂,现场焊接区的补涂)。如不对该部分修补工作进行质量控制,将会造成局部生锈,进而造成整个构件锈蚀。涂装修补工作主要控制以下三点:① 在进行修补前,首先应对各部分旧漆膜和未涂区的状况以及设计技术要求进行分析,采取喷砂、砂轮打磨或钢丝刷等方法进行钢材表面处理;② 为了保持修补漆膜的平整,应对缺陷周边的漆膜约 100～200 mm 范围内进行修整,使漆膜有一定的斜度;③ 修补工作应按原涂层涂刷工艺要求和程序进行补涂。

四、防火涂料质量控制

在建筑钢结构中,常采用的防火措施是钢构件外喷涂防火涂料,由于其涉及使用安全问题,因此,在施工质量控制中,应特别注意以下几点:① 钢结构防火涂料生产厂必须由防火监督部门监督检查并核发生产许可证,采购前必须对生产厂的资质进行认可,以确保防火涂料的质量;② 防火涂料的喷涂工程应由具有相应资质的专业施工单位负责施工;③ 在同一工程中,每使用 100 t 薄涂型防火涂料,应抽检一次黏结强度,每使用 500 t 厚涂型防火涂料,应抽检一次黏结强度和抗压强度。

任务8 包装和运输质量控制

钢结构工程的包装、储存、运输和交付是制造环节中的最后几个环节,是安装前的交接、认可工作,每个环节对产品质量都有直接的影响,因此,需进行有效的控制。

一、包装质量控制

钢结构工程的构件包装应根据构件的特点、运输的条件和方式(如水路、铁路、公路等运输方式,集装箱或裸装运输)、途中的搬运方法、可能遇到的储存条件以及合同的要求等因素确定,并制订相应的控制措施,主要如下。

(1) 构件编号。由于钢结构工程构件品种较多,易混淆,因此在生产过程中每个构件都有规定的编号,而且标注位置也有相应要求。构件编号对下料、制作、涂装、验收以及追溯都起着正确辨认作用。在包装前,必须在每个构件上用记号笔或粘贴纸标注规定的编号,以方便包装、交付和安装时识别。

(2) 根据构件特点,编制包装规范和包装设计,明确规定包装材料、防护材料、包装方法和标志等防护措施。包装箱上应有标明构件所属工程名称、工程编号、图纸号、构件号(或数量)、重量、外形尺寸、重心、吊点位置、制造工厂(或公司)、收货单位、地点、运输号码等内容的粘贴纸或其他方式的标志。

(3) 包装应在构件涂层干燥后进行;包装应保护构件涂层不受损伤,保证构件不变形、不损坏、不散失;包装应符合运输的有关规定。

(4) 每包包装都应填写包装清单,包装清单应与实物相一致,并经专检确认签字。

二、储存质量控制

构件在包装工作结束后,应按规定进行入库验收或转场堆放,即在装运前进行储存。储存时应注意以下几点:① 储存区域应整洁,具有适宜的环境条件;② 在搬运中应注意构件和涂层的保护,对易碰撞的部位应进行保护(如枕木、支承架等);③ 堆放应整齐,垫块应平整、稳定,防止构件在堆放中出现变形;④ 确保包装箱正确无误、完好地送到指定的区域(或仓库)堆放;⑤ 搬运后的构件如发生变形损坏、涂层损伤应及时修整,以确保发运前构件完好无损。

三、运输质量控制

在运输或搬入现场过程中,应对运输的法规限制、道路、堆场、装卸方式等加以了解并制定充分的计划,控制运输质量。具体要求如下:

1. 了解运输道路和现场状况

(1) 运输线路的调查。例如,道路宽度、路面情况、距离、时间,车辆进入现场的限制,夜间运输问题等。

(2) 交通法规上有关载物的限制。例如,超长、超宽、超高、超重等。

(3) 现场堆放场地情况。例如,车辆进出场地道路有否堆场、道路承载能力等。

(4) 装卸方式的确定。例如,装卸机械的起重量、工作范围等。

2. 运输方式的选择

应按收货地点、构件特点(如形状、尺寸、重量等)、工期、经济性等综合确定运输方式,一般应优先考虑采用汽车或船舶运输。对国外工程一般应考虑采用海运或铁路运输。

3. 运输过程的控制

运输过程中,应采取有效措施使构件捆绑稳固,防止构件发生碰撞、变形,避免损伤涂层。保证人员、货物和运输设备的安全,按期安全到达目的地。

四、交付质量控制

构件交付应满足合同规定的交付进度、交货状态、交货条件的要求,制造单位必须做好相应安排,其控制质量的责任一直延续到交付的目的地被对方认可为止。交付的同时也包括需方(安装方或顾客)的接收,双方应共同做好以下工作:① 构件清单数量的复核,确认交付时的包装箱数(或构件数);② 交付时包装箱(或构件)是否因运输搬运产生损坏、丢失或污染,或是恶劣环境条件引起的损坏等;③ 特殊的物资交接时应特别注意产品说明的要求;④ 必要时,由双方共同参与开箱清点确认工作。

1. 钢结构件质量检验的含义是什么?钢结构件质量检验内容主要包括哪些?
2. 焊接工程常用的检查工具和仪器有哪些?
3. 钢结构件质量检验为什么要有主控项目?
4. 举例说明什么是质量控制点。

5. 编制钢结构件质量控制文件的主要内容有哪些？
6. 钢屋架检查重点是什么？
7. 钢桁架检查重点是什么？
8. 钢柱检查重点是什么？
9. 钢梁检查重点是什么？
10. 吊车梁检查重点是什么？
11. 网架结构检查重点是什么？
12. 钢制支撑检查重点是什么？
13. 钢梁检查重点是什么？
14. 铸钢节点检查重点是什么？
15. 钢结构件质量检验常用的一些检查工具和检查仪器有哪些？
16. 钢结构件的验收资料有哪些？
17. 根据钢结构的特点，在制作质量控制中，要求质检人员做到哪几点？
18. 钢结构件的表面质量检查的方法有哪些？
19. 原材料质量控制要点有哪些？
20. 钢结构件制作过程控制点有哪几个？
21. 在钢结构施工中如何控制高强螺栓的质量？
22. 在对钢结构件进行表面处理时，为什么涂装构件的表面要具有一定的粗糙度？

案例与实训

到钢结构公司现场学习钢结构构件检验、包装与运输工作。

（1）目的：通过钢结构公司工程师的现场讲解，对钢结构构件质量检验、包装与运输形成清晰的了解和认识。

（2）能力标准及要求：掌握钢结构构件质量检验、包装与运输工作要点。

（3）实训条件：钢结构制作公司。

（4）步骤：① 课堂讲解构件的检验、包装与运输知识，观看构件的质量检验、包装、运输过程和注意事项视频；② 结合课堂内容及问题，组织钢结构构件质量检验、包装与运输现场学习，详细了解钢结构构件质量检验、包装与运输的准备、工艺流程、注意事项及可能出现的问题等；③ 完成钢结构构件质量检验、包装与运输现场学习报告，内容主要是钢结构构件质量检验、包装与运输工作要点。

学习情境 7

钢结构安装及其施工前的准备

知识内容

① 钢结构安装的概念和特点及主要钢结构安装类型；② 钢结构安装行业企业的划分及钢结构安装工程的承包方式；③ 钢结构工程安装前的准备工作；④ 钢结构工程施工组织及施工方案；⑤ 熟悉钢结构安装现场场地、人员、物质等的准备工作。

技能训练

① 能进行钢结构安装施工前的技术准备；② 能进行钢结构安装现场的场地准备；③ 能进行钢结构安装现场的技术准备；④ 能编写钢结构安装准备工作计划。

素质要求

① 要求学生养成求实、严谨的科学态度；② 培养学生乐于奉献，深入基层的品德；③ 培养与人沟通，通力协作的团队精神。

任务1 钢结构安装的基本理论

一、钢结构安装的基本概念

（1）钢结构安装定义。钢结构安装就是使用起重机械将预制钢构件或钢构件组合单元，安放到设计位置上去的工艺过程。在传统工程中，钢结构安装工程造价在整个工程中所占比重较小，但它的工作好坏将直接影响到整个工程的质量、施工进度、工程造价等各个方面。而在现代大型建筑中，钢结构安装是装配式结构施工中的一个主导分部工程。它是指钢结构安装部分在工程造价所占比例较高或是相对独立的工程。它的工作好坏不仅将直接影响到工程质量、施工进度、工程造价等各个方面,而且直接影响企业形象,关系到企业的生存和发展。

(2) 钢结构安装工艺施工特点有:① 钢结构安装工程受预制构件的类型和质量影响较大;② 正确选用起重机具是完成吊装任务的主导因素;③ 构件形式多样化,所处的应力状态变化较多;④ 施工环境复杂,高空作业多,容易发生事故,必须加强安全教育,并采取可靠措施;⑤ 对作业人员的素质要求较高,施工经历和经验在安装工作中起较大作用。

二、钢结构安装工程概况

1. 钢结构安装工程的主要结构

改革开放以来,钢结构安装工程得到快速发展,尤其是2000年以后,钢结构行业异军突起,大跨度、大空间钢结构层出不穷,钢结构安装工程的主要结构有如下几种。

(1) 梁柱结构　由钢柱或钢梁(一般由工字钢或槽钢等组成)组成的结构。例如:工业厂房,机车站台,广告牌等建筑物或构筑物。

(2) 网架结构　由多根杆件按照一定的网格形式通过节点连接而成的空间结构,具有空间受力、重量轻、刚度大、抗震性能好等优点。网架结构广泛用于体育馆、展览馆、俱乐部、影剧院、食堂、会议室、候车厅、飞机库、车间等的屋盖结构。

(3) 框架结构　由梁柱(如T形梁、工字梁、箱型梁等)构成的框架结构。构件截面较小,因此框架结构的承载力和刚度都较低,它的受力特点类似于竖向悬臂剪切梁,楼层越高,水平位移越小,高层框架在纵横两个方向都承受很大的垂直载荷。

(4) 板壳结构　由钢板和骨材(如扁钢、球扁钢、角钢、T型材等)或骨材构架组成的,如造船中的船体甲板结构。

(5) 薄壳结构　由单板组成的容器结构,如石油化学工业中的罐体结构,如圆柱罐和球罐等。

(6) 机器结构　由钢板或铸钢件组成的承担特定功能的结构件,如船舶机座、起重机底盘等。

此外,传统的结构如木结构、砖木结构、砖混结构、钢筋砼框架结构、钢筋砼框架剪力墙结构、钢筋砼框架筒体结构等已广泛应用,其局限性越来越凸显,而钢结构的优势越来越明显。其中重钢结构多用于石化厂房设施、电厂厂房、大跨度的体育场馆、展览中心,高层或超高层钢结构。轻钢结构主要在钢材缺乏年代时用于不宜用钢筋混凝土结构制造的小型结构,现已基本上很少采用了。

2. 钢结构工程承建承包方式

1) 钢结构安装企业

国家对钢结构安装企业明确划分了等级,有一级企业,二级企业,三级企业三个等级。

● 一级企业:可承担各类钢结构工程(包括网架、轻型钢结构工程)的制作与安装。

● 二级企业:可承担单项合同额不超过企业注册资本金5倍且跨度33 m及以下、总重量1200吨及以下、单体建筑面积24000 m^2 及以下的钢结构工程(包括轻型钢结构工程)和边长80 m及以下、总重量350吨及以下、建筑面积6000 m^2 及以下的网架工程的制作与安装。

● 三级企业:可承担单项合同额不超过企业注册资本金5倍且跨度24 m及以下、总重量600吨及以下、单体建筑面积6000 m^2 及以下的钢结构工程(包括轻型钢结构工程)和边长24 m及以下、总重量120吨及以下、建筑面积1200 m^2 及以下的网架工程的制作与安装。

2) 钢结构安装企业承包方式

前我国建筑施工企业组织结构可以简单归结为以下三个层次:① 工程总承包企业;② 独立承包的施工企业;③ 非独立承包的专业劳务施工企业。

在土建行业中,钢结构是一个技术相对密集的领域,从理论分析、结构设计到制作安装,都有其特点,特别是近年来CAD、CAM、CIMS技术的应用,房屋的生产周期越来越短,因而对钢结构企业的素质要求越来越高。根据这些情况,为了提高生产效率和保证产品质量,钢结构生产一般都通过专业化、集约化的道路。显而易见,钢结构企业处于第二层次。

因为钢结构工程技术难度大,质量要求高,业主在发包工程时,要求总承包商将工程分包给专业承包商。基于钢结构工程是主体工程的重要组成部分,为了体现其重要性,称其分包关系为钢结构主承建方。

钢结构工程主承建的承包类型,其实质仍是一种分包关系,但从内容上看,作为分包单位又有其自身的相对独立性,是区别于合伙或联合承包的方式,却又带有一些相似性。因此钢结构主承建方施工中的项目管理除了具有钢结构工程施工的一般特点外,又有其自身的特殊性,具体表现为:① 要求从管理上接受总包的领导,协助总包工作;② 在分包施工的范围内,要按项目管理的要求,用一整套现代管理方法指导施工;③ 在一个大型公共建筑施工中,分包单位不只1个,必须做好分包单位之间的协调管理工作;④ 在混合结构施工中,钢结构工程与混凝土工程的技术配合与协调也是工程管理的重要方面;⑤ 钢结构主承建方因其所处的特殊合同地位,加强项目的合同管理对项目施工具有重要意义。

任务2 施工前的准备

现代企业管理的理论认为,企业管理的重点是生产经营,而生产经营的核心是决策。钢结构工程项目施工准备工作是生产经营管理的重要组成部分,是对拟建工程目标、资源供应和施工方案的选择,及其空间布置和时间排列等诸方面进行的施工决策。

一、施工准备工作的分类

1. 按工程项目施工准备工作的范围不同分类

按工程项目施工准备工作的范围不同,一般可分为全场性施工准备、单位工程施工条件准备和分部(项)工程作业条件准备等三种。

(1)全场性施工准备:它是以一个建筑工地为对象而进行的各项施工准备。其特点是它的施工准备工作的目的、内容都是为全场性施工服务的,它不仅要为全场性的施工活动创造有利条件,而且要兼顾单位工程施工条件的准备。

(2)单位工程施工条件准备:它是以一个建筑物或构筑物为对象而进行的施工条件准备工作。其特点是它的准备工作的目的、内容都是为单位工程施工服务的,它不仅为该单位工程在开工前做好一切准备,而且要为分部分项工程做好施工准备工作。

(3)分部分项工程作业条件的准备:它是以一个分部分项工程或冬雨季施工为对象而进行的作业条件准备。

2. 按拟建工程所处的施工阶段的不同分类

按拟建工程所处的施工阶段不同,一般可分为开工前的施工准备和各施工阶段前的施工准备等两种。

(1)开工前的施工准备:它是在拟建工程正式开工之前所进行的一切施工准备工作。其目的是为拟建工程正式开工创造必要的施工条件。它既可能是全场性的施工准备,又可能是单位工程施工条件的准备。

(2)各施工阶段前的施工准备:它是在拟建工程开工之后,每个施工阶段正式开工之前所进行的一切施工准备工作。其目的是为施工阶段正式开工创造必要的施工条件。例如,钢结构的高层建筑的施工,一般可分为地下工程、主体工程、装饰工程和屋面工程等施工阶段,每个施工阶段的施工内容不同,所需要的技术条件、物资条件、组织要求和现场布置等方面也不同,因此在每个施工阶段开工之前,都必须做好相应的施工准备工作。

综上所述,可以看出:不仅在拟建工程开工之前应做好施工准备工作,而且随着工程施工的进展,在各施工阶段开工之前也要做好施工准备工作。施工准备工作既要有阶段性,又要有连贯性,因此施工准备工作必须有计划、有步骤、分期和分阶段进行,要贯穿拟建工程整个生产过程的始终。

二、施工准备工作的内容

工程项目的施工准备工作包括许多方面:资金准备、技术准备、物资准备、劳动组织准备、施工现场准备和施工场外准备以及机具等。在此根据现代工程的实际情况略加阐述。

1. 资金准备

现在的工程,规模大,投资也大,如果没有足够的资金准备,一旦工程正式启动,施工过程中没有足够的资金跟上,将会造成非常严重的后果。轻则停工待料,大量的设备、周转材料的资金以及人工工资将是一笔不菲的开支;重则完全停工,形成"烂尾楼",造成恶劣的社会影响。

在资金准备的过程中,一定要根据工程合同的要求,做好工程项目开工前的资金准备,施工过程中的工程项目各阶段的资金准备,以及收尾工程的资金准备。

2. 技术准备

技术准备是施工准备的核心。由于任何技术的差错或隐患都可能引起人身安全和质量事故,造成生命、财产和经济的巨大损失。因此,必须认真做好技术准备工作。施工前技术准备工作主要指把工程项目今后施工中所需要的技术资料、图纸资料、施工方案、施工预算、施工测量、详图设计、技术组织等搜集、编制、审查、组织好。具体包括如下内容。

(1) 技术资料的搜集。施工进场前,施工单位应组织相关人员踏勘现场,搜集施工场地、地形、地质、气象等资料,对周边环境,诸如附近建筑物、构筑物及道路交通、供水、供电、通信等情况仔细踏勘,了解现场可能影响施工的不利因素及有利条件,做到心中有数。了解当地资源如河砂、石子、水泥、钢材、设备等的生产厂家、供应条件、运输条件等,为制订施工方案提供第一手的依据。

(2) 熟悉、审查施工图纸和有关的设计资料。

① 熟悉、审查施工图纸的依据,包括:建设单位和设计单位提供的初步设计或扩大初步设计(技术设计)、施工图设计、建筑总平面、土方竖向设计和城市规划等资料文件;调查、搜集的原始资料;设计、施工验收规范和有关技术规定。

② 熟悉、审查设计图纸的目的,包括:为了能够按照设计图纸的要求顺利施工,生产出符合设计要求的最终建筑产品(如钢构物、建筑物或构筑物等);为了能够在拟建工程开工之前,便于从事钢结构建筑施工技术和经营管理的工程技术人员充分地了解和掌握设计图纸的设计意图、结构与构造特点和技术要求;通过审查发现设计图纸中存在的问题和错误,使其改正在施工开始之前,为拟建工程的施工提供一份准确、齐全的设计图纸。

③ 熟悉、审查设计图纸的内容,包括:审查拟建工程的地点、建筑总平面图同国家、城市或地区规划是否一致,以及建筑物或构筑物的设计功能和使用要求是否符合卫生、防火及美化城市方面的要求;审查设计图纸是否完整、齐全,以及设计图纸和资料是否符合国家有关工程建设的设计、施工方面的方针和政策;审查设计图纸与说明书在内容上是否一致,以及设计图纸与其各组成部分之间有无矛盾和错误;审查建筑总平面图与其他钢结构图在几何尺寸、坐标、标高、说明等方面是否一致,技术要求是否正确;审查工业项目的生产工艺流程和技术要求,掌握配套投产的先后次序和相互关系,以及设备安装图纸与其相配合的土建施工图纸在坐标、标高上是否

一致,掌握土建施工质量是否满足设备安装的要求;审查地基处理与基础设计同拟建工程地点的工程水文、地质等条件是否一致,以及建筑物或构筑物与地下建筑物或构筑物、管线之间的关系;明确拟建工程的结构形式和特点,复核主要承重结构的强度、刚度和稳定性是否满足要求,审查设计图纸中的工程复杂、施工难度大和技术要求高的分部分项工程或新结构、新材料、新工艺,检查现有施工技术水平和管理水平能否满足工期和质量要求并采取可行的技术措施加以保证;明确建设期限、分期分批投产或交付使用的顺序和时间,以及工程所用的主要材料、设备的数量、规格、来源和供货日期;明确建设、设计和施工等单位之间的协作、配合关系,以及建设单位可以提供的施工条件。

④ 熟悉、审查设计图纸的程序:熟悉、审查设计图纸的程序通常分为自审阶段、会审阶段和现场签证等三个阶段。

● 设计图纸的自审阶段。施工单位收到拟建工程的设计图纸和有关技术文件后,应尽快组织有关的工程技术人员熟悉和自审图纸,写出自审图纸的记录。自审图纸的记录应包括对设计图纸的疑问和对设计图纸的有关建议。

● 设计图纸的会审阶段。一般由建设单位主持,由设计单位和施工单位参加,三方进行设计图纸的会审。图纸会审时,首先由设计单位的工程主设人向与会者说明拟建工程的设计依据、意图和功能要求,并对特殊结构、新材料、新工艺和新技术提出设计要求;然后施工单位根据自审记录以及对设计意图的了解,提出对设计图纸的疑问和建议;最后在统一认识的基础上,对所探讨的问题逐一地做好记录,形成"图纸会审纪要",由建设单位正式行文,参加单位共同会签、盖章,作为与设计文件同时使用的技术文件和指导施工的依据,以及建设单位与施工单位进行工程结算的依据。

● 设计图纸的现场签证阶段。在拟建工程施工的过程中,如果发现施工的条件与设计图纸的条件不符,或者发现图纸中仍然有错误,或者因为材料的规格、质量不能满足设计要求,或者因为施工单位提出了合理化建议,需要对设计图纸进行及时修订时,应遵循技术核定和设计变更的签证制度,进行图纸的施工现场签证。如果设计变更的内容对拟建工程的规模、投资影响较大时,要报请项目的原批准单位批准。在施工现场的图纸修改、技术核定和设计变更资料,都要有正式的文字记录,归入拟建工程施工档案,作为指导施工、竣工验收和工程结算的依据。

(3) 原始资料的调查分析。

为了做好施工准备工作,除了要掌握有关拟建工程的书面资料外,还应该进行拟建工程的实地勘测和调查,获得有关数据的第一手资料,这对于拟定一个先进合理、切合实际的施工组织设计是非常必要的,因此应该做好以下几个方面的调查分析。

① 自然条件的调查分析 建设地区自然条件的调查分析的主要内容有地区水准点和绝对标高等情况;地质构造、土的性质和类别、地基土的承载力、地震级别和裂度等情况;河流流量和水质、最高洪水和枯水期的水位等情况;地下水位的高低变化情况,含水层的厚度、流向、流量和水质等情况;气温、雨、雪、风和雷电等情况;土的冻结深度和冬、雨季的期限等情况。

② 技术经济条件的调查分析 建设地区技术经济条件的调查分析的主要内容有:地方建筑施工企业的状况;施工现场的动迁状况;当地可利用的地方材料状况;国拨材料供应状况;地方能源和交通运输状况;地方劳动力和技术水平状况;当地生活供应、教育和医疗卫生状况;当地消防、治安状况和参加施工单位的力量状况等。

(4) 编制施工图预算和施工预算。

① 编制施工图预算 施工图预算是技术准备工作的主要组成部分之一,这是按照施工图确定的工程量、施工组织设计所拟定的施工方法、建筑工程预算定额及其取费标准,由施工单位编制的确定建筑安装工程造价的经济文件,它是施工企业签订工程承包合同、工程结算、银行拨付工程价款、进行成本核算、加强经营管理等方面工作的重要依据。

学习情境 7
钢结构安装及其施工前的准备

② 编制施工预算　预算的编制必须依据施工图纸预算、施工图纸、施工组织设计或施工方案确定的施工方法、施工定额等文件进行编制。它直接受施工图预算的控制。它是施工企业内部控制各项成本支出、考核用工、"两算"对比、签发施工任务单、限额领料、基层进行经济核算的依据。施工预算将作为进度计划,材料供应计划和资金拨付计划编制的依据,因此要尽可能详尽,只有编制了详尽准确的施工预算,才能保证整个施工过程有序有节,指导资金筹措,不突破投资计划。

(5) 编制施工组织设计和施工方案。

在完成以上步骤之后,就可进行施工组织设计和施工方案的编制,这是作好施工前的准备的最重要环节之一,因为施工组织设计是指导施工的纲领性文件,必须根据工程规模、结构特点、建设单位要求和国家关于工程建设的方针、政策、基本建设程序进行编制;遵循工艺和技术规律,坚持合理的施工程序;采用流水施工方法、网络计划技术等组织有节奏、均衡、连续的施工;充分利用现有机械设备,提高机械化施工程度,改善劳动条件,提高工作效率;采用国内、外最先进的施工技术,科学地确定施工方案,提高工程质量,确保安全,缩短工期,降低成本;科学合理地布置施工平面,减少材料二次转运,安装材料种类繁多、性能、规格不一,必须作好合理的进场时间安排;合理利用周边已有设施,减少临时设施,节省费用;施工方案要有针对性,不能泛泛而谈;必须将施工单位在本工程的质量体系、施工目标、将采取的施工方法及经济技术措施阐述清楚,要作到确实对本工程施工有指导价值,不能纯粹拿来对付甲方和监理;要有安全事故和质量事故的应急预案。施工方案一旦编制好并经审定,在工程施工中必须予以贯彻执行,不得随意更改。施工方案在施工过程中可根据具体情况作适当的调整,调整后的施工方案必须重新向甲方和监理申报并取得同意。

施工组织设计是施工准备工作的重要组成部分,也是指导施工现场全部生产活动的技术经济文件。建筑施工生产活动的全过程是非常复杂的物质财富再创造的过程,为了正确处理人与物、主体与辅助、工艺与设备、专业与协作、供应与消耗、生产与储存、使用与维修以及它们在空间布置、时间排列之间的关系,必须根据拟建工程的规模、结构特点和建设单位的要求,在原始资料调查分析的基础上,编制出一份能切实指导该工程全部施工活动的科学方案,即施工组织设计。

(6) 钢结构图纸详图设计。

在大型建筑工程中,经过设计图纸审核的三个阶段后,在不违背设计意图、不改变设计结构的情况下,对复杂的钢结构加工,必须首先对钢结构设计图纸进行细化分解,尤其是对空间结构、隐蔽结构等需要做详图设计,以明确展示结构各部位的尺寸和形状。对少数结构复杂的部位,还应进行图纸深化设计,详细定出各部件的尺寸、方位和形状,以方便构件加工或现场施工,同时在详图设计图纸中应明确加工工艺、质量和安全等要求。

钢结构详图设计一般由工程项目部承担,在人力资源有限的情况下,也可采用外包方式委托第三方承担,但必须负责对图纸的审核把关。

3. 物资准备

材料、构(配)件、制品、机具和设备是保证施工顺利进行的物质基础,这些物资的准备工作必须在工程开工之前完成。根据各种物资的需要量计划,分别落实货源,安排运输和储备,使其满足连续施工的要求。

1) 物资准备工作的内容

物资准备工作主要包括:建筑材料的准备;构(配)件和制品的加工准备;建筑安装机具的准备和生产工艺设备的准备。

① 建筑材料的准备　建筑材料的准备主要是根据施工预算进行分析,按照施工进度计划要求,按材料名称、规格、使用材料储备定额和消耗定额进行汇总,编制出材料需要量计划,为组织

备料、确定仓库、场地堆放所需的面积和组织运输等提供依据。

② 构(配)件、制品的加工准备　根据施工预算提供的构(配)件、制品的名称、规格、质量和消耗量,确定加工方案和供应渠道以及进场后的储存地点和方式,编制出其需要量计划,为组织运输、确定堆场面积等提供依据。

③ 建筑安装机具的准备　根据采用的施工方案,安排施工进度,确定施工机械的类型、数量和进场时间,确定施工机具的供应办法和进场后的存放地点和方式,编制建筑安装机具的需要量计划,为组织运输、确定堆场面积等提供依据。

④ 生产工艺设备的准备　按照拟建工程生产工艺流程及工艺设备的布置图提出工艺设备的名称、型号、生产能力和需要量,确定分期分批进场时间和保管方式,编制工艺设备需要量计划,为组织运输、确定堆场面积提供依据。

2) 物资准备工作的程序

物资准备工作的程序是搞好物资准备的重要手段。通常按如下程序进行:① 根据施工预算、分部(项)工程施工方法和施工进度的安排,拟定国拨材料、统配材料、地方材料、构(配)件及制品、施工机具和工艺设备等物资的需要量计划;② 根据各种物资需要量计划,组织货源,确定加工、供应地点和供应方式,签订物资供应合同;③ 根据各种物资的需要量计划和合同,拟定运输计划和运输方案;④ 按照施工总平面图的要求,组织物资按计划时间进场,在指定地点,按规定方式进行储存或堆放。

4. 劳动组织准备

劳动组织准备的范围既有整个建筑施工企业的劳动组织准备,又有大型综合的拟建建设项目的劳动组织准备,也有小型简单的拟建单位工程的劳动组织准备。这里仅以一个拟建工程项目为例,说明其劳动组织准备工作的内容如下。

1) 建立拟建工程项目的领导机构

施工组织机构的建立应遵循以下的原则:① 根据拟建工程项目的规模、结构特点和复杂程度,确定拟建工程项目施工的领导机构人选和名额;② 坚持合理分工与密切协作相结合;③ 把有施工经验、有创新精神、有工作效率的人选入领导机构;④ 认真执行因事设职、因职选人的原则。

2) 建立精干的施工队组

施工队组的建立要认真考虑专业、工种的合理配合,技工、普工的比例要满足合理的劳动组织,要符合流水施工组织方式的要求,确定建立施工队组(是专业施工队组,或是混合施工队组),要坚持合理、精干的原则;同时制定出该工程的劳动力需要量计划。

根据工程规模、结构特点、复杂程度,建立现场领导机构,确定领导人选;协调配备工程所需各类专业技术人员和管理人员,技术工人,特殊工种必须持证上岗。制定各种岗位责任制和质量检验制度,对要采用的新结构、新材料、新技术要进行研制、试验和请专家论证,成熟了才能采用。

3) 集结施工力量、组织劳动力进场

工地的领导机构确定之后,按照开工日期和劳动力需要量计划,组织劳动力进场。同时要进行安全、防火和文明施工等方面的教育,并安排好职工的生活。

4) 向施工队组、工人进行施工组织设计、计划和技术交底

施工组织设计、计划和技术交底的目的是将拟建工程的设计内容、施工计划和施工技术等要求,详尽地向施工队组和工人讲解交代。这是落实计划和技术责任制的好办法。

施工组织设计、计划和技术交底的时间在单位工程或分部分项工程开工前及时进行,以保证工程严格地按照设计图纸、施工组织设计、安全操作规程和施工验收规范等要求进行施工。

施工组织设计、计划和技术交底的内容有:工程的施工进度计划、月(旬)作业计划;施工组织设计,尤其是施工工艺;质量标准、安全技术措施、降低成本措施和施工验收规范的要求;新结

构、新材料、新技术和新工艺的实施方案和保证措施;图纸会审中所确定的有关部位的设计变更和技术核定等事项。交底工作应该按照管理系统逐级进行,由上而下直到工人队组。交底的方式有书面形式、口头形式和现场示范形式等。

队组、工人接受施工组织设计、计划和技术交底后,要组织其成员进行认真的分析研究,弄清关键部位、质量标准、安全措施和操作要领。必要时应该进行示范,并明确任务及做好分工协作,同时建立健全岗位责任制和保证措施。

5) 建立健全各项管理制度

工地的各项管理制度是否建立、健全,直接影响其各项施工活动的顺利进行。为此必须建立、健全工地的各项管理制度。常见的管理制度如下:工程质量检查与验收制度;工程技术档案管理制度;建筑材料(如构件、配件、钢材等制品)的检查验收制度;技术责任制度;施工图纸学习与会审制度;技术交底制度;职工考勤、考核制度;工地及班组经济核算制度;材料出入库制度;安全操作制度;机具使用保养制度等。

5. 施工现场准备

施工现场是施工的全体参加者为夺取优质、高速、低消耗的目标,而有节奏、均衡连续地进行战术决战的活动空间。施工现场的准备工作,主要是为了给拟建工程的施工创造有利的施工条件和物资保证。其具体内容如下。

1) 做好施工场地的控制网测量

按照设计单位提供的建筑总平面图及给定的永久性经纬坐标控制网和水准控制基桩,进行工地施工测量,设置工地的永久性经纬坐标桩,水准基桩和建立工地工程测量控制网,作为工程轴线引测和标高控制的依据。

2) 搞好"三通一平"

"三通一平"是指路通、水通、电通和平整场地。

(1) 路通:施工现场的道路是组织物资运输的动脉。拟建工程开工前,必须按照施工总平面图的要求,修好施工现场的永久性道路(包括厂区铁路、厂区公路等)以及必要的临时性道路,形成完整畅通的运输网络,为建筑材料进场、堆放创造有利条件。

(2) 水通:水是施工现场的生产和生活不可缺少的。拟建工程开工之前,必须按照施工总平面图的要求,接通施工用水和生活用水的管线,使其尽可能与永久性的给水系统结合起来,做好地面排水系统,为施工创造良好的环境。

(3) 电通:电是施工现场的主要动力来源。拟建工程开工前,要按照施工组织设计的要求,接通电力和通信设施,做好其他能源(如蒸汽、压缩空气等)的供应,确保施工现场动力设备和通信设备的正常运行。

(4) 平整场地:按照建筑施工总平面图的要求,首先拆除场地上妨碍施工的建筑物或构筑物,然后根据建筑总平面图规定的标高和土方竖向设计图纸,进行挖(填)土方的工程量计算,确定平整场地的施工方案,进行平整场地的工作。

3) 做好施工现场的补充勘探

对施工现场进行补充勘探是为了进一步寻找枯井、防空洞、古墓、地下管道、暗沟和枯树根等隐蔽物,以便及时拟定处理隐蔽物的方案并实施,为基础工程施工创造有利条件。

4) 建造临时设施

按照施工总平面图的布置,建造临时设施,为正式开工准备好生产、办公、生活、居住和储存等临时用房。

5) 安装、调试施工机具

按照施工机具需要量计划,组织施工机具进场,根据施工总平面图将施工机具安置在规定的地点或仓库。对于固定的机具要进行就位、搭棚、接电源、保养和调试等工作。对所有施工机具都必须在开工之前进行检查和试运转。

6) 做好建筑构(配)件、制品和材料的储存和堆放

按照建筑材料、构(配)件和制品的需要量计划组织进场,根据施工总平面图规定的地点和指定的方式进行储存和堆放。

7) 及时提供建筑材料的试验申请计划

按照建筑材料的需要量计划,及时提供建筑材料的试验申请计划。例如,钢材的机械性能和化学成分等试验;混凝土或砂浆的配合比和强度等试验。

8) 做好冬雨季施工安排

按照施工组织设计的要求,落实冬雨季施工的临时设施和技术措施。

9) 进行新技术项目的试制和试验

按照设计图纸和施工组织设计的要求,认真进行新技术项目的试制和试验。

10) 设置消防、保安设施

按照施工组织设计的要求,根据施工总平面图的布置,建立消防、保安等组织机构和有关的规章制度,布置安排好消防、保安等措施。

11) 层层进行安全和技术交底

各项安全技术措施、质量保证措施、质量标准、验收规范以及设计变更和技术核定、工作计划,务必做到人人心中有数,增强质量、安全责任感。

12) 做好前期准备工作记录

对前期施工准备工作应做好施工记录,对投入的人、财、物应进行全面的记录,为后续工程施工或收尾验收提供基础性资料。

6. 施工的场外准备

施工准备除了施工现场内部的准备工作外,还有施工现场外部的准备工作。其具体内容如下:

(1) 材料的加工和订货。建筑材料、构(配)件和建筑制品大部分均必须外购,工艺设备更是如此。如何与加工部、生产单位联系,签订供货合同,做好及时供应,对于施工企业的正常生产是非常重要的;对于协作项目也是这样,除了要签订议定书之外,还必须做大量的有关方面的沟通联系工作。

(2) 做好分包工作和签订分包合同。由于施工单位本身的力量所限,有些专业工程的施工、安装和运输等均需要向外单位委托。根据工程量、完成日期、工程质量和工程造价等内容,与其他单位签订分包合同,约定质量、安全、工期、保证措施,保证履约实施。

(3) 向上级提交开工申请报告。当材料的加工和订货及做好分包工作(定好分包项目,造好分包单位)和签订分包合同等施工场外的准备工作后,应该及时地填写开工申请报告,并上报上级批准。

综上所述,各项施工准备工作不是分离的、孤立的,而是互为补充,相互配合的。为了提高施工准备工作的质量、加快施工准备工作的速度,必须加强建设单位、设计单位和施工单位之间的协调工作,建立健全施工准备工作的责任制度和检查制度,使施工准备工作有领导、有组织、有计划和分期分批地进行,贯穿施工全过程的始终。

三、施工准备工作计划

为了落实各项施工准备工作,加强对其检查和监督,必须根据各项施工准备工作的内容、时间和人员,编制出施工准备工作计划。

施工准备工作计划和施工生产计划是同时制定,同时实施,同时检查的。往往在施工生产

计划中包括施工准备工作计划。施工准备工作计划有开工前准备工作计划,施工过程中施工准备计划,工程收尾准备计划以及检修钢结构的施工准备工作计划等。

四、钢结构检修工程的施工准备工作

钢结构检修工程是大型钢结构工程依据检修制度,实行大、中修项目的施工工程。在检修工程的施工中,对检修计划、施工准备、施工技术方案、施工安全措施、检修质量、文明检修、交工验收、开停车衔接、费用核算等十分重视。检修工程施工后,做到台台设备符合质量标准,每套装置一次开车成功。对于检修工作量很大的装置(系统)或全厂性停车检修,应在筹备领导小组组织下做好"十落实"、"五交底"、"三运到"、"一办理"等项准备工作。

"十落实":组织工作落实,施工项目落实,检修时间落实,设备、零部件落实,各种材料落实,劳动力落实,施工图纸落实,政治思想工作落实,工作计划落实,检查制度落实。

"五交底":项目任务交底,施工图纸交底,质量标准交底,施工安全措施交底,设备零部件、材料交底。

"三运到":施工前必须把设备备件、材料和工机具运到现场,并按规定位置摆放整齐。

"一办理":检修施工前必须办理"安全检修任务书"。

1. 什么是钢结构安装?什么是钢结构安装工程?
2. 目前钢结构安装涉及哪几种类型的结构?
3. 如何划分钢结构施工企业等级?
4. 钢结构工程的承包方式有哪些?
5. 钢结构安装工程的准备工作有哪几类?
6. 钢结构安装工程现场准备工作有哪些内容?
7. 审查设计图纸的目的是什么?
8. 审查设计图纸的程序有哪些?
9. 什么是施工图预算?什么是施工预算?
10. 什么是施工组织设计?
11. 编制施工组织设计的依据是什么?
12. 物资准备的内容有哪些?
13. 如何组建钢结构工程项目的施工队伍?
14. 什么是"三通一平"?
15. 什么是施工的场外准备?主要内容有哪些?
16. 什么是施工准备工作计划?
17. 如何编写钢结构工程的施工准备工作计划?
18. 什么是钢结构检修工程?如何落实检修任务?

1. 编写一份钢结构工程的技术准备计划。
2. 编写一份钢结构工程的现场施工准备计划。
3. 编写一份钢结构检修工程的准备计划。

学习情境 8

单层钢结构工业厂房的安装

知识内容

① 工业厂房的特点和类型；② 起重主机的选用；③ 单层工业厂房的施工技术；④ 吊车梁的安装及校正；⑤ 厂房工程材料及质量控制；⑥ 钢结构厂房施工常见缺陷及预防。

技能训练

① 能够选择钢结构工业厂房安装用的起重机；② 能编写钢结构工业厂房安装流程；③ 能编写钢结构工业厂房安装方案；④ 能确定梁柱的吊装方案；⑤ 能进行吊车梁的安装与校正；⑥ 能正确控制工程材料；⑦ 能正确控制工程质量；⑧ 能辨识工业厂房安装缺陷并能采取防治措施。

素质要求

① 要求学生养成求实、严谨的科学态度；② 培养与人沟通，通力协作的团队精神；③ 培养学生乐于奉献，深入基层的品德。

钢结构建筑因具有自重轻、强度高、抗震性能好、节约空间、质量可靠、施工速度快、绿色环保等多方面特殊的优势，在建设工程中得到日益广泛的应用。近几年，随着我国经济建设的快速发展，钢结构建筑正从工业厂房建筑结构向着多高层民用建筑结构、大型剧场、桥梁结构及办公建筑结构方向发展。

厂房是现代工业生产的基本设施，而单层厂房的应用最为广泛，在机械、机车、造船、电力、钢结构加工制作等行业广为应用，如图 8-1 所示。其中，图 8-1(a)为施工中的某集团超高压组合电气钢结构厂房；图 8-1(b)所示厂房跨度为 21 m×2，檐口高度 16.5 m，长度 120 m，4 台 50 吨/10 吨双梁桥式行车，屋面围护为单层彩板加玻璃丝棉保温，墙面围护为双层彩钢板加玻璃丝棉保温。

任务1 单层厂房的特点和类型

一、单层厂房的特点

单层厂房是指工业厂房中,层数为一层的厂房,如图8-2所示。它具有占地面积大,加工设备安装方便,进出货(或产品、半成品)便捷,安全系数高,抗震性能强等优点。所以,适用于大型机器设备或有重型起重运输设备的工厂。一般来说,单层厂房属于特殊厂房,只有一些特殊的行业才需要使用单层厂房,比如说,船舶制造,机械设备,压力容器,五金塑胶,印刷纸品,模具等行业。单层厂房与单层住宅的设计施工同等重要,下面结合钢结构行业的实际,重点介绍单层工业厂房的特点。

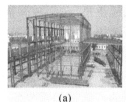
(a)

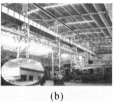
(b)

图 8-1 单层钢结构厂房

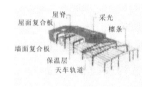
(a)结构名称

(b)单层厂房内部空间结构

图 8-2 单层厂房结构图

(1)从建筑上来说,要求构成较大的空间。单层厂房是冶金、机械、造船等车间的主要形式之一。为了满足在车间中能够放置尺寸大、较重型的设备或生产重型产品,要求单层厂房适应不同类型生产的需要,构成较大的空间。

(2)从结构上来说,要求单层厂房的结构构件要有足够的承载能力。由于产品较重且外形尺寸较大,因此作用在单层厂房结构上的荷载、厂房的跨度和高度都往往比较大,并且常受到来自吊车、动力机械设备的荷载的作用,故要求单层厂房的结构构件要有足够的承载能力。

(3)从建造方式上来说,为了便于定型设计,单层厂房常采用构配件标准化、系列化、通用化、生产工厂化和便于机械化施工的建造方式。

(4)从几何尺寸上来说,单层厂房具有跨度长、高度大、承受的荷载重等特点,因而构件的内力大,截面尺寸大,用料种类多,数量大,工程成本高。

(5)从荷载形式上来说,载荷形式多样,并且常承受动力荷载和移动荷载(如吊车荷载、动力设备荷载等)。柱是承受屋面荷载、墙体荷载、吊车荷载以及地震作用的主要构件。基础受力大,对地质勘察的要求较高。

二、单层厂房的分类

(1)按高度分类:有的厂房高4~5 m;有的高6~7 m;有的可高达11~12 m或更高。一般越高的厂房建造起来会越困难,所需材料成本等也会越高。

(2)按外部建筑结构分类:① 简易铁皮厂房,是最简单的、用铁皮比较随意搭建的厂房;② 钢结构厂房,又分为彩钢结构厂房或普通钢结构厂房。彩钢结构厂房比普通厂房要好很多。③ 钢混结构:钢混结构是型钢和混凝土的混合结构,包括外围钢框架或型钢混凝土、钢管混凝土框架与钢筋混凝土核心筒所组成的框架—核心筒结构,以及由外围钢框筒或型钢混凝土、钢管混凝土框筒与钢筋混凝土核心筒所组成的筒中筒结构。这种结构安全性、隔热性都要比上两种好。

(3)按内部结构分类,可分为有牛腿和没有牛腿的结构。

任务2 起重主机的选用

工业厂房安装使用的主要设备是起重机,它是厂房安装的必要设备,选择合理的起重机是工业厂房安装的首要条件。

起重机的选择条件包括:选择起重机的类型、型号和数量。起重机的选择要根据施工现场的条件及现有起重设备条件,以及结构吊装方法的确定。

1. 起重机类型的选择

起重机的类型主要根据厂房的结构特点、跨度、构件重量、吊装高度来确定。一般中小型厂房跨度不大,构件的重量及安装高度也不大,可采用履带式起重机、轮胎式起重机或汽车式起重机,以履带式起重机应用最普遍。缺乏上述起重设备时,可采用桅杆式起重机(包括独脚拔杆、人字拔杆等)。重型厂房跨度大、构件重、安装高度大,根据结构特点可选用大型的履带式起重机、轮胎式起重机、重型汽车式起重机,以及重型塔式起重机、塔桅式起重机等。

2. 起重机型号及起重臂长度的选择

起重机的型号是根据起重物的形体尺寸和重量及吊装场地来选择的。确保起重机的起重能力大于被吊物的重量,并留有足够的安全余量。起重机的类型确定之后,还需要进一步选择起重机的型号及起重臂的长度。起重机的型号应根据吊装构件的尺寸、重量及吊装位置而定。在具体选用起重机型号时,应使所选起重机的三个工作参数:起重量Q、起重高度H、起重半径R,均应满足钢结构吊装的要求。具体计算方法如下。

1)起重量Q

选择的起重机的起重量,必须大于所安装构件的重量与索具重量之和,即:

$$Q \geqslant Q_1 + Q_2$$

式中:Q为起重机的起重量(kN);Q_1为构件的重量(kN);Q_2为索具的重量(kN)。

2)起重高度H

选择的起重机的起重高度,必须满足所吊装的构件的安装高度要求,如图8-3所示,即:

$$H \geqslant h_1 + h_2 + h_3 + h_4$$

式中:H为起重机的起重高度(m),从停机面起至吊钩中心;h_1为安装支座表面高度(m),从停机面算起;h_2为安装间隙(m),视具体情况而定,但不小于0.2 m;h_3为绑扎点至起吊后构件底面的距离(m);h_4为索具高度(m),自绑扎点至吊钩中心的距离,视具体情况而定。

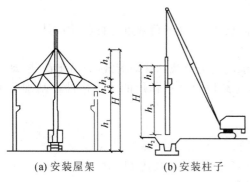

(a) 安装屋架 (b) 安装柱子

图8-3 起重高度计算简图

3)起重半径R

起重半径的确定一般有如下两种情况。

(1)起重机可以不受限制地开到吊装位置附近去吊装构件时,对起重半径R没有要求,根据计算的起重量Q及起重高度H来选择起重机的型号及起重臂长度L,根据Q、H查得相应的起重半径R,即为起吊该构件时的起重半径。

(2)起重机不能开到构件吊装位置附近去吊装构件时,就要根据实际情况确定起吊时的起

重半径 R，并根据此时的起重量 Q、起重高度 H 及起重半径 R 来选择起重机型号及起重臂长度 L。

如果起重机在吊装构件时，起重臂要跨越已吊装好的构件上空去吊装（如跨过屋架吊装屋面板），还要考虑起重臂是否会与已吊好的构件相碰撞。依此来选择确定起吊构件时的最小臂长及相应的起重半径 R。

吊装柱时起重机的起重半径 R 计算方法（见图 8-4）为：

$$R_{\min} = F + D + 0.5b$$

式中：F 为吊杆枢轴中心距回转中心距离(m)；D 为吊杆枢轴中心距所吊构件边缘距离，计算公式为：$D = g + (h_1 + h_2 + h_{3'} - E)\cot\alpha$，其中 g 为构件上口边缘与起重杆之间的水平空隙，不小于 $0.5\sim1.0$ m；E 为吊杆枢轴中心距地面的高度(m)；α 为起重杆的倾角；h_1 为安装支座表面高度(m)，从停机面算起；h_2 为安装间隙，视具体情况而定，但不小于 0.2m；$h_{3'}$ 为所吊构件的高度(m)；b 为构件的宽度(m)。

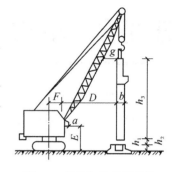

图 8-4　起重机的起重半径

4）起重臂长 L

吊装屋架时起重机的最小臂长可用数学解析法，也可用作图法求出。

(1) 数解法。如图 8-5(a)所示为数解法求起重机最小臂长计算方法示意图。最小臂长 $L_{\min}$ 可按下式计算：

$$L_{\min} \geqslant L_1 + L_2 = h/\sin\alpha + (a+g)/\cos\alpha$$

式中：$L_{\min}$ 为起重臂最小臂长(m)；h 为起重臂底铰至构件吊装支座（屋架上弦顶面）的高度(m)；a 为起重钩需跨过已吊装结构的距离(m)；g 为起重臂轴线与已吊装屋架轴线间的水平距离（至少取 1m）；α 为起重臂仰角，可按下式计算：

$$\alpha = \arctan\sqrt[3]{\frac{h}{a+g}}$$

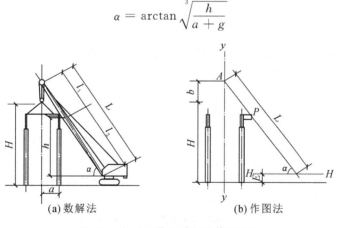

(a) 数解法　　　(b) 作图法

图 8-5　起重机最小臂长计算示意图

(2) 作图法。如图 8-5(b)所示，可按以下步骤求最小臂长。

① 按一定比例尺画出厂房一个节间的纵剖面图，并画出起重机吊装屋面板时起重钩位置处垂线 y-y；画平行于停机面的水平线 H-H，该线距停机面的距离为 E（E 为起重臂下铰点至停机面的距离）。

② 在垂线 y-y 上定出起重臂上定滑轮中心点 A（A 点距停机面的距离为 $H+d$，d 为吊钩至定滑轮中心的最小距离，不同型号的起重机数值不同，一般为 $2.5\sim3.5$ m。

③ 自屋架顶面向起重机方向水平量出一距离 $g=1$ m，定出一点 P。

④ 连接 AP，其延长线与 H-H 相交于一点 B，AB 即为最小臂长，AB 与 H-H 的夹角即为起重臂的仰角。

根据求得的最小臂长 L_{min}（即 AB 长度），查起重机性能（或曲线）从规定的几种臂长中选择一种臂长 $L \geqslant L_{min}$，即为吊装屋面板时所选的起重臂长度 L。

任务3　单层工业厂房安装施工技术

钢结构厂房安装前应做好准备工作，安装前应按构件明细表核对构件的材质、规格及外观质量，达到设计规定的标准要求，方可进入安装程序。

一、单层工业厂房安装流程

单层工业厂房钢结构安装工艺流程图，如图8-6所示。内容包括钢构件运至中转库、构件分类检查配套、检查设备、工具数量及完好情况、高强度螺栓及摩擦面检查、放线及验线（轴线、标高复核）、钢柱标高处理及分中检查等。

二、钢柱吊装与校正

单层厂房钢结构构件，包括柱、吊车梁、屋架、天窗架、预应力锚具、檩条、支撑及墙架等，构件的形式、尺寸、质量、安装标高都不同，应采用不同的起重机械、吊装方法，以达到经济、合理的目的。单层工业厂房占地面积较大，通常用自行式起重机或塔式起重机吊装钢柱。钢柱的吊升方法与装配式钢筋混凝土柱子相似，分为旋转法和滑行法。对H型钢柱可采用双机抬吊的方法进行吊装，用一台起重机抬柱的上吊点（近牛腿处的吊点），另一台起重机抬下吊点。采用双机同时相对旋转法进行吊装。

在安装工艺流程中，包括部分现场制造工艺及现场准备工作，这些在相关课程和前面已作论述，这里仅讨论现场安装工艺。

1. 钢柱吊装

1）钢柱的绑扎

对于重量在5 t以内的钢柱，通常采用捆扎法吊装，尤其以一点捆扎为多；重量在5～20 t的钢柱，通常在钢柱上设置钢吊耳的方法辅助吊装；对于重量在20 t以上的重型钢柱，宜采用钢吊耳并利用工具式吊索具辅助吊装。柱的绑扎按柱吊起后柱身是否能保持垂直状态，相应的绑扎方法有：斜吊绑扎法（见图8-7(a)）和直吊绑扎法（见图8-7(b)）。两种方法的比较见表8-1。

表8-1　斜吊绑扎法和直吊绑扎法对比

绑扎方法	斜吊绑扎法	直吊绑扎法
起重杆长度	要求较小	要求较长
柱的宽面抗弯能力	要求满足	仅要求窄面满足
预制柱翻身	无须翻身（满足吊装要求时）	柱需翻身
吊装施工	起吊后柱身与杯底不垂直（施工不方便）	起吊后柱身与杯底垂直（施工方便）

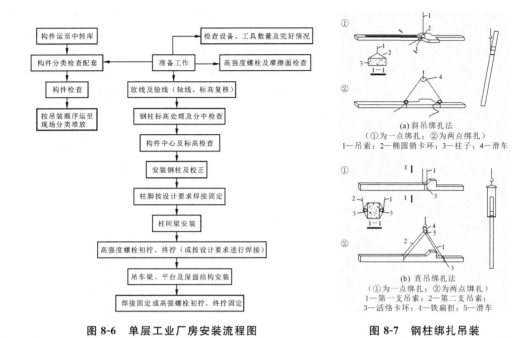

图 8-6 单层工业厂房安装流程图

图 8-7 钢柱绑扎吊装

2) 钢柱的吊装

对于重量较轻的钢柱,可采用单机旋转法(图 8-8)或滑行法(图 8-9)起吊、就位。

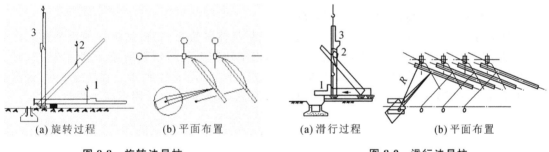

图 8-8 旋转法吊柱
1—柱子平卧时;2—起吊中途;3—直立

图 8-9 滑行法吊柱
1—柱子平卧时;2—起吊中途;3—直立

采用旋转法吊装柱时,柱的平面布置要做到:绑扎点、柱脚中心与柱基础杯口中心三点同弧,在以吊柱时起重半径 R 为半径的圆弧上,柱脚靠近基础。这样,起吊时起重半径不变,起重臂边升钩,边回转。柱在直立前,柱脚不动,柱顶随起重机回转及吊钩上升而逐渐上升,使柱在柱脚位置竖直。然后,把柱吊离地面约 20~30 cm,回转起重臂把柱吊至杯口上方,插入杯口。采用旋转法吊装柱时,柱受振动小,生产率高。

使用旋转法时应注意:① 保持柱脚位置不动,并使吊点、柱脚和杯口中心在同一圆弧上;② 圆弧半径即为起重机起重半径。

采用滑行法吊装柱时,柱的平面布置要做到:绑扎点、基础杯口中心两点同弧,在以起重半径 R 为半径的圆弧上,绑扎点靠近基础杯口。这样,在柱起吊时,起重臂不动,起重钩上升,柱顶上升,柱脚沿地面向基础滑行,直至柱竖直。然后,起重臂旋转,将柱吊至柱基础杯口上方,插入杯口。这种起吊方法,因柱脚滑行时柱受振动,起吊前应对柱脚采取保护措施。这种方法宜在不能采用旋转法时采用。

滑行法吊装柱特点：在滑行过程中，柱受振动，但对起重机的机动性要求较低（起重机只升钩，起重臂不旋转）。当采用独脚拔杆、人字拔杆吊装柱时，常采用此法。为了减少滑行阻力，可在柱脚下面设置木滚筒。柱采用旋转法与滑行法吊升的对比见表 8-2。

对大型、重型钢柱（如大型格构柱等）可采用双机抬吊法。起吊时，双机同时将钢柱水平吊起，离地面一定高度后暂停，然后主机提升吊钩、副机停止上升，面向内侧旋转或适当平行，使钢柱逐渐由水平转向垂直至安装状态。拆除副机下吊点的钢丝绳，最后由主机单独将钢柱插进地脚螺栓或杯形基础固定。对于高度高、重量大、截面小的钢柱，可采取分节吊装方法；但必须在下节柱基本固定后，再安装上节柱。

钢柱柱脚固定方法一般有地脚螺栓固定和插入式杯口固定两种形式，后者主要用于大中型钢柱的固定。

表 8-2 柱的旋转法与滑行法对比

吊升方法	旋转法	滑行法
构件布置	吊点、柱脚中心和杯口中心三点共圆	吊点与杯口中心两点共圆弧
对柱身影响	占地较大	占地较小
	受振动较小	受振动较小
起重机的机动性能	要求较高	要求较低

钢柱起吊后，当柱脚距地脚螺栓或杯形口约 30~40 cm 时扶正，使柱脚安装螺栓孔对准螺栓（或柱脚对准杯口），缓慢落钩、就位。经过初校后，拧紧螺栓或打紧钢楔临时固定，即可脱钩。

2. 钢柱校正

钢柱的校正包括标高、垂直度和位移等内容。

钢柱的标高可通过设置标高块的方法进行控制，具体做法为：先根据钢柱的重量和标高块材料强度，计算标高块的支撑面积，标高块一般用钢垫片和无收缩砂浆制作。然后埋设临时支撑标高块。根据钢柱底板的大小，标高块的布置方式不同，如图 8-10 所示。现场施工时，先测量钢柱牛腿面至柱底实际尺寸，并与牛腿设计标高相比较，实际的高差采用标高块调整。

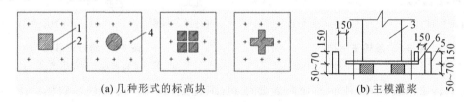

图 8-10 钢柱标高块的设置
1—标高块；2—基础表面；3—钢柱；4—地脚螺栓；5—模板；6—灌浆口垂直度校正

钢柱的垂直度用经纬仪或吊线锤检验。当有偏差时，采用神仙葫芦、千斤顶等方法进行校正，底部空隙用铁片垫实。钢柱的位移校正可用千斤顶顶正。标高校正用千斤顶将底座稍许抬高，然后增减垫板厚度达到校正目的。柱脚校正完成后立即紧固地脚螺栓（或打紧杯口侧面的钢楔），并将承重钢垫板定位焊固定，防止走动。当吊车梁、托架、屋架等结构安装完毕，并经整体校正检查无误后，进行钢柱底板下灌浆。

柱垂直度的校正方法是：当偏差值较小时，可用打紧或稍放松楔块的方法来纠正；当偏差值较大时，则可用螺旋千斤顶或油压千斤顶平顶法、螺旋千斤顶或油压千斤顶斜顶法、钢管支撑斜顶法、千斤顶立顶法等方法进行校正。

（1）敲打楔子法 通过敲打杯口的楔子，给柱身施加一个水平力，使柱子绕柱脚转动而垂直。为了减少敲打时楔子的下行阻力,应在楔子与杯形基础之间垫以小钢楔或钢板。敲打时,可稍松动对面的楔子(严禁将楔子取出杯口),并用坚硬石块将柱脚卡住,以防柱子发生水平位移。这种方法最简便,不需要专用校正工具,但劳动强度较大,适用于校正 10 t 以下的柱子。

(2) 螺旋千斤顶平顶法　螺旋千斤顶又称为丝杠千斤顶。该方法是在杯口水平放置螺旋千斤顶,操纵千斤顶,给柱身施加一个水平力,使柱子绕柱脚转动而垂直。校正前,宜先用坚硬石块将柱脚卡死。此法可用于校正 300 kN(30 t)以下的柱子。

(3) 螺旋千斤顶斜顶法　在杯口放一千斤顶,千斤顶下部坐在用钢板焊成的斜向支座上,头部顶在钢(或混凝土)柱柱身的一个预留的或后凿的凹槽上,操作千斤顶,给柱身施加一个斜向力,使柱身调整垂直。放置千斤顶时,一般使千斤顶轴线与水平面夹角 α≈40°,若 α 过大,顶推力不足,效果不佳,对混凝土柱来说,会将柱身混凝土顶碎。为了克服这一缺点,可在柱内预埋 φ20～25 mm,长 150 mm 的钢筋,伸出柱面 30～50 mm 作为千斤顶头部的支座。此法用于校正 300 kN(30 t)以内的柱子。

(4) 撑杆校正法　撑杆校正法又称钢管支撑斜顶法,它是采用撑杆校正器对柱进行校正。撑杆校正器是用外径为 75 mm,长约 6 m 的钢管,两端装有螺杆,两端螺杆上的螺纹方向相反。因此,转动钢管时,撑杆可以伸长或缩短。撑杆下端铰接在一块底板上,底板与地面接触的一面带有折线形突出的钢板条,并有孔眼,可以打下钢钎,目的是增大与地面的摩阻力。撑杆的上端铰接一块头部摩擦板,头部摩擦板与柱身接触的一面有齿槽,以增大与柱身的摩擦力,并带有一个铁环,可以用一根短钢丝绳和一个卡环,将头部摩擦板固定在柱身的一定位置上。其适用于校正 100 kN(10 t)以下的柱子。

三、吊车梁吊装与校正

1. 常规吊车梁吊装

吊车梁在钢柱吊装完成经调整固定于基础上后,即可吊装。一般采用与钢柱吊装相同的起重机械,单机吊装。对于重型或超长(超过运输长度)吊车梁,多由制造厂装车运到现场。分段都在出厂前须经过预拼装和严格检查,合格后才装车运出,以确保现场顺利拼装。重型吊车梁一般采用整体吊装法,吊车梁部件在地面拼装胎架上将全部连接部件调整找平,用螺栓拴接或焊接成整体。验收合格后,一般采用双机或三机抬吊法进行整体吊装。

当起重量允许时,也可采取将吊车梁与制动梁(或桁架)及斜撑等部件组成整体后吊装,可减少高空作业,提高劳动生产率;但除起重机满足要求外,还应注意各部件的装配精度,与柱子相连的节点准确契合,吊装绑扎要使构件平衡,以便能准确顺利安装到设计位置。

钢质吊车梁吊装索具的固定一般有以下几种常用方法:捆扎固定法、夹具固定法、焊接吊耳固定法、螺栓连接的吊耳法等方法。

(1) 捆扎固定法　在工程实践中,对于重型吊车梁,在利用钢丝绳捆扎的方法时需要注意捆扎钢丝绳的安全系数以及其与钢梁接触点的保护,否则钢梁角部的缺口划伤钢丝绳而引起断裂事故。

(2) 夹具固定法　常规的吊装夹具使用方便,但存在安全隐患。由于夹具与吊车梁翼缘之间没有有效固定,吊车梁搁置到牛腿后尚未确定放置位置时容易脱钩;尤其对于重型吊车梁,为了便于校正,一般采用边吊边校的方法进行安装,采用吊装夹具辅助吊装,极易引起事故。

(3) 焊接吊耳固定法　利用焊接吊耳吊装安全性相对较好,但需要进行相应的吊耳受力计算,控制其加工、安装,尤其是焊接质量。焊接吊耳的缺点是:为不影响梁面吊车轨道的铺设,吊车梁吊装完成后需要割除吊耳。

(4) 螺栓连接的吊耳法　采用螺栓连接的吊耳,其利用钢吊车梁面的轨道压板固定螺栓孔,采用普通螺栓(或高强螺栓,根据计算结果选择)将工具式吊耳通过拴接固定于吊车梁上,起重钢索与吊耳之间采用卸扣连接。吊耳的数量及位置应根据起重设计的需要布置。待吊车梁安装到位后,拆除吊耳固定螺栓即可,吊耳可以重复使用。螺栓连接的吊耳法的优点有:① 装配方便,可以重复使用;② 安全可靠,不会发生吊耳脱落现象;③ 由于没有采用焊接等方法,事后不需要通过气割等方法割除,不会产生焊接影响及气割伤及吊车梁母材等问题。

2. 弧形吊车梁吊装

弧形吊车梁的分段为弧形构件,为了提供良好的抗扭性能,其截面一般采用箱型设计;为了提高吊车梁的抗倾覆能力,一般采用多跨连续梁结构。弧形吊车梁的安装工艺基本同常规吊车梁。但需要注意的问题有以下几点。

1) 分段拼装的质量控制及验收

由于弧形吊车梁多采用连续梁结构,因此单件吊车梁长度较大。为了减少或避免单跨吊装、高空拼装带来的麻烦,通常采用单件(多跨)整体吊装的方法。由此引出的一个关键问题是不论是工厂小分段制作还是现场地面分段拼装,均需有效控制弧形构件的拼装质量。

在施工现场拼装是指地面拼装胎架,利用路基箱作为胎架,路基箱与地面牢固固定。在路基箱上利用矢高测放出吊车梁平面投影轮廓线、各中心线及分段位置线等;然后据此搭设胎架,标高误差不大于1 mm,经验收合格后方可使用。胎架搭设完成后,将工厂分段吊车梁吊至胎架上,对准拼接工艺标记,利用吊锤校正整段吊车梁线形等尺寸。为了防止构件在自由状态下焊接引起的变形,需要利用工装夹板、胎模夹具等将吊车梁分段及胎架进行临时可靠固定。考虑到焊接收缩变形对弧形梁尺寸的影响,在装配时每个焊接接头增加2 mm收缩间隙,焊接验收合格后进行面漆涂装。

2) 弧形构件的吊装稳定

弧形吊车梁的重心与梁中心线不重合,吊车梁曲率越大,重心偏离越远;相同曲率的吊车梁,弧长越长,重心偏离越远。因此,弧形吊车梁的吊装主要存在两个稳定问题:① 重心偏离中心线引起的颠覆;② 吊索夹角引起的水平分力导致弧形梁弯曲方向变形过大而失稳。因此,在吊装设计时必须要通过计算确定弧形吊车梁重心,根据确切位置设计吊点。利用弧形吊车梁的CAD实体模型可以精确求出其重心位置。实际施工中可将弧形吊车梁简化为质量均匀分布圆弧杆,利用圆弧杆的重心公式方便地求出其重心。

弧形吊车梁一般宜采用三点吊装,外侧两点为主吊点,中间吊点作为弧形梁平面外防倾覆的保险索,同时可作为调平吊点,利用手拉葫芦调平,同时需要复验吊索夹角引起的水平分力对弧形吊车梁稳定性的影响。

对于超长的弧形吊车梁,可采用对称多点吊装或采用横吊梁辅助吊装。例如,在上海光源工程中5跨连续弧形吊车梁(弧长约47 m)的吊装中,采用6点吊装,中间4点为主吊点,两端利用手拉葫芦作为调平吊点,并采用17 m长横吊梁将索具与吊车梁之间的夹角增大至60°,尽量减小吊索夹角引起的水平分力,以避免由此造成的弧形构件弯曲失稳。

3. 吊车梁校正

吊车梁的校正应在柱子校正后进行,或在全部吊车梁安装完毕后进行一次性的总体校正。吊车梁的校正内容包括直线度、标高、垂直度、中心线和跨距。直线度的检查及校正可采用通线法、平移轴线法及边吊边校法等。吊车梁标高校正,主要是对梁作竖向的移动,校正可用千斤顶、撬杠、钢楔、手拉葫芦、花篮螺栓等工具进行。当支承面出现空隙,应用楔形铁片塞紧,保证支承贴紧面不少于60%。重型吊车梁校正时撬动困难,可在吊装吊车梁时借助起重机,采用边吊装边校正的方法。吊车梁跨距的检验,用钢皮尺测量,跨度大的车间用弹簧秤拉测(拉力一般为100~200 N)。测量时应防止钢尺下垂,必要时应进行验算。一般除标高外,应在屋盖吊装完成并固定后进行,以免因屋架吊装校正引起钢柱跨间移位而导致吊车梁发生偏差。

四、钢屋架吊装与校正

1. 钢屋架拼装

为了方便构件翻身、扶直和运输,大跨度的钢屋架一般采取工厂分段制作、现场拼装的方法施工。钢屋架现场拼装有平拼与立拼两种方法。

(1) 平拼　其优点是:① 操作方便,不需要稳定加固措施;② 不需要搭设脚手架;③ 焊缝大多数为平焊缝,操作简易;④ 校正及起拱方便。

其缺点是:① 需多设一台专供构件翻身焊接用的吊机;② 24 m以上的大跨度钢架在翻身时容易变形或损坏。

(2) 立拼　其优点是:① 构件占地面积小;② 不用搭设专用拼装平台;③ 不用配置专供构件翻身焊接用的吊机;④ 一次就为拼装堆放,缩短工期;⑤ 可两边对称施焊,焊接变形容易控制。

其缺点是:① 构件校正、起拱较难;② 拼接焊缝立焊较多,焊接难度增大。

因此,实际施工时,小跨度钢屋架一般采用平拼法拼装;而大跨度屋架采用立拼法拼装。

为了方便拼装成型后的屋架吊装,减少大型构件的二次翻运,现场屋架拼装胎架的布置尤为重要。一般来说,钢屋架宜就近拼装,以便可以直接起吊安装,以有效提高施工效率,并确保构件施工质量。

2. 钢屋架吊装

在大跨度钢屋架吊装前,应计算屋架平面外形刚度。如果其侧向刚度不够,则需要采取加固措施,以保证吊装过程中屋架平面外形不失稳,利用杉木加固是常用的方法。

防止吊索具与屋架平面外形失稳的有效方法是增加吊点、设置横吊梁等措施。其目的也是为了加大吊索具与屋架之间的夹角,减少因夹角存在而引起的水平分力,确保屋架平面外形不失稳。

屋架吊装采用高空旋转法吊装,用牵引溜绳控制就位。钢屋架的绑扎点要保证屋架吊装的稳定性,否则应在吊装前进行临时加固。钢屋架一般采用单机两点(或多点)吊装,对于大跨度、重型钢屋架也可以采用双机抬吊安装。

当吊装机械的起重高度、起重量和起重臂伸距允许时,可采取组合安装法,即在装配平台上将两榀屋架及其上的天窗架、檩条、支撑系统等按柱距拼装成整体,用特制吊具(横吊梁或多点索吊)一次起吊安装。钢屋架安装后应进行临时固定,如图8-11所示。

3. 钢屋架校正

屋架垂直度的检查与校正方法:在屋架上弦安装三个卡尺,一个安装在屋架上弦中

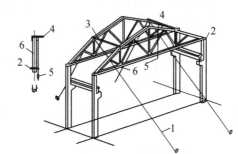

图 8-11　屋架的临时固定
1—缆风绳;2,4—挂线木尺;3—屋架校正器;5—线锤;6—屋架

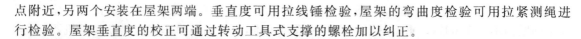

点附近,另两个安装在屋架两端。垂直度可用拉线锤检验,屋架的弯曲度检验可用拉紧测绳进行检验。屋架垂直度的校正可通过转动工具式支撑的螺栓加以纠正。

五、天窗架吊装

天窗架吊装有两种方式:① 箱形固定法,将天窗架单框拼装,屋架吊装上后,随即将天窗架吊上,校正并固定;② 二板固定法,将单框天窗架与单框屋架在地面上组合(平拼或立拼),并按需要进行加固后一次整体吊装。

六、檩条与墙架的吊装与校正

檩条与墙架等构件的单件截面较小,重量较轻,为了发挥起重机效率,多采用一钩多吊或成片吊装的方法吊装。对于不能进行平行拼装的拉杆和墙架、横梁等可根据其架设位置,用长度不等的绳索进行一钩多吊;为防止变形,必要时应用木杆加固。

檩条、拉杆、墙架的校正主要是尺寸和自身平直度校正。间距检查可用样杆顺着檩条或墙架杆件之间来回移动检验;如有误差,可放松或拧紧檩条、墙架杆件之间的螺栓进行校正。平直度用拉线和长靠尺或钢尺检查;校正后,用电焊或螺栓最后固定。

任务4 钢结构厂房工程材料和质量控制

一、钢结构厂房工程材料控制

对钢结构厂房工程材料的控制是工程项目管理的重要内容之一。

1. 对供货方进行评定

对供货方质量保证能力的评定原则包括:① 材料供应的表现状况,如材料质量、交货期等;② 供货方质量管理体系对于按要求如期提供产品的保证能力;③ 供货方的顾客满意程度;④ 供货方交付材料之后的服务和支持能力;⑤ 其他如价格、履约能力等。

2. 建立材料管理制度

为了减少材料损失、变质,对材料的采购、加工、运输、储存应建立管理制度,可加快材料的周转,减少材料占用量,避免材料损失、变质,按质、按量、按期满足工程项目的需要。

3. 对原材料、半成品、构配件进行标识

进入施工现场的原材料、半成品、构配件要按型号、品种,分区堆放,予以标识;对有防湿、防潮要求的材料,要有防雨防潮措施,并有标识。对容易损坏的材料、设备,要做好防护;对有保质期要求的材料,要定期检查,以防过期,并做好标识,还应具有可追溯性,即应标明其规格、产地、日期、批号、加工过程、安装交付后的分布和场所。

4. 加强材料检查验收

用于工程的主要材料,进场时应有出厂合格证和材质化验单;凡标志不清或认为质量有问题的材料,需要进行追踪检验,以确保质量;凡未经检验和已经验证为不合格的原材料、半成品、构配件和工程设备不能投入使用。

5. 发包人提供的原材料、半成品、构配件和设备

发包人所提供的原材料、半成品、构配件和设备用于工程时,项目组织应对其做出专门的标识,接受时进行验证,储存或使用时给予保护和维护,并得到正确的使用。上述材料经验证不合格,不得用于工程。发包人有责任提供合格的原材料、半成品、构配件和设备。

6. 材料质量抽样和检验方法

材料质量抽样应按规定的部位、数量及采选的操作要求进行。材料质量的检验项目分为一般试验项目和其他试验项目,一般项目即通常进行的试验项目,其他试验项目是根据需要而进行的试验项目。材料质量检验方法有书面检验、外观检验、理化检验和无损检验等。

二、钢结构厂房工程质量控制

钢结构厂房工程质量控制主要指施工阶段的质量控制,按照工程重要程度,单位工程开工前,应由企业或项目技术负责人组织全面的技术交底。工程复杂、工期长的工程可按基础、结构、装修几个阶段分别组织技术交底。各分项工程施工前,应由项目技术负责人向参加该项目施工的所有班组和配合工种进行交底。

1. 技术交底

交底内容包括图纸交底、施工组织设计交底、分项工程技术交底和安全交底等。通过交底明确对轴线、尺寸、标高、预留孔洞、预埋件、材料规格及配合比等要求,明确工序搭接、工种配合、施工方法、进度等施工安排,明确质量、安全、节约措施。交底的形式除书面、口头外,必要时可采用样板、示范操作等。

2. 测量控制

(1)对于给定的原始基准点、基准线和参考标高等的测量控制点应做好复核工作,经审核批准后,才能据此进行准确的测量放线。

(2)施工测量控制网的复测:准确测定与保护好场地平面控制网和主轴线的桩位,是整个场地内的钢构物、建筑物、构筑物定位的依据,是保证整个施工测量精度和施工顺利进行的基础。因此,在复测施工测量控制网时,应抽检建筑方格网、控制高程的水准网点以及标桩埋设位置等。

3. 工业厂房的测量复核

(1)柱列轴线的测量:工业厂房控制网测量由于工业厂房规模较大,设备复杂,因此要求厂房内部各柱列轴线及设备基础轴线之间的相互位置应具有较高的精度。有些厂房在现场还要进行预制构件安装,为保证各构件之间的相互位置符合设计要求,必须对厂房主轴线、矩形控制网、柱列轴线进行复核。

(2)柱基施工测量:柱基施工测量包括基础定位、基坑放线与抄平、基础模板定位等。

(3)柱子安装测量:为了保证柱子的平面位置和高程安装符合要求,应对杯口中心投点和杯底标高进行检查,还应进行柱长检查与杯底调整。柱子插入杯口后,要进行垂直校正。

(4)吊车梁安装测量:吊车梁安装测量,主要是保证吊车梁中心位置和梁面标高满足设计要求。因此,在吊车梁安装前应检查吊车梁中心线位置、梁面标高及牛腿面标高是否正确。

(5)设备基础与预埋螺栓检测:设备基础施工工序有两种:一种是在厂房、柱基和厂房部建成后才进行设备基础施工;另一种是厂房柱基与设备基础同时施工。如按前一种程序施工,应在厂房墙体施工前,布设一个内控制网,作为设备基础施工和设备安装放线的依据。如按后一种程序施工,则将设备基础主要中心线的端点设置在厂房控制网上。当设备基础支模板或预埋地脚螺栓时,局部架设木线板或铜线板,以测量螺栓组中心线。

由于大型设备基础中心线较多,为了防止产生错误,在定位前,应绘制中心线测设图,并将全部中心线及地脚螺栓组中心线统一编号标注于图上。

为了使地脚螺栓的位置及标高符合设计要求,必须绘制地脚螺栓图,并附地脚螺栓标高表,注明螺栓号码、数量、螺栓标高和混凝土面标高。

上述各项工作,在施工前必须进行检测。

4. 民用建筑的测量复核

① 建筑定位测量复核:建筑定位就是把房屋外廊的轴线交点标定在地面上,然后根据这些交点测设房屋的细部。

② 基础施工测量复核:基础施工测量的复核包括基础开挖前,对所放灰线的复核,以及当基槽挖到一定深度后,在槽壁上所设的水平桩的复核。

③ 皮数杆检测:当基础与墙体用砖砌筑时,为控制基础及墙体标高,要设置皮数杆。因此,对皮数杆的设置要检测。

④ 楼层轴线检测:在多层建筑墙身砌筑的过程中,为保证建筑物轴线的位置正确,在每层楼板中心线均测设长线1~2条,短线2~3条。轴线经校核合格后,方可开始该层的施工。

⑤ 楼层间高层传递检测:多层建筑施工中,要由下层楼板向上层传递标高,以便使楼板、门窗、室内装修等工程的标高符合设计要求。标高经校核合格后,方可施工。

任务5　钢结构厂房工程施工缺陷分析及防治

钢结构厂房工程施工过程中,钢构件安装过程的精度和品质是决定整体钢结构质量的关键,往往在钢构件的安装过程中存在诸多违反国家工程技术规范和验收标准的一些制作方法和违规行为,这里对这些违反国家工程技术规范和验收标准的做法和行为作为缺陷进行分析和研究,以引起重视,为钢结构行业的发展助力。

下面首先列举钢结构厂房工程施工过程中常见的安装缺陷,描述各安装缺陷的现状及对钢结构整体结构的影响和危害,详细分析各缺陷的产生原因,并针对性地提出避免和减少安装缺陷的防治措施。

一、基础地脚螺栓位置及垂直度超过规范允许偏差

1. 基础地脚螺栓超规范的原因

由于基础地脚螺栓位置及垂直度超过规范允许偏差,导致钢柱安装困难或不能安装;即使采取措施后可以安装,也会影响柱子在基础上的可靠性和安全性。

造成基础地脚螺栓位置及垂直度超过规范允许偏差的原因有:① 地脚螺栓预埋时,固定不牢,混凝土浇筑后,振捣时导致地脚螺栓倾斜或位移;② 基础施工测量或放线时有误差;③ 图纸设计错误。

2. 避免基础地脚螺栓位置及垂直度超过规范允许偏差的方法

(1) 用12 mm或12 mm以上钢筋将地脚螺栓焊成箱形,形成一个整体,然后放进基础里与模板固定,最后浇筑混凝土。具体做法为:① 根据基础设计实际情况,在一块20 mm或20 mm以上厚钢板上,把一个基础的地脚螺栓标出来;② 把地脚螺栓孔用磁力钻钻出来;③ 把钢板放到一平面上;④ 把地脚螺栓倒立放到孔里,然后用直径为12 mm的圆钢把地脚螺栓焊接成箱

形,形成一整体结构;⑤ 把形成箱形结构的地脚螺栓放到基础里,然后与基础钢筋固定一部分;⑥ 把基础的模板支撑牢固,然后把轴线和标高放到模板上;⑦ 按照设计图纸轴线和标高,把地脚螺栓完全固定牢固;⑧ 按照此方法全部施工完毕后,进行校验轴线和标高;⑨ 确认地脚螺栓位置和垂直度在规范允许偏差之内;⑩ 浇筑混凝土。

(2) 用两块 10 mm 以上厚度的钢板把地脚螺栓固定成一整体,然后放到基础里,按照设计轴线和标高固定牢固,浇筑混凝土。具体做法为:① 根据设计基础尺寸,切割两块尺寸要比基础小的 10 mm 以上厚度的钢板;② 按照设计地脚螺栓的位置,在钢板上标示出来,然后用磁力钻钻出孔来;另在板的中间部位用气割割出混凝土浇筑孔;③ 把第一块钢板放到操作平台上,临时固定牢固;④ 把地脚螺栓倒放进孔里;⑤ 把第二块钢板安装上,在地脚螺栓丝扣下面用双螺母临时固定;⑥ 把第一块钢板的地脚螺栓的位置、垂直度和高度调整到规范允许偏差之内,然后把钢板与地脚螺栓焊接牢固;⑦ 在第二块钢板的上面和下面分别用螺母把地脚螺栓的位置、高度和垂直度调整在规范允许偏差之内后,固定牢固;⑧ 把形成整体的地脚螺栓,放到基础里,把地脚螺栓的标高、轴线和垂直度控制在规范允许偏差之内,固定牢固;⑨ 确认地脚螺栓位置和垂直度在规范允许偏差之内;⑩ 浇筑混凝土。

二、安装前不检查钢构件变形及涂层质量

在钢构件安装前,施工人员往往忽视对钢构件变形及涂层质量的检查。钢构件在出厂前虽然已经检验合格,但在装卸车、运输过程中有可能造成钢构件变形和涂层油漆脱落。这种问题若在安装前得不到解决,将会影响钢结构安装质量。

避免钢构件变形及涂层脱落的方法:① 大型钢构件在制作时,根据钢构件的实际长度焊接适当数量的吊装吊点,装卸车既方便,又不会导致钢构件变形及涂层脱落;② 小型钢构件采取打捆包装,在吊装部位,对钢构件采取保护措施;③ 大型钢构件在装车时,要在构件的下面垫适当数量的枕木;④ 小型钢构件在装车时,要在构件的下面平铺一层竹胶板;⑤ 在运输过程中,要注意车速,防止构件间的碰撞;⑥ 钢构件在施工现场卸车时,要根据钢构件的长度,在构件的下面垫适当数量的枕木。

钢构件安装前,对钢构件的尺寸、形状和油漆涂层的检查非常重要。在检查中,若发现钢构件变形尺寸超过规范允许偏差或油漆涂层脱落,及时采取措施进行矫正和修补,能够防止质量问题的进一步延伸。

三、高强度螺栓连接板安装完毕后存在缝隙

1. 高强度螺栓连接后存在缝隙的原因

高强度螺栓连接板全部或局部存在缝隙,减少了接触面积,导致缝隙处的摩擦系数为零,大大降低了高强度螺栓连接摩擦面的抗滑移系数,严重影响结构受力,造成安全隐患。造成高强度螺栓连接板安装完毕后存在缝隙的原因有以下几点:① 由于安装不注意,连接板中间夹杂异物;② 两连接板不平整,由于焊接与连接板相连的焊缝造成的连接板焊接变形,形成波浪不平,造成安装完毕后仍存在缝隙;③ 高强螺栓的拧紧顺序不当,采取从螺栓群外侧向中间的次序紧固时,往往使摩擦面不能紧密接触。

2. 避免高强度螺栓连接板存在缝隙的方法

避免高强度螺栓连接板存在缝隙的有效方法是确保相连接的两连接板平面度,由于焊接变形,使连接板存在波浪不平,焊接完毕后,可采取端板校平机进行校平,此种方法速度快、效果

好,操作者可使用直板尺随时测量平面度,直到校平为止。

四、用高强度螺栓代替临时螺栓使用

1. 用高强度螺栓代替临时螺栓使用的后果

在高强度螺栓安装时,施工工人图省事,直接用高强度螺栓代替临时螺栓使用,一次性固定。用高强度螺栓代替临时螺栓使用将会造成以下问题:① 孔位不正时,强行对孔,使高强度螺栓的螺纹受损,从而导致扭矩系数、预拉力发生变化;② 有可能连接板产生内应力,导致高强度螺栓预紧力不足,从而降低连接强度。

2. 避免施工工人直接用高强度螺栓代替临时螺栓使用的方法:

严格按照《钢结构工程施工与质量验收规范》(GB 50205—2001)及设计要求,对施工工人进行技术交底。在技术交底中明确规定:在高强度螺栓安装时,必须先用试孔器100%对孔进行检验,然后用临时螺栓固定,若有不对孔的,要修孔后,再安装临时螺栓,最后,卸去临时螺栓,换成高强度螺栓。

五、吊车梁吊装校正顺序不当

1. 吊车梁吊装校正顺序不当的后果

在钢结构施工中,通常把钢柱吊装校正完毕后,就安装校正吊车梁。这样将会造成以下问题:屋面梁、柱间支撑、水平支撑、檩条等安装校正完毕后,吊车梁的轴线、标高、垂直度、水平度等都随之出现偏差,必须再重新进行调整、校正,导致返工,浪费工时延长工期,又影响队伍形象。

2. 避免吊车梁吊装校正顺序不当的方法

(1) 钢柱、钢梁、柱间支撑、水平支撑、檩条等安装校正完毕后,再对吊车梁进行调整、校正、固定。

(2) 吊车梁安装后,先校正标高,其他项等钢梁、柱间支撑、水平支撑、檩条等安装校正完毕后,再进行调整、校正、固定。

六、钢屋架梁安装起脊高度超过规范允许偏差

1. 钢屋架梁起脊高度超过规范允许偏差的原因

在大跨度钢屋架梁施工完毕后,经常出现钢屋架梁起脊高低不平,且高低偏差超过规范允许范围。从而导致整体结构受力不均匀。造成钢屋架梁起脊高度超过规范允许偏差的原因有:① 在加工厂制作时,未按规定跨度比例起拱或起拱尺寸不准确;② 在加工厂制作时,起拱加工方法不合理;③ 在加工厂制作时,法兰板的角度偏差大;④ 在吊装时,吊点设置不合理,导致变形;⑤ 在安装屋架梁时,柱子轴线、垂直度和柱间跨度偏差大。

2. 避免钢屋架梁安装起脊高度超过规范允许偏差的方法

① 钢屋架梁制作时,制定起拱加工工艺,并根据跨度大小按比例进行起拱,并严格控制起拱尺寸;② 钢屋架梁安装前,要对柱子轴线、垂直度、柱间跨度和钢屋架的起拱度进行复查,对超过规范允许偏差的项进行及时的调整、固定;③ 根据钢屋架梁的实际跨度,制定合理的吊装方案。

七、水平支撑安装超过规范允许偏差

1. 造成水平支撑安装超过规范允许偏差的原因

水平支撑安装完毕后,常出现上拱或下挠现象,从而影响钢结构屋架结构部分的稳定性。造成水平支撑安装超过规范允许偏差的原因有:① 在水平支撑制作时,外形尺寸不精确,导致扩孔后与梁连接位置同设计不符;② 水平支撑本身自重产生下挠;③ 水平支撑施工方案不合理。

2. 避免水平支撑安装超过规范允许偏差的方法

① 在水平支撑制作时,严格控制构件尺寸偏差;② 在水平支撑安装时,把中间部位稍微起拱,防止下挠;③ 在水平支撑安装时,用花篮螺栓调直后再固定。

八、钢柱柱脚底板与基础面间存在空隙

1. 造成钢柱柱脚底板与基础面存在空隙的原因

在以往工程施工中,常出现钢柱柱脚底板与基础面接触不紧密,存在空隙现象,这样将会造成柱子的承载力降低,影响柱子的稳定性。造成钢柱柱脚底板与基础面存在空隙的原因有:① 基础标高超过规范允许偏差;② 钢柱柱脚底板因焊接变形造成平面度超过规范允许偏差。

2. 出现钢柱柱脚底板与基础面间存在空隙的解决方法

① 在钢柱柱脚底板下面不平处用钢板垫平,并在侧面与钢柱柱脚底板焊接;② 在钢柱柱脚底板下用斜铁进行校正,校正完毕后,在原设计基础标高以上浇筑300~500 mm高的混凝土。

3. 避免钢柱柱脚底板与基础面间存在空隙的方法

(1) 预先将柱脚基础混凝土浇筑到比设计标高低50 mm或50 mm以上,然后再用砂浆进行二次浇筑至设计标高;二次浇筑时,基础标高的偏差必须严格控制在规范允许之内。

(2) 对于小型钢柱,预先将柱脚基础混凝土浇筑到比设计标高低50 mm或50 mm以上,然后用双螺母将钢柱调整校正,等钢柱调整校正完毕,再用砂浆进行二次浇注至设计标高。在钢柱制作时,必须在钢柱柱脚底板中间预留混凝土浇筑孔。

(3) 对于大型钢柱,可预先在钢柱柱脚底板下预埋钢柱柱脚支座,钢柱柱脚支座的高度必须严格控制在规范允许偏差之内;等钢柱安装完毕后,再用砂浆进行二次浇注至设计标高。在钢柱制作时,必须在钢柱柱脚底板中间预留混凝土浇筑孔。

九、基础二次灌浆缺陷

1. 缺陷

在钢柱安装调整校正完毕后,对钢柱柱脚进行二次灌浆的施工中,常存在以下缺陷:① 钢柱柱脚底板下面中心部位或四周与基础上平面间砂浆不密实,存在空隙;② 在负温度下基础二次灌浆时,砂浆材料冻结。

2. 造成基础二次灌浆缺陷的原因

① 钢柱柱脚底板与基础上平面间距离太小;② 二次灌浆的施工方案不合理;③ 二次灌浆的材料不符合规范要求。

3. 避免基础二次灌浆缺陷的方法

(1) 在二次灌浆之前,应保证基础支承面与钢柱柱脚底板间的距离不小于50 mm,便于

灌浆。

（2）对于小型钢柱柱脚底板，可在柱脚底板上面开一大一小两个孔，大孔用于灌浆，小孔用于排气，这样能提高砂浆的密实度。

（3）对于大型钢柱柱脚底板，可在柱脚底板上面开一个孔，把漏斗插入孔内，用压力将砂浆灌入，再用1～5根细钢管，其管壁钻出若干个小孔，按纵横方向放入基础砂浆内，用于排浆液及空气，排出浆液及空气后，拔出钢管再灌入部分砂浆。

（4）在冬季低温环境下二次灌浆时，砂浆中应掺入防冻剂、早强剂，并采取保暖措施。

十、压型金属板固定不牢，连接件数量少、间距大和密封不严密

（1）危害：在钢结构压型金属板施工中，常出现压型金属板固定不牢，连接件数量少、间距大和密封不严密现象。这样将有可能会造成下雨时漏雨、刮风时掀起金属板，从而影响正常使用，降低使用寿命。

（2）避免压型金属板固定不牢，连接件数量少、间距大和密封不严密缺陷的方法：① 施工前进行详细的技术交底，根据不同板型的压型金属板，规定出连接件的间距和数量，并严格要求按照技术交底施工；② 压型金属板与包角板、泛水板等连接处密封之前，要清除表面的油污、水分、灰尘等杂物；密封时，要保证密封材料完全性的敷设；③ 根据不同板型的压型金属板，采用不同的施工工艺和不同的密封材料。

十一、钢构件涂装缺陷

1. 钢构件表面出现涂层脱皮、皱皮、针眼、气孔等缺陷

在工程施工现场对钢构件涂装后，常常出现以下缺陷：钢构件表面出现脱皮、皱皮、针眼、气孔、流坠等，这些缺陷将会造成降低涂层的使用寿命。

（1）造成钢构件表面出现脱皮、皱皮、针眼、气孔、流坠等缺陷的原因：① 钢结构表面涂层脱皮是由于基层没有处理好，存在油污、氧化皮造成的；② 钢结构表面涂层出现皱皮是由于涂刷后受太阳暴晒或高温，以及涂刷不均匀和表面收缩过快造成的；③ 钢结构表面涂层出现针眼是由于溶剂搭配不当，含有水分，或环境湿度过高，挥发不均匀造成的；④ 钢结构表面涂层出现气孔是由于基层潮湿，油污没有清除干净，涂料内含有水分或遇雨造成的；⑤ 钢结构表面涂层出现流坠是由于涂料涂刷过厚或涂料太稀造成的。

（2）避免钢构件表面出现脱皮、皱皮、针眼、气孔、流坠等缺陷的方法：① 涂刷之前，必须把钢构件表面的油污、水分、灰尘、氧化皮等清除干净；② 涂刷时要涂刷均匀，并要避开高温环境，涂刷后不要暴晒；③ 涂料的溶剂要合理配比，要保证配料容器的清洁干净，涂刷后要避开高温环境。

2. 钢构件涂装后，遇到下雨、下雪、刮风和有雾时，不注意涂层的保护

（1）造成原因：在工程施工现场对钢构件涂装后，遇到下雨、下雪、刮风和有雾时，不注意涂层的保护，这样将会造成雨水、雪水、雾水渗入漆膜内导致出现涂层脱皮，有气孔、气泡等缺陷；遇到刮风天气，常把灰尘带入漆膜内降低涂层质量。

（2）避免钢构件涂装后，遇到下雨、下雪、刮风和有雾时，造成涂层缺陷的方法：① 下雨、下雪、刮风和有雾时，不要在室外对钢构件进行涂装；② 钢构件进行涂装后，采取保护措施。

以上列举了钢结构施工过程中常见的安装缺陷，阐述了常见安装缺陷的现状、产生原因及防治措施。在工程实践中，遇到重大质量问题，需集体协商，妥善处理。

学习情境 8
单层钢结构工业厂房的安装

> **工程实例**

单层厂房施工工艺及施工技术

一、工程概况（略）

二、执行标准（略）

三、土建施工（略）

四、钢结构及围护施工

1. 钢结构构件选型与制作（略）

2. 钢结构、围护门窗安装

为了提高安装精度和安装时的安全性采用单元安装，其工艺流程见图 8-12。

1）安装准备

组织工人学习有关安装图纸和有关安装的施工规范，依据施工组织平面图，做好现场建筑物的防护，对作业范围内空中电缆设明显标志。做好现场的三通一平工作。清扫立柱基础的灰土，若在雨季，排除施工现场的积水。

2）定位测量

土建队应向安装队提供以下资料：① 基础砼标号；② 基础周围回填土夯实情况；③ 基础轴线标志，标高基准点；④ 每个基础轴线偏移量；⑤ 每个基础标高偏差；⑥ 地脚螺栓螺纹保护情况。

依据土建队提供的有关资料，安装队对基础的水平标高、轴线、间距进行复测。符合国家规范后方可进行下道工序。并在基础表面标明纵横两轴线的十字交叉线，作为立柱安装的定位基准。见表 8-3。

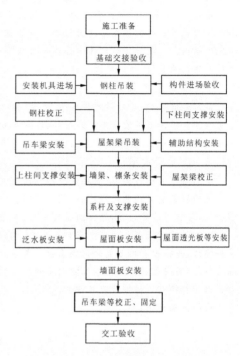

图 8-12 钢构件现场安装工艺流程图

表 8-3 支承面地脚螺栓的允许偏差

项　　目		允许偏差/mm
支承面	标高	±3.0
	水平度	L/1000（L 为基础长度）
地脚螺栓	螺栓中心偏移	5.0
	螺栓露出长度	+20.0～0
	螺纹长度	+20.0～0

3）构件进场

依据安装顺序分单元成套供应，构件运输时根据长度、重量选用车辆，构件在运输车上要垫平、超长要设标志、绑扎要稳固、两端伸出长度、绑扎方法、构件与构件之间垫块，保证构件运输不产生变形，不损伤涂层。装卸及装车工作中，钢丝绳与构件之间均须垫块加以保护。

依据现场平面图，将构件堆放到指定位置。构件存放场地须平整坚实，无积水，构件堆放底层垫无油枕木，各层钢构件支点须在同一垂直线上，以防钢构件被压坏和变形。

构件堆放后,设有明显标牌,标明构件的型号、规格、数量以便安装。以两榀钢架为一个单元,第一单元安装时应选择在靠近山墙,有柱间支撑处。

4) 立柱安装

立柱安装前对构件质量进行检查,变形、缺陷超差时,处理后才能安装。吊装前清除表面的油污、泥沙、灰尘等杂物。为消除立柱长度制造误差对立柱标高的影响,吊装前,立柱顶端向下量出理论标高为 1 m 的截面,并做一个明显标记,便于校正立柱标高时使用。在立柱下底板上表面,画出通过立柱中心的纵横轴十字交叉线。吊装前复核钢丝绳、吊具强度并检查有无缺陷和安全隐患。

吊装时,由专人指挥。安装时,将立柱上十字交叉线与基础上十字交叉线重合,确定立柱位置,拧上地脚螺栓。先用水平仪校正立柱的标高。以立柱上"1 m"标高处的标记为准。标高校正后,用垫块垫实。拧紧地脚螺丝。用两台经纬仪从两轴线校正立柱的垂直度,达到要求后,使用双螺帽将螺栓拧紧。对于单根不稳定结构的立柱,须加风缆临时保护措施。设计有柱间支撑处,安装柱间支撑,以增强结构稳定性。

5) 吊车梁安装

吊车梁安装前,应对梁进行检查,变形、缺陷超差时,处理后才能安装。清除吊车梁表面的油污,泥沙,灰尘等杂物。吊车梁吊装采用单片吊装,在起吊前按要求配好调整板、螺栓并在两端拉缆风绳。吊装就位后应及时与牛腿螺栓连接,并将梁上缘与柱之间连接板连接,用水平仪和带线调正,符合规范后将螺丝拧紧。

6) 屋面梁安装

屋面梁安装过程为:地面拼装→检验→空中吊装。

地面拼装前对构件进行检查,构件变形、缺陷超出允许偏差时,须进行处理。并检查高强度螺栓连接摩擦面,不得有泥沙等杂物,摩擦面必须平整、干燥,不得在雨中作业。

地面拼装时采用无油枕木将构件垫起,构件两侧用木杠支撑,增强稳定性。连接用高强度螺栓须检查其合格证,并按出厂批号复验扭矩系数。长度和直径须满足设计要求。高强度螺栓应自由穿入孔内,不得强行敲打,不得气割扩孔。穿入方向要一致。高强度螺栓由带有牛顿数的电动扳手从中央向外拧紧,拧紧时分初拧和终拧。初拧宜为终拧的 50%。

终拧扭矩如下:

$$T_c = K \cdot P_c \cdot d$$
$$P_c = P + \Delta P$$

式中:T_c 为终拧扭矩(N·m);P 为高强度螺栓设计预拉力(kN);ΔP 为预拉力损失值(kN)10%P2⁻;d 为高强度螺栓螺纹直径;K 为扭矩系数。

在终拧 1 h 以后,24 h 以内,检查螺栓扭矩,应在理论检查扭矩±10% 以内。高强度螺栓接触面有间隙时,小于 1.0 mm 间隙可不处理;1.0~3.0 mm 间隙,将高出的一侧磨成 1:10 斜面,打磨方向与受力方向垂直;大于 3.0 mm 间隙加垫板,垫板处理方法与接触面同。

梁的拼接以两柱间可以安装为一单元,单元拼接后须检验梁的直线度与其他构件(如立柱)连接孔的间距尺寸。当参数超出允许偏差时,在摩擦面加调整板加以调整。梁吊装时,两端拉缆风绳,制作专门吊具,以减小梁的变形,吊具要装拆方便。

安装过程高强度螺栓连接与拧紧须符合规范要求。对于不稳定的单元,须加临时防护措施,方可拆卸吊具。

7) 屋面檩条、墙檩条安装

屋面檩条、墙檩条安装应同时进行。檩条安装前,对构件进行检查,构件变形、缺陷超出允许偏差时,进行处理。构件表面的油污、泥沙等杂物应清理干净。檩条安装须分清规格型号,必须与设计文件相符。屋面檩条采用相邻的数根檩条为一组,统一吊装,空中分散进行安装。同一跨安装完后,检测檩条坡度,须与设计的屋面坡度相符。檩条的直线度须控制在允许偏差范围内,超差的要加以调整。

墙檩条安装后,检测其平面度、标高,超差的要加以调整。结构形成空间稳定性单元后,对整个单元安装偏差进行检测,超出允许偏差应立即调整。

学习情境 8

单层钢结构工业厂房的安装

8) 其他附件安装

其他附件主要有：水平支撑、拉条、制动桁架、走道板、女儿墙、隔撑、门架、雨棚、爬梯等。附件安装时，检查构件是否有超差变形、缺陷，规格型号应与设计文件相同，安装必须依据有关国家规范进行。

9) 复检调整、焊接、补漆

构件吊装完，对所有构件复检、调整，达到规范要求后，对需焊接部位进行现场施焊，对构件油漆损坏进行修补。

10) 彩板进场

在现场的堆料场，用枕木垫起，上面用塑料布铺垫，将运到现场的彩板按规格分开堆放、标识。用吊车卸料，并用专用彩板的吊具，防止外表油漆损伤和彩板变形。做好防护措施，防止行人在上踩踏和重物击落。

11) 钢构件验收

由于要进行下一道工序，组织本单位专业工程师、项目队长、班组长对钢构件进行自检，发现超差，及时调整。自检后书面报告呈交建设单位，请求组织验收，验收合格，可进行屋面板安装。

12) 屋面板安装

安装前复测屋面檩条的坡度，合格后才能施工。

(1) 上板的垂直运输　一般根据彩板的重量较轻的特性，采用架设空中斜钢索的运输方案。具体做法为：自制钢架固定在梁上高约 1.5 m，用 6 根 $\phi 8$ 钢丝绳一头固定在钢架上，另一头固定在地面上，并在每个钢架上安一滑轮，用绞磨把面板运至屋面，由人工抬至施工部位。

(2) 屋面板固定　屋面板采用瓦楞组装，第一排屋面瓦应顺屋面坡度方向放线，檐口伸置檐沟内 120 mm，屋面板檐口拉基准线施工，按规定打防水自攻螺丝。用防水盖盖好，再用道康宁胶密封。下一排屋面板扣在上排屋面板的波峰并用自攻螺丝固定，纵向应用道康宁胶密封。金属板端部错位控制在规范内，然后依次安装。屋脊盖板安装，应保证屋脊直线度，两边用防水堵条，用防水铆钉铆接。屋檐包边板包边应保证直线度以及和屋脊的平行度，用防水铆钉铆接。所有的自攻螺丝要横直竖平，并将屋面上铁屑及时处理干净。

13) 墙面板安装

检查墙檩条的直线度，若有挠度，应用临时支撑调平檩条，墙板安排好后拆除。搭设活动式脚手架，用专用吊绳沿墙面人工将墙面板立起，至安装位置。墙面采用企口安装，先安装砖墙上的泛水板，第一片墙板安装前应在墙梁上放线，保证墙面板波纹线的垂直度。第二片墙板必须插入第一片企口内，用带防水的自攻螺丝固定，用防水帽盖好，然后依次安装。所有自攻螺丝保证横直竖平。

14) 包角板、窗户上缘泛水板、雨棚安装

根据设计要求，墙角包边板、女儿墙包边板均采用防水铆钉拉铆，对接接头要整齐并打防水胶。窗户泛水板、周边包板应用防水铆钉拉铆，对接时接头部位应打防水胶，保证直线度、墙包角板的垂直度整齐美观。雨棚采用单层彩钢板，波峰、波谷搭接整齐，打自攻螺丝，周边安包边板。

15) 门窗安装

将运至现场的门窗，按规格堆放，保管好，防止损坏。用活动式脚手架辅助安装，先将窗框用自攻螺丝固定在框架上，用防水胶把四周的缝隙密封，然后再装窗门，自行开关窗安装好将所有连杆机构连接，再将电机安好，保证滑动自如，密封性好，水平标高和垂直度符合标准。

按图纸尺寸把钢骨架制作好，然后用铆钉把彩钢板铆到骨架外表面，四周用彩钢板轧制成槽型包边，用铆钉铆接。安装时用水平仪控制将门滑道固定在雨棚下面，保证直线度和水平度。地面轨道安装应保证水平、直线度符合要求，且门滑道与地面轨道在一个平面内，校正好后用混凝土固定。用吊车将门吊起，门下边缘插入轨道后，将上面用螺栓拧紧。安装后门滑动自由、轻便，与墙面缝隙均匀，缝隙不大于 5 mm。所有安装完工后将屋面、墙面、门窗擦洗待交。

1. 单层钢结构工业厂房的特点有哪些？
2. 单层钢结构工业厂房是如何分类的？
3. 如何选择厂房安装用起重机？起重机的三个工作参数是什么？
4. 单层钢结构工业厂房的施工流程什么？
5. 钢柱吊装时的绑扎方法有哪些？
6. 钢柱吊装的方法有哪些？
7. 钢柱校正的内容有哪些？
8. 钢柱垂直度校正的方法有哪些？
9. 钢制吊车梁吊装索具的固定方法有哪些？
10. 如何进行弧形吊车梁的安装？
11. 钢屋架现场拼装有哪两种方法？其特点是什么？
12. 简述钢屋架的吊装方式。
13. 工程材料的控制方法有哪些？
14. 如何实施技术交底工作？
15. 工业厂房复核工作有哪些内容？
16. 工业厂房安装工艺的编写内容有哪些？

 作业题

1. 选择长 90 m、宽 28 m、高 18 m 的重工业厂房施工用的起重机。
2. 编制上题工业厂房钢立柱、吊车梁、钢屋架的吊装方案。

附录 B　单层钢结构厂房的安装施工工艺标准

学习情境 9　轻型钢结构工程的安装

■ **知识内容**

①　轻型钢结构的基本概念；②　轻型钢结构的制造工艺；③　轻型钢结构的半成品保护；④　轻型钢结构的基础、地脚螺栓的复验及验收；⑤　轻型钢结构的安装准备工作；⑥　轻型钢结构的安装工艺流程及安装工艺；⑦　轻型钢结构的维护系统及其安装；⑧　轻型钢结构的防腐；⑨　轻型钢结构的安装质量及其措施。

■ **技能训练**

①　能分析轻型钢结构厂房的工艺特点；②　能正确选择轻型钢结构的加工方法和安装机械；③　能正确使用基础、地脚螺栓的复核工具；④　能正确制定轻型钢结构的成品或半成品的保护方法；⑤　能正确编制轻型钢结构的安装工艺流程；⑥　能编制轻型钢结构的材料清点、验收、卸货、堆放方法；⑦　能编制轻型钢结构安装的质量计划。

■ **素质要求**

①　要求学生养成求实、严谨的科学态度；②　培养学生乐于奉献、深入基层的品德；③　培养与人沟通、通力协作的团队精神。

任务 1　轻型钢结构概述

一、轻型钢结构概念

轻型钢结构简称为轻钢，是指《门式刚架轻型房屋钢结构技术规范》(GB 51022—2015)中所规定的具有轻型屋盖和轻型外墙的单层实腹门式刚架结构，这里的轻型主要是指围护系统是用轻质材料。

二、轻型钢结构的种类、形式和组成

1. 轻型钢结构的种类

轻型钢结构通常有两种：一种是用薄钢板（厚度在 6 mm 以下）冷轧的薄壁型钢组成的骨架结构；另一种是用断面较小的型钢（如角钢、钢筋、扁钢等）制作桁架，再组成骨架结构；还有混合使用以上两种组成的板架结构。薄壁型钢在汽车、飞机和船舶的骨架结构上的广泛使用，促进了轻型钢结构在工业化体系建筑中的发展。第二次世界大战后，英国出现了 CLASP 和 SEAC 轻型钢结构的学校建筑体系，法国出现了 GEAJ 等轻型钢结构的住宅和办公室建筑体系。轻型钢结构建筑轻盈，便于工业化生产，施工组装快速、方便，特别适于要求快速建成和需要搬动的建筑，多用于学校、住宅、办公、旅馆、医院以及工厂和仓库等。但须作好防锈处理并加强养护，以提高耐久性。

2. 轻型钢结构的形式

轻型钢结构建筑的结构形式受欧洲传统的木结构建筑影响较大，常由薄壁型钢或小断面型钢组合成桁架来代替木结构建筑的墙筋、搁栅和椽架等。骨架的组合方式一般与建筑规模、生产方式、施工条件以及运输能力有关，常见的有以下几种。

（1）单元构件式建筑体系　建筑物由柱、墙筋、梁、搁栅、檩条、椽子和屋架等单元构件装配成轻型钢结构骨架，然后再加铺屋面，安装墙板和门窗等。骨架的节点多采用螺栓和连接板固定。为了加强组装式骨架的稳定性，在必要的部位加支撑或可调节的交叉式拉杆。单元构件组装的建筑，组装灵活，运输方便，可适应各种不同建筑空间组合的需要。但现场施工时间比其他几种安装方式要长一些。

（2）框架隔扇式建筑体系　由薄壁型钢龙骨组成的框架隔栅，用于墙体、楼板和屋面的承重骨架结构，以装配成整幢的建筑。这种建筑的内外面层和内部保温、隔热层以及门窗等可以在工厂预制时安装好，也可在施工现场待骨架装配好后再进行安装，见图 9-1。这种建筑体系如同板材装配式建筑，要求隔栅的规格类型少，节点装配方便。由于大部分工作可在工厂完成，所以质量较高，现场施工速度较快。

（3）盒子组合式建筑体系　在工厂用薄壁型钢组装成一个房间大小的盒子骨架，完成内外装修并做好内部绝缘层，甚至可以把室内装修，包括灯具、窗帘、地毯、卫生设施，以及固定家具等都在工厂安装好。运到施工现场后，只要把各个盒子吊装就绪，做好节点的结构和防水处理，接上管线即可使用。有的盒子单元为了减小运输中的体量，做成可以折叠的盒式构件运到现场，在吊装时打开构件，进行组装，见图 9-2。这种组合方式装配时要注意稳定性，以及接缝的防水、保温处理。有的还可做成拖车式或集装箱式活动房屋，便于搬运。

3. 轻型钢结构的组成

轻型钢结构厂房主要由钢柱、屋盖梁、檩条、屋盖和柱间支撑、屋面和墙面的彩钢板等组成，如图 9-3 所示。钢柱一般用 H 型钢，通过地脚螺栓与混凝土基础连接，通过高强螺栓与屋盖梁连接。屋盖梁为工字形截面，根据内力情况可成变截面，各段由高强螺栓连接。屋面檩条和墙梁多采用高强镀锌彩色钢板辊压而成的 C 型或 Z 型檩条，檩条可用高强螺栓直接与屋盖梁的翼缘连接。屋面和墙面多用彩钢板，彩钢板是优质高强薄钢卷板经热浸合金、镀层和烘涂彩色涂层经机器辊压而成。

图 9-1 框架隔扇式建筑体系

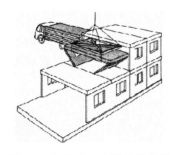

图 9-2 轻型钢结构折叠的盒子吊装示意图

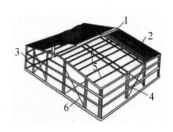

图 9-3 轻型钢结构厂房结构示意图
1—屋脊盖板；2—彩色屋面板；3—墙筋；
4—钢架；5—C 型檩条；6—钢支撑

任务2 轻型钢结构的制造

一、轻型钢结构型材

轻型钢结构的制造工艺与普通钢结构并无很大的区别。轻型钢结构的材料规格小，杆件细而薄，而且材料的调直、下料、弯曲成形、加工拼装、构件的翻身搬运容易，不需要大型的专用设备，故特别适合在中、小型工厂加工制造。

圆钢、小角钢的轻型钢结构杆件较细，容易成形，这是加工制造的有利条件。但在加工过程中也容易造成杆件弯曲和损伤等情况，这种弯曲和损伤对结构承载力的影响较大，加工制造时应加以注意。

采用冷弯薄壁型钢结构比采用普通钢结构一般多一道酸洗除锈或酸洗磷化处理工艺。当采用两个槽钢拼焊成方管时焊接量较大。由于杆件连接多为预接，故下料的精确度要求稍高。冷弯薄壁型钢构件的壁厚较薄，其调直工艺通常采用撑直机撑直和在平台上用锤子锤打两种方法。其中，前者凹凸现象易于调整，且能保证质量。

对于桁架式檩条，三铰拱屋架或梭形屋架，其连续弯曲的蛇形圆钢腹杆多在胎具上用手工完成，直径较小时采用冷弯，直径较大时需利用氧气乙炔局部加热进行弯曲。冷弯和热弯的直径界限随各制造单位的具体情况而不同，其弯曲半径为圆钢直径的 2.5 倍。由于蛇形圆钢在弯曲后有回弹现象，成形后的误差比较大，所以胎具的定位器应比腹杆轴线间的夹角要小一些，并在成形后用样板校核。

二、轻型钢结构的加工

钢材的切断应尽可能在剪切机（见图 9-4）上或锯床（见图 9-5）上进行，特别是对于薄壁型钢屋架，因下料要求准确，最好采用电动锯割法，不仅工效高，而且断面光滑平整，质量好，长度误差可控制在 ±1 mm 以内。如无设备时，也可采用气割。为了提高气割质量，宜采用小口径喷嘴，并在切割后用锤子轻轻敲打，使切口平整，以清除熔渣，保证焊接质量。

焊接是轻型钢结构的主要连接方法，因杆件截面一般较小，厚度较薄，容易产生焊接变形和烧穿，因此在焊接时必须注意选择适当的焊接工艺和焊接参数，如焊条直径、焊接电流的大小和焊接程序等。焊接参数的选择应根据不同的焊件厚度和操作技术水平确定。一般常用的焊条

直径为 $\phi 3.2$ mm～$\phi 4$ mm，当焊接厚度≤2 mm 时，可用 $\phi 2.5$ mm 的焊条。同时注意选择合适的焊接电流。电流过大，容易烧穿，过小又易产生焊缝夹渣。根据不同的焊条直径，焊接电流可在 80～200 A 范围内变动，焊接技术好的，电流可适当加大。焊接时应根据不同的节点形式、空间位置和焊接件厚薄，正确地掌握焊条角度、施焊方法、焊接速度以及焊件中的温度分布，以确保焊接质量。

图 9-4 金属液压剪切机

图 9-5 金属带锯床

焊接操作时，应尽可能采用平焊和船形焊，如需立焊或横焊时，应由技术熟练的焊工焊接。此外，应注意采用有效措施防止焊接变形。当几部焊机同时焊接一个构件时，焊点要分散，使热量在整个构件上均匀分布，长焊缝应采用逆向分段焊接法。焊缝以一次焊成为宜，如必须分两次焊接时，应在第一道焊缝冷却后再焊第二道焊缝，不宜在一条短焊缝上连续重复烧焊，以防烧伤金属。对焊工的技术水平应有一定要求，不熟练的焊工容易出现咬肉、气孔、夹渣、裂纹、未焊满的陷槽等缺陷。轻型钢结构的杆件较多，焊点分散，尤应注意检查有无漏焊和错位等现象。

任务3 轻型钢结构成品或半成品保护

轻型钢结构成品或半成品在堆放、运输、安装等过程中的保护十分重要。

一、钢构件的堆放

露天堆放的钢构件，应注意环境、地面状况、进出通道等。轻型钢构件的堆放应按下列要求进行：① 待包装或待运的钢构件，按种类、安装区域及发货顺序，分区整齐存放，标有识别标志，便于清点；② 露天堆放的钢构件，应放置于干燥无积水处，防止锈蚀，底层垫枕应有足够的支承面，防止支点下沉，构件堆放应平稳垫实；③ 相同钢构件叠放时，各层钢构件的支点应在同一垂直线上，防止钢构件被压坏或变形；④ 钢构件的存储、进出库，严格按企业制度执行。

二、钢构件的包装

轻钢构件的包装应按下列要求进行：① 钢构件的包装和固定的材料要牢固，以确保在搬运过程中构件不散失，不遗落；② 构件包装时，应保证构件不变形，不损坏，对于长短不一容易掉落的对象，特别注意端头加封包装；③ 管材型钢构件，用钢带裸形捆扎打包，5 m 以下长捆扎二圈，5 m 以上长捆扎三圈；④ 机加工零件及小型板件，装在钢箱或木箱中发运；⑤ 包装件必须书写编号、标记、外形尺寸，如长、宽、高、全重，做到标志齐全、清晰。

三、运输过程中成品保护措施

轻型钢构件在运输过程中应按下列要求进行：① 吊运大件必须有专人负责，使用合适的工夹具，严格遵守吊运规则，以防止在吊运过程中发生震动、撞击、变形、坠落或其他损坏；② 装载时，必须有专人监管，清点上车的箱号及打包号，车上堆放牢固稳妥，并增加必要捆扎，防止构件松动遗失；③ 在运输过程中，应保持平稳，采用车辆装运超长、超宽、超高物件时，必须由经过培训的驾驶员、押运人员负责，并在车辆上设置标记；④ 严禁野蛮装卸，装卸人员装卸前，要熟悉构件的质量、外形尺寸，并检查吊马、索具的情况，防止意外；⑤ 构件到达施工现场后，及时组织卸货，分区堆放好；⑥ 现场采用履带吊运送构件时，要注意周围地形、空中情况，防止履带吊倾覆及构件碰撞。

四、安装成品保护

一方面构件倒运过程中，要进行钢结构件的保护；另一方面还需要进行构件表面防腐底漆及中间漆的保护。

1）构件保护

构件进场应堆放整齐，防止变形和损坏，堆放时应放在稳定的枕木上，并根据构件的编号和安装顺序来分类。具体要求如下：① 构件堆场应做好排水，防止积水对钢结构构件的腐蚀；② 在拼装、安装作业时，应尽量避免碰撞、重击；③ 避免现场焊接过多的辅助构件，以免对母材造成影响；④ 在拼装时，在地面铺设刚性平台，搭设刚性胎架进行拼装，拼装支撑点的设置，要进行计算，以免造成构件的永久变形；⑤ 进行桁架的吊装验算，避免吊点设计不当，造成构件的永久变形。

2）涂装面的保护

构件在工厂涂装底漆及中间漆，在现场安装完成后涂装，防腐底漆的保护是半成品保护的重点。具体要求如下：① 避免尖锐的物体碰撞、摩擦；② 减少现场辅助措施的焊接量，能够采用捆绑、抱箍的尽量采用；③ 现场焊接、破损等母材的外露表面，在最短时间内进行补涂装，除锈等级达到 Sa2.5 级或 St3 级以上，材料采用设计要求的原材料。

五、后期成品保护

后期的成品保护重点是桁架成品、防腐面层在其他工序介入施工后的保护。具体要求如下：① 严禁集中堆放建筑材料；② 严禁施工人员直接踩踏钢板，在交工验收前，在屋面铺设木板通道；③ 焊接部位及时补涂防腐涂料；④ 其他工序介入施工时，未经施工单位许可，禁止在钢结构构件上焊接、悬挂任何构件或物品；⑤ 玻璃幕墙、设备安装、高级装修如与钢结构有交接，需通过总包与钢结构施工单位办理施工交接手续，方可在钢结构构件上进入下一道工序；⑥ 地面支座的防护，在进行交工验收前，在已完成的地面柱脚支座周围设置防护围栏，以免支座受到碰撞和损坏。

任务4　轻型钢结构的安装准备

一、轻型钢结构的安装准备工作

轻型钢结构安装准备工作的内容和要求与普通钢结构安装工程相同。钢柱基础施工时，应做好地脚螺栓的定位和保护工作，控制基础和地脚螺栓顶面标高。基础施工后应按以下内容进行检查验收:① 各行列轴线位置是否正确;② 各跨跨距是否符合设计要求;③ 基础顶标高是否符合设计要求;④ 地脚螺栓的位置及标高是否符合设计及规范要求。

二、轻型钢结构安装机械选择

轻钢结构的构件相对自重轻,安装高度不大,因而构件安装所选择的起重机械多以行走灵活的自行式(履带式)起重机和塔式起重机为主。所选择的塔式起重机的臂杆长度应具有足够的覆盖面,要有足够的起重能力,能满足不同部位构件起吊的要求。多机工作时,臂杆要有足够的高度,有能不碰撞的安全转运空间。

对于有些质量比较轻的小型构件,如檩条、彩钢板等,也可以直接用人力吊升安装。起重机的数量,可根据工程规模、安装工程大小及工期要求合理确定。

轻型钢结构工程须配备的设备、工具及施工人员,具体要求如下。

(1)设备及工具见表9-1。

表9-1 某轻型钢结构设备及工具

序 号	名 称	数 量	单 位	备 注
1	光学水准仪及脚架,标尺	1	套	
2	光学经纬仪及脚架,花插	1	套	
3	50 m以上钢尺	1	把	
4	3~5 m钢尺	2	把	
5	线锤	1	只	
6	模线	若干	—	
7	铁锤	1	把	
8	定位界桩	若干	—	
9	电焊机	1	台	
10	水平靠尺(高精度)	1	把	

(2)施工人员情况见表9-2。

表9-2 施工人员

序 号	工 种	人 数	备 注
1	有经验的测量工程师	1	
2	钢筋工	1	
3	电焊工	1	
4	木工	1	
5	辅助工	2	

三、钢结构厂房的基础及支承面

钢结构厂房的基础及支承面的处理如下。

(1)预埋件安装前应对土建工程的定位轴线、基础标高、柱头截面大小、地梁或圈梁位置及标高进行校核,然后确定安装方法的可行性,待土建工程柱筋调直校正并征得甲方或监理方同意后方可预埋。

(2)基础顶面直接作为柱的支承面,其支承面、地脚螺栓的允许偏差应符合表9-3规定。

表 9-3 支承面、地脚螺栓的允许偏差（mm）

项次	项	目		允许偏差
1	支承面	标高	无吊车梁的柱基	±3.0 mm
			有吊车梁的柱基	±2.0 mm
		不水平度	无吊车梁的柱基	1/750
			有吊车梁的柱基	1/1000
2	支座表面	标高		±1.5 mm
		不水平度		1/1500
3	地脚螺栓位置（任意截面处）	在支座范围内		±5.0 mm
		在支座范围外		±10.0 mm
4	地脚螺栓伸出支承面的长度			+20.0 mm
5	地脚螺栓的螺纹长度			只允许加长

（3）将预埋件垂直放入已固定好的柱筋框内，用水准仪和经纬仪确定其位置准确无误后，用钢筋焊接固定于柱筋上即可，并应当做好全部自检记录。

（4）当预埋砼柱浇筑前后，应会同监理单位、甲方对其进行隐蔽工程的验收。

四、钢结构厂房地脚螺栓的处理

地脚螺栓的埋置是钢结构厂房施工的关键步骤，直接影响到上部钢结构厂房的垂直度、方正度。若地脚螺栓的埋置偏差过大，则会对后期的上部施工中的结构螺栓、檩条螺栓、围梁螺栓等的连接造成很大的困难。在施工过程中，我们要着重控制地脚螺栓的平面位置、垂直度及螺栓钉标高，尽可能减少上述误差。

构件在吊装前应根据《钢结构工程施工质量验收规范》（GB 50205—2001）中的有关规定，检验构件的外形和截面几何尺寸，其偏差不允许超出规范规定值之外；构件应依据设计图纸要求进行编号，弹出安装中心标记。钢柱应弹出两个方向的中心标记和标高标记；标出绑扎点位置；丈量柱长，其长度误差应详细记录，并用油笔写在柱子下部中心标记旁的平面上，以备在基础顶面标高二次灌浆层中调整。底层钢柱二次灌浆法如图 9-6 所示。

构件进入施工现场，须有质量保证书及详细的验收记录；应按构件的种类、型号及安装顺序在指定区域堆放。构件地层垫木应有足够的支撑面以防止支点下沉；相同型号的构件叠层时，每层构件的支点要在同一直线上；对变形的构件应及时矫正，检查合格后方可安装。

1. 板样定位及水准点

1) 板样定位

根据图纸要求，对施工现场进行放样、定位。在所有建筑物的角点，必须设立横向、纵向两个控制界桩，并采取适当的加固措施，避免控制界桩在施工过程中遭破坏，所有横向、纵向轴线均设立相对固定的定位桩。所有定位桩的顶标高尽量控制在＋0.000 上 10～20 cm，以便日后拉模线、拉尺丈量复核。定位界桩设立之后，应采取反方向闭合测量，以减少平面误差。

2) 水准点

水准点的设立同样相当重要，它直接影响到地脚螺栓顶部标高的控制。建议沿建筑物周边每 40m 左右设立一个临时水准点。同样，临时水准点设立后，亦须经过闭合测量。

2. 地脚螺栓的埋置及准备工作

1) 地脚螺栓套板的加工

地脚螺栓的套板，其尺寸及套板上的开孔与日后上部结构中柱脚底板的尺寸及开孔相一致。套板应采用不小于20 mm厚的木板,根据节点详图所规定的尺寸及开孔位置进行加工。开孔直径应比地脚螺栓直径大2 mm为宜。同时,套板面须用醒目标志标出纵横轴线穿过该组地脚螺栓的具体位置,以便日后复核。

2) 地脚螺栓的埋置

基础钢筋开始施工时,地脚螺栓埋置工作也应同时开始,穿插进行。埋设地脚螺栓前,先应用模线放出相应的纵、横向轴线,同时用钢尺在基础钢筋上放出每组地脚螺栓的位置。埋置地脚螺栓时,先将地脚螺栓套板平放在基础钢筋上的相应位置,用线锤测定校正纵、横轴线与套板上标出的纵、横向轴线标志,沿套板周边在钢筋上做出标记。将地脚螺栓的螺杆由下至上穿过套板,在螺杆上拧上相应的螺母,通过螺母的松紧,调节地脚螺栓的顶部标高,用水准仪测量控制螺栓顶标高,直到与图纸要求相符为止。在施工过程中,用水平尺检测套板及螺杆,尽量使套板面处于水平状态,螺杆处于垂直状态。套板及螺杆就位后,须用经纬仪进行复核。将经纬仪架立在需复核的地脚螺栓的轴线控制点上,目镜瞄准远端的该轴线的另一控制点,确定目镜中十字线中心,即为该轴线位置,然后复核位于该轴线上的每组地脚螺栓与轴线位置关系是否准确,并修正结果。注意,经纬仪复核必须纵、横两个方向进行,切忌只复核一个方向而忽略另一方向。

3) 地脚螺栓的固定

在上述工序完成并修正成功后,须对地脚螺栓进行固定。具体固定方法如下:每组螺栓的各螺杆间用 $\phi 8$ 钢筋焊接连接。螺杆下部能与基础钢筋连接的部分尽量采取电焊可靠连接,以确保地脚螺栓位置的准确性。在焊接前应使用水平靠尺检测螺杆的垂直度,尽可能使螺杆处于垂直状态。焊接工作完成后,松开套板上的螺母,使螺栓套板的底部距基础面钢筋30 mm左右,同时将混凝土保护层垫块置于套板底部与钢筋之间,用水平尺调整套板使之尽可能处于水平状态,将上部螺杆上的螺母带紧,如图9-7所示,在图示范围内采取人工布料。

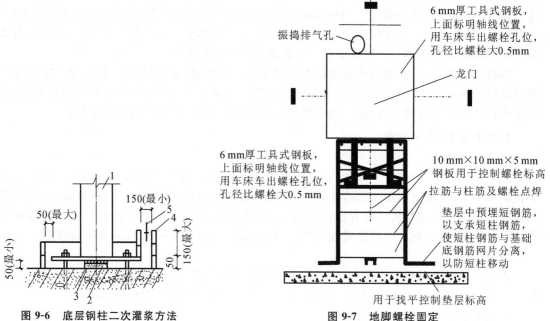

图9-6 底层钢柱二次灌浆方法
1—钢柱;2—无收缩水泥砂浆标高块;
3—12 mm厚钢垫板;4—组合钢模板;5—砂浆灌入口

图9-7 地脚螺栓固定

在使用振动棒时,切勿在上述区域内振动过频。在浇筑混凝土时,施工人员须加强对地脚螺栓的监测,用水准仪、经纬仪随时对各组地脚螺栓(特别是周围正进行浇筑混凝土的地脚螺栓)的复核。一旦发现偏差,应立刻进行校正。

3. 地脚螺栓的保养及纠偏

混凝土终凝后,应立即拆除地脚螺栓套板,并在地脚螺栓周边 30 cm 的范围内,用高强度水泥砂浆找平至设计要求的标高。所有柱底标高的误差不能大于+3 mm。待砂浆干硬后,即用经纬仪定位,放线后,复核地脚螺栓的位置,对于偏差大于+3 mm 的地脚螺栓须纠正偏差。具体方法为:将螺杆上的丝牙用软布包裹多层,用 2 m 左右的空心钢管套入后向正确的位置方向纠正。注意不能用力过猛,以免将螺栓扳断。所有螺栓经复核后,若在短时间内不进行上部结构的安装,须在螺纹上涂上固体黄油,用塑料纸包裹并用铁丝扎紧。

任务5 轻型钢结构安装工艺

一、轻型钢结构安装流程

不同类型的轻型钢结构,其安装流程是不同的,下面以 K 式坡顶活动房和门式刚架的安装工艺流程来说明。

(1) K 式坡顶活动房安装流程:① 由用户平整场地,打好混凝土 C20 条形基础,做好工人进场准备;② 活动房公司安装人员进场,立活动房钢架;③ 钢架立好后,调整钢架,由上而下封好外墙板及门窗;④ 铺楼板,盖屋面瓦,打玻璃胶,完工后,实施验收。

K 式坡顶活动房安装流程如图 9-8 所示。

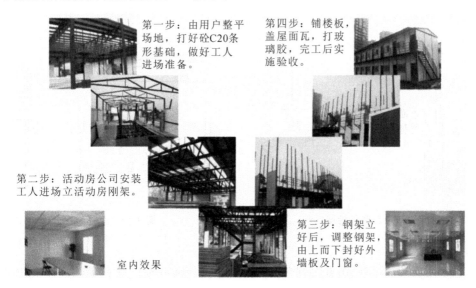

图 9-8 K 式坡顶活动房安装流程

(2) 门式钢结构安装流程:依次吊装钢柱→依次吊装钢梁端头→吊装第一跨钢梁中段,形成第一榀门式刚架→安装临时稳定索和搭设钢管脚手架,使第一榀门式刚架形成稳定跨→吊装第二跨钢梁中段,形成第二榀门式刚架→对称安装适当数量的 C 型钢檩条,连接一、二榀刚架,形成稳定空间,然后以这两榀刚架为稳定空间结构顺序连接其余的刚架→吊装剩余的屋面C型钢檩条、斜支撑、檩间拉条→吊装天沟,安装屋面压型彩钢板→验收。

二、轻型钢结构安装施工吊装工艺

轻型钢结构安装施工的吊装工艺比较简单,一般轻钢结构安装可采用综合吊装法或分件安装法。

采用综合安装法是先吊装一个单元(一般为一个柱间)的钢柱(4~6根),立即校正固定后吊装屋面梁、屋面檩条等,当一个单元构件吊装、校正、固定结束后,依次进行下一单元。屋面彩钢板可在轻钢结构框架全部或部分安装完成后进行。分件吊装法是将全部的钢柱吊装完毕后,再安装屋面梁、屋面(墙面)檩条和彩钢板,其缺点是行机路线较长。

1. 吊装前的检查

吊装前的检查项目有:① 检查构件,包括构件的型号、数量、预埋件尺寸的位置,以及构件表面有无损伤、变形、裂缝等;② 预埋件检查,包括吊装前应重新复核预埋尺寸、平整支承面、清理柱顶砼渣,保证支承面的相对水平,如图9-9所示。

2. 钢柱的吊装

1)钢柱的吊装方法

钢柱起吊前应搭好上柱顶的直爬梯。钢柱可采用单点绑扎吊装,绑扎点宜选择在距柱顶1/3柱长处,绑扎点处应设软垫,以免吊装时损伤钢柱表面。当柱子较长时,也可采用双点绑扎吊装。

钢柱校正后,应将地脚螺栓紧固,并将垫板与预埋板及柱脚底板焊接固定。钢柱的吊装方法如图9-10所示。

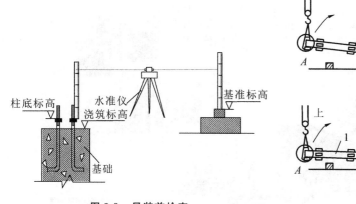

图 9-9 吊装前检查

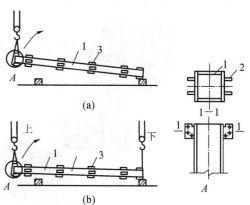

图 9-10 钢柱起吊方法
1—钢柱;2—吊耳;3—连接钢梁

2)钢柱的吊装过程

钢柱宜采用旋转法吊升,吊升时宜在柱脚底部拴好拉绳并垫以垫木,防止钢柱起吊时,柱脚拖地和碰坏地脚螺栓。

钢柱对位时,一定要使柱子中心线对准基础顶面安装中心线,并使地脚螺栓对孔,注意钢柱垂直度,在基本达到要求后,方可落下就位。经过初校,待垂直度偏差控制在 20 mm 以内,拧上四角地脚螺栓临时固定后,方可使起重机脱钩。注意钢柱标高及平面位置及在基面设置的垫板,当钢柱吊装对位过程完成后,主要是校正钢柱的垂直度。用两台经纬仪在两个方向对准钢柱两个面上的中心标记,同时检查钢柱的垂直度,如有偏差,可用千斤顶、斜顶杆等方向校正,见图 9-11。

3) 柱子连接方法

柱子连接常采用焊接或高强螺栓连接,见图 9-12。

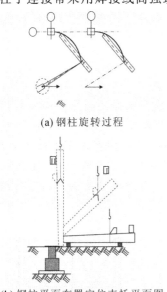

(a) 钢柱旋转过程

(b) 钢柱平面布置定位支托平面图

图 9-11　钢柱的吊装的过程

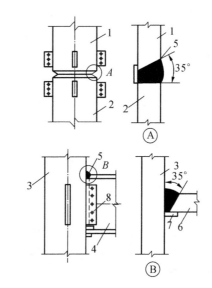

图 9-12　柱子连接方法——上柱与下柱、柱与梁连接构造
1—上节钢柱;2—下节钢柱;3—框架柱;4—梁腹板;
5—单边坡口焊缝;6—主梁上翼缘;7—钢垫板;8—高强螺栓

4) 高强螺栓施工安装的注意事项

高强螺栓应符合《合金结构钢》(GB/T 3077—2015)和《优质碳素结构钢》(GB/T 699—2015)之规定。

(1) 由制造厂处理的构件摩擦面,安装前应复验所附试件的抗滑移系数,合格后方可安装。现场处理的构件摩擦面,抗滑移系数应按国家现行标准《钢结构高强度螺栓连接技术规程》(JGJ 82—2011)的规定进行试验,并应符合设计要求。

(2) 钢构件拼接前,应清除飞边、毛刺、焊接飞溅物,摩擦面应保持干燥、整洁,不得在雨中作业。

(3) 高强螺栓连接的板叠接触面应平整,当接触面有间隙时,小于 1 mm 的间隙不处理;1~3 mm 的间隙,应在高出的一侧磨成 1∶10 的斜面,打磨方向与受力方向垂直;大于 3 mm 的间隙应加垫板,垫板两侧的处理方法应与构件相同。

(4) 施工前,高强螺栓及六角套的各项应力和变形系数应符合国家现行标准《钢结构高强度螺栓连接技术规程》(JGJ 82—2011)的规定。

(5) 安装高强螺栓时,螺栓应自由穿入孔内,不得强行敲打,更不得气割扩张,高强螺栓不得作为临时安装螺栓。

(6) 高强螺栓的安装应按一定的顺序施拧,拧紧应分初拧和终拧,对于柱节点和梁节点,应按初拧、复拧和终拧进行施工,复拧扭矩应等于初拧扭矩。

(7) 高强度螺栓紧固、检验应按规范进行。

5) 柱子校正

用两台经纬仪安置在纵、横轴上,先对准柱底垂直翼缘板或中线,再渐渐仰视到柱顶,如图

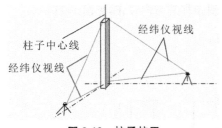

图 9-13 柱子校正

9-13 所示。如中线偏离视线,表示柱子不垂直,调节拉绳或支撑或敲打等方法使柱子垂直。一般安装完钢柱子后,将经纬仪分别安置在纵、横轴线一侧,偏离中线不得大于 0.2 m,进行校正。屋架安装后,钢柱需要复核尺寸,如图 9-14 所示。

3. 钢梁的吊装

1) 钢梁的吊装方法

屋面梁在地面拼装并用高强度螺栓连接紧固。屋面梁宜采用两点对称绑扎吊装,绑扎点宜设软垫,以免损伤构件表面。屋面梁吊装前设好安全绳,以方便施工人员高空操作;屋面梁吊升宜缓慢进行,吊升过柱顶后由操作工人扶正对位,用螺栓穿过连接板与钢柱临时固定,并进行校正。屋面梁的校正主要是垂直度检查,屋面梁跨中垂直度偏差不大于 $H/250$(H 为屋面梁高),并不得大于 20 mm。屋架校正后应及时进行高强度螺栓紧固,做好永久固定。

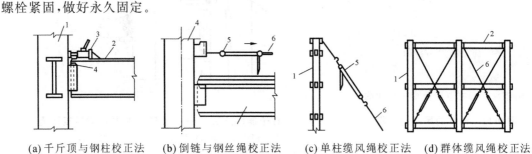

(a) 千斤顶与钢柱校正法　(b) 倒链与钢丝绳校正法　(c) 单柱缆风绳校正法　(d) 群体缆风绳校正法

图 9-14 钢柱校正方法

1—钢柱;2—钢梁;3—10t 液压千斤顶;4—钢楔;5—2t 钢链;6—钢拉绳

2) 钢梁的吊装过程

(1) 钢梁绑扎:合理确定绑扎点,主要注意吊装时的受风影响的情况。

(2) 钢梁起吊:一般采用两点平衡起吊,由于考虑到负荷等其他因素的作用,起吊的过程至少要在梁上绑扎两根缆风绳,提升高度,超过柱顶 200 mm 后再垂直徐徐下降,然后与柱子对位。

(3) 钢梁对位与临时固定:钢梁对位应离柱上顶面螺栓孔 1~2 cm 时进行,对位时,使钢梁安装中心线对准柱子上的安装中心线,保持钢梁基本水平,钢梁就位后,应先用缆风绳临时拉紧,观察钢梁符合要求后,用螺母上紧,使钢梁临时固定。

钢梁由于跨度大,又是多节组成,故先在地面上拼装成可吊装段然后再进行吊装。在钢梁两端固定生命线支座,拉紧生命线(直径为 8 mm 钢丝绳)。先进行试吊,确定吊点的位置是否准确,以钢梁不变形、平衡稳定为宜,详见图 9-15。第一根梁吊装到位与柱螺栓紧固后,吊装第二根梁。特别注意:当第一根梁与第二根梁安装好摘钩前必须用绳索临时固定,确保形成独立单元,防止整根倾斜。以此类推,安装其他钢梁,详见图 9-16。

当工程吊装完后,开始进行支撑体系的安装并进行校正。

3) 钢梁校正

钢梁校正包括平面位置校正、垂直度校正。平面位置的校正,在钢梁临时固定前进行对位过程中已经完成,而钢梁标高则在钢梁吊装前,柱子上底面标高已经符合设计要求。钢梁垂直及水平度校正,用经纬仪和铅垂进行,经纬仪校正时,用手动葫芦收紧法校正钢梁,同时利用两根缆风绳以保证钢梁校正时的稳定。安装第一根钢梁时要考虑临时加固,待第二安装好后,

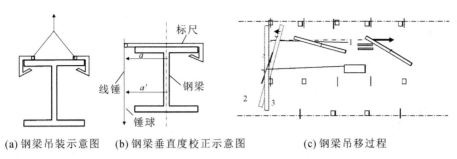

(a) 钢梁吊装示意图　　(b) 钢梁垂直度校正示意图　　(c) 钢梁吊移过程

图 9-15　钢梁吊装过程

1—吊升前；2—吊升过程中；3—就位后

马上安装檩条,以形成相对稳定的节间。

4) 钢梁最后固定

按设计要求用螺栓收紧,在此过程中如果钢梁水平度有偏移,应及时校正。

5) 螺栓施工安装的注意事项

(1) 安装永久螺栓前应先检查建筑物各部分的位置是否正确,精度是否满足《钢结构工程施工质量验收规范》(GB 50205—2001)的要求,尺寸有误差时应予以调整。

(2) 精制螺栓的安装孔,在结构安装后应均匀地放入临时螺栓,条件允许时可直接放入永久螺栓。

(3) 永久性的普通螺栓,每个螺栓一端不得垫两个及两个以上的垫圈,并不得采用大螺母代替垫圈,螺栓拧紧后,外露螺栓不得少于两个螺距。

4. 屋面檩条、墙面梁的安装

薄壁轻钢檩条,由于质量轻,安装时可用起重机或人力吊升。当安装完一个单元的钢柱、屋面梁后,即可进行屋面檩条和墙梁的安装。墙梁也可在整个钢框架安装完毕后进行。檩条和墙梁安装比较简单,直接用螺栓连接在檩条挡板或墙梁托板上。檩条的安装误差应在 ±5 mm 之内,弯曲偏差应在 $L/750$(L 为檩条跨度),且不得大于 20 mm。墙梁安装后应用拉杆螺栓调整平直度,顺序应由上向下逐根进行。

5. 屋面和墙面彩钢板安装

在主结构安装与校正构件涂装等工作完成后,则进行墙面板的安装,如图 9-17 所示。

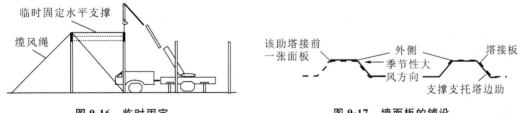

图 9-16　临时固定　　　　　　图 9-17　墙面板的铺设

屋面檩条、墙梁安装完毕,就可进行屋面、墙面彩钢板的安装。一般是先安装墙面彩钢板,后安装屋面彩钢板,以便于檐口部位的连接。常用的屋面板有螺钉板、锁缝板和暗扣板等。屋面板的安装应根据施工当地季节性大风主导风向确定铺设方向,并根据设计图纸确定第一张板的起始位置,以方便山墙收边安装。屋脊两边的屋面板宜同时安装,屋面板尽量不要搭接,对单坡比较长的建筑,有条件的应在现场成型屋面板,如图 9-18 所示。

钢结构制作与安装

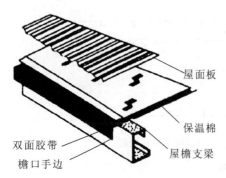

图 9-18　屋面板的安装

彩钢板安装有隐藏式连接和自攻螺丝连接两种。隐藏式连接通过支架将彩钢板固定在檩条上，彩钢板横向之间用咬口机将相邻彩钢板搭接口咬接，或用防水黏结胶粘接（这种做法仅适用于屋面）。自攻螺丝连接是将彩钢板直接通过自攻螺丝固定在屋面檩条或墙梁上，在螺丝处涂防水胶封口，这种方法可用于屋面或墙面彩钢板连接。彩钢板在纵向需要接长时，其搭接长度不应小于100 mm，并用自攻螺丝连接，用防水胶封口。

彩钢板安装中，应注意几个关键部位的构造做法：① 山墙檐口，用檐口包角板连接屋面和墙面彩钢板；② 屋脊处，在屋脊处盖上屋脊盖板，根据屋面的坡度大小，分屋面坡度≥10°和<10°两种不同的做法；③ 门窗位置，依窗的宽度，在窗两侧设立窗边立柱，立柱与墙梁连接固定，在窗顶、窗台处设墙梁，安装彩钢板墙面时，在窗顶、窗台、窗侧分别用不同规格的连接板包角处理；④ 墙面转角处，用包角板连接外墙转角处的接口彩钢板；⑤ 天沟安装，天沟多采用不锈钢制品，用不锈钢支撑固定在檐口的边梁（檩条）上，支撑架的间距约500 mm，用螺栓连接。

对于保温屋面，彩钢板应安装在保温棉上。施工时，在屋面檩条上拉通长钢丝网，钢丝网中间格为250～400 mm方格。在钢丝网上保温棉顺着排水方向垂直铺向屋脊，在保温棉上再安装彩钢板。铺保温板与安彩钢板依次交替进行，从房屋的一端施工向另一端。施工中应注意保温材料每幅宽度间之间搭接，搭接的长度宜控制在50 mm左右。同时当天铺设的保温棉上，应立即安装好彩钢板，以防雨水淋湿。

轻型钢结构安装完工后，需进行节点补漆和最后一遍涂装，涂装所用材料同基层上的涂层材料。

由于轻型钢结构构件比较单薄，安装时构件稳定性差，需采用必要的措施，防止吊装变形和施工过程中的变形。

任务6　轻型钢结构围护系统

近年来，轻型钢结构因其用钢量少，设计安装时间短、工业化生产程度高，在厂房、小型展厅、办公楼中被广泛应用。由此推动了钢结构围护系统由单一化向多样化发展，进而引发了设计新思路、施工新方法的变革。

轻型钢结构的围护系统主要包括墙面系统、屋面系统、采光带、包边及泛水、天沟和保温棉等。围护系统是轻型钢结构最主要的组成部分之一，决定建筑外观的观赏度、建筑的防水与保温效果。

对轻型钢结构围护系统进行详细分类，总结出彩钢板维护系统设计与施工时应注意的事项，给出具体节点大样图。对此类结构的设计与施工有参考价值。

轻型钢结构因其用钢量少、安装及设计时间短、工业化生产程度高等特点，已经在厂房、小型展厅、办公楼中得到广泛使用。其围护系统往往采用彩钢板，研究总结彩钢板维护系统的设计与施工经验，提出经济合理的节点构造与施工方案具有重要的实际意义。

学习情境 9 轻型钢结构工程的安装

一、屋面及墙面系统的设计与施工

1) 彩钢板围护系统的分类

彩钢板围护按构成方式分为:单层板、EPS 夹芯板、BHP 彩钢板、GRC 墙板、聚氨酯夹芯板、玻璃丝棉现场复合夹芯板、岩棉夹心板等。彩钢板维护按施工方式分为:成品复合板、现场复合板等。现场复合板按连接方式分为:搭接板、胶合板、暗扣板等。彩钢板维护按材质分为:镀锌彩钢板、钛金板、镀铝锌彩钢板、铝合金板压型板、不锈钢板压型板、铜板等。

2) 设计注意事项

现场复合板由于其加工成本低及施工技术较为成熟,因此在轻型钢结构中广泛应用。屋面彩钢板多采用 01376 t 和 015 t 厚的镀锌烤漆彩板。屋面坡度影响屋面雨水的排放,在设计时屋面坡度宜取 1/8~1/20,在雨水较多的地区宜取其中的较大值,详见《门式刚架轻型房屋钢结构技术规范》(GB 51022—2015)。此外屋面坡度与所用的屋面板型有关,一般的外露钉式板使用的坡度要求较大,隐藏式板的要求较小。

大跨度钢结构屋面板宜采用暗扣式彩钢板。在大量的工程应用中,暗扣式彩钢板有以下优势:① 避免温差引起的屋面板变形过大,自攻螺钉被剪断;② 在多雨地区,台风区外露自攻螺钉在温度变形、风荷载的振动,橡胶垫的老化时,非常容易造成板的锈蚀和漏水,采用暗扣式彩钢板则可避免上述状况。对于单坡长度大于 60 m 的屋面则需要加工成两块板,形成板间伸缩缝,用得泰防水盖片连接,得泰防水盖片可与彩钢板之间相互滑动,可解决温度变形的问题。

3) 施工注意事项

在施工中,对于大跨度的屋面,彩钢板需整块的成型板,因吊车吊装板容易造成板材变形,故安装时一般不使用吊车,多采取卷扬机半斜式吊装。

二、采光板设计与施工

采光板按材料分为玻璃纤维增强聚酯采光板、聚碳酯制成的蜂窝状或实心板等,按形状可分为与屋面板波形相同的玻璃纤维增强聚酯采光板(简称玻璃钢采光瓦)和其他平面或者曲面采光板。

不同的采光板有不同的固定方法,聚碳酸酯采光板采用铝型材扣件固定,波形采光板采用采光板支架和自攻螺钉连接固定,再打胶密封。采光板的位置一般设置在跨中。

采光板与自攻螺钉连接,必须有盖板。阳光板冷热变形较大,容易被自攻钉剪破,因此阳光板在自攻钉处应开较大孔。在安装采光板时应考虑采光板的伸缩性。

采光板在 12 m 以内无须搭接,超过 12 m 则需要搭接,搭接长度为 200~400 mm,搭接处施涂二道密封胶,横向搭接不需收边,纵向彩钢板的搭接需看板型,普通压型钢板,一般不考虑做收边,直接将其与彩钢板用自攻钉固定,并施涂密封胶,胶合板则需做收边。

采光板纵向长度方向搭接应设置在檩条附近,屋面防水处理须采用密封胶内涂,密封胶表面容易老化,搭接处采用两道水胶泥中间夹一道白色或无色密封胶。

采光板侧向彩钢板搭接明式螺钉屋面板或是暗式扣合屋面板,采光板应预留板有效宽度,在采光板波峰处用长自攻螺丝固定,考虑到采光板热胀冷缩不一样,应对采光板采用预冲孔处理(8 mm 孔为宜),自攻螺丝下需放置加强型防水垫圈,防止采光板热胀冷缩后在螺丝处开裂。

彩钢板设计与施工时应注意其热胀冷缩作用,采光板与自攻钉连接处必须有盖板。同时注意其与彩钢板的差异之处。彩钢板应采用预冲孔处理(8 mm 孔为宜)。为避免冷翘的产生,可以考虑在檩条上垫硬质保温材料。

三、保温棉

保温棉有岩棉、玻璃纤维等材质,保温棉具有优良的保温隔热性能,施工及安装便利,节能效果显著,导热系数低等特点。目前国内钢结构厂房屋面系统多采用以下两种方式:① 钢丝网＋铝箔保温棉＋单层彩钢板;② 双层彩钢板＋保温棉。

钢丝网＋铝箔保温棉＋单层彩钢板屋面的施工方法为:将不锈钢丝或镀锌丝交叉拉出菱形或矩形形状,用 215 mm 长自攻钉固定于檩条,铺放玻璃棉卷毡,铝箔面朝向室内一侧,垂直于檩条,在两面屋檐处多留约 20 cm 的卷毡,用双面胶带将其固定在最外侧檩条上。用预留的 20 cm 贴面为玻璃棉收边。注意玻璃棉卷毡的张紧、对齐、卷与卷之间的接缝紧密,纵向需要搭接时,搭接头应安排在檩条处。根据工程需要,为避免冷桥的产生,可以考虑在檩条上垫硬质保温材料。

四、檐口及天沟

檐口根据构造可分为外排水天沟檐口、内排水天沟檐口和自由落水檐口三种形式。可优先采用自由落水檐口和外排水天沟檐口形式。天沟按材质可分为不锈钢天沟、钢板天沟和彩钢板天沟等。天沟作为屋面的主要排水系统,决定着雨雪排放、建筑屋面正常使用的功能。

在寒冷地区,冬季室内外温差大,内天沟下会出现冷凝水,因此要求天沟下铺设保温棉,在施工中可采用如图 9-19 所示的做法。保温棉通过吊挂天沟的檩条固定。同时,在天沟底部加一个收边(一般采用彩钢板),如图 9-19 中收边 A,既美观又可以固定保温棉。在北方少雨地区且工程对檐口要求不高的情况可采用自由落水檐口,檐口自墙面向外挑出,实际挑出墙面不应小于 300 mm。若墙屋面彩钢板为单板,墙板与屋面板间产生的锯齿形空隙由专用板型的挡水件封堵。当屋面坡度小于 1/10 时,屋面板的波谷处板边应用夹钳向下弯折 5~10 mm 作为滴水。

如图 9-20 所示为外排水天沟檐口做法。外排水天沟檐口由于防漏性好、造价较低,在工程也得到了广泛应用。外排水天沟檐口多采用彩钢板天沟。施工中彩钢板天沟不需要支撑它的结构构件,其沟壁可以直接与外墙板贴近,在墙面上设支撑件,在屋面板上伸出连接件挑在天沟的外壁上,各段天沟相互搭接,采用拉铆钉连接和密封胶密封。

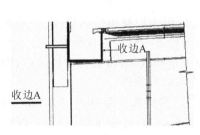

图 9-19 天沟下铺设保温棉示意图

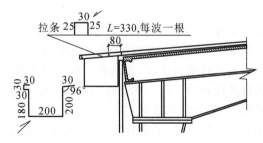

图 9-20 外排水天沟檐口做法

五、包边及泛水

包边及泛水不仅勾勒出建筑的线条,而且在结构上把建筑连接成一个整体,具有防风、防雨等功能,使建筑更坚固耐用。包边及泛水做法具体如图 9-21 所示。

对外楼式层面板,应优先采用暗扣式彩钢板构造处理,可以避免温差变形致使自攻螺钉被剪断,同时可以避免在多雨地区、台风区外露自攻螺钉在温度变形、风荷载的振动、橡胶垫的老化时造成板的锈蚀和漏水现象。

北方少雨地区且工程对檐口要求不高的情况,建议采用自由落水檐口。其防漏性好,造价较低,在工程得到了广泛应用。

六、压型板安装施工工艺

彩色压型钢板是采用彩色涂层钢板,经辊压冷弯成各种波型的压型板,它适用于工业与民用建筑、仓库特种建筑、大跨度钢结构房屋的屋面、墙面以及内外墙装饰等,具有质轻、高强、色泽丰富、施工方便快捷、抗震、防火、防雨、寿命长、免维护等特点,现已被广泛推广应用。

1. 材料要求

压型钢板是钢结构构件,一般采用国家现行《碳素结构钢》(GB/T 700—2006)中的规定。压型钢板的基板,应保证抗拉强度、屈服强度、延伸率、冷弯试验合格,以及硫(S)、磷(P)的极限含量。焊接时,保证碳(C)的极限含量,其化学成分与物理力学性能需满足要求。

建筑工程上使用的压型钢板的尺寸、外形、重量及允许偏差应符合《建筑用压型钢板》(GB/T 12755—2008)的要求;压型钢板宜采用镀锌卷板,两面镀锌层含锌量275 g/m²,基板厚度为0.75~2.0 mm。压型钢板外形如图9-22所示。

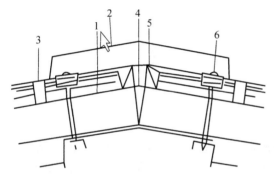

图 9-21 包边及泛水做法
1—夹心屋面板;2—屋脊彩钢板盖板;3—5×13拉铆钉;
4—聚苯或岩棉条填充;5—彩钢板翻折;6—M6.3自攻钉

(a)压型钢板　(b)封闭式压型钢板

(c)开口式压型钢板

图 9-22 压型钢板

由于压型板在建筑上用于楼板永久性支承模板并和钢筋混凝土叠合共同工作,因此不仅要求其力学、防腐性能,而且要求有必要的防火能力满足设计和规范的要求。

压型板施工使用的焊接材料,焊条为E43××型。

2. 主要机具

压型钢板安装所需起吊机械,由钢结构安装确定。压型板施工的专用机具有压型钢板电焊机,其他施工机具有手提式或其他小型焊机、空气等离子弧切割机、云石机、手提式砂轮机、钣工剪刀等,某工程采用的机具见表9-4。

表 9-4 压型钢板安装工程主要机具

序号	机具名称	型号	单位	数量	备注
1	空气等离子弧切割机	1	台	使用数量根据具体工程确定	切割压型钢板或封口板
2	空气压缩机	1	台		提供压缩空气给切割机
3	手工电弧焊	2	台		用于焊接
4	经纬仪	1	台		放线测量
5	水平仪	1	台		放线测量

续表

序 号	机具名称	型 号	单 位	数 量	备 注
6	钢尺	2	把		量距
7	盒尺	5	盒		量距
8	钢板直尺	2	把		下料量距
9	钢直角尺	2	把		下料量距
10	水平标尺	2	把		检查平整度
11	游标卡尺	—	把		检查压型钢板厚度
12	手锤	3	把	使用数量根据具体工程确定	安装
13	记号笔	10	盒		画线
14	钢板对口钳	2	把		压紧压型钢板
15	墨斗	1	盒		放线
16	铅丝	5	kg		调直板拉线
17	塞尺	1	把		检查板缝
18	铁圆规	1	把		压型板开孔
19	角度尺	1	把		下料
20	吊具	1	套		—
21	吊笼	1	个		装配料用
22	对讲机	2	对		装配料用

3. 作业条件

压型钢板施工作业条件如下:① 压型钢板施工之前应及时办理有关楼层的钢结构安装、焊接、节点处高强度螺栓、油漆等工程的施工隐蔽验收;② 压型钢板的有关材质复验和有关试验鉴定已经完成;③ 根据施工组织设计要求的安全措施落实到位,高空行走廊道绑扎稳妥牢靠之后才可以开始压型钢板的施工;④ 安装压型钢板的相邻梁间距大于压型板允许承载的最大跨度,两梁之间应根据施工组织设计的要求搭设支顶架。

4. 操作工艺

1) 工艺流程

压型钢板的生产工艺的基本流程是:开卷→正确送入成型机送料轴→计量长度→定尺切断→成品出料。

镀锌压型钢板的工艺流程,如图 9-23 所示。

2) 操作工艺

(1) 压型钢板施工:① 压型钢板在装、卸、安装中严禁用钢丝绳捆绑直接起吊,运输及堆放应有足够支点,以防变形;② 铺设前对弯曲变形者应校正好;③ 钢梁顶面要保持清洁,严防潮湿及涂刷油漆未干;④ 下料、切孔采用等离子弧切割机操作,严禁用乙炔氧气切割,大孔洞四周应补强;⑤ 是否需搭设临时的支架由施工组织设计确定,如搭设应待混凝土达到一定强度后方可拆除;⑥ 压型钢板应按图纸放线安装、调直、压实并点焊牢靠;⑦ 压型钢板铺设完毕,经调直固定后,应及时用锁口机进行锁口,防止由于堆放施工材料和人员交通造成压型板咬口分离;⑧ 安装完毕,应在钢筋安装前及时清扫施工垃圾,剪切下来的边角料应收集到地面上集中堆放;加强成品保护,铺设人员交通通道,减少不必要的人员走动,严禁在压型钢板上堆放重物。

(2) 栓钉施工:① 压型钢板部分安装完成后,按图纸进行栓钉轴线放样,做好栓钉两头的标

学习情境9
轻型钢结构工程的安装

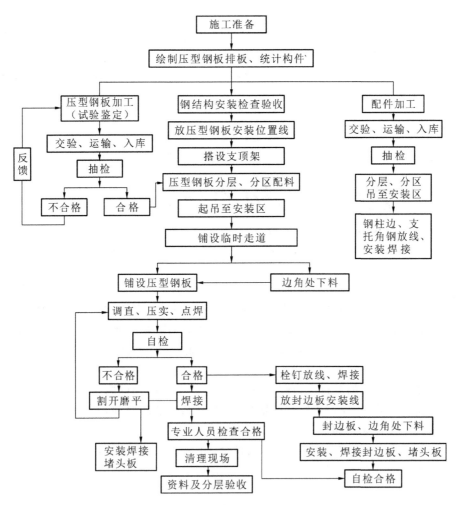

图 9-23 压型钢板安装工艺流程图

记按施工图确定施工轴线,次梁轴线,做好标记(标记高度大于 75 mm 以便铺板后栓钉的准确定位),以便拉线进行施工,栓钉施工时须控制好设备电流,并要求压型板与梁面有可靠接触;② 栓钉施工时用铁锤将施打位置压型钢板敲实;③ 栓钉焊接时保证焊接质量及垂直度。

(3) 边模板的施工:① 按图纸要求在柱上设置挂线点,拉线后进行模板的安装;② 钢模板的安装须平直,与梁面有可靠连接(与梁面搭接不小 50 mm),焊接长度为 20 mm,焊缝间距为 200 mm;③ 安装完成后用拉筋将钢模板上口与焊钉进行连接,以便进行调平。

5. 成品保护

压型钢板成品保护应注意:① 尽量减少压型钢板铺设后的附加荷载,以防变形;② 浇灌砼前在梁间距中间设置支撑系统;③ 压型钢板经验收后方可交下一道工序施工。凡需开设孔洞处不允许用力凿冲,造成脱焊或变形,开大洞时应采取补强措施。

6. 安装时应注意的问题

(1) 压型钢板安装应在钢结构楼层梁全部安装完成、检验合格并办理有关隐蔽手续以后进行,最好是整层施工。

(2) 压型钢板应按施工要求分区、分片吊装到施工楼层并放置稳妥,及时安装,不宜在高空过夜,必须过夜的应固定好。

(3) 压型钢板在装、卸、安装中严禁用钢丝绳捆绑直接起吊,运输及堆放应有足够支点,以防变形;对弯曲变形者应校正好;钢梁顶面要保持清洁,严防潮湿及涂刷油漆未干。大孔洞四周应补强;是否需支搭临时的支顶架由施工组织设计确定。如搭设应待混凝土达到一定强度后方可拆除;图纸放线后安装、调直、压实并点焊牢靠。

(4) 高空施工的安全走道应按施工组织设计的要求搭设完毕。施工用电应符合安全用电的有关要求,严格做到一机、一闸、一漏电(接地)。

(5) 压型钢板的切割应用冷作、空气等离子弧等方法切割,严禁用氧气乙炔焰切割。

任务7 轻型钢结构的防腐蚀

一、轻型钢结构防腐蚀的重要性和措施

轻型钢结构因壁薄杆细,一经腐蚀会严重降低结构的承载力,特别是薄壁型钢结构的防腐蚀问题更为突出。因此,在设计轻型钢结构时,除在结构选型、截面组成以及钢材材质上予以注意外,还应根据结构所处的环境及其重要程度,提出相应的防腐措施。

钢结构的锈蚀与建筑物周围的环境,空气的有害成分(如酸、盐等),建筑物内的湿度、温度和通风情况有关。轻型钢结构不宜用于高湿、高温及强烈腐蚀介质的环境中。

人们在不断总结经验的基础上,逐步认识到一些轻型钢结构的腐蚀与防腐蚀的规律。只要采取积极的防腐蚀措施,排除产生腐蚀的根源,轻型钢结构的防腐蚀,并不比普通钢结构特殊和困难。其防腐蚀的设计原则如下。

(1) 全面考虑结构的整体布置,隔离有腐蚀介质区域或限制腐蚀介质的来源(即改进工艺设备和生产过程),部分或全部消除有害因素。采用有利于自然通风的结构布置方案,以降低有害物的含量。

(2) 尽可能选用含有适量合金元素的耐腐蚀性较高的低合金钢材(如 09MnCuPTi、15MnVCu、15MnTiCu),其耐腐蚀性比 Q235 钢约提高 50%～70%。含 Cu 的钢显示出它的良好的耐腐蚀性能。

(3) 从结构上采取措施,选用不易受腐蚀的合理方案,节点结构要简单,尽量避免有难于检查、清理、涂漆以及易积留湿气和灰尘的死角和凹槽。

(4) 尽可能采用表面面积最小的圆管和方管的管形截面。根据调查结果表明,封闭的方管即使有的有小气孔,但其内壁也不会锈蚀,故管内壁一般可不涂刷油漆。

(5) 将构件彻底除锈,并选用防锈性能良好的涂料。

(6) 在加工制造中要保证焊接质量。焊缝内的夹渣,易引起腐蚀。对于薄壁闭口截面,要求节点处焊接密封,以免水汽侵入。

(7) 尽量避免或减少涂刷后进行焊接,以防止破坏漆膜的完整性,对施工中破坏的漆膜,应及时补涂油漆。

(8) 对原材料和加工好的构件要加强管理,妥善堆放,避免生锈。

二、除锈方法

钢材的除锈好坏,是关系到涂料能否获得防护效果的关键之一,但这点往往被施工单位所

忽视。如果除锈不彻底,将严重影响涂料的附着力,并能使漆膜下的金属表面继续生锈扩展,使涂层破坏失效,达不到预期的保护效果,造成经济上的浪费和生产上的损失。因此彻底清除金属表面的铁锈、油污和灰尘等,使金属表面露出灰白色,以增加漆膜与构件表面的黏结力。目前除锈的方法有以下四种。

(1) 手工除锈:工效低,除锈不彻底,影响油漆的附着力,使结构容易透锈。限于条件,圆钢、小角钢的轻型钢结构多采用这种除锈方法。但在手工除锈施工过程中,应尽量做到认真细致,直到露出金属表面为止。

(2) 喷砂、喷丸除锈:将钢材或构件通过喷砂机将其表面的铁锈清除干净,露出金属的本色。较好的喷砂机能将喷出的石英砂、铁砂或铁丸的细粉自动筛去,防止粉末飞扬,减少对工人健康的影响。这种除锈方法比较彻底,效率亦高,在较发达的国家普遍采用,是一种先进的除锈方法。

(3) 酸洗除锈:将构件放入酸洗槽内,除去油污和铁锈。采用这一方法时应使其表面全部呈铁灰色,酸洗后必须清洗干净,保证钢材表面无残余酸液存在。为防止构件酸洗后再度生锈,可采用压缩空气吹干后立即涂一层硼钡底漆。

(4) 酸洗磷化处理:构件酸洗后,然后再用2%左右的磷酸作磷化处理,处理后的钢材表面有一层磷化膜,可防止钢材表面过早返锈,同时能与防腐涂料紧密结合,提高涂料的附着力,从而提高其防腐蚀性能。

酸洗磷化处理的工艺并不复杂,酸洗槽的设置也比较简单,其工艺过程为:去油→酸洗→清洗→中和→清洗→磷化→热水清洗→涂油漆。

综合来看,以酸洗磷化处理效果最好,喷砂除锈、酸洗除锈次之,人工除锈最差。薄壁型钢结构最好优先采用酸洗磷化处理方法,以延长其维修年限和使用寿命。

三、防锈涂料的选择

涂料(习惯称油漆)是一种含油或不含油的胶体溶液,将它涂敷在构件表面上,可以结成一层薄膜来保护钢结构。防腐涂料一般由底漆和面漆组成,底漆主要起防锈作用,故称防锈底漆,它的漆膜粗糙,与钢材表面附着力强,并与面漆结合好。面漆主要是保护下面的底漆,故对大气和湿气有抗气候性和不透水性,它的漆膜光泽,既增加了建筑物的美观,又有一定的防锈性能,还增强了对紫外线的防护。

钢结构的防腐蚀,除要求彻底除锈外,选择使用防锈性能好的涂料,对于保证结构的使用年限和减少维护费用,也起到很重要的作用。选择涂料的原则应以货源广、成本低为前提。涂料的品种多,性能和用途各异,在选用时要注意下列问题。

(1) 根据钢结构所处的环境,选用合适的涂料。即根据室内、室外的温度和湿度、侵蚀性介质的种类和浓度,选用涂料的品种。对于酸性介质,可采用耐酸性较好的酚醛树脂漆;而对于碱性介质,则应采用耐碱性能较好的环氧树脂漆。

(2) 注意涂料的正确配套,使底漆和面漆之间有良好的黏结力。例如,过氯乙烯漆对钢材表面的附着力差,与磷化底漆或铁红醇酸底漆配套使用,才能得到良好的效果。而不能与油性底漆(如油性红丹漆)配套使用,因为过氯乙烯中含有强溶剂,会咬起这种底漆的漆膜。

(3) 根据钢结构构件的重要性(是主要承重构件还是次要承重构件)分别选用不同品种的涂料,或用相同品种的涂料,调整涂复层数。

(4) 考虑施工条件的可能性,有的涂料宜刷涂。在一般情况下,宜选用干燥快,便于喷涂的冷固型涂料。

(5)选择涂料时,除考虑钢结构使用性能、经济性和耐久性外,还应考虑施工过程中的稳定性、毒性以及需要的温度条件等。此外,对涂料的色泽也应予以注意。

四、油漆的施工与维护

1. 油漆的施工

油漆是钢结构加工制造的最后一道工序,不得与钢结构的焊、铆、拼接等工序交叉进行。

正确的涂装设计必须有严格的施工来保证,不仅施工技术人员应当掌握涂料的施工技术,而且涂装技术工人也应对涂料施工有一定的基本知识和熟练的操作技能。同时还应有一套严格施工管理制度,才有可能很好地完成设计规定的指标和要求。

油漆涂料的保护性能随涂层厚度的增加而提高。漆膜是涂料固化后生成的膜,在使用过程中,由于漆膜内的有机物老化或受腐蚀等多种因素作用,漆膜会受损伤。因此要有足够的漆膜厚度,以免造成钢材表面的腐蚀。但漆膜厚度还要根据钢结构的使用条件和耐久性要求确定,目前国内在这方面还没有统一的漆膜厚度选用标准。根据有关资料按钢结构使用要求,钢结构涂层的总厚度(包括底漆和面漆),一般室内钢结构要求涂层厚度为 $100 \sim 150~\mu m$,室外钢结构要求涂层厚度为 $150 \sim 200~\mu m$。

油漆的操作方法分为刷涂和喷涂两种。对于油性基漆,如红丹防锈漆等,它的干燥较慢,但渗透性较强,流平性好,以涂刷为宜。对于过氯乙烯漆、环氧树酯类漆,因干燥迅速,为使漆膜均匀平整,避免针孔,可采用喷涂。喷涂虽然工效高,但涂料利用率低,浪费大,因此,喷涂在一般钢结构涂装中并不常采用。

由于各种涂料的性能不同,要求施工环境的温、湿也不尽相同。温度可根据有关涂料的产品说明书或涂装规程的规定进行控制,一般为 $10 \sim 30~℃$;湿度一般控制在相对湿度不大于80%。南方地区相对湿度小于80%的天气较少,可采用钢材表面温度高于露点3℃的方法来控制,此法较为合理也较实用。此外,在雨、雾、雪和有较大量灰尘条件下,应禁止在户外施工。

底漆的施工在制造厂进行,面漆的施工一般应在钢结构安装完成并固定后进行。在运输和安装过程中底漆被损坏的部分应予以补涂,然后再涂面漆。

2. 油漆的维护

油漆防护工程的使用期限一般以十年以上为宜。但由于漆膜在使用过程中,受紫外线、温度、湿度、干湿交替、温度变化等的作用和腐蚀介质的腐蚀作用后会受到破坏,有时还会发生机械损伤,因此需要对涂层进行经常性的维修。涂层的维修工作与新建时候不同,其原因为:① 基层条件不同,如涂层有的已被腐蚀,有的表面积灰、积油等;② 施工条件不同,维修时条件往往比新建时的施工条件差,特别是在不停产条件下的维修。不到使用年限的小修是可以局部地修补或表面加涂涂层,而使用到不能再用时的大修,则应彻底重做保护涂层来解决。

任务8 轻型钢结构安装质量问题及预防措施

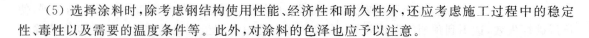

随着建筑钢结构技术的迅速发展和机械化程度的日益提高,轻型金属板材及其配套的门式刚架等系列轻型钢结构已得到了较为广泛的应用。与此同时,建筑钢材、连接技术及加工、安装技术也进一步达到了系列配套的要求。然而,当今钢结构专业队伍素质良莠不齐,时有家庭作

学习情境 9
轻型钢结构工程的安装

坊式的钢结构队伍充斥其中,对一般钢结构加工及安装知识了解甚少,致使在一些工程中发生工程质量隐患和质量事故。提高钢结构专业队伍的素质,已成为一项紧迫的任务。下面简单谈一谈轻型钢结构工程中常见的一些质量问题及预防措施。

一、轻型钢结构的安装质量控制要点

轻型钢结构的安装质量控制要点如下。

(1) 构件几何尺寸复验:钢结构进入现场时,均应对重要几何尺寸和主要构件进行复验,防止由于构件的缺陷而影响安装的质量和进度。

(2) 构件堆放:构件在运输、转运、堆放和起吊的进程中,往往因受外力的影响,造成构件变形、涂层损坏。因此构件卸车应小心,构件堆放应平整,确保构件不发生弯曲、扭曲。

(3) 基础复测:① 复测基础的纵横轴线;② 复测基础预埋件尺寸、平整度及标高;③ 复测预埋件螺栓组的纵横轴线及螺杆的垂直度;④ 检查混凝土试块试验报告和养护日期。

(4) 编制吊装方案:安装时采用何种吊装方案,视施工现场条件而定。吊装前一定要编制吊装方案,明确吊装的顺序、吊点、方法和吊机的配置。在实施进程中,一定要确保吊装方案的执行,对施工中确需调整的应及时调整方案,以确保吊装方案的正确实施。

(5) 行车梁安装:① 严格控制柱的定位轴线;② 预测行车梁的高度(支承处)及牛腿距柱底的高度,将其偏差放在垫板中处理;③ 认真控制立柱的位移值和垂直度。

(6) 选择吊点:构件在吊装前应选择好吊点,尤其是轻型钢结构大跨度构件的吊点需经计算而定。构件起吊时应采取防止构件扭曲和损坏的措施。

(7) 屋面、墙面板安装:① 压型板搭接(侧向)一般不小于半波,搭接方向与该地区主导风向一致,以减小风的影响;② 长度方向采用搭接时,搭接端必须位于支承件(如檩条)上,并用连接件固定。搭接长度不得小于规范规定值。

(8) 检测和矫正:在施工过程中应分单元检查和修正,整体检查和修复。

二、柱脚的制作安装质量要点

(1) 预埋地脚螺栓与砼短柱边距离过近。在刚架吊装时,经常不可避免地会人为产生一些侧向外力,而将柱顶部砼拉碎或拉崩。在预埋螺栓时,钢柱侧边螺栓不能过于靠边,应与柱边留有足够的距离。同时,砼短柱要保证达到设计强度后,方可组织刚架的吊装工作。

(2) 往往容易遗忘抗剪槽的留设和抗剪件的设置。柱脚锚栓按承受拉力设计,计算时不考虑锚栓承受水平力。若未设置抗剪件,所有由侧向风荷载、水平地震荷载、吊车水平荷载等产生的柱底剪力,几乎都由柱脚锚栓承担,从而破坏柱脚锚栓。

(3) 柱脚底板与砼柱间空隙过小,使得灌浆料难以填入或填实。一般二次灌料空隙为 50 mm。

(4) 有些工程地脚螺栓位置不准确,为了方便刚架吊装就位,在现场对底板进行二次打孔,任意切割,造成柱脚底板开孔过大,使得柱脚固定不牢,锚栓最小边(端)距离不能满足规范要求。

三、梁、柱连接与安装质量要点

梁、柱连接与安装常见的质量问题如下。

(1) 多跨门式刚架中柱按摇摆柱设计,而实际工程却把中柱与斜梁焊死,致使实际构造与设计计算简图不符,造成工程事故。所以,安装要严格按照设计图纸施工。

（2）翼缘板与加厚或加宽连接板对接焊时，未按要求做成倾斜的过渡。对接焊缝连接处，若焊件的宽度或厚度不同，且在同一侧相差 4 mm 以上者，应分别在宽度或厚度方向从一侧或两侧做成坡度不大于 1∶2.5(1∶4)的斜角。

（3）端板连接面制作粗糙，切割不平整，或与梁柱翼缘板焊接时控制不当，使端板翘曲变形，造成端板间接触面不吻合，连接螺栓不得力，从而满足不了该节点抗弯受拉、抗剪等结构性能。

（4）刚架梁柱拼接时，把翼缘板和腹板的拼接接头放在同一截面上，造成了工程隐患。拼接接头时，翼缘板和腹板的接头一定要按规定错开。

（5）刚架梁柱构件受集中荷载处未设置对应的加劲肋，容易造成结构构件局部受压失稳。

（6）连接高强螺栓不符合《钢结构用扭剪型高强度螺栓连接副》(GB/T 3632—2008)或《钢结构用高强度大六角头螺栓、大六角螺母、垫圈技术条件》(GB/T 1231—2006)的相关规定。高强螺栓拧紧分初拧、终拧，对大型节点还应增加复拧。拧紧应在同一天完成，切勿遗忘终拧。在钢结构安装完成后，对所有的连接螺栓应逐一检查，以防漏拧或松动。

（7）有些工程中高强螺栓连接面未按设计图纸要求进行处理，使得抗滑移系数不能满足该节点处抗剪要求，必须按照设计要求的连接面抗滑移系数去处理。

（8）有的工程缺乏有针对性的吊装方案，吊装刚架时，未采用临时措施保证刚架的侧向稳定，造成刚架安装倒塌事故。应先安装靠近山墙的有柱间支撑的两榀刚架，而后安装其他刚架。头两榀刚架安装完毕后，应在两榀刚架间将水平系杆，檩条及柱间支撑，屋面水平支撑，隅撑全部装好，安装完成后应利用柱间支撑及屋面水平支撑调整构件的垂直度及水平度，待调整正确后方可锁定支撑，而后安装其他刚架。

四、檩条、支撑等构件的制作安装质量要点

檩条、支撑等构件的制作安装常见的质量问题如下。

（1）为了安装方便，随意增大、加长檩条或檩托板的螺栓孔径。檩条不仅仅是支撑屋面板或悬挂墙面板的构件，而且也是刚架梁柱隅撑设置的支撑体，设置一定数量的隅撑可减少刚架平面外的计算长度，有效保证了刚架的平面外整体稳定性。若檩条或檩托板孔径过大过长，隅撑就失去了应有的作用。

（2）隅撑角钢与钢梁的腹板直接连接，当刚架受侧向力时，使腹板在该处局部受到侧向水平力作用，容易导致钢梁局部侧向失稳。

（3）有的工程所用檩条仅用电镀，造成工程尚未完工，檩条早已生锈。檩条宜采用热镀锌带钢压制而成的檩条，且保证一定的镀锌量。

（4）因墙面开设门洞，擅自将柱间垂直支撑一端或两端移位。同一区隔的柱间支撑、屋面水平支撑与刚架形成纵向稳定体系，若随意移动其位置将会破坏其稳定体系。

（5）如果为了节省钢材和人工，将檩条和墙梁用钢板支托的侧向加劲肋取消，这将影响檩条的抗扭刚度和墙梁受力的可靠性。故施工单位不得任意取消设计图纸的一些做法。

（6）如果擅自增加屋面荷载，原设计未考虑吊顶或设备管道等悬挂荷载，而施工中却任意增加吊顶等悬挂荷载，会导致钢梁挠度过大或坍塌。故施工单位均不得擅自增加设计范围以外的荷载。

（7）屋面板未按要求设置，将固定式改为浮动式，使檩条侧向失稳。往往设计檩条时，会考虑屋面压型钢板与冷弯型钢檩条牢固连接，能可靠的阻止檩条侧向失稳并起到整体蒙皮作用。

（8）刚性系杆、风拉杆的连接板设置位置高低不一，使得水平支撑体系不在同一平面上，从而影响刚架的整体稳定性。刚性系杆与风拉杆构成水平支撑体系，其设置高度在同一坡度方向

应保持一致。

五、质量检验及质量保证措施

（1）工程检验项目：① 钢构件焊接检验；② 钢构件加工检验；③ 钢构件焊钉焊接检验；④ 钢构件普通紧固件连接检验；⑤ 钢构件高强螺栓连接检验；⑥ 钢构件组装检验；⑦ 钢构件主体安装检验；⑧ 钢构件压型钢板检验；⑨ 钢构件防腐涂料涂装检验。

（2）质量保证措施：① 按规范《钢结构工程施工质量验收规范》(GB 50205—2001)对原材料进行检验和复验；② 开工前，有关人员做好每道工序的技术交底，并做好记录；③ 构件制作先按1:1放样后下料，焊接工作必须有持焊工合格证及有相应技术的人员进行施焊，并有专人检查复核校对；④ 严格按检验批对每一分项工程进行自检后经监理认可方为合格；⑤ 隐蔽工程及下道工序施工完成后难以检查的重点部位，施工时应重视进行自检记录，并办理报验手续，经监理检查合格后方能进行下一道工序的施工。

任务9　轻型钢结构安装安全控制

一、轻型钢结构安装安全施工措施

（1）钢梁安装就位后需立即安装螺帽。

（2）吊装下一榀人字梁时需将上一榀人字梁两端钢立柱用连系梁与原有钢架结构连接牢固后方可进行起吊。

（3）四方梯上端需用安全带与钢立柱扣接牢固，下端在地面上稳固后方可进行爬高作业。

（4）C型钢安装时施工人员需将安全带扣好在安全绳上，并可自由滑动，不可松开安全带。

（5）安全绳应在人字梁起吊前两端用吊装扣子固定在人字梁每段斜梁两端，安全绳需顺直以利安全带滑行。

（6）钢板运上屋面后要与檩条扎在一起，以防风吹动伤人。

（7）使用的脚手架要经常检查其强度、刚度和稳定性。

（8）吊装期间，专人指挥、专人监护，施工人员正确使用个人劳动防护用品，严禁在吊车旋转范围内站人。

（9）乙炔瓶、氧气瓶放置间距符合安全规定，每天收工或中午休息时，必须关闭，确保安全。

（10）新老职工要进行三级教育，在施工期间，对遵守或违反安全操作规程的人，分别给予奖励或教育、罚款处理。

（11）健全安全管理网络，施工现场管理制度包括环境、卫生、消防、保卫等。

（12）各施工队长必须牢固树立"安全第一，预防为主"的思想，认真执行各项安全生产措施及规范，实现工地安全生产无事故，具体安全生产指标如下：① 无重大的安全生产质量事故，无死亡、无重伤；② 无火灾、倒塌、中毒事故发生；③ 将轻伤事故频率控制在1‰以下。

二、轻型钢结构安装安全生产的规定

轻型钢结构安装现场安全生产的"六大纪律"及施工现场"六大要素"如下。

（1）六大纪律：① 进入施工现场必须戴好安全帽，扣好帽带，并正确使用个人劳动保护用品；② 2 m以上的作业是高空作业，无安全设施的人必须系好安全带，扣好保险扣；③ 高空作业

人员佩戴工具袋,高空作业不准往上或往下扔抛材料、零部件以及工具等物件;④ 不懂机械和设备的人员严禁使用和玩弄设备;⑤ 各种电动设备必须有可靠和有效的安全措施,方能开动使用,按施工现场临时用电的有关规定采用 TNS(三相四线)电制,做到"一机一闸一漏电(接地)"开关;⑥ 吊装区域非操作人员严禁入内,设置高空作业区的标志范围,吊机必须有专人指挥,吊臂下方严禁站人。

(2) 六大要素:① 进入施工现场要戴好安全帽;② 班组要坚持安全值日制度;③ 吊车要有专人指挥;④ 电动机具要有熟手操作;⑤ 电器开关要有箱有锁;⑥ 施工现场危险区域要有警戒标志。

三、轻型钢结构安装文明施工措施

(1) 现场总平面管理:① 工程占地面积大,安装系统复杂,工程用料及周转材料多,现场地面及施工通道派专人反复清扫,作好周围绿化保护,保持场内整洁;② 施工机械、生产、生活临设及水电管网严格按总平面图进行周密规划,分阶段布置;③ 各种钢筋、砂、石、钢架定点堆放整齐,零星材料入库上架分类存放,易燃易爆物品设专人保管;④ 现场设置排水明沟和暗渠,保持场地不积水。

(2) 现场文明施工管理。

① 现场成立以项目经理牵头的文明施工领导小组,统一指挥,统一协调,严格按章建设施工现场,结合工程实际制定具体的办法,提高施工场地管理水平,消除污染、美化环境,完善安全防护和消防设施,搞好治安联防工作。

② 严格执行建筑施工标准化管理:健全标准化施工组织机构,完善保障体系;正确贯彻执行建安规范、评定标准及安全技术规程;为新工艺、新材料编制特定工艺卡,以图文并茂的形式上墙作为操作依据;保护施工成品,不得随意损坏机具设备,对斗车、灰桶、灰槽用后及时清理,集中放置,做到工完场清。

单层工业厂房结构安装施工方案

1. 工程概况

某厂房工程,设计为单跨单层框架钢结构,厂房长 41 m,柱距 6 m,共有 9 个节间,钢屋架。厂房的剖视图如图 9-24 所示。

本项目厂房做法:屋面采用 0.5 mm 厚 W750 型彩色压型钢板及收边包角,单脊双坡排水。墙体采用灰砂砖砌筑围护、钢筋混凝土梁、柱。主要吊装工程量为 16.6 m 跨钢屋架,钢屋架重 61.4 kN,共 8 个,标高 5.5 m。

2. 钢结构安装前的准备工作

(1) 在厂房施工现场,构件吊装前要运到吊装地点就位,支垫位置要正确,装卸时吊点位置要符合设计要求。

(2) 堆放构件的场地应平整坚实。

(3) 构件就位时,应根据设计的受力情况搁置在垫木或支架上,并应保持稳定。

3. 钢结构吊装方法

钢屋架在工厂制作好后,由汽车运到现场吊装。屋盖系统包括屋架、檩条和屋面板。

各构件吊装过程为：绑扎→吊升→对位→临时固定→校正→最后固定。

4. 起重机的选择和工作参数的计算

钢结构吊装采用汽车式起重机 QY16 型，吊装主要构件的工作参数为：屋架采用两点绑扎吊装；要求起重量为 $Q = Q_1 + Q_2 = (61.4 + 3.0)\text{kN} = 64.4\text{kN}$；要求起重高度（见图 9-25）为 $H = h_1 + h_2 + h_3 + h_4 = (5.5 + 0.3 + 2.7 + 3.0)\text{m} = 11.5\text{m}$。

因起重机能不受限制地开到吊装位置附近，所以不需验算起重半径 R。

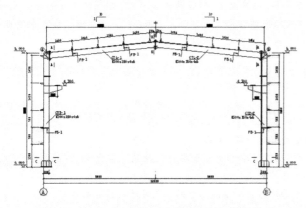

图 9-24 单跨单层框架钢结构厂房的剖图　　图 9-25 起重机的起重高度

钢屋架就位后需要进行多次试吊并及时重新绑扎吊索，试吊时吊车起吊一定要缓慢上升，做到各吊点位置受力均匀并以钢屋架不变形为最佳状态，达到要求后即进行吊升旋转到设计位置，再由人工在地面拉动预先扣在大梁上的控制绳，转动到位后，即可用扳钳来定柱梁孔位，同时用高强螺栓固定。

第一榀钢屋架应增加四根临时固定缆风绳，第二榀后的大梁则用屋面檩条及连系梁加以临时固定，在固定的同时，用吊锤检查其垂直度，使其符合要求。

钢屋架主要检验垂直度，垂直度可用挂线球检验，检验符合要求后的屋架再用高强螺栓做最后固定。在吊装钢屋架前还须对柱进行复核，采用葫芦拉钢丝绳缆索进行检查，待大梁安装完后方可松开缆索。对钢屋架屋脊也必须控制，使屋架与柱两端中心线等值偏差，这样各跨钢屋架均在同一中心线上。

5. 起重机开行路线及构件的平面布置

起重机的起重半径为 7.4 m，吊装屋架及屋盖结构中其他构件时，起重机均跨中开行。屋架直接从工厂运到工地，卸载时直接按平面布置图放置，便于吊装。因此屋架的平面布置没有预制阶段平面布置，直接进入吊装阶段平面布置屋架采用斜向排放。具体步骤如下。

（1）第一步，确定起重机的开行路线和停机点。起重机跨中开行，在开行路线上定出吊装每榀屋架的停机点。

（2）第二步，确定屋架的排放位置。定出 P-P 线、Q-Q 线，并定出 H-H 线，把屋架排放在 P-P 线与 Q-Q 线之间，中间在 H-H 线上。

6. 屋面彩钢板安装

（1）该工程屋面跨度较大，运输装卸过程和吊装、存放都要特别小心。吊装时，必须两点吊装，特别超长时要附加有足够刚度的夹具；存放地点应干燥、坚实、平整，并要有足够的支点；装车、运输、卸车、堆放及吊装全过程都不能损坏、刮伤、扭曲、弄脏夹芯板；如存放在室内，必须垫离地面，如在露天存放应盖好，以免水分留存在夹芯板之间。吊装应平稳，严禁碰撞。

（2）钢板现场切割必须使用无齿电动锯碟机，并要将外露的漆面向下摆放，此办法可避免热锯屑熔蚀漆面，进而使夹芯板氧化锈蚀。切割后必须立即清理干净板面。

（3）安装钢板前要排好板，并按排板规定的方向顺序安装。

(4) 彩钢板在墙身安装时,须注意安装的密实度及垂直度,以防止板沿边进水形成渗漏现象。

(5) 安装时,应在钢屋架上放定位线(拉粉线),保证彩瓦平直,彩瓦上下端均翻边,以防雨水侵入,自攻钉、接头、收边包角缝隙等须用玻璃胶密封好,确保不漏雨。为防止台风损坏彩瓦,每张彩瓦上下各需打2颗自攻钉,并用密封胶封好。

(6) 墙面彩钢板应打满钉,打钉时必须拉线,保证横平竖直,收边、包角等必须安装牢固、美观。

(7) 自攻钉打歪斜的须去掉重打,保证打钉端正与彩钢板连接紧密,严禁打错钉。

(8) 彩钢板安装质量标准:① 屋面、墙面平整,接缝顺直,檐口基本是直线,无未经处理的错钻孔洞;② 檐口与屋脊平行度允许偏差 10.0 mm,相邻彩钢板端部错位允许偏差 5 mm;③ 墙面彩钢板波纹线垂直度 $H/1000,20.00$ mm;④ 彩钢板、包角板、水切等应固定牢固无松动。

7. 焊接和焊接验收

焊接工作除了技术是关键外,还要加强管理,主要应做好以下工作。

(1) 对其首次采用的钢材、焊接材料、焊接方法、焊后热处理等,应进行焊接工艺评定,并应根据评定报告确定焊接工艺。

(2) 焊接工艺评定应按国家现行的《钢结构焊接规范》(GB 50661—2011)执行。

(3) 焊工应经过考试并取得合格证后方可从事焊接工作。合格证应注明施焊条件、有效期限。焊工停焊时间超过6个月,应重新考核。

(4) 焊接时,不得使用药皮脱落或焊芯生锈的焊条和受潮结块的焊剂及已熔烧过的渣壳。

(5) 焊丝、焊钉在使用前应清除油污、铁锈。

(6) 施焊前,焊工应复查焊件接头质量和焊接区域的处理情况。当不符合要求时,应经修整合格后方可施焊。

(7) 角焊缝转角处宜连续绕角施焊,起落弧点距焊缝端部宜大于 10.0 mm;角焊缝端部不设置引弧和引出板的连续焊缝,起落弧点距焊缝端部宜大于 10.0 mm,弧坑应填满。

(8) 多层焊接宜连续施焊,每一层焊道焊完后应及时清理检查,清除缺陷后再焊。

(9) 焊成凹形的角焊缝,焊缝金属与母材间应平滑过渡;加工成凹形的角焊缝,不得在其表面留下切痕。

(10) 焊缝出现裂纹时,焊工不得擅自处理,应查清原因,制定修补工艺后方可处理。

(11) 焊缝同一部位的返修次数,不宜超过两次。当超过两次时,应按返修工艺进行。

(12) 焊接完毕,焊工应清理焊缝表面的熔渣及两侧的飞溅物,检查焊缝外观质量。检查合格后应在工艺规定的焊缝及部位打上焊工钢印。

(13) 碳素结构钢应在焊缝冷却到环境温度、低合金结构钢应在完成焊接24 h以后,才可进行焊缝探伤检验。

(14) 焊接接头内部缺陷分级应符合现行国家标准《焊缝无损检测 超声检测 技术、检测等级和评定》(GB/T 11345—2013)的规定,焊缝质量等级及缺陷分级应符合规定。

8. 文明施工

(1) 施工开始前,根据现场情况,与甲方协商,根据当地的具体情况协商解决食宿问题,并制定切实可行的文明施工条例。创建标准化施工工地。

(2) 施工用电及供电线路是施工的重要组成部分,应根据施工设施布置情况,保证一次定位,根据需要采取隔离保护措施。

(3) 施工现场应挂牌展示下列内容:① 各职务岗位责任;② 安全生产规章;③ 防火安全责任;④ 作为文明施工的日常内容,施工班组每日收工前必须清理本班组施工区域,以保证施工场清洁。

9. 雨季施工及防风措施

(1) 合理调整原材料的运输速度和安装速度,在保证不息工的前提下,尽量减少材料在现场的堆放余量。

(2) 每日收工前将屋面剩余的板材用绳索绑扎固定,或运回料场。

学习情境 9

轻型钢结构工程的安装

　　(3) 每日开工、收工前检查临时支撑是否完好,如发现不牢或隐患现象,立即采取措施加固。

　　(4) 大雨、大风、雷电天气应立即全面停止作业,并应预先采取措施,屋面上未固定材料应在预感变天时予以固定。

　　(5) 一旦遇大雨应立即切断所有电动工具的电源,雷电天气禁止吊装及高空作业,雨天过后及时全面认真检查电源线路,排除漏电隐患,确保安全。

10. 技术质量措施

　　(1) 开工前做好技术、质量交底,让施工人员心中有数,树立质量第一的观念。

　　(2) 根据施工技术要求,做好施工记录,贯彻谁施工,谁负责的精神,凡上道工序不合格,下道工序不予施工,各工序之间互检合格后方可进行下道工序施工。对重要工序需专职质检员检查认可后方可继续施工。做到层层把关,相互监督。

　　(3) 定期检测测量基线和水准点标高。施工基线的方向角误差不大于 12″。施工基线的长度误差不大于 1/1000。基线设置时,转角用经纬仪施测,距离采用钢尺测距,并由质检校核。坐标点采用牢靠保证措施,严禁碰撞和扰动。

　　(4) 其他质量措施严格按国家相关规范执行。

1. 简述轻型钢结构的概念。
2. 说明轻型钢结构的种类、形式和组成。
3. 轻型钢结构的主要加工方法有哪些?
4. 怎样处理轻型钢结构厂房的基础及其支承面?
5. 怎样处理钢结构厂房地脚螺栓?
6. 在运输过程中如何保护轻型钢结构?
7. 简述门式钢结构厂房的安装工艺流程。
8. 简述钢柱的吊装方法。
9. 简述钢梁的吊装方法。
10. 试述屋面和墙面彩钢板的安装方法,并说明钢丝网+铝箔保温棉+单彩板的屋面施工方法。
11. 檐口的构造有几种形式? 如何应用?
12. 什么是压型板? 有何用途?
13. 简述压型板的安装工艺流程。
14. 轻型钢结构的除锈方法有哪些?
15. 如何选择轻型钢结构的防锈涂料?
16. 什么是漆膜? 漆膜厚度是如何规定的?
17. 轻型钢结构安装的质量控制要点是什么?
18. 梁柱连接与安装的质量控制要点是什么?
19. 檩条和支撑构件的制作安装要点是什么?
20. 轻型钢结构安装现场安全生产的"六大纪律"及施工现场"六大要素"是什么?

1. 编制某厂房地脚螺栓的固定方案。
2. 编制压型板的制作安装工艺。

学习情境 10 高层钢结构工程的安装

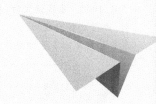

■ **知识内容**

① 高层钢结构工程的含义及发展概况;② 高层钢结构工程的分类及结构特点和施工特点;③ 高层钢结构工程起重机的选用与装拆;④ 高层钢结构工程吊装工艺方案;⑤ 高层钢结构工程测量与校正的要求;⑥ 高层钢结构工程安全施工措施;⑦ 高层钢结构工程质量控制要点。

■ **技能训练**

① 掌握高层钢结构工程施工企业的资质要求;② 根据具体工程进行高层钢结构工程起重主机的选择与装拆;③ 能编制高层钢结构工程吊装方案;④ 能编制高层钢结构工程校正测量工艺;⑤ 能制定高层钢结构工程安全施工措施;⑥ 能正确制定高层钢结构工程施工质量计划。

■ **素质要求**

① 要求学生养成求实、严谨的科学态度;② 培养学生乐于奉献,深入基层的品德;③ 培养与人沟通,通力协作的团队精神。

任务1 高层钢结构工程概述

一、高层建筑定义

1. 国外对高层建筑的定义

在美国将超过 24.6 m 或 7 层以上的建筑视为高层建筑;在日本将超过 31 m 或 8 层及以上的建筑视为高层建筑;在英国将把等于或大于 24.3 m 的建筑视为高层建筑。

2. 国内对高层建筑的定义

旧的国家标准中规定:8层以上的建筑都称为高层建筑。在新的《高层建筑混凝土结构技术规程》(JGJ 3—2010)中规定:10层及10层以上或高度超过28 m的钢筋混凝土结构为高层建筑结构;当建筑高度超过100 m时,为超高层建筑。

《民用建筑设计通则》(GB 50352—2005)、《建筑设计防火规范》(GB 50016—2014)中将10层及10层以上的住宅建筑和高度超过24 m的公共建筑和综合性建筑定义为高层建筑。

二、高层建筑的分类

1. 国外高层建筑的分类

1972年国际高层建筑会议将高层建筑分为4类:第一类为9～16层(最高50米),第二类为17～25层(最高75米),第三类为26～40层(最高100米),第四类为40层以上(高于100米)。

2. 国内高层建筑的分类

《民用建筑设计通则》(GB 50352—2005)中将住宅建筑依层数划分为:一层至三层为低层住宅,四层至六层为多层住宅,七层至九层为中高层住宅,十层及十层以上为高层住宅。除住宅建筑之外的民用建筑高度不大于24 m,否则为单层和多层建筑,大于24 m者为高层建筑(不包括建筑高度大于24 m的单层公共建筑);建筑高度大于100 m的民用建筑为超高层建筑。

建筑高度的计算:① 当为坡屋面时,应为建筑物室外设计地面到其檐口的高度;② 当为平屋面(包括有女儿墙的平屋面)时,应为建筑物室外设计地面到其屋面面层的高度;③ 当同一座建筑物有多种屋面形式时,建筑高度应按上述方法分别计算后取其中最大值。局部突出屋顶的瞭望塔、冷却塔、水箱间、微波天线间或设施、电梯机房、排风和排烟机房以及楼梯出口小间等,可不计入建筑高度内。

三、高层建筑钢结构的结构类型和结构体系

高层建筑的主要结构形式有:按材料可分为钢筋混凝土结构、钢结构、钢结构-钢筋混凝土组织结构等;按结构受力可分为框架结构、框架剪力墙结构、剪力墙结构、筒结构、框架筒结构、其他组合结构等。

1. 高层建筑钢结构的结构类型

高层建筑钢结构的结构类型主要有以下三种。

(1) 钢结构　高层钢结构一般是指六层以上(或30 m以上),主要采用型钢、钢板连接或焊接成构件,再经连接、焊接而成的结构体系。高层钢结构常用钢框架结构,其主要构件是由工字钢组成的。

(2) 钢-混凝土结构　即钢框架-混凝土核心筒结构形式。在现代高层、超高层钢结构中应用较为广泛,多指框架结构,框架结构是指由梁和柱以焊接或者铰接相连接而成构成承重体系的结构,即由梁和柱组成框架共同抵抗使用过程中出现的水平荷载和竖向荷载。采用该结构的房屋墙体不承重,仅起到围护和分隔作用,一般用预制的加气混凝土、膨胀珍珠岩、空心砖或多孔砖、浮石、蛭石、陶粒等轻质板材等材料砌筑或装配而成。

(3) 钢管混凝土结构　钢管混凝土就是把混凝土灌入钢管中并捣实以加大钢管的强度和刚度。一般我们把混凝土强度等级在C50以下的钢管混凝土称为普通钢管混凝土;混凝土强度等级在C50以上的钢管混凝土称为钢管高强混凝土;混凝土强度等级在C100以上的钢管混凝土

称为钢管超高强混凝土。钢管混凝土由于其承载力高、塑性和韧性好等优点,被广泛应用于单层和多层工业厂房柱、设备构架柱、送变电杆塔、桁架压杆、桩、空间结构、高层和超高层建筑以及桥梁结构中。钢管混凝土结构具有比普通钢筋混凝土结构更优越的承载性能和抗震性能,具有更好的延性、耐久性,在转换结构中采用钢骨转换梁将会有效地提高转换结构的整体功能。

在高层建筑结构中,钢管混凝土柱具有很大的优势,其优点有:① 具有承载力高,抗震性能好的特点,既可以取代钢筋混凝土柱,解决高层建筑结构中普通钢筋混凝土结构底部的"胖柱"问题和高强钢筋混凝土结构中柱的脆性破坏问题;② 可以取代钢结构体系中的钢柱,以减少钢材用量,提高结构的抗侧移刚度;③ 钢管混凝土构件的自重较轻,可以减小基础的负担,降低基础的造价;④ 全部采用钢管混凝土柱的工程可以采用"全逆作法"或"半逆作法"进行施工,从而加快施工进度;⑤ 钢管混凝土柱的钢材厚度较小,取材容易、价格低;⑥ 其耐腐蚀和防火性能也优于钢柱;⑦ 钢管混凝土柱不易倒塌,即使损坏,修复和加固也比较容易。

2. 高层建筑钢结构的结构体系

在高层建筑中,目前有三种结构体系:混凝土结构、钢结构和由混凝土结构和钢结构组成的混合结构。混合结构主要表现为以下几种结构体系。

(1) 框架体系　钢筋混凝土体系。

(2) 双重抗侧力体系　① 钢框架-支撑(剪力墙板)体系;② 钢框架-混凝土剪力墙体系;③ 钢框架-混凝土核心筒体系。

(3) 筒体体系　① 框-筒体系;② 桁架筒体系;③ 筒中筒体系;④ 束筒体系。

在高层建筑混合结构中,钢结构主要应用形式为:① 作为钢框架与混凝土核心筒组成受力结构体系,是高层混合结构中常用的形式,如上海金茂大厦、深圳信兴广场等;② 作为劲性骨架与混凝土一起组成受力构件,包括钢管混凝土等;③ 组成网架、桁架等大跨屋盖结构体系。

混合结构兼有钢与混凝土二者的优点,整体强度大、刚性好、抗震性能良好,当采用外包混凝土构造形式时,具有更好的耐火和耐腐蚀性能。混合结构构件一般可降低用钢量15%~20%。混合楼盖及钢管混凝土构件,还有少支模或不支模,施工方便快速的优点。因此混合结构在高层钢结构建筑中所占比重较多。

我国钢产量在2011年已超过6.8亿吨,是世界上的钢产量大国,同时,钢材的品牌、规格与质量也日益提高,为我国高层建筑用钢提供了物质基础。对于超高层建筑结构、大跨空间结构或大跨重载工业厂房等,可采用钢结构;对大跨空间屋盖系统,可选用钢网架、网壳、悬索、壳体、膜结构等。为了充分发挥不同结构材料的性能,根据建筑物特点,可采用两种及以上结构材料构成的组合结构,如由型钢、钢筋、混凝土构成的劲性钢筋混凝土,以及由钢管和混凝土构成的钢管混凝土。在一个建筑物上可采用两种及以上结构形式构成的混合结构,如采用钢筋混凝土作为高层建筑的核心筒,高层建筑外柱采用钢框架结构与其相连。可以预见,钢结构(包括混合结构)在今后高层建筑中将越来越多。

四、高层建筑的主要户外设施

(1) 城市高层住宅建筑外加附属物体包括:① 居民使用的户外空调主机;② 防盗门窗护网;③ 门窗玻璃;④ 企业的户外广告、招牌匾额;⑤ 户外照明及通信装置;⑥ 户外门窗遮阳遮雨用具。

(2) 高层建筑顶端的通信发射接收设施,包括:① 企业通信专用设备;② 信息产业收发信息设施;③ 卫星通信接收设备;④ 户外民用天线。

(3) 高层建筑的水暖设备，包括：① 原高层建筑供暖系统的终端设备；② 冷却塔，高水位水箱。

(4) 高层建筑所安装的太阳能装置，包括：① 民用以及企业用太阳能供暖设备；② 民用及企业用太阳能供电装置。

任务2　高层建筑钢结构的特点

一、高层建筑钢结构的优缺点和施工的特殊要求

1. 高层钢结构的优缺点

钢结构之所以在高层建筑工程中得到广泛应用，是由于它具有以下优缺点：① 强度高，塑性、韧性好；② 重量轻；③ 材质均匀，力学计算的假定比较符合实际；④ 制作简单，施工工期短；⑤ 它也有耐火、耐腐蚀性差，造价稍高等不足之处。

但综合评定，钢结构仍是结构体系中重要的组成部分，是值得扩大推广应用的。

2. 高层钢结构施工的特殊要求

钢结构的施工大体上可分为两大部分，一是钢构配件的制作，二是现场的拼接安装，除此之外，还有防腐、防火处理等。从技术上看，钢结构施工有以下特殊要求。

(1) 对测量、定位、放线工序要求高。这在制作和安装阶段都是较为重要的问题。钢结构力学计算模型比较清楚，对尺寸变化比较明显。下料不精确，会造成构件的变形，安装时不能就位，影响承载效果。同时，在高层建筑中，房屋高、体型大，误差累积非常显著，柱子或其他构件微小的偏移会造成上部很大的变位，极大地改变结构的受力，影响设计效果，甚至产生工程事故。

(2) 安装过程中对天气、温度等条件敏感。钢材热胀冷缩，尺寸变化较大，温度过高或过低都会对安装精度产生影响。同时，在钢材连接过程中，焊接和栓接的质量与天气、温度息息相关，刮风、下雨、下雪都不适宜进行工作。钢结构焊接有其专门的技术规程要求，实际工作中，自然条件不能满足工作要求时，往往要采取人工措施给施工创造条件，如焊条的预热、钢板的预热加温等。

(3) 钢结构安装对机械设备要求高。钢结构施工是一种预制化、装配式的施工，对起重、运输等机械的性能要求高。由于钢构件重量大、体型大，高层建筑施工中高空作业多，对吊装过程中的技术要求高，吊装的施工荷载必须与其自身设计承载力相吻合，钢构件在运输、堆放、起吊、就位及安装过程中，要按事先模拟设计的条件进行。另外，在一些特殊的施工方法中，如同步顶升法、高空滑移法等施工时，对机械设备性能有更高的要求。

(4) 防腐、防火要求严：分施工过程中的防腐、防火和安装完成后的防腐、防火。

(5) 钢结构工程量大，要求堆场大。因为钢结构构件多，现场必须设置临时堆放场地及相应的中转堆场。

二、高层建筑钢结构施工的特点

1. 施工精度要求高

高层钢结构工程安装节点的形式(如坡口焊接或高强度螺栓连接等)要求构件的制作、施工

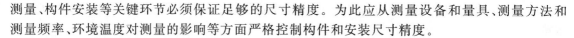

测量、构件安装等关键环节必须保证足够的尺寸精度。为此应从测量设备和量具、测量方法和测量频率、环境温度对测量的影响等方面严格控制构件和安装尺寸精度。

2. 厚钢板焊接难度大

钢结构工程焊接钢板厚度大部分为20 mm以上厚钢板,而且全部为全焊透焊缝,其中焊接收缩变形、焊接接头脆化、焊接裂纹等缺陷的产生将成为必须解决的问题。为此应从焊接方法、材料的选择、焊接工艺评定、焊工技能考试、施焊环境、无损探伤等重要环节严格控制。

3. 构件预制与现场安装同步进行

高层钢结构工程的施工质量很大程度上取决于预制构件质量,钢材质量、构件尺寸、焊接质量、接头处理、除锈涂装等重要工序的质量和构件预制的先后顺序将直接影响现场安装的施工进度和质量。构件预制与现场安装同步进行,必须在构件预制场地和工程施工现场合理安排监理人员,并保持有效的信息沟通,在进度计划、首件验收、构件编号、构件出厂验收等关键环节严格把关,确保预制、安装工作协调进行。

4. 施工速度快,各工种交叉作业

钢结构工程以其施工速度快而著称,在合理安排各工序交叉作业的前提下,施工将以高速度进行。施工现场存在以下两种交叉作业。

(1)钢结构安装工程范围内的交叉作业,包括测量、吊装、焊接、螺栓连接、无损探伤、防腐处理等。

(2)与其他工程的交叉作业,包括±0.000以下混凝土梁与型钢混凝土柱的交叉作业、楼板混凝土工程与钢结构工程交叉作业、其他工程的预留、预埋施工等。项目监理部应根据施工组织设计合理安排监理人员,按工序分头把关,加强各工序控制之间的信息沟通,严格控制隐蔽工程验收。

5. 施工环境对工程质量影响较大

钢结构安装均为高空作业,施工单位必须采取有效的安全防护措施。从施工质量和安全角度考虑,风力过大时不宜吊装、焊接,雨雪天气或湿度过大时不宜焊接、刷油漆,气温过低时不宜焊接,冰雪覆盖不宜上人。

任务3 高层建筑的安装条件

承接高层建筑的安装需要具备相应的资质条件,钢结构公司具备一级专业承包资质方能承接高层钢结构的安装工程。并且应符合国家及行业的规定,企业的从业人员应达到相应的要求。

一、高层建筑的安装企业从业人员应具备的素质

(1)高层工程技术人员。

① 具备全面的钢结构的设计、制造、安装工程技术技能。在设计上应有多座大型钢结构建筑的作品,还应至少有超过10个以上的复杂钢结构的设计经验,如大型空间旋转钢梯、8 m以上悬臂的玻璃雨棚结构、高层用观光电梯框架的设计等。应清楚和了解《钢结构设计标准》的基本内容及其特点。在制作上精通钢结构制作技术。熟悉焊接变形与焊接收缩规律,并能准确计算

出焊接收缩量。精通各类钢结构加工工艺和工装胎具的设计。具有组织和领导50个以上钢结构加工技术工作项目的经验。特别是安装工程技术技能出类拔萃。具有丰富的施工经验和解决问题的能力。

② 有丰富的起重吊装技术技能和起重吊装现场施工经验。有从事多座大型工业厂房吊装的工程经验。熟悉了解汽车吊、轮胎吊的机械特性。从事过土法起重技术工作。进行过独角扒杆、灵机扒杆、人字扒杆、龙门架、三脚架的设计和应用。能够不借助任何书籍和资料迅速进行吊装机、索具的设计、计算和选择。对于现场出现的安装技术问题能够迅速提出1～3个解决问题的方法和施工要求。

③ 精通塔式起重机的设计、制造和使用技术。熟悉其他起重机的使用技术。至少对在高层钢结构工程中使用的塔式起重机的某一种型号进行过全面的了解并掌握其结构特点。能熟练地对塔式起重机的大臂、塔身、起升钢丝绳在定点装配时产生的组合位移进行精确计算,包括垂直和水平两个作用面。能对钢件进行精确安装。熟练地对塔式起重机附着锚固工况进行分析计算。并根据实际锚固作用力判断钢结构框架的承载力,在安装钢结构时充分考虑该因素对安装工艺的影响。熟练地对塔式起重机内爬工况的作用力进行分析计算,并根据实际作用力判断钢结构框架的承载能力,在安装钢结构时充分考虑该因素对安装工艺、安装质量的影响。

④ 熟悉掌握钢结构工程有关的国家规范、标准。例如:钢结构工程施工质量验收规范、混凝土结构设计规范、塔式起重机设计规范和有关安全施工方面的规范等。

⑤ 了解和掌握国际与国内的类似工程的施工技术状况、工艺等。

⑥ 掌握本单位的施工队伍技术现状和各系列工程技术人员的现状和各自的岗位责任制情况。

⑦ 掌握现场施工组织设计与方案制定与落实情况。

⑧ 精通钢结构工程的经济分析技能,熟练掌握安装工程的费用预算情况。

(2) 中层工程技术人员:① 具备钢结构的安装工程技术技能,掌握现场使用的塔式起重机基本性能和技术参数;② 有一定的起重吊装技术技能和起重吊装现场施工经验;③ 熟悉掌握《钢结构工程施工质量验收规范》(GB 20205—2001)、《钢结构设计标准》(GB 20017—2017)、焊接专业技术、涂层专业技术等;④ 清楚现场施工组织设计与方案的具体内容,掌握自己管理的施工队伍技术现状,并组织贯彻执行;⑤ 具有解决现场一般技术事件的能力;⑥ 具有很高的钢结构图纸审图、绘图能力,掌握现状钢结构部件与图样的一致性;⑦ 能够完成一般的钢构安装工程的经济分析;⑧ 能够绘制安装工程进度网络图和相应技术指标分析用图。

(3) 现场工程技术人员:① 具有一般的钢结构图纸识图能力,具有一般的现场绘制施工草图的能力;② 掌握一般的钢结构施工计算工作,如一般的起重吊装用机索具的强度与承载能力的计算;③ 能够理解和执行现场施工组织设计与方案,做好安装前的准备工作;④ 能够贯彻执行上级布置的技术工作;⑤ 基本掌握现场使用的塔式起重机基本性能和技术参数;⑥ 能够编写和办理施工现场施工技术洽商,具备及时沟通与监理、甲方、上级的工程技术信息的能力;⑦ 能够编写施工现场技术工作日志;⑧ 能够编写施工现场各类监理验收报表,如分步、分项工程记录表、原材料进场报验表、隐蔽工程报验表等。

二、高层钢结构起重设备的选用与装拆

建设高层钢结构建筑采取的重要机械为塔式起重机,应依据其构造的立体几何外形和尺寸、构件重量等进行选用,如图10-1所示。

(1) 塔式起重机的选择:除个别状况外,尽可以采取外附式起重机,拆装方便;选用外附着式塔吊时,塔基可选在公共层或另设塔基;选用内爬式塔吊时,塔吊设在电梯井处。

图 10-1　塔式起重机的使用

（2）塔式起重机的地位和性能应满足以下要求：① 要使臂杆长度具备足够的掩盖（修建物）面；② 要有够的起重能力，满足不同位置构件起吊重量的要求；③ 塔式起重机的钢丝绳容量，要满足起吊高度和起重能力的要求，起吊速度要有足够的层次，满足安装需要；④ 多机作业时，应注意当塔吊为高层臂杆时，臂杆要有足够的高差，可以平安运转不碰撞，各塔吊之间应有足够的平行间隔，确保臂杆与塔身互不碰撞，塔吊的顶升、锚固或爬升需要确保安全。

（3）塔吊的顶升、锚固或爬升应注意以下问题。

① 外附着式塔吊　吊钩高度应满足装置高度和各塔吊之间的高差要求，并依据塔吊塔身许可的自由高度来确定锚固次数。塔吊的锚固点应选择钢结构便于加固，有利于形成框架整体结构以及有利于玻璃幕墙安装的部位，对锚固点应进行计算。

② 内爬塔吊　塔吊爬升的位置应满足塔身自由高度和钢结构每节柱单元安装高度的要求。内爬塔吊的基座与钢结构梁-柱的连接方法，应进行计算核定。内爬塔吊所在位置的钢结构，应在爬升前焊接结束，形成整体。

（4）塔式起重机使用前的准备工作：① 认真组织有关人员进行塔吊安装的验收工作，并认真填写有关验收表，做好塔吊基础隐蔽工程的验收工作；② 进行全面的机械设备保养工作；③ 做好试运转工作，按试车计划进行调试，对于力矩限制器、行程限位装置应进行最优化的设定；④ 空载、重载试车，确保无问题；⑤ 做好机械设备的工作日志的填写工作，做好驾驶员的交接班记录工作；⑥ 做好防雷电的地线布置工作，满足有关规定要求，如导线截面积大于150 mm^{2}和阻抗值小于4 Ω的规定；⑦ 基础处的排水功能有效；⑧ 驾驶员持证上岗，身体状况达标，人员配备合理。

（5）立、拆塔吊注重事项。

① 选用塔吊时要考虑施工现场立、拆塔吊的条件。

② 立塔。外附着式塔吊在深基坑边坡立塔时，塔基可依据详细状况选用固定式或行走式基础，但要考虑基坑边坡的稳固，即要考虑最大轮压值及相应的安全措施；内爬塔可采用在建筑物内部设钢平台进行立塔。

③ 拆塔。采取外附着式塔吊时，重要的是应考虑高层建筑群房施工对拆塔的影响。内爬塔的拆除要依靠屋面吊车进行，因而要考虑屋面吊最大轮压值和轨道的埋设不得大于钢结构的承载能力。

④ 凡因立、拆塔吊引起对基坑、钢结构的附加荷载，均应事前进行结构验算。

任务4　高层钢结构吊装工艺方案

一、高层钢结构安装工艺准备工作

（1）安装工艺准备工作的内容：① 熟悉了解本工程情况；② 掌握本次钢结构的制造情况；③ 全国同类型钢结构高层安装的现状；④ 世界同类型钢结构的高层安装现状；⑤ 技术资料的

准备工作;⑥ 安装工程施工组织设计与安全技术方案的起草;⑦ 人员的培训与组织;⑧ 高层(超高层)钢结构安装工程企业标准的制定与对标自查;⑨ 对制造出厂的钢结构部件的质量进行全面的检查核实,将不合格的钢结构部件进行调整或返工处理;⑩ 进行工地现场材料的堆放准备工作,计算地面的承载能力等。

(2) 起重机的工艺方案准备。

① 起重吊装机索具的准备。起重吊装用的机索具使用前应检查起重功能是否正常,应确保功能正常,使用安全。

② 信号传递工具的准备。为了保证施工人员的安全,当完成吊装作业后施工人员不用爬到吊点处进行解除绳结的约束,而设计与制作出自动卡环工具。当完成吊装作业后,施工人员在下面就能解除绳结的约束,这是减少施工人员的高空作业所采取的必要手段。

③ 钢结构部件现场短途运输车辆的设计、制作,要求满足承载与行走的基本需求和具有连接、解除方便的功能。

④ 钢结构部件现场短途运输道路的准备,包括在地下室顶板上进行运输的支顶加固措施的实施工作,要有详细的理论计算保证。

⑤ 现场实际塔吊吊装不同规格的钢结构部件在吊起和降下这两个不同过程中的不同位移量,将计算结果列出表格,用于钢结构部件精确吊装定位。

⑥ 确定是内爬式还是外附着式塔吊的布置方案。

(3) 工地现场钢结构部件的吊装前准备工作。

① 按施工组织设计要求,对不同的钢结构部件与外形大小结构特点按吊装顺序进行编组、编号。按计划设计位置图进行码放工作。

② 将起吊前的钢结构部件水平移动到起吊处。

③ 对起吊前的钢结构部件进行垂直度校正,并做好工艺装备的安装工作,如缆风绳临时固定点的捆绑。校正用支撑杆支点位置的确定与装配。吊点定位临时固定装置的安装。应防止钢结构板边棱角被撞,并防止切断钢丝绳、脱绳和限制其位移。

④ 完成精确测量定位工作。

注意:测量选用通过国家计量部门检测合格的钢尺、经纬仪和水平仪;对检测用钢尺的截面进行测量,选用对应规格的弹簧拉力计,查表选用对应的测量尺寸修正系数,并在测量中正确使用量具、仪器和修正系数;选用合适的放线工具进行放线、画线。

⑤ 施工人员操作用脚手架的架设。对人员操作脚手架应有理论计算保证。架设完成后,安全技术人员要组织验收,合格后方可使用。对验收工作要有书面的验收记录。

⑥ 人体防坠落安全网的架设安装。架设完成后,安全技术人员要组织验收,合格后方可使用。对验收工作要有书面的验收记录。

⑦ 完成操作人员的安全带的悬挂装置的安装工作。

⑧ 完成操作人员到施工面简易道路的布置工作。

⑨ 对起重机索具进行检查与安全验收工作。做好书面记录与办理有关人员签字的手续。

⑩ 组织施工技术交底与安全动员会。使全体人员明确钢结构安装的工艺与技术要求,明确安全工作的基本操作方法和有关规定。

二、高层钢结构安装工艺

1. 安装工艺的基本要求

(1) 对钢结构部件进行吊装作业。钢结构部件到位后,校对安装基准线,进行精确定位。

(2) 对钢结构部件进行定位后,将部件的自重对连接点处的作用力控制在80%。控制方法为利用塔吊的垂直位移量按计算表进行控制。用水平仪和经纬仪读数调整。

(3) 对钢结构部件进行基本的连接,螺栓或焊接多点,按方案要求进行作业。

(4) 对钢结构部件进行安装精度的调整控制。用经纬仪测量柱子的垂直度时注意阳光对柱子侧面热胀冷缩的影响。

(5) 钢结构部件就位时,部件的自重对连接点处的作用力控制在80%,塔吊小车应按塔吊水平位移量计算确定值向大臂端部移动一段距离。以保证塔吊起升钢丝绳与立柱在一个垂直线上。

(6) 钢结构部件就位后,检验合格后进行螺栓紧固或焊接工作。

(7) 钢梁的吊装可采用两吊点或四吊点布置。注意四吊点用两根绳布置双平衡滑轮。吊点捆绑处,吊点与相邻的吊点的穿绕方向要一正一反。确保大梁始终处于平衡状态。做好棱角切绳的防护工作,可将管子一分为二处理,垫于棱角处。

(8) 当本层工作完成后进行局部验收,不合格必须整改至合格为止。

(9) 做好下一层安装工程的准备工作。

2. 安装工艺过程的技术要求

(1) 准备工作:包括钢构件预检和配套、定位轴线及标高和地脚螺栓的检查、钢构件现场堆放、安装机械的选择、安装流水段的划分和安装顺序的确定、劳动力的进场等。

(2) 多层及高层钢结构吊装,在分片区的基础上,多采用综合吊装法,其吊装程序一般是:平面从中间或某一对称节间开始,以一个节间的柱网为一个吊装单元,按钢柱→钢梁→支撑顺序吊装,并向四周扩展;垂直方向由下至上组成稳定结构,同节柱范围内的横向构件,通常由上向下逐层安装。采取对称安装、对称固定的工艺,有利于将安装误差积累和节点焊接变形降低到最小。

安装时,一般按吊装程序先划分吊装作业区域,按划分的区域、平等顺序同时进行。当一片区吊装完毕后,即进行测量、校正、高强螺栓初拧等工序,待几个片区安装完毕,再对整体结构进行测量、校正及高强螺栓终拧、焊接,接着进行下一节钢柱的吊装。

(3) 高层建筑的钢柱通常以2~4层为一节,吊装一般采用一点正吊。钢柱安装到位、对准轴线、校正垂直度、临时固定牢固后才能松开吊钩。安装时,每节钢柱的定位轴线应从地面控制轴线直接引上,不得从下层柱的轴线引上。在每一节柱子范围内的全部构件安装、焊接、拴接完成并验收合格后,才能从地面控制轴线引测上一节柱子的定位轴线。

(4) 同一节柱、同一跨范围内的钢梁,宜从上向下安装。钢梁安装完后,宜立即安装本节柱范围内的各层楼梯及楼面压型钢板。

(5) 钢结构安装时,应注意日照、焊接等温度变化引起的热影响对构件伸缩和弯曲引起的变化,并应采取相应措施。

3. 高层钢结构安装工艺的注意事项

高层钢结构安装工艺的注意事项有:① 做好分部、分项的技术验收资料工作,按国家规定的表格认真填写;② 对钢结构进场的原材料化验单、机械性能报告单、焊条的出厂质量合格证明、螺栓的出厂质量合格证明等进行收集与整理,并及时向监理报验签字生效;③ 做好隐蔽工程工作,填好相应验收表,并及时向监理报验签字生效;④ 做好螺栓现场检验、力学试验工作;⑤ 做好1级、2级焊缝的现场检验工作;⑥ 做好油漆涂层检验工作;⑦ 做好防火涂料的检验与现场涂层的检验工作;⑧ 做好钢结构安装精度的检验验收工作;⑨ 认真做好技术档案的编制工作;

⑩ 认真做好安全预案或紧急安全措施。

三、高层建筑钢结构校正测量工艺

随着建筑业的发展以及建筑技术水平的提高,高层和超高层建筑钢结构工程越来越多。在钢结构工程的安装过程中,测量是一项专业性较强且又非常重要的工作。测量精度的高低直接影响到工程质量的好坏,是衡量钢结构工程质量的一项重要指标。

高层建筑的场地控制测量、基础以上的平面与高程控制与一般民用建筑测量相同,应特别重视建筑物垂直度及施工过程中沉降变形的检测。对高层建筑垂直度的偏差必须严格控制,不得超过规定的要求。高层建筑施工中,需要定期进行沉降变形观测,以便及时发现问题,采取措施,确保建筑物安全使用。

工程实例

上海国际金融中心是一座高达 226 m 的超高层钢结构工程,该工程地下 3 层,地上 53 层,中央核心筒为劲性钢筋混凝土结构,外围是由 19 节钢柱组成的钢结构。该工程采用"天圆地方"的设计方案,造型新颖、美观,但其结构复杂、施工难度大,安装校正测量精度要求高。核心筒的三次变体和高层栋的倾斜收缩都对测量提出了特殊要求,施工单位以其较强的专业技术和良好的敬业精神保证了钢结构工程的精确安装校正。下面对该工程的有关测量技术问题及其解决方法进行简要的介绍。

1. 平面控制网测设和高程的竖向传递

1)平面控制网测量设计

首先对监理公司提供的控制点分布图和有关起算数据,采用 T2 经纬仪和 PTS-Ⅲ05 全站仪分别进行两次测回的测角、测距,联测无误后即将其作为该工程布设平面控制网的基准点和起算数据。

根据已知基准点与设计轴线的关系,采用极坐标法、直角坐标法及方向线法相结合,采用全站仪放样出图,该工程由 24 条纵横主轴线组成的建筑方格网(方格网的精度要求见表 10-1),并据此在首层预埋件上布设 12 个控制点。其中,K1~K8 组成的控制网作为主体结构的平面控制网,K9~K12 组成的控制网作为核心筒的平面控制网。随着核心筒的变体和高层栋的收缩,在原有控制网的基础上将不断加密新的控制点,从而组成新的控制网。平面控制网的测量精度如表 10-2 所示。

表 10-1 建筑方格网主要技术指标

等 级	边长/mm	测角中误差/″	边长相对中误差
一级	50~200	±5	1/40000

表 10-2 建筑平面控制网主要技术指标

等 级	范 围	测角中误差/″	边长相对中误差	方位角闭合误差
一级	钢结构建筑	±9	1/24000	$±10\sqrt{n}$

注:其中 n 为测站数。

将首层布设的控制点,运用徕卡天顶仪依次投测所需施工楼层并用激光接收板接收。慢慢旋转铅直仪(0°,90°,180°,270°,360°)便在接收板上得到一个激光圆,圆心即为该控制点的接收点。激光点的直径应小于 1 mm,激光圆的直径应小于 3 mm。对接收点组成的控制网进行角度、距离闭合测量,经计算机平差计算,满足表 10-2 的精度要求后,即作为该楼层的平面控制网,并以此作为本楼层细部放线的依据。

2)高程的竖向传递

首先,对监理公司提供的施工现场的标高基准点与城市水准点进行联测,然后用 N3 水准仪按照国家二等水准测量规范要求,在首层核心筒墙面上合理引测四个标高基准点。如图 10-2 所示,用两台水准仪配合

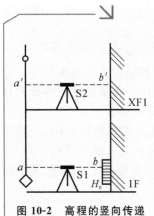

图 10-2　高程的竖向传递

50 mm 钢尺,通过下式进行计算,把首层标高基准点传递到各施工楼层,并对其进行闭合检查,闭合差小于 2 mm 时,即作为本楼层标高测量的基准。

$$b' = H_0 + a' - a + b$$

式中:b' 为 S2 水准仪的视线高;H_0 为首层标高基准点高程;a' 为 S2 水准仪在 50 mm 钢尺上的读数;a 为 S1 水准仪在 50 mm 钢尺上的读数;b 为 S1 水准仪的视线高与 H_0 的高差。

总包方的沉降观测资料显示,高层栋与核心筒的沉降步调不相一致,这是由于工程施工过程中,核心筒一直高过高层栋 6~8 层所造成的。为了保证钢柱与核心筒相接的大梁两端水平度,结合沉降资料的规律,在核心筒连接板安装过程中,施工方通过把连接的标高抬高 3 mm,来确保同层楼面的标高相一致,达到了令人满意的效果。

2. 全站仪实时钢柱校正测绘系统的应用

经典的经纬仪+钢尺测量法,是目前钢结构测量校正所采用的普遍方法。其原理简单、直观,容易被大多数人所接受,但细部放线工作较多,工作量较大,对现场的通视条件要求较高,不仅耗费大量的人力、物力,而且效率较低。在高新技术日益发展的今天,全站仪和计算机得到了广泛的应用,运用接口技术使二者相连,建立一套完整的全站仪实时测绘系统。对钢柱进行测量校正还是一直在探索的新课题。工程进入标准层(39 层)施工阶段开始,完全脱离了传统的校正测量方法,而是采用新技术、新设备,运用该系统软件实时有效地对钢柱进行安装校正测量,取得了较为理想的效果。下面将着重介绍该系统的开发和应用情况。

1)基本原理

根据该工程的特点和平面图的具体情况,以轴线为基准建立一个施工测量坐标系;计算各柱中心和控制点在该坐标下的理论坐标,运用极坐标原理对钢柱进行测量校正。

2)硬件构成

① 数据采集器为 Sokkia Set2B 全站仪;② Sokkia RS30N 型反贴片;③ 处理器采用 586 便携机;④ 全站仪操作平台。

3)RS30N 反光贴片常数测定

用 Set2B 全站仪和其配套的棱镜精确测量一般距离 S,然后移开棱镜,使反光贴片的竖丝对准棱镜对中点进行测量,测得距离为 b',调整全站仪的棱镜常数,直至 $S' = S$。经过多次试验,最终确定反光贴片的常数为 2。

4)外业数据采集及现场纠偏

为了给钢柱测量校正创造有利条件,也为了该系统的有效实施,专门设计并加工了全站仪操作平台,运用膨胀螺栓使其固定在该节柱顶层的核心筒墙面上,并且安装在控制点的正上方。运用激光铅直仪把控制点投测到操作平台上,并且使全站仪对中该接受点。架好全站仪,后视另一控制点,瞄准反光贴片(贴片竖丝对准柱顶中心,且贴片面朝向全站仪),运用极坐标原理测得斜距、水平夹角和竖直角,该数据自动传输给便携机,利用建立的数学模型自动计算并输出柱中心的实测坐标(X,Y)以及实测值与理论值之差值;现场据此数据进行纠偏,指挥校正,直至满足精度要求。

每节柱焊接后均要进行一次柱中心点位偏差测量,按上面同样的测量方法得到各柱焊接后的坐标数据。

5)内业数据处理

利用便携机中的柱中心理论坐标,校正后实测坐标,焊接后坐标实测数据,可以进行柱点位偏差平面图和立面图的绘制。

6) 利弊分析

全站仪实时测绘系统大大减少了外业工作时间,提高了工作效率,而且可以同时进行多根柱子的测量校正,减轻了测量人员的劳动强度,提高了测量精度,节省了测量人员的投入。但需要投入全站仪、计算机等先进设备,对测量人员的素质要求也较高。

3. 钢结构安装误差

测量误差主要受以下因素的影响:① 控制点布设误差,控制点投点误差;② 细部放线误差;③ 外界条件影响;④ 仪器对中、后视误差;⑤ 摆尺误差;⑥ 读数误差。

规范要求和本工程采用的钢结构安装误差的限差,见表10-3。竣工资料显示:钢柱最大轴线偏差满足了规范规定的限差要求。

表10-3 工程规范要求和钢结构安装误差

项次	项目	GB 50205—2001 附录C 允许偏差/mm	本工程自控允许偏差/mm	实际偏差/mm
1	钢结构定位轴线	$e \leqslant L/2000$ ±3.0	$e \leqslant L/2000$ 且±2.0	2.0
2	柱子定位轴线	$e \leqslant 1.0$	$e \leqslant 1.0$	1.0
3	地脚螺栓偏移	$e \leqslant 2.0$	$e \leqslant 2.0$	2.0
4	插入柱就位偏差	$e \leqslant 3.0$	$e \leqslant 3.0$	2.0
5	上柱、下柱连接外错口	$e \leqslant 3.0$	$e \leqslant 3.0$	2.0
6	底层柱基点标高	$-2.0 \leqslant e \leqslant 2.0$	$-2.0 \leqslant e \leqslant 2.0$	$-2.0 \sim 2.0$
7	单节的垂直度	$e \leqslant H/1000$ $E \leqslant 10.0$	$e \leqslant H/1000$ 且 $e \leqslant 5.0$	5.0
8	主体结构整体垂直度偏差	$e \leqslant H/2500$ $e \leqslant 50.0$	$e \leqslant H/2500$ 且 $e \leqslant 30.0$	15
9	同节柱柱顶标高之差	$-5.0 \leqslant e \leqslant 5.0$	$-5.0 \leqslant e \leqslant 5.0$	$-5.0 \sim 5.0$
10	同根梁两端水平度	$e \leqslant L/1000$ $E \leqslant 10.0$	$e \leqslant L/1000$ $E \leqslant 5.0$	5.0
11	主梁与次梁表面高差	$-2.0 \leqslant e \leqslant 2.0$	$-2.0 \leqslant e \leqslant 2.0$	$-2.0 \sim 2.0$

四、高层建筑钢结构施工中存在的问题及对策

我国钢结构的施工水平发展很快,在不长的时间内,已能独立承建一些超高层和大跨度结构。除超高层建筑外,大空间钢结构中以钢管为杆件的球节点平板网架、多层变截面网架及网壳等是我国空间钢结构使用较多的结构形式,在设计、施工方面均达到国际先进水平。轻型钢结构技术由于具有重量轻、强度高、安装速度快等优点也已大量应用。此外,钢结构的吊装、连接和防护技术也已达到了很高的水平。在现代化项目管理和计算机应用方面,一些企业已运用系统工程、网络计划、目标管理和现代管理技术编制施工组织设计,统筹安排施工技术方案和计划进度。

1. 存在的问题

我国钢结构施工技术水平总体上并不比国外差,我们的不足主要表现在管理方面:① 缺乏总承包的能力,这与企业的管理、资金、技术息息相关;② 项目管理粗犷,在质量、成本、进度、安全控制、合同、信息、现场、要素管理方面与国外相比还有差距;③ 计算机应用水平低,人员缺乏,从业人员水平低,资源缺乏,忽视软件开发等;④ 钢结构施工中传统的手工业还大量存在,信息化、智能化施工还未全面开始形成;⑤ 开拓国际化水平低,企业缺乏综合性人才和及时的信息,不能走出国门。此外,还有很多企业没意识到钢结构的发展前景,仍然把钢结构施工看成是混

凝土施工的附属，没能把钢结构施工有效分离，建立一批专业化的公司，并形成独立的施工体系。

2. 发展对策

发展我国的高层建筑钢结构，应从存在的问题出发，采取一系列措施。从企业外部来讲，国家应制定相关的行业技术政策鼓励和发展钢结构施工。例如，加强对钢结构施工企业的资质等级管理，扶持一批技术力量、管理水平高的企业；在造价定额等方面跟上钢结构的发展。我国的建筑市场早已步入市场化，发展钢结构施工主要在企业内部，主要是加强企业管理，壮大企业的实力，使企业跟上市场的需要。项目管理与企业管理紧紧相伴，企业要以项目为基点，加大科技投入，加速科技水平和管理水平的提高。运用先进的技术和管理，才能在项目生产中努力降低成本，使企业获得效益。良好的施工技术方案和组织管理是降低项目成本的根本途径。就我国目前钢结构施工企业的现状，发展钢结构施工技术和管理应从以下几个方面进行。

（1）注重培养钢结构施工方面的人才。钢结构施工企业的发展壮大是从施工实践中逐渐积累经验和技术，从而获得优势的。不可否认，这中间的一些老工人、老技术人员具有丰富的实际操作能力，是一批重要的力量，但在企业的人才培养方面还要重视年轻人，特别是掌握相关知识的年轻人。

（2）要加强企业与科研机构的合作。在超高层和大跨结构施工中，有些技术难题依靠企业本身的力量解决不了，需要与大专院校、设计院或科研机构合作。另外，在大部分情况下，企业研究如何使施工方案优化的问题，与研究机构合作可进行价值工程的应用研究，与专门科研机构合作可尝试采用新工艺，与厂商合作可开展新材料应用等。总的说来，要求企业能充分意识到科技对企业发展的作用，充分利用科研机构的力量和成果，把企业的水平和效益搞上去。

（3）企业要注意科技新动态和管理新方向，注意纳新，接受新信息。现代科技发展很快，学科相互交叉也十分频繁，一些新型材料、软件、专利技术、新机械设备不断出现，要注意搜集这方面的动态，以结合自身情况，消化吸收。这要求企业对内部的科技信息部门加以重视，使其充分发挥作用。

（4）企业要对自身的技术成就和施工经验进行不断总结，以形成工法，在本企业的项目生产中推广应用。各项措施都离不开资金的投入，企业应建立专项科技开发资金，实际运作中，将因科技推广而对工程产生的效益作为科技开发资金的来源，以形成良性循环，不断促进科技水平的提高，同时使那些可以使项目获得效益的科技成果自觉地被运用，这是问题的根本。

（5）积极发展工程总承包，形成以专业化施工队为基础的钢结构工程总承包公司，同时积极向国内外开拓市场。国家对建筑业已制定了近期的技术政策和新技术推广纲要，其中钢结构工程是重要的一部分，相信随着钢结构市场的不断扩大，高层建筑钢结构施工将获得巨大的发展。

任务5　高层建筑钢结构施工的安全措施

制定高层建筑钢结构在施工中防止高处坠落伤亡事故发生的措施十分重要，高处作业安全防护是建筑施工中必不可少的重要安全防护措施。在1992年8月1日起施行的《建筑施工高处作业安全技术规范》(JGJ 80—1991)和1999年5月1日起施行的《建筑施工安全检查标准》(JGJ 59—1999)（以下简称《标准》）等相关安全生产法律、法规、规范及标准落实执行以来，对加强建筑施工现场安全管理，提高安全防护水平，搞好文明施工，规范施工企业安全防护提供了强有力的依据。特别是对建筑业高处坠落、坍塌、触电、中毒、机械伤害五大伤害真正起到了防患于未然的作用,事故发生率逐年下降。但近几年,在建筑施工中高处坠落事故还时有发生,突出体现在高层的公共建筑(如商场、演出场所、体育场馆等)和工业建筑中的装饰工程、屋面工程。针对这一现象,应采取如下的具体措施。

一、在岗人员必须掌握高处作业相关知识

各施工企业主要负责人、项目负责人、专职安全生产管理人员及作业人员要熟练掌握高处作业相关知识。

(1) 根据国家标准《高处作业分级》(GB/T 3608—2008)的规定,明确高处作业要划分等级,凡在坠落高度基准面 2 m 以上(含 2 m)有可能坠落的高处进行的作业,均称为高处作业;在建筑、设备、作业场地、工具设施等的高部位作业,包括作业时上下攀登的范围都属于高处作业。

(2) 高处作业的高度是指作业区各作业位置至相应坠落高度基准面之间的垂直距离中的最大值,称为该作业区的高处作业高度。所谓基准面,是指由高处坠落达到的底面,而底面也可能高低不平,所以对基准面的规定是最低着落点。

(3) 高处作业的级别及坠落半径。其可能坠落范围的半径 r,根据高度 h 不同可分为以下几种。

一级高处作业:作业高度(h)2~5 m 时,坠落半径(r)为 2 m。
二级高处作业:作业高度(h)5~15 m 时,坠落半径(r)为 3 m。
三级高处作业:作业高度(h)15~30 m 时,坠落半径(r)为 4 m。
特级高处作业:作业高度(h)30 m 以上时,坠落半径(r)为 5 m。

(4) 高处作业的种类。

高处作业的种类分为一般高处作业和特殊高处作业两种。特殊高处作业包括以下类别:① 强风高处作业,在阵风 6 级(风速 10.8 m/s)以上的情况下进行的高处作业;② 异温高处作业,在高温或低温环境下进行的高处作业;③ 雪天高处作业,降雪时进行的高处作业;④ 雨天高处作业,降雨时进行的高处作业;⑤ 夜间高处作业,室外完全采用人工照明进行的高处作业;⑥ 带电高处作业,在接近或接触带电体条件下进行的高处作业;⑦ 悬空高处作业,在无立足点或无牢靠立足点条件下进行的高处作业;⑧ 抢救高处作业,对突然发生的各种灾害事故进行抢救的高处作业。

依据高处作业的含义、范围、级别及坠落半径和种类,更好地分析高处坠落发生的直接原因和间接原因,有利于制定出更有经济价值、更适用有效的施工现场防护方案。

二、认真分析高层在建工程施工中发生高坠伤亡事故的原因

(1) 施工企业的安全生产管理责任制度是否健全。安全生产责任制是企业安全生产管理的核心,也是落实"安全第一、预防为主"安全生产方针的根本,因此,企业制订的各项规章制度必须建立健全在安全生产责任制的基础上。通过安全生产责任制的落实明确各级管理人员的责任、高处作业人员的操作规程及三级安全教育,分阶段、分部、分项、分工种进行安全技术交底,每名作业人员必须熟练掌握,做好记录并签字,达到预测、预报、预防事故的目的。

(2) 安全生产费用的投入是否保证。在有的建设工程中,承包商的投标报价和承发包合同中居然没有安全措施费。这是企业不重视安全生产和建筑市场不规范竞争的结果。事实上,通过事先对安全生产的投入,把事故和职业危害消灭在萌芽状态,是最经济、最可行的生产建设之路。有研究成果显示,安全保障措施的预防性投入效果与事故整改效果的关系比是 1∶5 的关

系。因此,企业管理者应该建立安全经济观,加大安全的资金投入,因为依靠先进的科技手段和先进的设备、设施,也是实现安全生产、有效避免重大事故发生的根本所在。

(3) 工程总承包单位和分承包单位对分包工程的责任是否明确。总承包单位依法将建设工程分包给其他单位的分包合同中应当明确各自在安全生产方面的权利、义务。总承包单位和分包单位对分包工程的安全承担连带责任。目前,多数装饰工程和屋面工程由专业公司分包,分包单位不服从管理导致事故发生的,由分包单位承担主要责任。

(4) 施工企业是否具备安全生产条件的规定。每项工程应当由具备安全生产条件的施工企业承建,特别是分包工程的专业公司必须经安全生产许可评价,取得安全生产许可证方可施工,否则无施工权。

(5) 安全防护用具是否使用的是合格产品。施工企业采购、租赁的安全防护用具(如安全带、安全帽、钢管、扣件等),必须具有生产(制造)许可证、产品合格证,并在进入施工现场前进行检验。安全防护用具要有专人管理,定期进行检查、维修和保养,建立相应的资料档案。同时依据住建部、工商总局、质检总局于1998年9月4日发布的《施工现场安全防护用具及机械设备使用监督管理规定》要求,对不合格的防护用具等及时进行报废处理。

(6) 是否正确处理好抢工期、赶进度和安全防护设施不到位的利害关系。现在多数工程的工期要求紧,建设单位和施工单位往往产生一种侥幸和急于求成的心理,一味地抢工期、赶进度,安全管理和安全防护设施跟不上,安全防护滞后,于是各种冒险蛮干、"三违"作业行为也随之产生。在这种情况下,各方责任主体必须坚持"先安全,后生产,不安全,不生产"的原则。如果安全防护没有按相关标准的要求防护到位,决不准许施工人员上岗作业。

三、积极慎重采取具体预防措施

对历年来多起高层施工发生伤亡事故的案例进行分析,总结出应采取的具体预防措施。

(1) 施工企业应做好高处作业人员的安全教育及相应的安全预防工作:① 所有高处作业人员应接受高处作业安全知识的教育,特种高处作业人员应持证上岗,上岗前应依据有关规定进行专门的安全技术签字交底,采用新工艺、新技术、新材料和新设备的,应按规定对作业人员进行相关安全技术签字交底;② 高处作业人员应经过体检,合格后方可上岗,施工企业应为作业人员提供合格的安全帽、安全带等必备的安全防护用具,作业人员应按规定正确佩戴和使用。

(2) 施工企业应按类别,有针对性地将各类安全警示标志悬挂于施工现场的各相应部位,夜间设红灯示警。

(3) 高处作业前,应由项目分管负责人组织有关部门对安全防护设施进行验收,经验收合格签字后,方可作业。安全防护设施应做到定型化、工具化,防护栏杆以黄黑(或红白)相间的条纹标示,盖件等以黄(或红)色标示,需要临时拆除或变动安全设施的应经项目分管负责人审批签字,并且经有关部门验收,经验收合格签字后,方可实施。

(4) 移动式操作平台应按有关规定编制施工方案,项目分管负责人审批签字并且组织有关部门验收,经验收合格签字后,方可作业。移动式操作平台立杆应保持垂直,上部适当向内收紧,平台作业面不得超出底脚。立杆低部和平台立面应分别设置扫地杆、剪刀撑或斜撑,平台应用坚实木板满铺,并设置防护栏杆和登高扶梯。

(5) 大力推广高层施工作业时使用轮式移动操作平台或轨道式移动操作平台。可参考《建筑施工高处作业安全技术规范》(JGJ 80—2016)及《钢结构设计标准》(GB 50017—2017)等有关资料。

高处作业伤亡事故在建筑业诸事故中占首位。近几年来,各施工单位能够认真按照《标准》

要求做好"四口"、"五监边"、洞口作业的安全防护,但决不能忽视高层施工中的高处作业。在符合施工工艺的情况下积极推广采用轨道式移动操作平台和轮式移动操作平台,比满堂脚手架安全,平、立网兜接既省时又省力、省材料,并起到很好的安全防护作用。

在高层施工中,预防火灾确保消防安全不容忽视。从近几年的情况看,高层施工中的火灾事故一般有以下几种类型。

(1) 主体施工中的火灾事故。高层施工模板需要快速周转,有些地区习惯采用胶合板为主的木模板施工,许多筒-剪结构的高层建筑甚至采用连墙带板一次性浇筑砼,这样就会有大量的木模板,一旦引发火灾,后果十分严重。2012年夏初,某市某高层建筑在三十层处发生模板火灾事故,当时又正好停电,给施救工作带来困难,如此高度连消防队员也"望楼兴叹"。另外,脚手架上采用的竹笆片,冬季养护砼用的草帘,木料加工的废料等都曾引发过不同的事故。

(2) 设备安装施工中的火灾事故。工程中的安装和设施配套工作中,因涉及的专业工种较多,材料繁多,工艺复杂,其中不乏需动电焊和氧焊等明火操作的工艺,稍不注意,也时常发生事故。某市曾多次重复发生屋顶安装冷却塔时由于焊接动火引发火灾,且因玻璃钢塔壳为易燃物而燃烧后不能及时抢救被彻底烧毁。

任务6 高层建筑钢结构施工质量控制

一、做好工程开工前的准备工作

(1) 强化施工图纸的会审工作。图纸是工程施工的依据,工程开工前项目控制机构要组织控制人员熟悉工程图纸与项目有关的规范标准、工艺技术条件,充分领会设计意图。

(2) 认真审查钢结构安装施工组织设计。施工组织设计是施工单位全面指导工程实施的技术性文件,施工组织设计的完善程度直接影响工程的质量、进度。因此,钢结构安装工程施工组织设计的审查要有针对性和重点。审查的重点内容有:① 质量保证体系和技术管理体系的建立;② 特殊工种的培训合格证和上岗证;③ 新工艺的应用;④ 对工程项目的针对性;⑤ 质量、进度控制的措施和方法;⑥ 施工计划(工期)的安排。

二、加强现场施工过程中的质量控制

1. 钢结构基础工程的质量控制

钢结构工程的基础一般都采用混凝土独立柱基础,基础的混凝土及钢筋、模板的施工与其他工程的施工工序及方法相同,而基础独立柱中预埋的螺栓是质量控制的重点,单个螺栓及每组螺栓之间的间距、高低的偏差,直接影响钢结构工程的安装质量,在质量控制过程中,要求施工单位必须严格控制好。

2. 钢结构主体工程的质量控制

1) 钢构件的质量验收

钢构件的加工已实行工厂化生产,钢构件的进场质量验收就非常重要。

2) 钢构件安装质量控制

柱、梁安装时,主要检查柱底板下的垫铁是否垫实、垫平,柱是否垂直和位移,梁的垂直、平直、侧向弯曲、螺栓的拧紧程度以及摩擦面清理,验收合格后,方可起吊。当钢结构安装形成空

钢结构制作与安装

间固定单元,并进行验收合格后,要求施工单位将柱底板和基础顶面的空间用膨胀混凝土二次浇筑密实。

(1) 钢柱吊装质量控制。

① 对柱基的定位轴线间距、柱基面标高和地脚螺栓预埋位置进行检查,复测合格并将螺纹清理干净,在柱底设置临时标高支撑块后方可进行钢柱吊装。

② 吊装钢柱根部要垫实,起吊时钢柱必须垂直,吊点设在柱顶,利用临时固定连接板上的螺孔进行,起吊回转过程中应注意避免与其他已吊好的构件相碰撞。

③ 钢柱安装前应将登高楼梯固定在钢柱预定位置,起吊就位后临时固定地脚螺栓,用缆风绳、经纬仪校正垂直度,并利用柱底垫板对底层钢柱标高进行调整。上节柱安装时钢柱两侧装有临时固定用的连接板,上节钢柱对准下节钢柱柱顶中心线后,即用螺栓固定连接板做临时固定,并用风缆绳成三点对钢柱上端进行稳固。

④ 垂直起吊钢柱至安装位置与下节柱对正就位用临时连接板、大六角高强螺栓进行临时固定,先调标高,再对正上下柱头齿位、扭转。再校正柱子垂直度、高度偏差到规范允许范围内,初拧高强螺栓达到 220(N·m)时卸下吊钩。

⑤ 钢柱吊装完毕后,即进行测量、校正、连接板螺栓初拧等工序,待测量校正后再进行终拧,终拧结束后再进行焊接及测量。

(2) 钢梁安装质量的控制。

① 所有钢梁吊装前应该核查型号和选择吊点,以起吊后不变形为准,并平衡和便于解绳。吊索角度不得小于 45°,构件吊点处采用麻布或橡胶皮进行保护。

② 钢梁水平吊至安装部位,用两端控制缆绳旋转对准安装轴线,随之慢慢落钩,钢梁吊到位时,要注意梁的方向和连接板的方向。为防止梁因自重下垂而发生齿孔现象,梁两端临时安装螺栓(不得少于该节点螺栓数的 1/3,且不少于 2 颗)拧紧。钢梁找正就位后用高强螺栓固定,固定稳妥后方可脱钩。

③ 安装时预留好经试验确定好的焊缝收缩量。

3) 螺栓安装质量的控制

钢结构工程中螺栓连接一般用高强螺栓和普通螺栓,普通螺栓连接,每个螺栓一端不得垫 2 个以上垫片;螺栓孔不得用气割扩孔,螺栓拧紧后外露螺纹不得少于 2 个螺距;高强螺栓使用前应检查螺栓的合格证和复试单,安装过程中板叠接触面应平整,接触面必须大于 75%,边缘缝隙不得大于 0.8 mm,高强螺栓应自由穿入,不得敲打和扩孔。

4) 门窗工程安装质量的控制

钢窗安装质量的控制重点有两点:一是钢窗进场合格证、产品试验报告及外观的检查;二是钢窗和固定钢窗的立柱之间的间隙控制。先施工固定钢窗的立柱,有可能出现钢窗与立柱之间缝隙过大或钢窗安不上。在控制过程中,要求施工单位先固定钢窗一边的立柱,待钢窗完全固定就位后,再焊接另一边的立柱,这样保证钢窗与立柱之间无缝隙。

钢结构工程的施工在我国起步不久,在钢结构工程施工控制过程中,要真正发挥工程技术人员的作用,要求工程在施工时要严格控制好进度,同时工程师也要做好质量把关工作,这样才能保证钢结构工程的施工质量。

随着新技术、新材料和新工艺的广泛应用,高层建筑在房地产市场越来越普遍。近年来高层建筑发展很快,高层建筑结构复杂,施工周期较长,混凝土浇筑量也较大。为此,有必要对高层建筑施工工艺技术和管理进行研究、总结,并不断完善,才能建设出质量过硬的建筑,创造更好的经济和社会效益。

学习情境 10　高层钢结构工程的安装

1. 高层建筑钢结构的定义是什么？
2. 高层建筑钢结构施工的特点是什么？
3. 如何选择高层建筑钢结构的起重机械？
4. 高层钢结构工程安装工艺准备工作有哪些内容？
5. 编制起重机的工艺方案前应准备些什么？
6. 工地现场钢结构吊运前的准备工作有哪些？
7. 高层钢结构安装工艺的基本要求是什么？
8. 高层钢结构安装工艺过程的一般技术要求是什么？
9. 高层钢结构安装时的注意事项是什么？
10. 高层钢结构安装时的测量重点是什么？
11. 高处作业的级别是如何规定的？
12. 高处作业的种类是如何规定的？
13. 钢柱的吊装是如何控制质量的？
14. 钢梁的吊装是如何控制质量的？
15. 门窗工程的安装是如何控制质量的？
16. 说明高层钢结构安装工艺编写的主要内容是什么？

 作业题

1. 编制某高层钢结构工程的吊装方案。
2. 编制某高层钢结构工程的安全危险控制点方案。

附录 C　多层及高层钢结构工程的制作与安装工艺规范

学习情境 11 网架钢结构工程的安装

■ **知识内容**

① 网架钢结构工程的概念、分类及其优越性;② 网架钢结构工程安装的基本原则及适用条件;③ 常见网架钢结构工程的安装方法;④ 常见网架钢结构工程安装的施工技术。

■ **技能训练**

① 正确选择网架钢结构工程的安装方法;② 根据具体工程进行网架钢结构工程安装方法的优化;③ 编写网架钢结构工程的施工工艺流程;④ 编写网架钢结构工程的质量控制和安全控制措施。

■ **素质要求**

① 要求学生养成求实、严谨的科学态度;② 培养与人沟通,通力协作的团队精神;③ 培养学生乐于奉献,深入基层的品德。

任务1 网架钢结构工程概述

一、网架的结构概述

空间网架钢结构简称为网架钢结构或网架结构,是近年来迅速发展起来的新型工业与民用建筑屋盖或楼盖承重结构,它是由许多杆件按照一定的规律组成的空间结构,改变了一般平面桁架的受力体系。网架钢结构处于三维空间的受力状态,能承受来自不同方向的荷载,由于杆件间的互相支撑、互相制约,空间刚度大且整体性好。同时,网架是一种高次超静定结构,所以结构非常稳定。

学习情境 11

网架钢结构工程的安装

网架及网架工程就是一种由多根杆件按照一定的网格形式通过节点连接而成的空间钢结构产品。网架结构通常是由双向或三向平面桁架所组成的一种空间结构,也有用杆件组成的四角倒锥体空间结构。桁架施工相对较简单,同时适用于各种形式的节点的连接。一般矩形平面的中、大跨度(30～100 m 跨)的屋盖结构,采用双向平面桁架较合理,因杆件较少,节点处理简单。

在国内,网架结构通常指的是平板(flat plate)网架。顾名思义,平板网架是格构化的平板。它是由按一定规律布置的杆件,通过节点连接而形成平板状的空间桁架(space truss)结构。就整体而言,网架结构与受弯的实体平板在力学特征方面极为类似。平板网架在竖向荷载作用下不会产生水平推力,属于无推力结构。

而网壳(latticed shell),顾名思义为网状壳体,是格构化的壳体。它是由杆件构成的曲面网格结构,可以看成是曲面状的网架结构。

网架结构就整体而言是一个受弯平板,而网壳结构则是主要承受薄膜内力的壳体。如此看来,曲面网架就是属于网壳。

网壳可分为单层或双层,单层网壳是以杆件按一定规律连接曲面上的点而形成的空间结构,双层网壳则是以杆件分别连接上下两层曲面上的点后,再用腹杆把上下两层杆件连接起来,当然还有局部双层(单层)网壳和三层网壳,其结构组成都可以这样理解。曲面网架结构的形成与上述过程基本一致,因此曲面网架和双层网壳在结构组成上并无大的区别。在分析方法上,网架一般是不需要进行整体稳定计算的,虽然现在已经有整体稳定分析的研究,但并没有写入规范,而双层网架一般也是不需要进行整体稳定分析的。这样二者在分析方法上也并无大的区别。如果说区别,网架没有单层的,因为网架中都是二力杆,当然这与双层网壳还是相同的。单层网壳是空间梁系结构。

简而言之,无论是单层网壳,还是双层网壳或多层网壳,其主要受力特点在于利用其曲面的薄壳效应(或说薄膜效应),大多数情况下,内力传递路径沿着曲面切线方向;而网架则要宽泛得多,狭义来说其主要还是以横向受力为主,即传力途径相对简单,基本上沿曲面(平面)法向。

实际上,网壳只不过是网架的一种特殊形式,二者从广义的概念来说应该是包含与被包含的关系,国内的定义方法主要还是基于其结构力学特性的差别。空间网格结构应该是一个较为准确地定义。

近年来,网架结构广泛用于作体育馆看台雨棚、飞机库(见图 11-1)、展览馆、俱乐部、影剧院、食堂、会议室、候车厅(见图 11-2)、双向大柱网架结构大跨距车间等建筑的屋盖结构。其具有空间受力好、工业化程度高、重量轻、刚度大、稳定性好、外形美观、抗震性能优良等优点。其缺点是汇交于节点上的杆件数量较多,制作安装较平面结构复杂。

图 11-1 网架结构飞机库

图 11-2 网架结构候车厅

二、网架的类型

网架结构按弦杆层数不同可分为双层和三(多)层网架两大类。

双层网架是由上弦层、下弦层和腹杆层组成的空间结构,如图 11-3 所示的是最常用的一种网架结构。平板网架按组成的单元不同可以分为以下三种体系。

(1) 交叉平面桁架:① 两向正交正放网架,见图 11-4;② 两向正交斜放网架,见图 11-5;③ 两向斜交斜放网架,见图 11-6;④ 三向网架,见图 11-7。

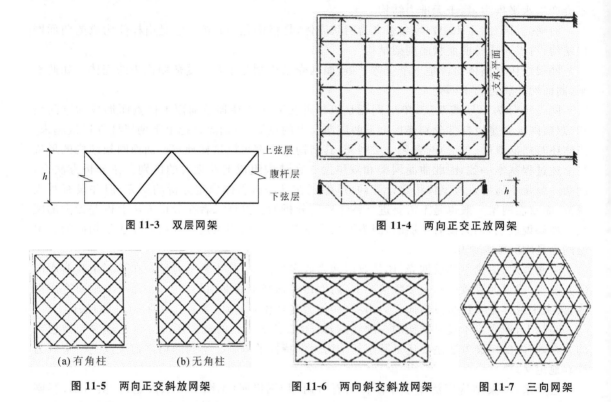

图 11-3 双层网架　　　　　　图 11-4 两向正交正放网架

图 11-5 两向正交斜放网架　　图 11-6 两向斜交斜放网架　　图 11-7 三向网架

(2) 四角锥体系网架:① 正放四角锥网架,见图 11-8;② 正放抽空四角锥网架,见图 11-9;③ 单向折线型网架,见图 11-10;④ 斜放四角锥网架,见图 11-11;⑤ 棋盘型四角锥网架,见图 11-12;⑥ 星型四角锥网架,见图 11-13(a),其杆件连接立体图,见图 11-13(b)。

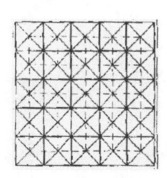

图 11-8 正放四角锥网架

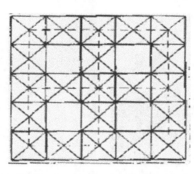

图 11-9 正放抽空四角锥网架

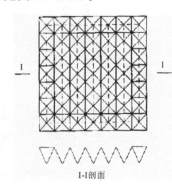

图 11-10 单向折线型网架

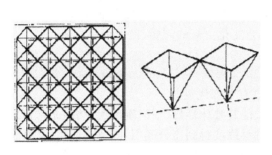
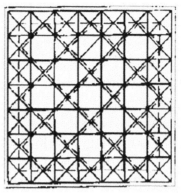

图 11-11　斜放四角锥网架　　　　图 11-12　棋盘型四角锥网架

（3）三角锥体系网架：① 三角锥体系网架，见图 11-14；② 抽空三角锥网架，见图 11-15；③ 蜂窝形三角锥网架，见图 11-16。

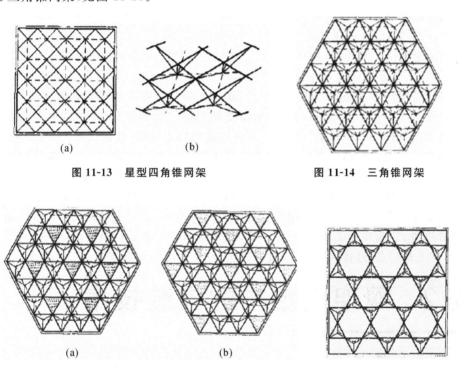

图 11-13　星型四角锥网架　　　　图 11-14　三角锥网架

图 11-15　抽空三角锥网架　　　　图 11-16　蜂窝三角锥网架

常用的网架形式有十多种。构成钢结构网架的基本单元有三角锥、三棱体、正方体、截头四角锥等，由这些基本单元可组合成平面形状的三边形、四边形、六边形、圆形或其他任何形体。因此，空间网架结构可以适应各种各样的建筑造型，构成各种美观的形态。

一般而言，钢结构网架有三种节点形式，分别为：螺栓球节点、焊接球节点、钢板节点等。

三、网架结构的适用范围

空间网架结构的适用范围很广：既能适用于大跨度的公共建筑，如体育馆、展览馆、会展中心、博物馆、影剧院、大会堂或会议中心、车站候车大厅、机库候机楼等,又能适用于中小跨度;既用于单层建筑屋盖,又能适用于多层建筑的楼盖;既能用于民用建筑,又适用于工业建筑,如厂房、仓库等,亦可用于广告牌、人行桥、体育看台罩棚、塔架、光棚、脚手架等;小型网架还可用于室内外装饰。特别是工业厂房,由于采用网架,使厂房扩大,便于安装各种生产线,工艺布置灵活,采用大柱网架结构的通用车间,能适应工艺变化更新的需要,极受用户欢迎。

四、网架结构的优越性

与传统的平面结构相比,空间网架结构具有下列优点。

(1) 由于网架结构杆件之间的相互作用,使其整体性好、空间刚度大、结构非常稳定。

(2) 网架结构靠杆件的轴力传递载荷,材料强度得到充分利用,既节约钢材,又减轻了自重。一个好的网架设计,其用钢量与同等条件下的钢筋砼结构的含钢量接近,这样就可以省去大量的砼,可减轻自重70%~80%,与普通钢结构相比,可节约钢材20%~50%。

(3) 抗震性能好。由于网架结构自重轻,地震时产生的地震力就小,同时钢材具有良好的延伸性,可吸收大量地震能量,网架空间刚度大,结构稳定不会倒塌,所以具备优良的抗震性能。

(4) 网架结构高度小,可有效利用空间,普通钢结构高跨比为1/8~1/10,而网架结构高跨比只有1/14~1/20,能降低建筑物的高度。

(5) 建设速度快。网架结构的构件,其尺寸和形状大量相同,可在工厂成批生产,且质量好、效率高,同时不与土建争场地,因而现场工作量小,工期缩短。

(6) 网架结构轻巧,能覆盖各种形状的平面,又可设计成各种各样的形状,造型美观大方。

随着科学技术的不断发展,钢结构的造型及结构形式越来越复杂,这给钢结构设计和施工带来了新的挑战。例如,以"鸟巢"、"水立方"为代表的奥运场馆,以及国家大剧院、央视新台址、广州电视塔等有影响的钢结构项目,不仅在设计上有所创新和发展,同时在钢结构安装技术方面也取得了新的成就。许多成熟、先进的工艺方法已陆续成为工法,为钢结构行业发展起到了明显的促进作用。由于市场原因,钢结构安装事故及违章现象偶有发生,造成了不必要的经济损失和社会影响。为了进一步提高钢结构施工的总体水平,促进行业发展,钢结构施工除加强施工现场管理外,还应在施工组织设计、方案、技术措施等方面进行研究总结;大力推广新技术、新工艺;针对工程特点,选择安全可靠、技术先进、经济合理的施工方案。

任务2 网架钢结构的安装技术

一、钢结构吊装方案的基本原则

网架钢结构的安装是指采取一定手段或利用起重设备将网架钢结构局部或整体吊装到设计的空间位置。一般吊装前须制定网架钢结构吊装方案,制定方案的原则如下。

(1) 讲究政策性。以图纸为依据,以规范为准则,严格执行国家有关安全生产法规。

(2) 施工可靠性。坚持安全第一,确保方案实施的可行性,增强其可靠度。无论采用哪种方法,首先要考虑该方案是否有成功的先例和配套的设备,否则必须进行方案论证。并注意以下几点:① 根据钢结构特点进行施工验算,证明该方法在施工阶段钢结构的稳定性,杆件应力和变形等是否满足要求;② 使用的机械设备能否满足安装要求;③ 施工现场条件是否满足,如土建施工环境和周围构筑物等是否制约该方案的实施等。

(3) 技术先进性。随着科学技术的发展,钢结构安装领域里的新工艺、新技术、新设备层出不穷,如大吨位起重机的问世,计算机同步控制整体提升和滑移技术等方法的出现,为钢结构安装提供了新的解决方案。尤其是大型钢结构项目,在现场条件和结构形式允许时,应大力推广应用新技术、新工艺;尽量减少高空作业量,不断提高钢结构的安装效率。

(4) 成本经济性。一个好的安装方案应该是方法简便、措施得当、效率高、施工成本低、应用范围广,经得起审查和考验。所以,必须坚持方案对比的原则,进行技术经济分析,选择工期短、成本低的方案。

(5) 操作可行性。一个安装方案应有一个以上的操作方法,在操作上应力求简单可行,在人员、设备、材料和施工环境等方面不必提出过高的要求,因地制宜解决安装施工中出现的问题。

二、网架钢结构吊装方案的适用条件

由于建筑造型和结构形式的不同,施工现场条件的千差万别,可以说没有一种工法或方案适用于任何钢结构项目的安装,所以每一种安装方法都有各自的支持条件。

按工艺方法考虑:首先了解结构形式、结构重量、安装高度、跨度等特点,结合现场实际情况尽量选用成熟、先进的安装工艺。

按起重设备考虑:首先选用自有设备,充分利用现场起重设备,其次就近租用。一般情况下,当构件数量少时,多选用汽车吊;门式刚架吊装多选用中小型汽车吊;安装工期较长、安装高度及回转半径较大时,履带吊比汽车吊经济;整体吊装和滑移多采用液压同步提升(顶推)器;中、高层钢结构安装一般选用塔式起重机;普通桥梁安装多采用门吊和架桥机。

网架结构常用的安装方法有:高空散装法、分条分块安装法、结构滑移法、支撑架滑移法、整体吊装法、整体提升法等,这几种常用的安装方法适用条件见表11-1。

表11-1 网架结构安装方法的一般条件

方法名称	吊装内容	结构形式	安装措施	场地要求
散装方法	单根杆件、一球多杆	螺栓球	满堂脚手架	跨内场地
	小拼单元	螺栓、焊接球	满堂或局部脚手架	跨内外场地
分条分块安装法	条状单元	焊接球、管结构	点式支撑架	跨内外场地
	块状单元	焊接、螺栓	点式支撑架	
结构滑移法	分段滑移	重型结构	滑轨与牵引设备	跨外场地
	积累滑移	中小型结构		
支撑架滑移法	按计算单元高空拼装	纵向长、高度低	滑轨与牵引设备	跨内场地
整体吊装法	地面整体拼装	中小型结构	多台起重机	跨外场地
整体提升法	地面整体拼装	高大型结构	利用结构柱提升	跨内场地
			采用多根拔杆提升	

三、网架钢结构常用的安装方法

网架钢结构的安装方法随结构的形式和位置的不同而不同,常见的安装方法有以下几种。

1. 高空散装法

高空散装法安装是利用安装好的网架刚度大、稳定性好、可承受一定的荷载的特点,先在地面组装好基准钢网架后吊装就位,在网架上弦立起悬臂扒杆吊,其余单元节点在地面组装好,每单元节点以一个钢球四根杆件为宜,利用卷扬机或人工拉滑轮把单元节点吊至空中就位。安装工人坐在节点上,待高强螺栓对准钢球上的螺栓后,拧紧,即完成一个单元节点的安装。以此安装顺序延伸向两边扩展下去,直到整个网架安装完。

2. 分条、分块安装法

分条或分块安装法又称小片安装法,是指将结构从平面分割成若干条状或块状单元,分别由起重机械吊装至高空设计位置总拼装成整体的安装方法。例如,网架结构跨度较大,无法一次整体吊装时,须将其分成若干段。网架结构可沿长跨度方向分成若干条状区段或沿纵横两个方向划分为矩形或正方形块状单元。

分条或分块法采用地面拼装,脚手架数量较小,但组装拼成条状或块状单元其重量较大,必须有大型起重机进行安装,高空拼装工作量大,安装时易发生网架的变形,质量控制难度较大,见图 11-17。应注意的是分条安装法适用于正放类网架,安装条状单元网架时能形成一个吊装整体,而斜放类网架在安装条状单元网架时则需要设置大量临时加固杆件,才能使之形成整体后进行吊装。因此,斜放类网架一般很少采用分条安装法。

图 11-17 分条或分块安装法

分条或分块安装方法的特点是大部分焊接、拼装工作在地面进行,高空作业较少,有利于控制质量。它可省去大部分拼装脚手架。

分条或分块安装的主要技术问题有:① 分条分块的单元重量应与起重设备的起重能力相适应;② 结构分段后,在安装过程中需要考虑临时加固措施,在后拼杆件、单元接头处仍然需要搭设拼装胎架;③ 网架结构划分单元应具有足够刚度并保证几何不可变性;④ 当网架等结构划分为条状单元时,受力状态在吊装过程中近似为平面结构体系,其挠度值往往会超过设计值,因此条状单元合拢前必须在合拢部位用支撑调整结构的标高,使条状单元挠度与已安装的网架结构的挠度相符;⑤ 单元拼装的尺寸、定位要求准确,以保证高空总拼时节点吻合并减少偏差,一般可以采用预拼装的办法进行尺寸控制。

3. 支撑架滑移法

支撑架滑移法就是网架工程支承点累积滑移法,利用网架结构的空间受力特点,在滑移过程中增设一些临时的、变动的支承点,以改善施工过程中刚度、强度不足的情况。它的适用条件是占用跨内场地、安装高度较低、结构面积较大或纵向长度较长。施工阶段采用的临时支撑架,是结构安装方案中的关键性技术措施。

(1) 安装高度在 15 m 以下时,可选用普通扣件式钢管脚手架或碗口式脚手架做支撑架。

（2）对于架体较高，且承重力较大时，宜选用型钢支撑架。无论采用哪种方案，在设计计算时除按规范要求外，还要考虑水平动荷载，必要时增设大斜撑以提高其整体稳定性。

施工时应注意：① 在设计中，除支撑架体本身满足强度和稳定要求外，还须对地基基础所支撑的结构进行验算，必要时采取有效的加固措施；② 支撑架受力后要进行观测，以防基础沉降或架体变形对结构产生影响；③ 支撑架使用的千斤顶、倒链等安装机具，必须严格执行工艺方案，不得盲目使用，以防对架体和结构产生不利；④ 支撑架拆除必须有落位拆除措施，应同步、匀速、缓慢进行，不得盲目拆除。

4. 倒装法施工

倒装法是一种先上后下的特殊安装工艺，它适用于结构高宽比大，如钢塔、桅杆等构筑物，以及常规起重机难以靠近吊装的情况。该方法要着重考虑安装过程结构整体稳定和设备自身稳定问题，具有可靠的支撑稳定措施。

5. 结构滑移法

结构滑移法已发展到采用液压顶推器和计算机同步控制技术，比过去的网架滑移法更先进。其适用条件为：① 由于现场条件的限制，跨内不能设起重机和支撑架；② 结构支承条件有利于铺设滑移轨道；③ 经计算滑移单元结构的强度和刚度均满足要求；④ 了解结构支座形式和固定方法；⑤ 纵向滑移路线越长，效率越高。

6. 整体提升法

整体提升法目前多采用计算机同步控制技术和液压提升设备，该工艺逐步代替了穿心式机动提升和千斤顶顶升方案，其设备轻便，技术先进。

1）适用条件

其适用条件为：① 占用跨内场地；② 安装高度较高；③ 构件较重；④ 限于垂直吊装，不能水平位移。即安装高度越高，提升重量越重，效果约好。

2）选择原则

液压整体提升法，对于超大型空间结构，在施工方案的选择上一般基于以下原则：① 确保安装精度；② 尽量减少高空作业量；③ 尽量减少支撑架的用量；④ 尽量缩短工期；⑤ 尽量降低施工成本。

3）施工特点

液压提升法是一种用于超大、超重型结构施工的现代化施工方法，该工法的基本过程是先在地面组装完成一个完整的结构，再把提升支点和液压千斤顶设在建筑物的上部，施工时用液压千斤顶连接的钢索把结构整体平稳地提拉上去，然后把网壳结构固定在支座上。

液压提升法的特点是提升设备起重能力很大而设备本身的重量却相对较轻，而且提升高度几乎不受限制。把该工法应用于大跨度网壳结构施工的主要优点是：① 由于组装工作几乎全部在地面或靠近地面的位置进行，所以高空作业量大大减少，这对于方便施工操作、提高施工质量和保障施工安全有利，同时也方便了施工检查与管理工作；② 除网壳结构外，地面组装还包括屋面、设备等其他材料，使安装的总工作量明显减少；③ 脚手架用量最少，节省了支架材料租用与装拆费用，也节省了装拆脚手架的时间；④ 由于钢结构网壳与土建可同步施工，所以对大跨度空间结构以及高度较大的空间结构来说，该施工方法总工期最短，成本最低。

在准备工作充分、操作过程规范的前提下，液压提升法是工效最高、最省力和最安全的施工方法。因此，它具有很好的推广应用价值。

4) 施工方法

对于大跨度复杂造型钢结构,屋盖整体提升施工方法具体要求为:① 按照施工要求划分若干提升单元,并独立提升;② 完成提升单元的初步拼装,分别再次提升至设计标高附近,然后将所有提升单元扩大拼装成一个整体后,再依次进行不同标高的扩展拼装和提升,直至网架的设计标高;③ 在室内网架拼装、提升的同时,室外网架也分单元进行拼装,然后再分别与室内网架进行对接;④ 室内外网架对接形成整体后,再分步实施网架的卸载。

采用本方法进行网架施工,全部为地面拼装焊接,避免了高空作业,定位更准确方便,降低了架体搭设所需的成本,大大缩短了总施工工期。

7. 土法吊装

土法吊装是利用独角拔杆、人字架、卷扬机、滑轮组等作为起重设备进行结构吊装,它适用于构件重、数量少、安装高度较高的工程。由于大吨位起重设备和先进的安装工艺越来越多,所以土法吊装也越来越少。

8. 旋转法施工

该方法主要用于桥梁安装上,由于铁路、公路交通影响,以及山川河沟等特殊环境下,其他架桥方法受到限制时,多采用旋转法施工。

9. 整体顶升法

整体顶升法是把网架整体拼装在设计位置的垂直投影地面上,然后用千斤顶将网架顶升到设计标高。

10. 整体吊装法

整体吊装法适用于各种类型的网架结构,吊装时可以在高空平移和旋转就位。

四、网架钢结构的施工技术

1. 网架钢结构整体吊装施工技术

网架钢结构整体吊装技术分为起重机吊装和拔杆吊装两大类。

1) 起重机吊装

采用一台或两台起重机单机或双机抬吊时,如果起重机性能能满足结构吊装要求,现场施工条件(包括就位拼装场地、起重机行驶道路等)能满足起重机吊装作业需要时,网架可就位拼装在结构跨内,也可就位拼装在结构跨外。采用三台起重机三机抬吊时,如网架结构本身和现场施工条件允许另一台起重机可在高空接吊时(先由两台起重机将网架双机抬吊到高空,另一台起重机站在第三面方向在高空进行接吊,使网架平移到设计安装位置),此时,网架也可拼装在结构跨外。采用多台起重机联合抬吊网架时,网架应就位拼装在结构跨内,网架拼装就位的轴线与安装就位的轴线的距离应按各台起重机作业性能确定,原则上各吊点的轨迹线均应在起重机回转半径的圆弧线上。

网架吊点位置、索具规格、起重机的起重高度、回转半径、起重量以及在吊装过程中网架结构的应力应变值均应详细验算,并应征得设计单位同意。现场起重机行驶道路是确保起重机吊装的安全基础,吊装时路面承载力不低于 150~200 kN/m²。施工荷载(吊装重量)应包括网架结构自重、吊装索具(铁扁担)重量和与网架一起吊上去的脚手架等重量,安装时动力系数取 1.3。采用双机抬吊时起重机额定负荷(起重量)应乘折减系数 0.8;采用多机抬吊时起重机额定负荷(起重量)应乘折减系数 0.75。起重机的型号、吊钩起升速度应尽量统一,确保同步起升或下降。在实施起重机整体吊装网架时,应事先进行试吊,在确实安全可靠的情况下才能正式起吊。

2) 拔杆吊装

采用单根或多根拔杆整体吊装大中型网架时,网架必须就位拼装在结构跨度内,其就位拼装的位置要根据拔杆的设置、吊点位置、柱子断面和外形尺寸等因素确定。吊装方法和技术要求必须针对网架工程特点、现场施工条件、吊装设备能力等诸多因素确定。

(1) 单根拔杆整体吊装网架方法(即独脚拔杆吊装法)。

① 施工布置。

独脚拔杆位置应正确竖立在事先设计的位置上,其底座为球形万向接头,且应支承在牢固基础上,其顶部应对准拼装网架的中心脊点。网架拼装时应预留出拔杆位置,其个别杆件可暂不组装。

拔杆需有五组滑轮组组成,其中两组后缆风,两组侧缆风,一组前缆风,滑轮组规格应根据实际计算的牵引力选用。

网架吊点设置应根据计算确定,每个吊点设在相应的节点板(球节点)上,并和节点板(球节点)同时制作。起吊钢丝绳可采用两组"双跑头"起重滑车组。

如遇个别吊点与柱相碰,可增加辅助吊点,两吊点用短千斤连接平衡滑轮。

为使网架起吊平衡,应在网架四角分别用 8 台绞车围溜,其中 4 台系上弦,4 台系下弦,做到交叉对称设置,在提升时必须配合做到随吊随溜。

为保证网架起吊过程中不碰柱子,可采用以下两项辅助措施:在可能碰到的轴边桁架上装三个滚筒;对有小牛腿的柱子选其中与网架间隙最小(但不应小于 100 mm)的柱子,可用小于⌐100 角钢把该柱小牛腿从下到上临时连接起来,以起到起吊导轨的作用。

关于网架起吊过程中是否需要临时加固(如拔杆位置暂不装杆件处)措施,应由设计计算确定。

② 进行试吊。

试吊是全面落实和检验整个吊装方案完善性的重要保证。

● 试吊的目的 试吊的目的有:检验起重设备的安全可靠性;检查吊点对网架刚度的影响;协调从指挥到起吊、缆风、溜绳和卷扬机操作的总演习。

● 试吊做法 首先将 8 台溜绳绞车稳紧,采用大锤球检查拔杆顶是否对准拼装网架脊点,调整缆风绳使其对正,随即慢慢收起吊钢绳,到发现网架已开始起离支墩即止,然后利用每个跑头逐渐使其离墩 50~100 mm。先定一个方向缓慢放松该向溜绳,如发现网架向前摆动,即应停止溜绳动作,调整该向拔杆缆风,直试到不向前摆动为止,重新收紧该向缆风。如此逐向试不向前摆动,说明拔杆顶真正对正网架中心脊点。下一步即可进行整体提升 300~500 mm,此时四向溜绳绞车应密切配合随吊随溜,如某角高差不一致可单跑头牵引调整,使四角高差一致。以后可以进行横移试验,利用调整缆风(溜绳应同时配合松紧)使网架向左或右横移 100 mm,认可后再横移回原支墩就位。以上试吊全过程,都应派人看管所有滑轮组机具、索具及锚桩变化情况,及时向指挥人员报告。等整个试吊签定认可后才能正式吊装。

● 起吊 利用数台电动卷扬机同时起吊网架,关键是如何保证做到起速"同步"。办法是在正式起吊前在网架四角上分别挂上一把长钢尺,为控制四角高差不超过 100 mm 的量具。在提升柱顶安装标高以下一段高程中,采取每起吊 1 m 进行一次检测,根据四角丈量的结果,以就高不就低办法分别逐跑头提升到统一标高,然后再同时逐步提升,它与整体提升法基本相似,只是起重设备不同,适用于中小型结构安装。早期采用多台独脚拔杆或人字架、卷扬机、滑轮组及缆风体系进行大吨位吊装。现在,由于大吨位起重机较多,对中小型工程可根据需要选用多台起重机集中抬吊进行安装,见图11-18。

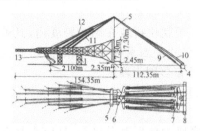

图 11-18 塔架整体吊装的布置图
1—临时支架;2—副地锚;3—扳铰;
4—主地锚;5—人字拔杆;
6—上平衡装置(铁扁担);7—下平衡装置;
8—主地锚;9—后保险滑轮组;10—起重滑轮组;
11—前保险滑轮组;12—吊点滑轮组;13—回直滑轮组

(2) 多根拔杆整体吊装网架方法(即拔杆集群吊装法)。

多根拔杆整体吊装网架方法是采用拔杆集群,悬挂多组复式滑轮组与网架各吊点吊索连接,由多台卷扬机组合牵引各滑轮组,带动网架同步上升。因此,首先要把支承网架的柱子安装好,接着将网架就地错位拼装成整体,然后将网架整体提升安装在设计位置上。网架提升安装分三个步骤进行:① 是整体提升,用全部起重卷扬机将网架均匀提升到超过柱顶标高;② 是空中移位,利用一侧卷扬机徐徐放松,另一侧卷扬机刹住不动将网架移位对准柱顶;③ 是落位固定,用全部起重卷扬机将网架下降到柱顶设计位置上,并加以调整固定。空中移位是多根拔杆整体吊装网架的关键。

① 网架空中移位 它是利用力的平衡与不平衡交换作用来实现。当作用在网架上的全部力在水平方向的合力等于零时,网架处于平衡状态;如果水平方向的合力不等于零,则网架将朝较大的力所指的方向移动。网架提升时拔杆两侧卷扬机如完全同步起动,网架等速均匀上升,并由于拔杆两侧的滑轮组的夹角相等,则两侧钢丝绳的受力必定相等,所以网架处于平衡状态。当网架提升超过柱顶后,进行空中移位时,将一侧滑轮组钢丝绳缓缓放松,在放松的瞬时原平衡状态被破坏,网架将朝着水平分力较大的方向移动直到达到新的平衡状态。由于施工时一侧滑轮是逐步而缓慢地放松,则将出现由上述多个瞬时平衡→不平衡→平衡组成的使网架向左移动的连续过程,即网架的空中移位,直至网架对准柱顶为止。网架在空中移位时必须刹住另一侧滑轮组以确保网架只能平移,而不发生倾斜。

② 网架空中旋转 圆形网架提升后,需要在空中旋转某个角度,然后就位在设计位置。旋转原理同网架平移,只不过将拔杆设置在圆形网架的周边,这样产生的水平分力将是沿着圆形网架切向的力,从而使网架产生旋转。施工时,用起重滑轮组下降的办法使体系产生沿圆形网架圆周的切向力。实践证明:网架对旋转很敏感,当所有拔杆同一侧的起重滑轮组同时放松时网架就旋转,停止放松网架就基本静止。由于网架旋转受卷扬机线速度控制,其角速度很小,停止时惯性力也很小,所以网架旋转是比较容易的。

③ 网架空中移位方法的改进 根据工程实践,当采用多根拔杆吊装方案时,存在着缆风、地锚、拔杆受力较大,容易造成起重设备、工具、索具超载或降低安全度。在总结原方案的基础上,对原移位方法进行了改进如下:将原拔杆上两对起重滑轮组的位置由平行于移位方向改为垂直于移位方向(为了减少两对滑轮组受力的不均,将拔杆头部设一只过桥滑轮,将两对滑轮组内的钢丝绳穿通),每根拔杆在吊索吊点后面(即相反于移位方向)增加一副移位滑轮组,通过电动卷扬机将移位滑轮组长度缩短,使吊索在特制滑轮中转动。提升时移位滑轮组不受力,当网架超过柱顶后起重滑轮组停止工作,各移位滑轮组同时起动,此时特制移位滑轮缓慢移动,吊索的顶点相对于网架作椭圆轨迹运动,网架随即移位。由于每根拔杆两侧各有一副吊索,为了减少移位滑轮组,可采用一个三角铁扁担将两副吊索合用一副移位滑轮组,即移位滑轮组的上滑轮与铁扁担链接,铁扁担上面三只销孔各有一根吊索与两副起重滑车组的动滑轮相连,移位滑轮组

的下滑轮用吊索绑在吊索后面的一个球节点上。

在制定网架就位总拼方案时,应符合下列要求:① 网架的任何部位与支承柱或拔杆的净距不应小于 100 mm;② 如支承柱上设有凸出构造(如牛腿等),需采取措施以防止网架在起升过程中被凸出物卡住;③ 由于网架错位的需要,对个别杆件暂不组装时,应获得设计单位的同意。

2. 螺栓球节点网架结构的施工技术

1)螺栓球节点网架结构的施工特点如下。

螺栓球节点网架是一种新型的屋盖承重结构,属于多次超静定空间结构体系,它改变了一般平面网架结构的受力状态,能够承受来自各方面的荷载。这种平板形网架,结构新颖美观,杆件规律性强,网格划一,整体性好,空间刚度大,抗震性能好,杆件之间全部采用螺栓连接,便于安装,操作简便,受力明确。它广泛用于体育馆、展览厅、餐厅、候车室、仓库及单层多跨工业厂房等屋盖承重结构。

(1)螺栓球节点类型特征:① 螺栓球类型如见图 11-19 所示。② 螺栓球节点示意图如见图 11-20 所示。

(a)水雷式螺栓球　　(b)半螺栓球

图 11-19　螺栓球类型

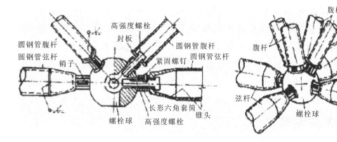

图 11-20　螺栓球节点示意图

(2)螺栓球节点施工特点如下。

① 螺栓球节点优点:有整套的零件标准图指导生产,便于工厂化加工,可以不同的厂家分工协作,细分市场;现场安装方便、快捷,缩短工期,提高效率。

② 螺栓球节点缺点:设计时要考虑杆件的角度,角度不好的螺栓球很大;需要各个配件的精度高;螺栓球是实心球,单重较大,现场安装难度大。

2)螺栓球节点网架施工工艺

螺栓球节点网架工程的施工工艺以××香精香料厂生产车间屋盖网架施工为例介绍如下。

> **工程实例**

在××香精香料厂生产车间网架施工过程中,采用了网架的定型化设计生产,保证了产品质量,加快了施工进度,优质高效完成了施工任务。

1. 工程概况

××香精香料厂生产车间屋盖网架为螺栓球节点网架。正放四角锥形式,网格尺寸为 3 m×3 m,网架支撑方式为下弦支撑,抗震设防烈度为 7 度,网架轴线总尺寸为 72.48 m×24.48 m,网架球节点和套筒采用 45 号钢,高强螺栓采用 40Cr 钢,网架杆件、支座、支托均采用 Q235 钢,网架上弦恒荷载 0.5 kN/m²,活荷载 0.7 kN/m²,下弦恒荷载 0.2 kN/m²,风载 0.4 kN/m²。金属屋面采用镀锌彩钢板+钢檩条+保温棉+镀锌彩钢板+钢檩条,周边封板为单层镀锌彩钢板,见图 11-21。

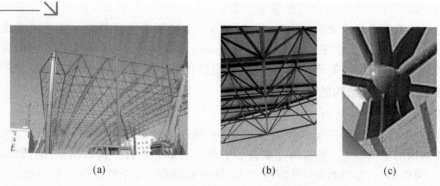

图 11-21 ××香精香料厂生产车间屋盖网架图

2. 施工准备

(1) 安装人员所备资料：图纸、配料单、技术变更单、安装合同、发货清单、安装验收单。

(2) 安装队现场索取与网架施工有关的土建记录：① 地面夯实平整，密实度需能承受脚手架荷载及工作平台上荷载；② 土建方提供合格的支承面，包括支承面的抄平图，柱子的二维图，支承面上的网架轴线；③ 预埋件尺寸、大小以及位置的准确程度，安装队根据土建的有关记录，进行复测、验收并记录存档；④ 复查、清理进入现场的工件；⑤ 复查施工用脚手架，不符合使用要求的及时提出修改；⑥ 施工工具及配合机具有卷扬机、焊机、滑机、切割机、倒链、链钳、管钳、力矩扳手、千斤顶、丝锥等。

3. 安装顺序

根据螺栓球节点网架的特点，为保证施工工期、工程质量和降低工程成本，网架安装采用先在地面组装好两个单元后吊装就位，其余网架可在组装好的网架上高空散装并按顺序延伸。

4. 安装方法

(1) 拼装网架前，检查支承面是否符合以下要求：① 支承面中心轴线偏移应小于边长的 1/3000，而且小于 20 mm；② 相邻支承面的高低差应小于 5 mm；③ 最高与最低支承面高低差应小于 10 mm。

(2) 脚手架的搭设要求牢固、安全、适用。脚手架宜按承重 2.5 kN/m² 设置，考虑对于钢管脚手架，要求立杆的横向步距为 1.50～1.70 m，纵向步距为 1.70～2.00 m，横杆的竖向步距为 1.60～1.70 m。脚手板要铺满、铺稳，不应有空头板。脚手架搭设高度应与柱（圈梁）顶标高基本齐平。

(3) 当土建支承面和脚手架验收合格后，方可开始安装网架。

① 先按支承面轴线位置安放端边和两侧边支座，铺放下弦杆（球）时，要在每个下弦节点加一个临时支承或调器，使它在同一水平位置，紧接着安装腹杆，然后安装上弦杆（球）。

② 当第一排网格安装完以后，要检查所有套筒螺母是不是拧紧，高强螺栓是不是完全到位，经过精确地测量和校正，确认无误后，再重复上面顺序：下弦杆（球）→腹杆→上弦杆（球），向前安装。并应边安装边测量网格的长度、高度和垂度，如发现偏差太大时，应及时予以校正和调整。

③ 检查评定标准：纵横向长度 $L \leqslant \pm L/2000$，且 $\not\geqslant 30$ mm；中心支座偏移 $\leqslant L/3000$，且 $\not\geqslant 30$ mm；网格尺寸 $\leqslant \pm 2.0$ mm；锥体高 $\leqslant \pm 2.0$ mm；支座高低差柱点支承 $\leqslant L/800$，且 $\not\geqslant 30$ mm；周边支承 $\leqslant L/400$，且 $\not\geqslant 15$ mm；跨中挠度 $\leqslant$ 设计挠度。

④ 网架全部安装完毕，再认真逐一检查各节点的螺栓到位情况，并将紧固螺钉旋入螺栓深槽内固定。

(4) 网架的杆件和高强螺栓只承受轴向力，不允许在杆件上吊挂重物，安装和拆卸网架时，应在杆件非受力状态下进行。

学习情境 11 网架钢结构工程的安装

(5) 整个网架安装完毕后,应将支座处锚栓固定,螺母下最好加设弹簧垫圈,以防止松动,并将小垫板与支座底板焊牢,但必须注意不可将网架支座与土建支承面预埋铁固焊,以保证水平方向可以位移。

(6) 网架构件堆放时,堆放场地必须有防雨、防水措施,并保持干燥,不能直接搁置在地面上,以防构件锈蚀和沾染泥土脏物,网架运输的装、卸车,不能抛甩,以防止碰坏构件和油漆。构件安装前已进行除锈,并涂刷一底二度防锈漆,网架安装完毕后再涂刷最后一道面漆。

3. 焊接球节点网架的施工技术

焊接球节点网架是指工业与民用建筑屋盖及楼层的空间铰接杆件系统,如双层平板网架结构、三层平板网架结构、双层曲面网架结构、组合网架结构等,这里不包含悬挂网架、斜拉网架、预应力网架及杂交结构等。

螺栓球节点网架工程的施工工艺以××香精香料厂生产车间屋盖网架施工为例介绍如下。

工程实例

某厂房车间焊接球节点屋面网架,如图 11-22 所示。

1. 技术资料要求

钢材材质必须符合设计要求,如无出厂合格证或有怀疑时,必须按现行国家标准《钢结构工程施工质量验收规范》(GB 50205—2001)的规定进行机械性能试验和化学分析试验,经证实符合标准和设计要求后方可使用。

2. 空心球加工

焊接空心球节点是我国采用最早也是目前应用较广的一种节点。它是由两个半球对焊而成,如图 11-23 所示,分为加肋与不加肋两种。半球有冷压和热压两种成型方法,热压成型简单,不需要很大压力,使用较多;而冷压不但需要很大压力,对材质塑性也有要求,而且模具磨损较大,目前很少采用。热压成型流程如图 11-24 所示,首先将钢板剪成圆板,然后用冲压机冲压成半圆球,再对半圆球进行机械加工。

图 11-22 焊接球节点网架

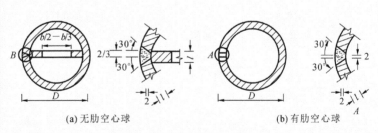

(a) 无肋空心球　　(b) 有肋空心球

图 11-23 焊接空心球节点

这种节点适用于圆钢管连接,构造简单,传力明确,连接方便。对于圆钢管,只要切割面垂直杆件轴线,杆件就能在空心球上自然对中而不产生节点偏心。由于球体无方向性,可与任意方向的杆件相连,当会交杆件较多时,其优点更为突出。因此它的适应性强,可用于各种形式的网架结构,也可用于网壳结构。图 11-25(a)和(b)分别表示四角锥和三向网架的焊接空心球节点构造。

图 11-24 热压成型流程

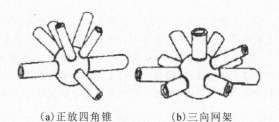

(a) 正放四角锥　　(b) 三向网架

图 11-25 焊接空心球节点大样图

3. 安装准备

(1) 拼装前编制施工组织设计或拼装计划,保证网架焊接、拼装质量,必需认真履行。

(2) 拼装过程所用计量用具如钢尺、经纬仪、水准仪、程度标尺等,必须经计量检验及格,并在有效期内使用。土建、监理单位使用钢尺必须进行统一调整,方可应用。

(3) 焊工必须有相应焊接能力的合格证。

(4) 对焊接节点(如空心球节点、钢板节点)的网架结构应选择合理的焊接工艺及次序,以减少焊接应力与变形。

(5) 对小拼、中拼、大拼在拼装前宜进行试拼,检查无误后,再正式拼装。

4. 施工重要机具

施工重要机具见表 11-2。

表 11-2 施工重要机具

序号	名称	规格	数目	用途
1	起重机	10 t		拼装较大网片起重机依据情形而定,翻身就位
2	交直流电焊机	30～40 kW		根据工期来定数量,拼装焊接
3	直流电焊机	21 kW		根据工期来定数量,返修焊缝
4	气泵	0.5 MPa		根据工期来定数量,返修焊缝
5	砂轮	$\phi 100$		打磨电焊飞溅
6	长毛钢丝刷	两排		去焊渣
7	钢板尺	15 cm		检查坡口尺寸
8	焊缝量规	多用		检查焊缝外观
9	烤箱	350～500 ℃		烤焊条
10	保温筒	100 ℃		保温焊条
11	氧乙炔烘烤枪			预热
12	经纬仪	J_6		拼装,胎具丈量
13	水准仪	主动调平		拼装进程中抄平
14	钢尺	30 mm		量距
15	盒尺	5.0 mm		量距
16	标尺	200 mm		检查平整度
17	索具			拼装用

5. 作业条件

(1) 网架结构应在专门胎架上小拼,以保证小拼单元的精度和互换性。

(2) 胎架在应用前必须进行检验,合格后再拼装。

(3) 在全部拼装过程中,要随时对胎具地位和尺寸进行复核,如有变动,经调整后方可重新拼装。

(4) 网架的中拼装(片或条块的拼装)应在平整的刚性平台上进行。拼装前,必须在空心球表面用套模划出杆件定位线,做好定位记载,在平台上按1∶1大样,搭设立体模型来控制网架的外形尺寸和标高,拼装时应设调节支点来调节钢管与球的同心度。

(5) 焊接球节点网架结构在拼装前应考虑焊接收缩,其收缩量可通过实验断定,实验时可参考下列数值:① 钢管球节点加衬管时,每条焊缝的收缩量为1.5~3.5 mm;② 钢管球节点不加衬管时,每条焊缝的收缩量为2~3 mm。

(6) 对供给的杆件、球及部件在拼装前严格检查其质量及各部位尺寸,不符合规范规定的数值,要进行技术处理后方可拼装。

6. 材料的质量要求

(1) 网架结构材质问题,在制造前必须按材质检验程序进行检验。

(2) 网架在拼装过程中所用的相关材料,如手工焊的焊条、高强度螺栓等应符合现行产品标准和设计要求。

常用结构钢材手工电弧焊焊条选配示例见表11-3,常用结构钢材CO_2气体保护焊实芯焊丝选配示例见表11-4,高强度螺栓施工预拉力见表11-5。

表11-3 常用结构钢材手工电弧焊焊条选配示例

钢材							手工电弧焊焊条				
牌号	等级	抗拉强度	屈从强度/MPa		冲击功		型号示例	熔敷金属性能			
			$\delta \leq 16$ /mm	$\delta \leq 50$ ~100	$T/℃$	A_{kv}/J		抗拉强度 /MPa	屈服强度 /MPa	延长率/(%)	冲击功 ≥27J时试验温度/℃
Q235	A	375~460	235	205③			E4303①	420	330	22	0
	B				20	27	E4303① E4328 E4315、 E4316				0
	C				0	27					-20
	D				-20	27					-30
Q295	A	390~570	295	235			E4303① E4315 E4316 E4328	420	330	22	0
	B				20	34					-30 20
Q345	A	470~630	345	275			E5003①		390	20	0
	B				20	34	E5003① E5015 E5015 E5018	490		22	-30
	C				0	34	E5015 E5016 E5018				
	D				-20	34					
	E				-40	27	②				②

续表

钢材							手工电弧焊焊条				
牌号	等级	抗拉强度	屈从强度/MPa		冲击功		型号示例	熔敷金属性能			
			δ≤16/mm	δ≤50～100	T/℃	A_{kv}/J		抗拉强度/MPa	屈服强度/MPa	延长率/(%)	冲击功≥27J时试验温度/℃
Q390	A	490～650	390	330			E5015、B5016、E5515-D3、-G E5516-D3、-G	490	390	22	-30
	B				20	34					
	C				0	34		540	440	17	
	D				-20	34					
	E				-40	27	②				②
Q420	A	520～680	420	360			E5515-D3、-G E5516-D3、-G				-30
	B				20	34					
	C				0	34		540	440	17	
	D				-20	27					
	E				-40	27	②				②
Q460	C	550～720	460	400	0	34	E6015-D1、-G E6016-D1、-G				-30
	D				-20	34		590	490	15	
	E				-40	27	②				②

注：① 用于一般、非重大结构；② 由供需双方协定；③ δ>60～100 mm 时。

表 11-4 常用结构钢材 CO_2 气体保护焊①实芯焊丝选配示例

钢材		焊丝型号示例	熔敷金属性能				
牌号	等级		抗拉强度/MPa	屈从强度/MPa	延长率 δ_s/(%)	冲击功	
						T/℃	A_{kv}/J
Q235	A	ER49-1	490	372	20	20	47
	B						
	C	ER50-6	500	420	22	-30	27
	D					-20	
Q295	A	ER49-1②	490	372	20	20	47
	B	ER50-3	500	420	22	-20	27
Q345	A	ER49-1②	490	372	20	20	47
	B	ER50-3	500	420	22	-20	27
	C	ER50-2	500	420	22	-30	27
	D						
	E	③	③		③		

续表

钢材		焊丝型号示例	熔敷金属性能				
牌号	等级		抗拉强度/MPa	屈从强度/MPa	延长率 δ_s/(%)	冲击功	
						T/℃	A_{kv}/J
Q390	A	ER50-3	500	420	22	−20	
	B						
	C						
	D						
	E	③	③				
Q420	A	ER55-D2	550	470	17	−30	
	B						
	C						
	D						
	E	③	③				
Q460	C	ER55-D2	550	470	17	−30	
	D						
	E	③	③				

注：① 含 Ar-CO_2 混杂气体维护焊；② 用于一般结构，其他用于重大构造；③ 按供需协定；④ 表中焊材熔敷金属力学性能的单值均为最小值；⑤ 表中钢材及焊材熔敷金属力学性能的单值均为最小值。

表 11-5　高强度螺栓施工预拉力(kN)

性能等级	螺栓公称直径/mm						
	M12	M16	M20	M22	M24	M27	M30
8.8级	45	75	120	150	170	225	275
10.9级	60	110	170	210	250	320	390

7. 施工技术要求

(1) 网架结构在拼装过程中小拼、中拼都是给大拼(即总拼)打基础的。精度要高，否则累积偏差会超过规范值。尤其是对胎具，要经有关职员验收才允许正式拼装。

(2) 依据网架构造的节点情况、网格情况、起重机性能、现场条件等，制订出切实可行的小拼、中拼或大拼计划、测量方案、焊接计划和钢结构工程施工技术标准。

8. 施工质量要求

(1) 杆件、焊接球节点、焊接钢板节点等必须考虑焊接收缩量，影响焊接收缩量的因素较多。例如：焊缝的长度和高度；气温的高低；焊接电流密度；焊接采取的方式，一个节点是经多次循环间隔焊成，还是集中一次焊成；焊工的操作技巧等。

(2) 杆件、焊接球、螺栓球制造质量应符合质量标准，才能确保拼装尺寸。

(3) 钢网架结构总拼完成后及屋面工程完成后应分别测量其挠度值,且所测的挠度值不应超过相应设计值的1.15倍。

① 检查数量:跨度24 m及以下钢网架结构测量下弦中心一点;跨度24 m以上钢网架结构测量下弦中心一点及各向下弦跨度的四等分点。

② 检验方式:用钢尺和水准仪实测。

小拼及中拼钢构件堆放应以不发生超越规范要求的变形为原则。

(4) 对焊接球节点的球-管杆件焊接、螺栓球节点的锥头-管杆件焊接,按有关标准进行外观检查和无损检测。对型钢节点的焊接,按焊接规范进行检查。

(5) 为了保证网架拼装质量,每个工序都必须进行测量监控。

9. 施工工艺规程

(1) 工艺流程:作业准备→球加工及检验→杆加工及检验→小拼单元→中拼单元→焊接→拼装单元验收。

(2) 作业准备:① 螺栓球加工时的机具、夹具调整,角度的确定、机具的准备;② 焊接球加工时,加热炉的准备,焊接球压床的调整,工具、夹具的准备;③ 焊接球半圆胎架的制作与安装;④ 焊接设备的选择与焊接参数的设定,采用自动焊时,自动焊设备的安装与调试,氧-乙炔设备的安装;⑤ 拼装用高强度螺栓在拼装前应逐条加以保护,防止小拼时飞溅影响到螺纹;⑥ 焊条或焊剂进行烘烤与保温,焊材保温烘烤应有专门烤箱。

(3) 球加工及检验。

① 球材下料尺寸控制,并应放出适当余量。

② 螺栓球的画线与加工,铣削平面、分角度、钻孔、攻丝、检验等。

③ 焊接球材加热到600~900 ℃之间的适当温度,加热应均匀一致,加热炉最好是煤气炉加热。

④ 加热后的钢材放到半圆胎模内,逐步压制成半圆形球,压制过程中应尽量减少压薄区与压薄量,采取均匀加热的措施,压制时氧化铁皮应及时清理,半圆球在胎模内应变换位置。

⑤ 半圆球出胎冷却后,对半圆球用样板修正弧度,然后切割半圆球的平面。注意按半径切割,但应留出拼圆余量。

⑥ 半圆球修正、切割以后应该打坡口,坡口角度与形式应符合设计要求。

⑦ 加肋半圆球与空心焊接球受力情况不同,故对钢网架重要节点一般均安排加肋焊接球,加肋形式有多种,有加单肋的,还有垂直双肋球等,所以圆球拼装前,还应加肋、焊接。注意加肋高度不应超出圆周半径,以免影响拼装。

⑧ 球拼装时,应有胎位,保证拼装质量,球的拼装应保持球的拼装直径尺寸、球的圆度一致。

⑨ 拼好的球放在焊接胎架上,两边各打一小孔固定圆球,并能随着机床慢慢旋转,旋转一圈,调整焊道,调整焊丝高度,调整各项焊接参数,然后用半自动埋弧焊机(也可以用气体保护焊机)对圆球进行多层多道焊接,直至焊道焊平为止,不要余高。

⑩ 焊缝外观检查,合格后应在24 h时之后对钢球焊缝进行超声波探伤检查。

(4) 杆加工及检验。

① 钢管杆件下料前的质量检验:外观尺寸、品种、规格应符合设计要求。杆件下料应考虑到拼装后的长度变化。尤其是焊接球的杆件尺寸更要考虑到多方面的因素,如球的偏差带来杆件尺寸的细微变化,季节变化带来杆的偏差。因此杆件下料应慎重调整尺寸,防止下料以后带来批量性误差。

② 杆件下料后应检查是否弯曲,如有弯曲应加以校正。杆件下料后应开坡口,焊接球杆件壁厚在5 mm以下,可不开坡口。螺栓球杆件必须开坡口。

③ 钢管杆件与封板拼装要求:杆件与封板拼装必须有定位胎具,保证拼装杆件长度一致性。杆件与封板定位后点固,检查焊道深度与宽度,杆件与封板双边应各开30°坡口,并有2~5 mm间隙,保证封板焊接质量。封板焊接应在旋转焊接支架上进行,焊缝应焊透、饱满、均匀一致,不咬肉。

④ 钢管杆件与锥头拼装要求:杆件与锥头拼装必须有定位胎具,保持拼装杆件长度一致,杆件与锥头定位点固后,检查焊道宽度与深度,杆件与锥头应双边各开30°坡口,并有2~5 mm间隙,保证焊缝焊透。锥头

焊接应在旋转焊接支架上进行,焊缝应焊透、饱满、均匀一致,不咬肉。

⑤ 螺栓球网架用杆件在小拼前应将相应的高强度螺栓埋入,埋入前对高强度螺栓逐条进行硬度试验和外观质量检查,有疑义的高强度螺栓不能埋入。

⑥ 杆件焊接时会对已埋入的高强度螺栓产生损伤,如打火、飞溅等现象,所以在钢杆件拼装和焊前,应对埋入的高强度螺栓作好保护,防止通电打火起弧,防止飞溅溅入丝扣,故一般在埋入后立即加上包裹加以保护。

⑦ 钢网架杆件成品保护:钢杆件应涂刷防锈漆,高强度螺栓应加以保护,防止锈蚀,同一品种、规格的钢杆件应码放整齐。

(5) 钢网架小拼单元。

钢网架小拼单元一般是指焊接球网架的拼装。螺栓球网架在杆件拼装、支座拼装之后即可安装,不进行小拼单元。

① 强度试验:钢网架小拼前应对已拼装的钢球分别进行强度试验,符合规定后才能开始小拼。

② 对小拼场地清理,针对小拼单元的尺寸、形态、位置进行放样、画线。根据编制好的小拼方案制作拼装胎位,拼装胎位的设计要考虑到装配方便和脱胎方便。

③ 对拼装胎位焊接,防止变形,复验各部位拼装尺寸。

④ 备好衬管:焊接球网架有加衬管和不加衬管两种,凡需加衬管的部位,应备好衬管,先在球上定位点固。

⑤ 钢网架焊接球小拼形式:(a) 一球一杆型是最简单的形式,应注意小拼尺寸和焊接质量;(b) 二球一杆型,拼装焊接后应防止杆件变形;(c) 一球三杆型,拼装后应注意保持半成品的角度和尺寸,防止焊接变形;(d) 一球四杆型,拼装后应注意焊接变形,防止码放时变形,一般应在支腿间加临时连杆,保持角度与尺寸。

⑥ 焊接球网架小拼:应焊接牢固,焊缝饱满、焊透、焊坡均匀一致。焊缝经外观检查后,还需进行超声波检查。

⑦ 小拼单元的尺寸检查,应符合以下规定:小拼单元为单锥体时,弦杆长、锥体高为±2.0 mm,上弦对角线长度为±3.0 mm,下弦节点中心偏移为2.0 mm,小拼单元如不是单锥体,其节点中心允许偏移为2.0 mm。焊接球节点与钢管中心允许偏移为1.0 mm。

(6) 焊接球网架中拼单元。

① 在焊接球网架施工中还可以采用地面中拼,到高空合拢的拼装形式,这种拼装形式可以分为:分形中拼、块形中拼、立体单元中拼等形式。

② 控制中拼单元的尺寸和变形,中拼单元拼装后应具有足够刚度,并保证自身的几何不变形,否则应采取临时加固措施。

③ 为保证网架顺利拼装,在条与条或块与块合拢处,可采用安装螺栓等措施。

④ 搭设中拼支架时,支架上的支撑点的位置应设在下弦节点处。支架应验算其承载力和稳定性,必要时可以试验,以确保安全可靠,还应防止支架下沉。

⑤ 网架中拼单元宜减少中间运输。如需运输时,应采取措施防止网架变形。

(7) 钢网架拼装焊接。

焊接球网架拼装前应编制好焊接工艺和焊接顺序。焊接工艺内容有电流、电压、运条方法、焊接层数和道数、焊缝坡口、间隙等内容,焊接工艺是保证焊缝质量的关键;焊接顺序是指拼装各节点之间的焊接次序,以控制构件的变形量。

钢网架焊接技术难度大,质量要求高。所以网架拼装焊工必须具有全位置焊工考试合格证,即具有平、立、横、仰工位的考试合格证,方能上岗。

拼装焊用焊材应经过烘烤、保温,以保证焊接材料的使用性能。

钢网架施焊操作:① 钢管与钢球焊接是钢网架的主要焊缝,起弧应在钢管底部中心线左侧20~30 mm处,引弧应在焊道内引弧,防止烧伤母材;② 引弧后向后边运条焊接,运条方法采用斜锯齿形手法,防止铁水流失和咬肉,采用斜锯齿形手法时,还应防止熔渣倒流;③ 当焊条至1/4圆处,需逐步改变运条手法,可改为月牙形运条手法,当接近上部时,应采用反向的斜锯齿形运条,防止咬肉;④ 焊缝收弧应在焊接超过中心线20~30 mm处熄弧,不必完全填满弧坑;⑤ 接着焊接钢管另外半部,从焊缝中心线右侧20~30 mm处引弧焊接,向左运条,采用锯齿形运条法,逐步向左向上焊接,直到近 1/4 圆处改为月牙形运条,当焊到上部时,再采用反向锯齿形运条,使焊缝成型美观、饱满。⑥ 收弧,当焊条逐步焊到上半部时,此时是爬坡焊,当到钢管上部时已成平焊,这时焊条还应继续焊过中心线 20~30 mm,覆盖上一道焊缝,直到填满弧坑为止。⑦ 当采用多道焊,或焊道坡口尚未填满时,应清理焊道焊渣,随后,按上述顺序继续焊接,直至达到焊缝规定的尺寸为止。

(8) 拼装单元验收:① 拼装单元网架应检查网架长度尺寸、宽度尺寸、对角线尺寸、网架长度尺寸,应在允许偏差范围之内;② 检查焊接球的质量,以及试验报告;③ 检查杆件质量与杆件抗拉承载试验报告;④ 检查高强度螺栓的硬度试验值,检查高强度螺栓的试验报告;⑤ 检查拼装单元的焊接质量、焊缝外观质量,主要是防止咬肉,咬肉深度不能超过 0.5 mm,焊缝 24 h 后用超声波探伤检查焊缝内部质量情况。

10. 质量检验

按照《钢结构工程施工质量验收规范》(GB 50205—2001)中的标准进行检查,主要包括:尺寸检查、节点检查,以及质量记录。

任务 3　网架钢结构安装的质量与安全控制

一、网架钢结构安装的质量控制

1. 网架钢结构安装质量标准及实施

(1) 网架钢结构安装质量标准。钢网架安装工程质量检验标准、检验方法、检查数量见表 11-6。

表 11-6　钢网架安装工程质量检验标准

项目	序号	检验项目		质量标准	检验方法	检查数量
主控项目	1	节点配件和杆件质量,变形必须校正(高空散装法安装的网架)		应符合设计要求和国家现行有关标准规定	观察检查,检查质量证明书、出厂合格证或试验报告	
	2	定位轴线的位置、支座锚栓		应符合设计要求和国家现行有关标准规定	检查复测记录,用经纬仪和钢尺实测	按支座数抽查 10%,且不少于 4 处
	3	支承面顶板	位置	允许偏差:15.0 mm	用经纬仪和钢尺实测	按支座数抽查 10%,且不少于 4 处
			顶面标高	允许偏差:(0 mm,−3.0 mm)		
			顶面水平度	允许偏差:1/1000		
	4	支座锚栓	中心偏移	±5.0 mm	观察检测	按支座数抽查 10%,不少于 4 处
			紧固	允许偏差:15.0 mm		
	5	支承垫块种类、规格、摆放位置和朝向		应符合设计要求和国家现行有关标准规定	用钢尺和水准仪实测	按支座数抽查 10%,且不少于 4 处
	6	自重及屋面工程完成后的挠度值		测点的挠度平均值为设计值的 1.15 倍	用钢尺和水准仪实测	跨度≤24 m,测量下弦中央一点;跨度>24 m 测量下弦中央一点及各向下下弦跨度的四等分点

学习情境 11
网架钢结构工程的安装

续表

项目	序号	检验项目		质量标准	检验方法	检查数量
一般项目	1	支座锚栓	露出长度	允许偏差： +15.0 mm； 0.0 mm	用钢尺现场实测	按支座数抽查10%，且不少于4处
			螺纹长度	允许偏差： +15.0 mm； 0.0 mm		
	2	节点及杆件外观质量		表面干净，无疤痕、泥沙、和污垢。螺栓球节点用油泥子填嵌严密，并应将多余螺孔封口	观察检查	按支座数抽查5%，且不应少于10个节点
	3	安装后允许偏差	支座中心偏移	$L_1/800$，且不应大于30.0 mm	用钢尺和水准仪实测	全数检查
			纵向、横向长度			
			周边支承网架相邻支座高差			
			多点支承网架相邻支座高差			
	4	涂装厚度	一般性涂层	80~100 mm		
			装饰性涂层	100~150 mm		

注：L 为纵向、横向长度；L_1 为相邻支座间距。

（2）网架钢结构成品保护：① 拼装好的小拼单元应整齐码放，不得乱堆乱放，防止变形；② 网架半成品球、高强度螺栓等应码放在干净的地方，防止沾染油污，防止损坏螺扣；③ 网架中拼单元后应避免运输，防止运输过程中网架受力不均而变形；④ 网架拼装结束后应及时涂刷防锈漆，防止网架锈蚀。

（3）网架钢结构应注意的质量问题：① 钢网架拼装小单元的尺寸一般应控制在负公差，如果正公差累积会使网格尺寸增大，使轴线偏移；② 钢网架拼装用胎模应经常检查，防止胎模走样，使小拼单元变形；③ 拼装好的钢球和杆件应编好号码，做好标记，防止使用时混用，钢球还应有中心线标志，特别带肋钢球的使用方向有严格规定，故其带肋方向应该有明显标识；④ 包装与发运，钢网架拼装后需要发运时，应对半成品进行包装，包装应在涂层干燥后进行，包装应保护构件涂层不受损伤，保证构件，零件不变形，不损坏，不散失，包装应符合运输的有关规定。

（4）网架钢结构质量记录：① 焊接球、螺栓球、高强度螺栓的材质证明与出厂合格证，以及以上各品种、各规格的承载抗拉试验报告一致；② 钢材的材质证明和复试报告；③ 焊接材料与涂装材料的材质证明、出厂合格证；④ 套筒、锥头、封板的材质报告与出厂合格证，如采用重要钢材时，应有可焊性试验报告；⑤ 钢管的规格、品种应有材质证明或复试报告；⑥ 钢管与封板、锥头组成的杆件应有承载试验报告；⑦ 钢网架用活动（滑动）支座，应有出厂合格证明与试验报告；⑧ 焊工合格证，有相应工位项目，有相应焊接材料的项目；⑨ 拼装单元的检查与验收资料；⑩ 焊缝外观检查与验收记录；⑪ 焊缝超声波探伤报告与记录；⑫ 涂层检查验收记录。

2. 网架安装常见质量问题与预防措施

（1）拼装尺寸偏差：① 钢管球节点加衬管时，每条焊缝收缩应为 1.5～3.5 mm，不加衬管时，每条焊缝收缩应为 1.0～2.0 mm，焊接钢板节点，每个节点收缩量应为 2.0～3.0 mm；② 钢尺必须统一校核，并考虑温度改变量；③ 拼装单元应在实际尺寸大样上进行拼装或预拼装，以便控制其尺寸偏差。

（2）单元安装挠度偏差：在网架合拢处，一般应设有足够刚度的支架，支架上装有螺旋千斤顶，用于调整网架挠度。根据网架类型、大小和实际情况，施工时进行适当调整，使挠度值小于设计挠度值。

（3）高空散装标高误差：① 采用控制屋脊线标高的方法拼装，一般从中间向两侧发展，使误差消除在边缘上；② 拼装支架应通过计算确保其刚度和稳定性，支架总沉降量小于 5 mm；③ 悬挑拼装时，由于网架单元不能承受自重，所以对网架要进行加固。

（4）螺栓丝扣损伤：① 使用前螺栓应进行挑选，清洗除锈后作好预配；② 丝扣损伤的螺栓不能作为临时螺栓使用，严禁强行打入螺孔。应在当天初拧完毕，终拧时要求达到设计所要求的紧固力矩数值。

二、网架钢结构安装的安全控制

1. 网架钢结构吊装安全注意事项

（1）严格执行国家有关安全生产法规，必须认真贯彻执行"安全第一，预防为主"的方针，消除隐患，防止事故发生，做好高空安全施工。

（2）坚持安全交底、正确识别危险源，并有针对性措施和应急预案。

（3）严格安全教育制度，网架施工安装人员上岗前须接受三级安全教育，真正树立安全第一的思想。

（4）特殊工种人员必须持特殊操作证上岗作业。施工现场人员要熟知本工种的安全技术操作规程。

（5）作业时必须穿防滑鞋，戴安全帽，高空特殊部位须配好安全带。

（6）起重设备在使用过程中，重点预防倾翻事故。严禁超负荷、斜拉斜吊等违章现象，保证基础和行驶道路平整坚实。

（7）六级以上大风应停止户外施工作业，台风季节必须按规定采取预防措施。

（8）网架安装时，不准交叉作业，外围施工和人行道必须搞好外围防护，物料不能集中堆放。

2. 网架钢结构吊装绑扎要点

（1）绑扎点应在构件重心之上，多点绑扎时其连线（面）应在构件重心之上。

（2）单机吊装，构件重心必须在吊钩的垂直线上。

（3）钢丝绳的安全系数：吊索，无弯曲为 6～7；捆绑吊索为 8～10；用于载人的升降机为 14。

3. 大吨位起重机的使用

大吨位起重机越来越多，多机抬吊也越来越少，仅限于吊件数量少及特殊情况下采用：① 统一指挥信号，严肃纪律，服从指挥；② 起重机分配负荷不超过允许起重量的 80%，轮胎吊行走时不超过允许起重量的 70%；③ 尽量选用同型号起重机，起吊过程力求同步平稳；④ 各台起重机吊钩绳保持垂直，严禁斜吊；⑤ 考虑吊车、构件和安装位置的平面关系，尽量一次安装就位。

4. 临时支撑架的使用

施工阶段采用的临时支撑架，是钢结构安装方案中的关键性技术措施。

(1) 在设计中除网架架体本身满足强度和稳定要求外,还须对地基基础所支撑的结构进行验算,必要时采取有效的加固措施。

(2) 支撑架受力后要进行观测,以防基础沉降或架体变形对结构产生影响。

(3) 支撑架顶使用的千斤顶、倒链等安装机具,必须严格执行工艺方案,不得盲目使用,以防对架体和结构产生不利影响。

(4) 支撑架拆除必须有落位拆除措施,应同步、匀速、缓慢进行,不得盲目拆除。

5. 结构吊装的动态分析

在结构吊装方案的计算过程中,应认真分析各种吊装方法的运动特性,采取必要的稳定措施,提高方案的可靠度。

6. 结构吊装危险源识别

结构吊装的主要特点是高处作业,其危险源有临边作业、洞口作业、攀登作业、悬空作业、交叉作业、高空坠落、起重设备、吊车路基、同步控制、安全用电、季节施工、操作台、脚手架、临时支撑等。

(1) 根据结构特点正确识别危险源,并采取针对性措施和应急预案。

(2) 坚决执行国家和地方有关安全生产法规,禁止违章操作。

(3) 坚持施工方案两级评审制度,应有技术、质量、安全、生产、设备等部门参加。

网架的施工安全有保障才能够实现安装精度高、安装方便、施工速度快。

【工程实例】

单层厂房施工工艺及施工技术

××开发区文化中心网架工程的安装施工工艺如下。

1. 编制依据

(1) 根据××市建筑设计研究院设计的施工图。

(2) 现场踏勘情况。

(3) 施工类似钢结构工程施工经验。

(4) 国家施工规范、标准及规程:《钢结构工程施工质量验收规范》(GB 50205—2001);《钢结构焊接规范》(GB 50661—2011);《钢网架焊接空心球节点》(JG/T 11—2009);《钢结构超声波探伤及质量分级法》(JG/T 203—2007);《焊接无损检测 超声检测 技术、检测等级和评定》(GB 11345—2013);《建筑机械使用安全技术规程》(JGJ 33—2012);《建筑工程施工现场供用电安全规范》(GB 50194—2014)。

2. 工程概况

项目名称:××开发区文化中心网架工程。

工程地址:大连。

网架形式:焊接空心球节点网架。

结构形式:四角锥桁架。

面积:总覆盖面积 $6100m^2$。

3. 网架工程制造安装工艺技术

1) 概述

(1) 制作依据:××市建筑设计研究院设计的图纸。

(2) 施工中遵循的规范、规程：《钢结构工程施工质量验收规范》(GB 50205—2001)；《空间网格结构技术规程》(JGJ 7—2010)；《钢结构焊接规范》(GB 50661—2011)；《钢网架焊接空心球节点》(JG/T 11—2009)；《钢结构超声波探伤及质量分级法》(JG/T 203—2007)；《涂覆涂料前钢材表面处理　表面清洁度的目视评定　第1部分：未涂覆过的钢材表面和全部清除原有图层后的钢材表面的锈蚀等级和处理等级》(GB 8923.1—2011)。

(3) 采用材料：焊接空心球及加肋空心球采用 Q235B 钢，杆件采用 Q235B/Q345B 钢。

2) 焊接球节点网架的制作

(1) 制作工艺流程：(流程略)。

(2) 杆件制作。

① 用于制造杆件的钢材品种、规格、质量必须符合设计规定及相应标准，应有出厂合格证明。

② 钢管必须采用机械切割的方法，以确保其长度和坡口的准确度。杆件下料应考虑其焊接收缩量。影响焊接收缩量的因素较多，如焊缝的长度、环境温度、电流强度、焊接方法等，焊接收缩量的大小可根据以往的经验，再结合现场和网架的具体情况通过试验来确定。壁厚大于 4 mm 的钢管要开坡口。

③ 钢管制作长度允许偏差 ±1 mm，杆件轴线不平直度不超过 $L/1000$，且不大于 5 mm。

(3) 焊接球制作。

① 用于制造焊接球节点的原材料品种、规格、质量必须符合设计要求和行业标准《钢网架焊接空心球节点》(JG/T 11—2009)的规定。焊接用的焊条、焊丝、焊剂和保护气体，必须符合设计要求和钢结构焊接的专门规定。

② 钢板的放样和下料应根据工艺要求预留制作和安装时的焊接收缩余量及切割、刨边和铣平等加工余量。

③ 将料坯均匀加热至约 800 ℃，呈略淡的枣红色，在胎膜中进行热压，压成半球型。

④ 半圆球出胎冷却后，用样板修正弧度、切边、打坡口，坡口不留根，以便焊透。当有加劲肋时，为便于定位，车不大于 1.5 mm 的凸台，但焊接时必须熔掉。

⑤ 球组对时，应有胎位保持球的拼装直径尺寸、球的圆度一致。拼好的球放在焊接胎架上，两边各打一个小孔固定圆球，并能随着机床慢慢旋转，旋转一圈，调整焊道、焊丝高度、各项焊接参数，然后用半自动埋弧焊机(也可以用气体保护焊机)对圆球进行多层多道焊接，直至焊道焊平为止，不要余高。

⑥ 焊缝外观检查合格后，在 24 h 时之后对钢球焊缝进行超声波探伤检查。

⑦ 成品球表面应光滑平整、无波纹、局部凹凸不平不大于 1.0 mm，焊缝高度与球外表面平齐偏差不大于 ±0.5 mm，球的直径偏差不大于 2.5 mm，球的圆度偏差不大于 2.5 mm，两个半球对口错边量不大于 1.0 mm。

(4) 质量保证措施。

① 严把原材料质量关。

本网架采用的钢材品种、规格较多，为控制原材料质量，进货渠道选择正规的大中型企业，并按 ISO9001 标准对材料供应厂进行评审。

严格材料进厂检验，坚持每种每批材料检查出厂合格证、试验报告，并按规定抽样复验各种钢材的化学成分、机械性能，合格后方能使用。

② 严格管理。

生产制作前，向操作工人进行详细交底，使工人熟悉加工图、工艺流程和质量标准，做到心中有数。

严格执行自检、交接检、专职检的三检制度，坚持"三不放过"，即质量原因没有找出不放过、防范措施不落实不放过、责任人没有处理不放过。

③ 保证焊接质量。

焊接工艺采用二氧化碳气体保护焊，焊接参数全由计算机自动控制，焊接质量因此得到稳定可靠的保证。在操作工人对焊缝质量进行外观自检的基础上，由专职质量员对每班生产的杆件两端焊缝按 10% 抽样进行外观、几何尺寸的检验，并以《钢结构工程施工质量验收规范》(GB 50205—2001)为评定依据。

焊接球按规格抽取 5%(至少 5 只)成品球进行焊缝的超声波探伤检查，其焊缝质量必须符合《钢结构工程施工质量验收规范》(GB 50205—2001)规定的 Ⅱ 级焊缝标准。

主要检测设备:CTS-26型超声波探伤仪。

④ 严格控制杆件长度。杆件的长度误差控制在±1.0 mm之内。其主要措施有:严格控制落料长度,通过试验确定各种规格杆件预留的焊接收缩量,用计量室标定的同一把钢尺丈量,每班对各种规格长度的成品杆件抽样复测做出评定。

⑤ 提供全套交工技术文件。交工技术文件反映了网架生产、安装全过程的质量控制状况,包括材料质保书、复验报告、设计图纸、变更签证、生产交底书、试验鉴定报告、电焊条、油漆质保书、生产过程中各分项质量评定记录、高强螺栓质保书、合格证及复验报告、焊缝探伤报告、杆件拉力试验报告、安装方案、网架安装后挠度测试记录、验收评定报告等。装订成册用于存档。

3)网架安装及吊装

根据本工程结构特点和现场平面布置情况,为了加快屋盖施工进度,并能很好地与主体施工配合,网架安装分为多个施工区域进行施工。

(1) 各区域网架安装方案:A-1轴线左侧采用地面拼装再吊装,A-1轴线右侧采用搭设脚手架的施工方法。

(2) 网架施工顺序。

① 在施工现场进行初步放线,确定每个下弦球地面上的相应位置,并砌筑30 cm左右高的砖垛,用水泥砂浆找平,要求水泥砂浆表面在同一标高(指地面拼装部分)。

② 精确放线,复核砖垛标高,并做好记录,根据下弦球的大小制作临时支座,以确保下弦球中心在同一标高。用经纬仪进行精确放线,并在砖垛上弹出十字线,以确保下弦球平面位置准确。

③ 拼装:拼装顺序,由内向外,先下弦后上弦,在拼装过程中必须同时复核小单元的网格尺寸,拼装时先点焊固定。

④ 校核:拼装结束后复核尺寸,纵横向长度不得超过$L/2000$且不大于±30 mm。

⑤ 终焊:焊接顺序与拼装顺序相同。

⑥ 验收:检查网架轴线尺寸,误差在规范允许范围内即可准备整体提升网架。

(3) 施工工艺流程。

施工准备放线定位→搭设拼装用钢墩→搁置可调圆环、下弦球→调整下弦球标高组装→下弦组装→上弦、腹杆紧固→校正→焊接无损检验→涂漆→验收。

(4) 施工准备。

① 工程开工前工地施工负责人应同甲方负责人一起勘查现场,检查"三通一平"的情况。落实材料的堆放施工机具的分布情况,以及工具房和施工人员的生活用房。

② 施工前编制施工方案,绘制拼装全图,按设计图纸注明节点球编号、坐标、杆件编号、直径、长度。对参加施工的全体人员进行技术交底和安全教育。

③ 对进场杆件、球进行规格数量清点,严格按规范对球、杆件进行质量检查。

④ 为控制和校核网架节点的坐标位置,每区各设置4个控制点。

⑤ 对待拼网架的区域进行平整、夯实。

⑥ 放线定位:根据网格尺寸和上、下弦节点的位置进行砖墩的放置。

⑦ 脚手架搭设部分要保证网架的整体承重。

(5) 网架拼装。

① 为了减小网架在拼装过程中的累积误差,整体网架下弦的组装应从中心开始,先组装纵横轴,随时校正尺寸,认为无误时方能从中心向四周展开,其要求对角线(小单元)允许误差为±3 mm,下弦节点偏移为2 mm,整体纵横的偏差值不得大于±2 mm。

② 整体下弦组装结束后对几何尺寸进行检查,必要时应用经纬仪校正同时用水平仪抄出各点高低差进行调整,并做好记录。

③ 为了便于施工,提高工程进度,下弦组装前其腹杆和上弦杆可根据图纸对号入座,搬运到位。

④ 腹杆和上弦杆的组装应在下弦全部组装结束后,经测量无超差的基础上进行组装,其方法从中心开始组装,纵横轴线随时检查几何尺寸,并进行校正然后向四周组装。

⑤ 网架组装时的点焊以三点为宜,管径大的以四点为宜,点焊时不得随意在杆件与节点的结合处以外的地方引弧。

(6) 焊接。

网架经检查紧固后,进行网架焊接,焊接点下操作平台铺防火石棉板。杆件与球的焊接是整个网架施工的关键工序之一,焊接的强度和质量对于保证整个网架的安全是至关重要的。

① 制定合理的焊接工艺,其内容包括合理选择坡口形状、焊条直径、焊接电流、焊件形式、焊件清理、确定焊接顺序及操作重点等。焊接工艺制定好后,组织焊工学习、熟记工艺操作要求。

② 球管焊接。采用"单面焊双面成型网架管球对接焊缝"新工艺,其做法是:打底焊(包括固定点焊)采用 $\phi2.5$ 焊条,根据焊接位置选择焊接电流,起弧后把坡口钝边烧熔形成熔孔,同时把球相应部位烧熔,再压低电弧,使得熔化后的铁水依次凝结在焊缝内壁,在背后形成一个补强焊缝,为提高效益,后几层焊缝可采用 $\phi3.2\sim\phi4.0$ 焊条补焊至规定高度。每条焊缝分两层焊完,但最关键的是第一层焊缝,既要保证根部焊透,又要使背部成型良好。将每条焊缝分成 4 段,首先焊对称 1/4 圆弧,再焊剩下的 2 个 1/4 圆弧,第二遍施焊次序与第一次相同,周而复始完成整个网架的焊接工作。

③ 每一道焊缝严禁一遍成形,焊完一遍后焊工必须把焊缝及周围飞溅熔渣药皮等清理干净,如有气孔必须打掉补焊,方能进行第二遍焊接,焊缝外观成形应美观、均匀,焊缝高度应符合设计要求。

(7) 无损检验。

网架焊接完成后,先对节点焊缝进行外观检查,并做好记录。再使用超声波探伤仪对 30% 的网架节点进行探伤检查,并用焊缝高度卡检查焊缝高度。质量标准应符合《钢结构工程施工质量验收规范》(GB 50205—2001)所规定的二级焊缝的要求。

(8) 涂漆。

焊缝经检查合格后,进行除锈,彻底清除焊缝表面和杆件破损处的铁锈、油污和灰土等。除锈完毕立即涂刷水性无机富锌涂料,再涂环氧云铁中间漆。

(9) 质量标准。

① 保证项目。
● 网架结构各部位节点、杆件、连接件的规格、品种及焊接材料必须符合设计要求。
● 焊接节点网架总拼完成后,所有焊缝必须进行外观检查,并做出记录。拉杆与球的对接焊缝,必须作无损探伤检验。焊缝质量标准必须符合《钢结构工程施工质量验收规范》(GB 50205—2001)二级焊缝标准。

② 基本项目。
● 各杆件与节点连接时中心线应汇交于一点,焊接球应汇交于球心,其偏差值不得超过 1 mm。
● 网架结构总拼完后及屋面施工完后应分别测量其挠度值;所测的挠度值,不得超过相应设计值的 15%。

③ 允许偏差项目见表 11-7。

表 11-7 网架结构安装允许偏差及检验方法

项次	项目		允许偏差	检验方法
1	小拼单元为单锥体	拼装单元节点中心偏移	2.0	用钢尺及辅助量具检查
2		弦杆长 L	±2.0	
3		上弦对角线长	±3.0	
4		锥体高	±2.0	
5	拼装单元为整榀平面桁架	跨长 L ≤24 m	+3.0 / −7.0	
		跨长 L >24 m	+5.0 / −10.0	
6		跨中高度	±3.0	
7		设计要求起拱	+10	
		不要求起拱	±L/5000	

续表

项次	项目		允许偏差	检验方法
8	分条分块网架单元长度	≤20 m	±10	用钢尺及辅助量具检查
		>20 m	±20	
9	多跨连续点支承时分条分块网架单元长度	≤20 m	±5	
		>20 m	±10	
10	网架结构整体交工验收时	纵横向长度 L	±L/2000 且≯30	用钢尺及辅助量具检查
11		支座中心偏移	L/3000 且≯30	用经纬仪等检查
12		周边支承网架 相邻支座（距离L_1）高差	L_1/400 且≯15	用水准仪等检查
13	网架结构整体交工验收时	周边支承网架 最高与最低支座高差	30	
14		多点支承网架相邻支座（距离L_1）高差	L_1/800 且≯30	
15		杆件轴线平直度	1/1000 且≯5	用直线及尺量测检查

4）网架安装及吊装质量体系

面对激烈的市场竞争，企业只有通过质量创信誉，而质量的保证依赖于科学管理和严格要求，为确保工程质量，需特别制定网架工程制作、安装、焊接分项工程质量控制程序。

(1) 质量计划与目标。贯彻执行 GB/T 19000—ISO9000 系列质量标准和质量手册、程序文件，将其纳入标准化规范化轨道，为了在本工程中创造一流的施工质量，特别制订控制目标为优良工程。

(2) 质量体系。根据 GB/T 19000—ISO9000 系列标准要求，建立起组织、职责、程序、过程和资源五位一体的质量体系。

① 在组织机构上建立由项目经理直接负责、项目副经理中间控制、专职质检员作业检查、班组质量监督员自检、互检的质量保证组织系统，将每个职工的质量职责纳入项目承包的岗位责任合同中，使施工过程的每一道工序，每个部位都处于受控状态，保证工程的整体质量水平。

② 在程序和过程控制上，狠抓工序质量控制。工程的主要工序有：原材料复检、制作、安装、测量、焊接等。

③ 在资源配置上，选派技术好、责任心强的技术人员和工人在关键作业岗位上，建立主要工序QC小组，定期开展活动，进行质量分析，不断改进施工质量。

(3) 项目质量保证措施。

① 制作项目质量保证措施。

(a) 钢结构的制作应严格按照《钢结构工程施工质量验收规范》(GB 50205—2001)中的相关规定进行。

(b) 钢构件的下料尺寸应考虑焊接收缩余量及切割、刨边和铣平等加工余量。加工余量的数值应根据规范或实际试验确定。

(c) 低合金结构钢板应采用板料矫平机矫正，当采用加热矫正时，加热温度不得超过900℃。低合金结构钢在加热矫正后应缓慢冷却。

(d) 焊缝坡口尺寸应按设计图纸及工艺要求确定。坡口不得有裂纹、咬口和大于 1 mm 的缺棱。

(e)钢构件组装前,各零件、部件应检查合格;连接接触面和沿焊缝边缘每边30~50mm范围内的铁锈、毛刺、污垢等应清除干净。

(f)板材的拼接应在组装前进行,焊缝按二级检验;构件的组装应在部件组装、焊接、矫正后进行。组装的允许偏差应符合规范要求。

(g)钢构件表面采用喷砂除锈,其质量要求应符合现行国家标准GB/T 8923.1—2011中的Sa2.5级的要求。

(h)涂装时环境温度宜为5~38℃,相对湿度不应大于85%。构件表面不得有结露。涂装后四个小时内不得淋雨。

(i)涂装完毕后,应在构件上标注构件的原编号。大型构件应标明重量、重心位置和定位标记。

(j)钢结构出厂时,应附带出厂合格证和其他相关的技术资料。

② 安装项目质量保证措施。

(a)严格按规范对原材料进行复检,所有零部件出厂前、进场后进行全面复检。安装构件前应对构件进行质量检查。

(b)各种测量仪器、钢尺、轴力仪在施工前应送检标定合格后使用。

(c)安装施工中各工序、工种之间严格执行自检、互检、交检,保证各种偏差在规范允许范围之内。应随时检查基准轴线位置、标高及垂直度偏差,如发现大于设计及施工规范允许偏差时,必须及时纠正。

(d)网架安装应注意支座的受力情况,有的支座为固定支座,有的支座为单向滑动支座,有的支座为双向滑动支座,所有网架支座的施工应严格按照设计要求和产品说明进行。支座垫板、限位板等应按规定的顺序、方法安装。

(e)网架安装后,在拆卸支架时应注意同步,逐步的拆卸,防止应力集中,使网架产生局部变形或使局部网格变形。

(f)严格执行工程《钢结构安装项目质量保证计划》,建立钢结构安装的质量保证体系,编制防止网架质量通病措施,确保施工质量。

③ 焊接项目质量保证措施。

(a)焊接工程概况:该工程钢结构焊接构件类型主要为管球焊接,母材均为国产Q235/Q345钢;焊缝形式主要为全熔透对接焊缝,焊接位置有平焊、立焊、横焊、仰焊等;熔透对接焊缝按二级标准,进行20%的超声波检验,焊缝检验应符合《焊缝无损检测 超声检测 技术、检测等级和评定》(GB 11345—2013)中的规定。

(b)焊前准备。

● 焊接培训。参加焊接施工的焊工要按照《钢结构焊接规范》(GB 50661—2011)第10章"焊工考试"的规定,组织焊工进行考试,取得合格证的焊工才能进入现场进行焊接。持有《锅炉压力容器焊工合格证》的焊工可直接进入现场施工。所有焊工均须持证上岗,随时接受检查。

● 构件外形尺寸检查和坡口处理。构件的组装尺寸检查,焊接前,应对构件的组装尺寸进行检查,圆钢管主要检查构件的圆度、平直度和长度,如发现上述尺寸有误差时,应待铆工纠正后方可施焊。厚度大于36 mm的低合金结构钢,施焊前应进行预热,预热温度宜控制在100~150 ℃;焊后应进行保温。预热区为焊缝两侧不小于150 mm的区域。焊接坡口的处理,施焊前,应清除焊接区域内的油锈和漆皮等污物,同时根据施工图要求检查坡口角度和平整度,对受损和不符合要求的部位进行打磨和修补处理。

● 焊接材料的准备。所有焊接材料和辅助材料均要有质量合格证书,且符合相应的国家标准;所有的焊条使用前均需进行烘干,烘干温度350~400 ℃,烘干时间1~2 h。焊工须使用保温筒装焊条,随用随取。焊条从保温筒取出施焊,暴露在大气中的时间不得超过2小时;焊条的重复烘干次数不得超过2次。

● 焊接环境。下雨天露天作业必须设置防雨设施,否则禁止进行焊接作业。采用手工电弧焊风力大于5 m/s,采用气体保护焊风力大于2 m/s时,应设置防风设施,否则不得施焊。雨后焊接前,应对焊口进行火焰烘烤处理。

(c)焊接。

● 分层焊接介绍。定位点焊:组装时的定位点焊应由电焊工施焊,要求过度平滑,与母材融合良好,不得有气孔、裂纹,否则应清除干净后重焊。严禁由拼装工进行定位点焊。打底焊:为保证全熔透焊缝的焊接质量,焊接前应先清除焊缝区域内的油锈,使用焊接工艺规定的参数施焊。本焊接方法要求的特点是:焊接电流大,速度快;熔深大,易焊透;焊接质量和缺陷一览无遗,容易修复。中间焊和盖面焊:均采用埋弧焊,焊接前应在构件两端加设引弧板。

● 控制焊接变形:所有构件的焊接应分层施焊,层数视厚度而定;作好焊接施工记录,总结变形规律,综合进行防变形处理。

● 焊接检查。焊缝的外观检查,Q345钢应在焊接完成24小时后,进行100%的外观检查,焊缝的外观检查应符合一级焊缝(部分二级焊缝)的要求;超声波检查,所有的全熔透焊缝在完成外观检查之后进行20%的超声波无损检测,标准执行《焊缝无损检测 超声检测 技术、检测等级和评定》(GB/T 11345—2013),焊缝质量不低于B级的二级。焊缝的质量等级及缺陷分级见表11-8。

表11-8 焊缝质量等级及缺陷分级(mm)

焊缝质量等级		一级	二级
内部缺陷超声波探伤	评定等级	Ⅱ	Ⅲ
	检验等级	B级	B级
	探伤比例	100%	20%
外观缺陷	未焊满(指不足设计要求)	不允许	<0.2+0.02 t 且小于等于1.0 每100.0焊缝缺陷总长小于等于25.0
	根部收缩	不允许	0.2+0.02 t 且小于等于1.0,长度不限
	咬边	不允许	<0.05 t 且小于等于0.5;连续长度小于等于100.0,且焊缝两侧咬边总长小于等于10%焊缝全长
	裂纹、弧坑、电弧擦伤、焊瘤、表面夹渣、表面气孔	不允许	
	飞溅	清除干净	
	接头不良	不允许	缺口深度小于等于0.05 t 且小于等于0.5,每米焊缝不得超过一处

● 返修工艺:超声波检查有缺陷的焊缝,应从缺陷两端加上50 mm作为清除部分,并以与正式焊缝相同的焊接工艺进行补焊、以同样的标准和方法进行复检。

(d) 质量记录:焊接球的材质证明、出厂合格证,各种规格的承载抗拉试验报告;钢材的材质证明和复试报告;焊接材料与涂装材料的材质证明、出厂合格证;材料可焊性试验报告;杆件应有承载试验报告;钢网架用活动(或滑动)支座,应有出厂合格证明与试验报告;焊工合格证,应具有相应的焊接工位、相应的焊接材料等项目;网架总拼就位后的几何尺寸误差和挠度等验收记录;焊缝外观检查与验收记录;焊缝超声波探伤报告与记录;涂层的施工验收记录。

5)网架安装及吊装安全保证措施

(1) 安全生产管理体系。

本工程钢结构工作量大,工期紧,安全生产极为重要。为了有条不紊的组织安全生产,必须组织所有施工人员学习和掌握安全操作规程和有关安全生产、文明施工条例,成立以项目经理为首的安全生产管理小组,按施工工序分别确定专职安全员,各生产班组设兼职安全员,建立一整套完整的安全生产管理体系。

(2) 安全生产技术措施。

① 认真贯彻、落实国家"安全第一,预防为主"的方针,严格执行国家、地方及企业安全技术规范、规章、制度。杜绝重伤、死亡事故,轻伤事故频率不得大于1%。

② 建立落实安全生产责任制,与各施工队伍签订安全生产责任书。
③ 认真做好进场安全教育及进场后的经常性的安全教育及安全生产宣传工作。
④ 建立落实安全技术交底制度,各级交底必须履行签字手续。
⑤ 特种作业务必持证上岗,且所持证件必须是专业对口、有效期内及市级以上的有效证件。
⑥ 认真做好安全检查,做到有制度有记录(按"三宝"原则进行),根据国家规范、施工方案要求内容,对现场发现的安全隐患进行整改。
⑦ 坚持班前安全活动制度,且班组每日活动有记录。
⑧ 对于"三违"人员必须进行严厉批评教育和惩处。
⑨ 按国家要求设立安全标语、安全色标及安全标志。
⑩ 所有进入现场作业区的人员必须戴好安全帽,高处作业人员必须系挂安全带。
⑪ 按规定挂设安全网,除随施工高度上升的安全网以外,每隔三层设固定安全网。由于生产条件所限,不能设网的则根据有关要求编制专项安全措施。
⑫ 按规范认真做好"四口"、"临边"防护,做到防护严密扎实。
⑬ 施工用电严格执行《施工现场临时用电安全技术规范》(JGJ 46—2005),有专项临电施工组织设计,强调突出线缆架设及线路保护,严格采用三级配电二级保护的三相五线制"TN-S"供电系统,做到"一机一闸一漏电",漏电保护装置必须灵敏可靠。
⑭ 施工机具一律要求做到"三必须",电焊机必须采取防雨措施,焊把、把线绝缘良好,且不得随意拖拉。
⑮ 现场防火应制定专门的消防措施。按规定配备有效的消防器材,指定专人负责,实行动火审批制度,权限交由生产经理负责。对广大劳务工进行防火安全教育,努力提高其防火意识。
⑯ 对所有可能坠落的物体要求:所有物料应堆放平稳,不妨碍通行和装卸,工具应随手放入工具袋,作业中的走道、通道板和登高用具、临边作业部位必须随时清扫干净;拆卸下的物料及余料和废料应及时清理运走,不得随意乱堆乱堆或直接往下丢弃;传递物体禁止抛掷;一旦发生物体坠落及打击伤害要写出书面报告,并按有关规定加重处罚。

(3) 特别强调的安全措施:① 高处作业的安全设施必须经过验收通过,方可进行下道工序的作业;② 所有高处作业人员必须经过体检,作业时必须系挂好安全带;③ 吊装方面的作业必须有跟随的水平安全网,且每隔一层设一固定安全兜网,按施工方案及时进行临边防护安装;④ 焊接时,要制作专用挡风斗,对火花采取严密的处理措施,以防火灾、烫伤等,下雨天不得进行露天焊接作业;⑤ 吊装作业应划定危险区域,挂设安全标志,加强安全警戒;⑥ 施工中的电焊机、空压机、气瓶、打磨机等必须采取固定措施存放于平台上,不得摇晃滚动;⑦ 登高用钢爬梯必须牢牢固定,不得晃动;⑧ 紧固螺栓和焊接用的挂篮必须符合构造和安全要求;⑨ 吊装作业必须遵守"十不吊"原则;⑩ 当风速达到 15 m/s(6级以上)时,吊装作业必须停止,做好台风雷雨天气前后的防范检查工作;⑪ 高空作业人员必须系挂安全带,并在操作行走时即刻扣挂系于安全缆绳上;⑫ 高处作业中的螺杆、螺帽、手动工具、焊条、切割块等必须放在完好的工具袋内,并将工具袋系好固定,不得直接放在梁面、翼缘板、走道板等物件上,以免妨碍通行,每道工序完成后柱边、梁上、临边不准留有杂物,以免通行时物件踢下发生坠落打击;⑬ 禁止在高空抛掷任何物件,传递物件用绳拴牢;⑭ 气瓶需有防爆防晒措施,且远离电焊、气割火花及发热物体;⑮ 作业人员应从规定的通道和走道上下来往,不得在柱上等非规定通道攀爬,如需在梁面上行走时,则该梁面上必须事先挂设好钢丝缆绳,且钢丝绳用花篮螺栓拉紧或梁下面已兜设了确保安全的水平网;⑯ 各用电设备要用接地装置,并安装漏电保护器,使用气割时,乙炔瓶必须直立并装有回火装置,氧气瓶与乙炔瓶间距大于 8m,远离火源并有遮盖;⑰ 夜间施工要有足够的照明。

6) 工期保证措施

由于工程工程量大、项目多,应在保证质量和安全的基础上,确保施工进度。施工中以总进度网络图为依据,配合不同施工阶段、不同专业工种分解为不同的进度分目标,以各项管理、技术措施为保证手段,进行施工全过程的动态控制。

(1) 工期目标:60 天。
(2) 进度控制的方法。

① 按施工阶段分解,突出控制节点。以关键线路和次关键线路为线索,以网络计划中起止里程碑为控制点,在不同施工阶段确定重点控制对象,制定施工细则,达到保证控制节点的实现。

② 按施工单位分解,明确分部目标。以总进度网络图为依据,明确各个单位的分包目标,通过合同责任书落实分包责任,以分头实现各自的分部目标来确保总目标的实现。

③ 按专业工种分解,确定交接时间。在不同专业和不同工种的任务之间,要进行综合平衡,并强调相互间的衔接配合,确定相互交接的日期,强化工期的严肃性,保证工程进度不在本工序造成延误。通过对各道工序完成的质量与时间的控制达到保证各分部工程进度的实现。

④ 按总进度网络计划的时间要求,将施工总进度计划分解为月度和旬期进度计划。

(3) 施工进度计划的动态控制。施工进度计划的控制是一个循环渐进的动态控制过程,施工现场的条件和情况千变万化,项目经理部要及时了解和掌握与施工进度有关的各种信息,不断将实际进度与计划进度进行比较,一旦发现进度拖后,要分析原因,并系统分析对后续工作会产生的影响,在此基础上制定调整措施,以保证项目最终按预定目标实现。进度动态控制循环图见图11-26。

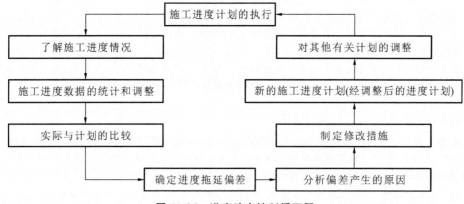

图 11-26 进度动态控制循环图

(4) 确保工期的管理措施。

① 组建"工程项目经理部",实行项目法施工。指定国家级项目经理组成项目经理部,以施工过多个高层大型建筑的管理人员进驻现场组织施工。项目经理部要做到靠前指挥,高速运转,所配备的人员要业务精、技术好、事业心强。

② 项目经理部对本项目人、财、物按照项目法管理的要求实行统一组织,统一计划,统一管理,统一协调,并认真执行企业根据ISO9002国际质量管理标准制定并发布执行的质量手册、程序文件,完善本项目的质量体系,充分发挥各职能部门、各岗位人员职能作用,认真履行管理职责,确保本项目质量体系持续有效地运行。

③ 合理组织流水作业,施工中各个作业区同时组织多个作业组,按流水段划分进行流水作业。

④ 各项施工准备工作尽可能提前,人、机、料等务必限期到位,从而促进各项工作的推进,加快项目实施。

⑤ 实行进度计划的有效动态管理控制,编制月、周施工计划,适时调整,使周、月计划更具有现实性。

⑥ 建立现场会、协调会制度,每月召开一次现场会,每周召开一次协调会,加强信息反馈,及时调整计划,做到以日保周,以周保月,确保各项计划的落实兑现。

⑦ 保证施工质量,提高施工效率,做好成品保护措施,减少不必要的返工、返修浪费,加快施工进度。

⑧ 科学管理、合理组织、精心安排。对物资采购、技术措施编制、交底、施工安排、检查验收等系列工作应做到有条不紊,合理有序。

(5) 保证工期的技术措施。

在施工生产中影响进度的因素纷繁复杂,如设计变更、技术、资金、机械、材料、人力、水电供应、气候、组织协调等,要保证目标总工期的实现,就必须采取各种措施预防和克服上述影响进度的诸多因素,其中从技措施入手是最直接有效的途径之一。

① 设计变更因素：是进度执行中最大干扰因素，其中包括改变部分工程的功能引起大量变更施工工作量，以及因设计图纸本身欠缺而变更或补充造成增量、返工，打乱施工流水节奏，致使施工减速、延期甚至停顿。针对这些现象，项目经理部要通过理解图纸与业主意图，进行自审、会审和与设计院交流，采取主动姿态，最大限度地实现事前预控，把影响降到最低。

② 保证资源配置。

(a) 劳动力配置。安排各工种140余人的施工队伍，进入现场两班昼夜施工（办理夜间施工许可证），选择与企业有良好合作关系、质量可靠的施工队伍，优化工人的技术等级和思想、身体素质的配备与管理，保证总工期的实施。

(b) 材料配置。根据总进度计划和月、周计划详细编制有关资源供应计划；在钢结构施工期间投入足够的设备、钢管等周转材料，保证施工的延续性。由物资部负责本工程中需乙方采购的材料供应。由业主负责分包的项目和供应的物资、设备均应按期完成和进场。

(c) 资金配备。根据施工实际情况编制月进度报表，根据合同条款申请工程款，并将工程款合理分配于人工费、材料费等各个方面，使施工能顺利进行。

(d) 后勤保障。后勤服务人员要做好生活服务供应工作，重点抓好吃、住两大难题，食堂的饭菜要保证品种多、味道好，同时开饭时间要随时根据施工进度进行调整。

③ 技术因素。

(a) 钢构件在工厂加工，减少现场焊接量。

(b) 发扬技术力量雄厚的优势，大力应用、推广"三新项目"（新材料、新技术、新工艺），运用 ISO 9002 国际标准、TQC、网络计划、计算机等现代化的管理手段或工具为本工程的施工服务。并充分利用本单位现有的先进技术和成熟的工艺保证质量，提高工效，保证进度。

(c) 针对本工期特点，编制防风雨施工措施，做到防患于未然，为确保施工进度不延误，要采取合理的安全防范措施，以消除不利因素的影响。

(d) 本项目工程量大，各工种应协调施工，为了实现预定的工期目标，计划钢结构质量验收分阶段进行。

1. 什么是网架和网架结构？什么是网架工程？
2. 什么是网壳结构？它和网架结构有何区别？
3. 网架的类型有哪些？
4. 网架结构的优越性有哪些？
5. 网架钢结构工程吊装的基本原则有哪些？
6. 网架工程安装方法有哪些？
7. 网架工程安装方法的一般适用条件有哪些？
8. 举例说明网架工程安装的工艺流程。
9. 网架工程的整体吊装方法分哪几类？
10. 什么是独脚拔杆吊装法？并简要说明吊装过程。
11. 什么是拔杆集群吊装法？并简要说明吊装过程。

12. 螺栓球节点网架工程施工的优缺点是什么?
13. 为什么网架支座不能与土建支承面的预埋铁焊在一起?
14. 焊接球节点网架工程的施工条件是什么?
15. 焊接球节点网架工程的施工的工艺流程是什么?
16. 如何进行焊接球网架小拼单元的施工?
17. 如何进行焊接球网架中拼单元的施工?
18. 网架钢结构工程质量控制项目有哪些?
19. 网架工程安装常见的质量问题是什么?
20. 如何识别网架结构吊装的危险源?
21. 举例说明网架工程安装工艺的编写内容和格式。

 作业题

1. 参见图 11-18,编写塔架整体吊装的工艺方案。
2. 编写某焊接球节点网架工程的施工吊装方案。

学习情境 12 大跨度空间钢结构的安装

知识内容

① 大跨度空间钢结构应用发展的主要特点;② 大跨度空间钢结构的主要结构形式;③ 大跨度空间钢结构的主要安装方法;④ 现代大跨度空间钢结构安装施工技术。

技能训练

① 正确选择大跨度空间钢结构的安装方法;② 根据具体工程确定大跨度空间钢结构安装方法。

素质要求

① 要求学生养成求实、严谨的科学态度;② 培养学生乐于奉献,深入基层的品德;③ 培养与人沟通,通力协作的团队精神。

任务1 大跨度空间钢结构应用发展的主要特点

随着我国经济建设的蓬勃发展,大跨度空间钢结构在候机厅、会展中心、会堂、剧院等大型公共建筑以及不同类型的工业建筑中获得了广泛应用。表 12-1 中列出了一些具有代表性的大跨度空间钢结构工程项目及其结构特征。

表 12-1 典型大跨空间钢结构工程实例

结构类型	工程项目	平面尺寸(m×m)	结构特征
平板网架	沈阳博览中心室内足球场	144×204	两向正交正放网架
三层网架	首都机场四机位机库	(153+153)×90	三边支承,一边开口
三层网架	江南造船厂西区装焊车间	60×108+60×144	上层 2 台 100 t,下层 4 台 20 t
柱面网壳	河南鸭口发电厂干棚	108×90	螺栓球节点三芯圆柱面双层网壳

续表

结构类型	工程项目	平面尺寸(m×m)	结构特征
球网壳	漳州后石发电厂	$D=122.6$ m	五座
单层网壳	上海科技馆	66.9×50.9	铝合金
椭圆网壳	北京九华山庄"海洋巨蛋"	180×320	高 56.6 m
	国家大剧院	212×143(约)	高 45 m(约),钢材 6500 t(约)
斜拉网壳	杭州黄龙体育中心体育场	(244+244)×50×3	两双肢塔柱高 85 m,每肢 9 索与内环相连
管桁架	深圳机场候机楼(二期)	悬挑 50 m,135×174	柱网 18 m×54 m
	广州体育馆主馆	160×110	160 m 跨、径向 78 榀辐射桁架,预应力拉索 1364 根
张弦梁	上海浦东国际机场	49.9+82.6+44.4+54.3	上弦三根平行方管,下弦高强冷拔镀锌钢丝束
张弦立体桁架	广州国际会展中心	$L=126.5$ m	间距 15 m
弓形支架	乌鲁木齐石化总厂游泳馆	$L=80$ m	64 榀径向空间桁架,4 道环向空间桁架,57 个伞状
膜结构	上海体育场	288.4×274.4	拉索膜结构

根据我国网架、网壳、管桁结构等大跨度空间钢结构广泛应用的实际情况,大跨度空间钢结构的主要特点表现在:结构形式多样化,结构新材料应用拓展,现代预应力技术的引入等方面。近几十年来的实践证明:推动大跨度空间钢结构发展的原动力是产、学、研的紧密结合,保证大跨度空间钢结构得以健康发展的是一系列空间结构行业标准的制定,以及企业资质认证与建筑管理的加强。所有这些将进一步推动我国空间钢结构的发展。

任务2 大跨度空间钢结构的主要形式

大跨度空间钢结构的主要形式有网架结构、网壳结构、薄膜结构、悬索结构、薄壳结构等,且在现代工程中广泛地应用于体育馆、展览馆、俱乐部、影剧院、会议室、候车厅、飞机库、车间等的屋盖结构。

一、大跨度空间网架结构

大跨度空间网架结构简称网架结构。它由多根杆件按照某种规律的几何图形通过节点连接起来的空间结构(称为网格结构),其中双层或多层平板形网格结构称为网架结构或网架。它通常是采用钢管或型钢材料制作而成,主要形式包括:① 平面桁架系组成的网架结构;② 四角锥体组成的网架结构;③ 三角锥组成的网架结构;④ 六角锥体组成的网架结构,如昆明新国际机场候机大厅,如图 12-1(a)和(b)所示。

网架结构的主要特点是空间工作,传力途径简捷;重量轻、刚度大、抗震性能好;施工安装简便;网架杆件和节点便于定型化、商品化,可在工厂中成批生产,有利于提高生产效率;网架的平面布置灵活,屋盖平整,有利于吊顶、安装管道和设备;网架的建筑造型轻巧、美观、大方,便于建筑处理和装饰。

二、网壳结构

曲面形网格结构称为网壳结构,有单层网壳和双层网壳之分。网壳的用材主要有钢网壳、木网壳、钢筋混凝土网壳等。结构形式主要有球面网壳、双曲面网壳、圆柱面网壳、双曲抛物面网壳等。

网壳结构的主要特点是:兼有杆系结构和薄壳结构的主要特性,杆件比较单一,受力比较合理;结构的刚度大、跨越能力强;可以用小型构件组装成大型空间,小型构件和连接节点可以在工厂预制;安装简便,不需要大型机具设备,综合经济指标较好;造型丰富,不论是建筑平面还是空间曲面外形,都可根据创作要求任意选取。例如,兰伯特-圣路易斯国际机场候机室,见图12-2。

(a) (b)

图12-1 昆明新国际机场候机大厅

图12-2 兰伯特-圣路易斯国际机场

三、薄膜结构

薄膜结构也称为织物结构,是20世纪中叶发展起来的一种新型大跨度空间结构形式。它以性能优良的柔软织物为材料,由膜内空气压力支承膜面,或利用柔性钢索或刚性支承结构使膜产生一定的预张力,从而形成具有一定刚度、能够覆盖大空间的结构体系。其主要结构形式有空气支承膜结构、张拉式膜结构、骨架支承膜结构等。

薄膜结构主要特点:是自重轻、跨度大;建筑造型自由丰富;施工方便;具有良好的经济性和较高的安全性;透光性和自结性好;耐久性较差等。

四、悬索结构

悬索结构是以能受拉的索作为基本承重构件,并将索按照一定规律布置所构成的一类结构体系。悬索屋盖结构通常由悬索系统、屋面系统和支撑系统三个部分构成。

其结构形式主要包括:单向单层悬索结构、辐射式单层悬索结构、双向单层悬索结构、单向双层预应力悬索结构、辐射式预应力悬索结构、双向双层预应力悬索结构、预应力索网结构等。

悬索结构的受力特点是:仅通过索的轴向拉伸来抵抗外荷载的作用,结构中不出现弯矩和剪力效应,可充分利用钢材的强度;悬索结构形式多样,布置灵活,并能适应多种建筑平面;由于钢索的自重很小,屋盖结构较轻,安装不需要大型起重设备,但悬索结构的分析设计理论与常规结构相比,比较复杂,限制了它的广泛应用。例如,北京工人体育馆悬索屋盖(见图12-3),德国法兰克福国际机场飞机库(见图12-4)。

五、薄壳结构

建筑工程中的壳体结构多属薄壳结构(学术上把满足$t/R \leqslant 1/20$的壳体定义为薄壳)。薄壳结构按曲面形成可分为旋转壳与移动壳;按建造材料可分为钢筋混凝土薄壳、砖薄壳、钢薄壳和复合材料薄壳等。

壳体结构具有良好的承载性能,能以很小的厚度承受相当大的荷载。壳体结构的强度和刚度主要是利用了其几何形状的合理性,以材料直接受压来代替弯曲内力,从而充分发挥材料的潜力。因此壳体结构是一种强度高、刚度大、材料省的既经济又合理的结构形式。例如,都灵展览馆,见图12-5。

图 12-3　北京工人体育馆悬索屋盖　　　图 12-4　德国法兰克福国际机场飞机库(斜拉索)　　　图 12-5　都灵展览馆(波形装配式薄壳)

任务3　大跨度空间钢结构安装方法

对于一个大跨度空间钢结构而言,往往有多种可供选择的施工方法(简称工法)。每一种施工方法都有其自身的特点和不同的适用范围,施工方法选择的合理与否将直接影响到工程质量、施工进度、施工成本等技术经济指标。本教材结合工程案例,共介绍了七种大跨度空间钢结构安装方法,包括:高空散装法、分条(分块)安装法、高空滑移法、整体吊装法、整体提升法、整体顶升法、折叠展开安装法。

一、高空散装法

将结构的全部杆件和节点(或小拼单元)直接在高空设计位置总拼成整体的安装方法称为高空散装法。高空散装法分为全支架法(即满堂脚手架)和悬挑法两种。全支架法多用于散件拼装,而悬挑法则多用于小拼单元在高空总拼。该施工方法不需要大型起重设备,但现场及高空作业量大,同时需要大量的支架材料和设备。高空散装法适用于非焊接连接的各种类型的网架、网壳或桁架,拼装的关键技术问题之一是各节点的坐标控制。

案例　异型曲面球型螺栓节点网架高空散装法施工方法。

钢结构网架安装采用高空散装法,即施工区域下方搭设满堂红脚手架,在脚手架上满铺脚手板形成一个工作平台,施工人员在平台上完成安装作业。施工人员在工作平台上将网架每个网格拼装成一个三角锥体后借助人力将三角锥体的网架小单元吊至网架安装部位。

案例　北京某综合游泳馆螺栓球网架高空散装法。

其屋面钢结构为螺栓球连接形式的正四角锥钢网架,网架南北向跨度为47.6 m,东西向跨度为60 m,最高处标高为23.80 m,最低处标高为18.653 m,网架矢高2.6 m。网架投影面积约3200 m²,支撑在周边的22个混凝土柱上,混凝土柱顶标高复杂多变。该网架采用高空散装法,即在室内看台搭设脚手架组装平台,依据两侧混凝土轴柱和脚手架组装平台拼接,逐步向前拼装、固定,一次成形的方法。这种方法既稳定又高效。

二、分条(分块)安装法

分条(分块)安装法又称小片安装法,是指结构从平面分割成若干条状或块状单元,分别用起重机械吊装至高空设计位置总拼成整体的安装方法。

该方法适用于分割成条(块)单元后其刚度和受力改变较小的结构。分条或分块的大小应根据起重机的负荷能力而定。由于条(块)状单元大部分在地面焊接、拼装,高空作业少,有利于控制质量,并可省去大量的拼装支架。

案例 北京某火车站站房及雨棚钢结构工程。

中央站房站厅 H2900×1000 截面的钢梁及屋盖刚架中间跨箱形钢梁外形尺寸较大,单根构件重量最大达 108 t,无法整体运输,需工厂分三段加工后在施工现场分段进行吊装。屋盖刚架桁架及次桁架在施工时为避免高空施工作业量过大,应采取地面分段组拼后吊装的安装方式。

案例 南京国际展览中心大型钢结构施工技术。

南京国际展览中心大型屋盖弧形主拱架和钢管柱的制作安装施工技术是采用分条(分块)安装法,该工程的主体结构中钢结构所占比重较大,整个钢结构屋盖长 273 m,宽 94 m,高 43.9 m,由 10 榀弧形拱架和 90 根檩架及水平支撑组成。拱架跨度为 75 m,悬臂 14 m。

三、高空滑移法

将结构按条状单元分割,然后把这些条状单元在建筑物预先铺设的滑移轨道上由一端滑移到另一端,就位后总拼成整体的方法称为高空滑移法。高空滑移法可分下列两种方法。

(1)单条滑移法 将条状单元一条一条地分别从一端滑移到另一端就位安装,各条单元之间分别在高空再连接。即逐条滑移,逐条连成整体。

(2)逐条累计滑移法 先将条状单元滑移一段距离后(达到第二条单元的宽度即可),连接上第二条单元后,两条单元一起再滑移一段距离(宽度同上),再接第三条,三条又一起滑移一段距离,如此循环操作直至接上最后一条单元为止。

案例 上海世博会主题馆钢结构屋架累积滑移安装技术,见图 12-6。

2010 年上海世博会主题馆为大跨度钢结构工程,其钢结构屋面的安装采用累积滑移施工技术,有效解决了施工场地狭小、施工周期紧、构件自重大且安装精度高等困难,同时使施工质量和施工安全得到了保证,取得了预期的效果。

案例 山西某展览中心钢结构工程(高空原位拼装滑架法),见图 12-7。

结构高空原位拼装,支撑架滑移施工(滑架法:支撑架滑移,结构不滑移)的总体思路是:根据整体屋盖特点,将屋盖分成若干个单元,在某一单元下方设置滑移支撑胎架,根据上部结构的跨度,设置三个滑移支撑胎架单元,在支撑胎架上原位拼装上部结构,待某一单元拼装完成后,滑移支撑胎架滑移至下一相邻单元拼装,如此循环,直到整个结构安装完成。

案例 黑龙江某国际会展体育中心钢结构工程(整体滑移),见图 12-8。

黑龙江某国际会展体育中心工程总用地面积 63 万平方米,跨度 128 m,根据屋架的结构的尺寸、重量、索力和变形以及工期的要求等因素,展览中心主屋盖系统采用"地面组装、多榀累积、整体滑移"的施工方法,以及"中间开花、分区安装、齐头并进"的施工原则。

 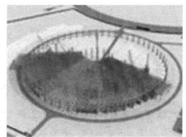 

图 12-6　上海世博会主题馆钢结构屋架　　图 12-7　山西某展览中心钢结构工程　　图 12-8　黑龙江某会展体育中心钢结构工程

四、整体吊装法

整体吊装法是指将结构在地面总拼成整体,用起重设备将其吊装至设计标高并固定的方法。

用整体吊装法安装空间钢结构时,可以就地与柱错位总拼或在场外总拼,此法一般适用于焊接连接网架,因此地面总拼易于保证焊接质量和几何尺寸的准确性。其缺点是需要大型的起重设备,且对停机点的地耐力要求较高,同时会影响土建的施工作业。

> **■ 案例**　上海某国际广场大跨度桁架整体吊装施工技术,见图 12-9。通过上海某国际广场东扩工程施工,大跨度桁架采用整体吊装的施工技术和措施,得出了安装位置拼装卷扬机整体吊装的方法在该工程中可行的结论,具有一定的价值。
>
> **■ 案例**　大跨度钢结构栈桥整体吊装施工技术,见图 12-10。结合工程实际情况,采用了大跨度钢结构栈桥双机整体吊装的施工技术,并对钢栈桥吊装方案的选择、吊装方法以及吊装过程中的安全控制进行了探讨,通过对钢桁架吊装工艺的改进,降低了高空作业安全事故的发生。

五、整体提升法

整体提升法是将结构在地面整体拼装后,起重设备设于结构上方,通过吊杆将结构提升至设计位置的施工方法。

整体提升法的优点是:成本降低;提升设备能力较大,提升时可将屋面板、防水层、采暖通风及电气设备等全部在地面施工后,然后再提升到设计标高,从而大大节省施工费用。

> **■ 案例**　上海世博会世博中心大跨度钢桁架整体提升稳定性分析,见图 12-11。
> 以上海世博会世博中心整体提升的片架式钢桁架为例建立数值模型,分析钢桁架在提升阶段的受力情况。通过分析,提出在桁架上弦杆顶部增设装拆式水平桁架,以增加受压杆件在平面外的惯性矩的方法。
>
> **■ 案例**　首都国际机场大跨度空间钢屋盖整体提升技术,见图 12-12。
> 该工程钢结构跨度 352.60 m,进深 114.5 m,屋盖顶标高 +39.800 m。其机库的跨度和面积为目前世界上最大的焊接球网架结构,采用整体提升技术,一次性整体提升面积 40372.7 m^2、重量 8200 t 的钢屋盖。

图 12-9 上海某国际广场大跨度桁架整体吊装　　图 12-10 大跨度钢结构栈桥整体吊装　　图 12-11 上海世博会世博中心大跨度钢桁架　　图 12-12 首都国际机场大跨度空间钢屋盖

六、整体顶升法

整体顶升法是利用柱作为滑道,将千斤顶安装在结构各支点的下面,逐步地把结构顶升到设计位置的施工方法。

这种施工方法利用小机(如升板机、液压滑模千斤顶等)群安装大型钢结构,使吊装整体顶升法与整体提升法类似,区别在于提升设备的位置不同;前者位于结构支点的下面,后者则位于上面,二者的作用原理相反。

案例　深圳某体育中心工程(网架+网壳,液压顶升),见图12-13。体育馆、游泳馆屋盖的双层网架均在馆内组装成整体后整体顶升。顶升装置由顶升胎架、液压提升装置组成,其中用液压顶升装置由液压千斤顶群、油泵、油管、计算机等组成,由计算机控制整体顶升时各点的同步。

案例　整体顶升法在300 t网架结构屋盖改造工程中的应用,见图12-14。图12-14所示为利用顶升办法,将45 m×45 m、重约300 t的网架结构屋盖(包括装修部分)整体顶升1.2 m的改造工程的施工情况。在整体顶升过程中采取了一些有效的技术措施及施工方法。

七、折叠展开安装法

折叠展开安装法是把一个穹顶看成由径向的拱绕竖向中轴旋转一周而成,因此,穹顶的立体空间作用可以分解为径向拱的作用与环向箍作用的叠加。对于杆件组成的网格状网壳来说,去掉部分的环向作用就是去掉一部分环向杆。这样穹顶结构就可以产生一个竖向唯一的自由度。利用穹顶临时具有的自由度,就可以把穹顶折叠起来,在接近地面的高度进行安装。然后利用液压顶升和气压等方式把折叠的穹顶沿其仅有的一维自由度方向顶升到设计高度,完成穹顶的施工过程。

案例　大跨度柱面网架折叠展开提升技术,见图12-15。
干煤棚网架的安装采用地面折叠拼装、整体提升展开的新工艺。其技术原理:拼装时抽掉一些杆件后将网架结构分成5块,块与块之间以及网架根部基础采取铰接,使结构成为一个折叠式可在地面拼装的可变机构。网架的大部分杆件、设备安装以及部分装修工作在地面完成,然后采用钢绞线承重、计算机控制、液压千斤顶集群整体提升等先进工艺,将该机构展开提升到预定高度后装上补缺杆件,使之形成一个稳定、完整的网架结构。

学习情境 12 大跨度空间钢结构的安装

案例 网壳结构"折叠展开式"计算机同步控制整体提升施工技术,见图 12-16。

网壳结构"折叠展开式"计算机同步控制整体提升施工技术是一种新型的、技术先进的大跨度网壳结构的施工方法。它的基本思想是将网壳结构局部抽掉少量杆件,将结构分成若干区域,并设置一定数量的可动铰节点,使结构变成一个机构。在靠近地面拼装,然后采用液压提升设备,通过计算机同步控制,将结构提升到设计高度,再补充缺省杆件,使机构变成稳定的结构状态。

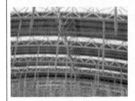
图 12-13 深圳某体育中心工程

图 12-14 300 t 网架结构屋盖改造工程

图 12-15 大跨度柱面网架

图 12-16 网壳结构"折叠展开式"计算机同步控制整体提升法

任务 4 现代大跨度空间钢结构施工技术

一、钢结构构件和异型节点的制作技术

以钢结构建筑为代表,各种大跨度、复杂空间形状的钢结构建筑不断涌现,派生出了各种新型、局部受力复杂、制作难度大的钢构件。近年来的一系列大型、结构复杂、施工难度大的钢结构工程,在钢构件制作技术上遇到了许多突出、具有代表性的难题,其中以深圳文化中心、深圳市青少年宫、深圳会展中心等工程为典型代表。

案例 深圳文化中心工程。

深圳文化中心黄金树的设计,其整个结构共采用了 67 个多分枝、复杂铸钢节点,形状各异,无一相同;节点最多由 10 根管件汇交而成,见图 12-17。分枝成空间分布,夹角无规律性,单个铸钢节点重量多达 7.71 吨。如此复杂的树形结构国内唯一,其中铸钢节点的制作存在巨大的困难。在节点深化设计和制作过程中,利用 3D3S 软件,精确计算每两个杆件分枝之间的相互空间角度并确定各分枝长度,使用五轴联动数控机床加工节点中心球和各分枝圆心杆,选用消失模先进工艺、采用倒注、多冒口的方法,确保铸造质量。以上各项技术均达到国内领先、国际先进水平。铸钢节点应用于工程实际中,效果良好。每个节点外形尺寸

图 12-17 节点模型

准确,各分枝角度及长度与设计值较为吻合,为后续的焊接及整体控制等工序提供良好的条件。施工完毕后,整体造型新颖、美观,现已成为深圳市的标志性建筑物之一。工程最终使用自行研究制作的铸钢节点,弃用了日本的同类产品。该工程黄金树结构最终整体造价仅为日方报价的十分之一。经检验,深圳文化中心枝形铸钢节点质量完全达到设计要求,质量等级为优良,并获省部级科技进步三等奖。

案例 深圳国际会展中心工程。

图12-18 会展局部鸟瞰图

深圳会展中心造型独特,大跨度巨型双箱梁实心拉杆组合结构为国内首次使用。一共由68榀双钢梁与梁间檩条构成钢框架,见图12-18。其中38榀箱梁下带实心拉杆,其余为梁下钢柱支撑形式。上弦巨型箱梁为圆弧、变截面状,单轴线双榀梁组合,单榀梁重约180 t,与楔型钢柱相交处截面尺寸达1000 mm×4800 mm,跨度为126 m,下弦φ150 mm实心拉杆作为高强度拉杆在建筑行业中也是首次出现。针对实心钢棒拉杆,业主、设计方曾经考虑使用德国或英国的产品,由于价格过于昂贵,而转向国内产品。经我国自己研究制作的实心钢棒完全符合设计提出的高强度、性能稳定、抗疲劳性能良好、承载力大、防腐性强、使用寿命长等的要求,可代替德国或英国的同类产品,成本却只有其几十分之一。单制作一项就大大提高了工程的经济效益,同时也促进和提高了我国高强度钢材的制作水平,增强其国际竞争力。深圳会展中心巨型箱梁是钢结构的主要组成构件,其制作对结构功能的实现影响重大。现场安装显示,箱梁1000 mm×4800 mm截面处钢板局部变形不大于3 mm,分段连接截面轴向间距误差仅为3 mm,横向错位为3 mm,整体长度误差控制在30 mm以内。经监理单位及质检部门检测,箱梁质量完全符合设计质量要求。

二、整体滑移施工技术

大跨度空间钢结构的施工过程中最为关键的问题是结构在形成空间整体前的稳定性问题。滑移施工技术较好地解决了这一问题。滑移工艺是利用能够控制同步的牵引设备,将分成若干个稳定体的结构沿着一定的轨道,由拼装位置水平移动到设计位置的施工工艺。该工艺的优点是:可解决大型吊装设备无法辐射结构安装位置的难题;节约施工场地;对吊装设备要求低。缺点是:要求结构平面外刚度大,需要铺设轨道,多点牵拉时同步控制难度大。

案例 深圳宝安国际机场二期扩建航站楼曲线桁架分片累计滑移。

深圳宝安国际机场二期扩建航站楼钢屋盖为135 m跨棚形曲线钢桁架体系,见图12-19。施工滑移采用高空分榀组装、单元整体滑移、累积就位、三点牵拉、同步横向滑移工艺,成功地解决了施工中有较大水平外推力作用的钢管桁架整体、横向稳定性控制的难题及滑移轨道的设计、制作、安装难题,属国内首次采用,该工程的综合施工技术经国内专家鉴定"达国际先进水平",获省部级科技进步一等奖,并在此基础上形成了国家级工法。

本工程安装施工所采用的高空分榀组装、单元整体滑移、逐个单元累积就位的工艺是在原有的滑移工艺基础上进行了多方面的改进、突破,创造了滑移施工的多项新技术,主要表现在以下几个方面:① 有水平推力下大跨度滑移轨道的设计、制作、安装技术;② 有限元计算程序软件进行复杂结构的施工验算技术;③ 空间曲线桁架滑移过程的稳定性控制技术;④ 多点牵拉桁架的多点同步控制技术。

案例 广州白云国际机场新航站楼双胎架等标高曲线滑移。

广州白云国际机场新航站楼采用以人字柱支撑的大跨度双曲面钢屋盖,平面尺寸为314 m(长)×212 m(宽),安装方案选择了多轨道、变高度胎架、曲线滑移、分组安装施工工艺,解决了空间曲面屋盖体系的安装就位难题,在国内属首次。曲线滑移技术经国内专家鉴定"达国际领先水平",获省部级科技进步二等奖。

该工程胎架系统由两个高37 m、宽26 m、长62 m胎架组成,见图12-20,每个重350 t,外形庞大,构造复杂,在弧形轨道上滑动,其安全可靠性是本方案关键。桁架在胎架上高空拼装好以后需整体滑移至安装位置,桁架位置处于同心圆的直径线上,四条滑移轨道布置在同心圆的不同半径上,要保证同角速度整体曲线滑移是一大难点。

该工程将滑移胎架的设计和桁架拼装滑移就位及滑移的同步控制作为重点,采取了多项控制措施。

案例 沈阳桃仙国际机场二期扩建航站楼屋盖钢结构胎架滑移工艺。

沈阳桃仙国际机场二期扩建航站楼屋盖总重3000 t,桁架长96.4 m,采用分段拼装、胎架滑移工艺,见图12-21,三天安装两榀,仅用93天时间完成了23榀主桁架吊装,节约了工期,为沈阳桃仙国际机场2000年底投入运营赢得了时间。此前胎架滑移工艺在我国属首次应用,无类似施工经验借鉴,本工程的顺利完成,填补了我国此项施工工艺的空白,为今后类似工程施工提供了理论依据和实际操作方法。以本工程为实例的胎架滑移工法已成为国家级工法。

案例 哈尔滨体育会展中心128 m索桁架屋盖高低跨同步液压牵引滑移。

哈尔滨体育会展中心钢屋盖由35榀张弦桁架构成,每榀桁架跨度达128 m。施工采用整体吊装、分片累积、高低跨不等标高同步滑移施工工艺,见图12-22。滑轨高差15.2 m,牵引设备采用液压千斤顶计算机同步控制系统,是我国滑移施工跨度最大的张弦结构工程。

图12-19 滑移现场　　图12-20 结构模型图　　图12-21 胎架滑移图　　图12-22 滑移方案

三、整体提升施工技术

计算机控制液压整体提升技术是近年来将计算机控制技术应用于建筑施工领域的新技术。其主要工作原理是以液压千斤顶作为动力设备,根据各作业点提升力的要求,将若干液压千斤顶与液压阀组、泵站等组合成液压千斤顶集群,并在计算机的控制下同步运动,保证提升或移位过程中大型结构的姿态平稳、负荷均衡。

案例 广州白云机场飞机维修库钢结构工程250 m×88 m钢屋盖多吊点非对称整体提升,见图12-23。

广州白云机场飞机维修设施钢结构屋盖整体提升单元尺寸250 m×88 m,总面积21000 m²,总重量4277 t,是全国应用整体提升技术一次提升面积最大的单体建筑。

工程中主要涉及的关键技术有以下几点:①整体提升计算机动态控制;②整体提升的设计与提升工况的验算;③大跨度钢屋盖地面组拼工艺;④计算机控制液压整体提升技术;⑤整体提升监测技术。

该工程提升点多达十二个,提升力分布不均匀,支承柱刚度差,稳定性计算相当复杂,国内尚无先例。在建设过程中联合清华大学结构工程研究所和上海同新机电控制技术公司一起研究,在整体提升设计计算、大面积钢屋盖地面组拼工艺、计算机控制液压整体提升技术、整体提升监测技术和测控工艺等方面,形成了成套技术,在钢结构施工技术方面进行了一次创新,获省部级科技进步一等奖。

四、高空无支托拼装施工技术

高空块体扩大单元无支托组装技术,施工原理是:将结构体系合理的分段,选择吊装顺序,使施工过程无须塔设支撑平台,利用结构自身刚度形成稳定单元,通过不断扩大单元结构,最后形成整体结构。

钢结构制作与安装

案例 厦门国际会展中心35 m悬挑桁架高空块体扩大单元无支托组装技术。

厦门国际会展中心主体钢结构总高度42.6 m，31.8 m标高以下为五层大柱钢框架结构，31.8 m以上部分为双向大悬臂空间桁架结构。梁、柱、桁架的主要断面为箱形、H形和十字形，最大板厚为75 mm，重要部位采用国产类似SM490B-Z25材质，总用钢量1.45万吨。厦门国际会展中心顶部屋盖为目前国内最大的双悬臂空间桁架结构，悬挑长度南北向35 m，东西向21 m，双向悬挑，见图12-24。屋盖所采用的是双向外挑帽盖结构，单榀重量80吨。

图12-23 提升现场

图12-24 施工现场

施工阶段桁架下挠难于控制。屋盖体系为空间桁架，采用单榀吊装，施工阶段的荷载与最终的使用荷载和结构体系差距较大。悬挑安装顺序见图12-25。

图12-25 悬挑安装示意图

该工程施工采用高空块体扩大单元无支托组装技术，通过不断扩大稳定结构单元接装，最后形成整体结构。厦门国际会展中心大悬臂结构施工，充分利用了结构本身的优势，减少了施工投入，加快了施工进度，为下部空间交叉施工创造了作业面。高空块体扩大单元无支托组装技术已成为大悬臂空间结构施工技术术的创新。

五、厚板、异种钢材及管结构的多角度、全位置焊接技术

钢构件截面形式、连接形式的发展呈现多样化的特点，焊接质量要求高，无参考经验的焊接新问题不断出现。国产钢材的推广应用增加了焊接难度，特别是用于厚板截面时，易发生母材层状撕裂问题，焊接质量难于控制。现场的焊接环境是影响焊接质量的一个重要因素，温度低、风量大、空气湿度大的环境使得焊缝成型、焊缝保养等控制难度增大。面对不断出现的种种焊接难题，在合理利用传统焊接技术的基础上，针对不同工程的不同焊接特点推行新颖、高效的焊接工艺及方法，成功地解决了各种焊接难题，保证了焊接质量，特别是在深圳文化中心及厦门国际会展中心工程中得到了充分的体现。

案例 厦门国际会展中心特殊环境下国产厚板焊接技术。

厦门国际会展中心地处多风雨的沿海地区，是首例采用国产厚钢板的大型建筑，主体钢结构为81 m×81 m均布的48根十字形劲性柱、箱型柱及H型钢梁组合的钢框架结构，整个钢结构安装工程施工焊接量约为18万延长米。钢柱选用国产SM490B-Z25钢板，其余板材均为国产钢材Q345B。梁、柱、桁架的主要断

面为箱形、H形和十字形,焊接类型为钢柱对接焊、H型钢梁对接焊和H型钢梁T型焊等全熔透焊缝。如何做好特殊条件下国产超厚钢板的焊接,已经成为钢结构施工领域的一大研究课题。现场施工焊接的特点、难点主要表现在以下几方面:① 采用超厚截面国产钢材,钢柱最大板厚达75 mm,翼缘板厚普遍大于50 mm,钢材Z向性能差,易产生层状撕裂现象;② 焊接节点集中单根柱,牛腿连接节点多达12个,并有大量的空中组拼、连续焊接,梁最大跨度27 m,梁最大悬挑上下弦梁长35 m,焊接变形控制难度大;③ 焊接环境恶劣,工程地处海边,暴雨、台风多,空气湿度大,焊缝不易成形和保养。现场厚板焊接过程中所采取的措施:① 现场焊接模拟试验,找出施工中的不稳定因素和可行的防治方法,从技术上作好防层状撕裂准备,最终确定了钢框架结构典型多牛腿钢柱节点现场焊接的焊缝成型最佳焊接工艺参数;② 积极全面的防风雨措施,每个焊接节点均搭设防风防雨的防护棚,切实做好防风雨工作,保证现场焊接的顺利进行及焊接接头质量;③ 科学合理的超厚板接头焊接技术针对钢框架结构的节点分布特点,通过从内向外,先焊收缩较大节点、后焊收缩量较小节点,先单独后整体的合理焊接顺序,有效地分解了拘束力,从根本上减少变形和撕裂源;④ 严密的后热及保温措施,无损检测采用大功率烤枪沿焊缝中心两侧各150 mm范围内均匀加热至约250 ℃左右,使其缓慢冷却,严格制约层状撕裂缺陷。

案例 深圳文化中心管结构多角度、全位置异种钢材焊接。

深圳文化中心黄金树采用了新颖独特的树枝结构,见图12-26,树枝节点采用半空心半实心的巨型铸钢件,每个铸钢件以不同角度伸出多个钢管接头,见图12-27。每个钢管接头又与作为黄金树树枝的无缝钢管通过对接焊上下关联,逐步形成多节点、多分枝、多角度的三维空间树状钢结构造型。铸钢节点与相连无缝钢管的异种钢材对接焊是本工程的关键环节,也是整个钢结构施工焊接领域的一大难点,主要表现在以下几方面:① 多角度全位置的高空焊接铸钢件体形复杂;② 不等壁厚的大直径管-管结构对接焊;③ 异种钢材焊接;④ 焊接变形难于控制;⑤ 焊接接头易出现裂纹等质量问题。

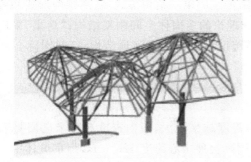 

图12-26 黄金树面貌　　　　图12-27 典型钢铸节点

钢铸节点与无缝钢管进行现场高空多角度全位置焊接。多角度是指钢铸节点的每个伸出钢管和相应无缝钢管的对接面呈各种不同的空间角度,焊工施焊时,须考虑因倾角大小的差异所带来的熔池成形的差异而变换工艺参数,才能达到每个接头施焊均匀、焊缝和母材充分熔合等要求。全位置是指每个对接口的圆形焊缝都须进行四面围焊,焊工要经常变换焊接位置及焊接工艺参数,逐步完成仰焊、仰立焊、立焊、立平焊、平焊等操作。其主要有以下三方面重点:① 焊前试验、现场焊接工艺评定;② 全位置焊接各环节的质量控制;③ 细致的根部、填充层及盖面层焊接。

六、复杂空间钢结构施工过程的动态结构计算机控制简介

动态结构计算机控制是近年来将计算机技术应用于施工领域的一门新技术,是非常有效的施工辅助手段。通过对各种不利因素的分析和计算,可进行有效的方案可行性分析,优化施工方案,保证施工质量、安全和方案的科学性,验证不利因素对结构的影响是否属于控制范围,提

出合理的控制基准和方法,有利于指导施工全过程。

钢结构施工测量控制作为施工技术的一部分,其工程施工方案的合理性、先进性,从大量的测控数据信息中分析结果并得到反应和证实。具体工程应用如下:深圳宝安国际机场二期曲线钢桁架滑移过程位移动态监测;深圳文化中心复杂铸钢节点在枝状空间钢结构中的测量定位;深圳国际会议展览中心大跨度巨型箱梁及实心拉杆安装过程应力、应变监测等。

任务5 大跨度空间钢结构施工技术发展方向

一、大跨度空间钢结构促进施工技术革新

近年来,各种类型的大跨度空间钢结构的跨度和规模越来越大,新材料和新技术的应用越来越广泛,结构形式越来越丰富。

我国大跨度空间钢结构原来基础较薄弱,随着国家经济实力的增强和社会发展的需要,近年来也取得迅猛发展。特别是2008年北京奥运场馆建设为我国大跨空间钢结构的发展提供了巨大机遇,给我国建筑结构技术提供了一个展现机会,涌现出大量结构新颖、技术先进的建筑。同时也给施工单位带来巨大机遇和挑战。

二、结构形式日益多样化和复杂化

现代大跨度空间钢结构已不局限于采用传统的单一结构形式,新的结构形式和各种组合结构形式不断涌现。"水立方"采用了基于泡沫理论的多面体空间刚架结构;"鸟巢"采用复杂扭曲空间桁架结构;奥运会羽毛球馆则采用世界跨度最大的弦支穹顶结构;广州国际会展中心采用了张弦桁架结构。

三、钢板厚度越来越厚

由于建筑功能的需要,现代空间钢结构跨度越来越大,短向跨度超百米已屡见不鲜,如"鸟巢"跨度296 m,"水立方"跨度177 m,广州国际会展中心跨度126.6 m,南京奥体中心体育场跨度360 m等。以致全国超限高层建筑专家审查委员会专门编制了大跨结构超限审查的规定。这些大跨度空间钢结构采用了大量高强度级别钢材如Q390C、Q420C、Q460E等高强度厚钢板,有些板厚甚至超过100 mm。

四、现代预应力技术的大量应用

预应力作为一项新技术,得到了充分应用,涌现了索穹顶、张拉整体结构和索膜结构等新型结构形式。例如,奥运会羽毛球馆(北京工业大学体育馆)采用了世界跨度最大的弦支穹顶结构;国家体育馆则采用了世界跨度最大的双向张弦梁结构。

五、结构复杂、设计难度越来越大

现代空间钢结构大多采用仿生态建筑,为了满足建筑造型,采用了各种各样的节点形式,如铸钢节点、锻钢节点、球铰节点等。构件数量和截面类型越来越多,深化设计难度越来越大。一般而言,这类大型工程都由几万个构件,甚至逾十万个构件组成,并且这些构件的截面形式尺寸

和长度均不相同,这给施工单位放样带来极大困难,对于有些弯扭构件,还需进行专门试验和研究才能完成。

六、构件加工难度大,加工精度要求高

这类工程都属于国家重点工程,工程质量要求相当高。只有提高构件加工精度,才能满足质量要求。并且大量焊缝要求为一级焊缝标准,给施工带来极大难度。现场焊接工作量大,施工技术难度高。为保证施工精度,这些工程都需要进行预拼装,并且现场焊接工作量特别大。由于结构新、跨度大,为了保证经济、安全,都必须采用先进的施工技术才能顺利完成。

七、大跨度空间钢结构施工技术不断创新

大型空间钢结构建造过程中施工技术至关重要,合理的施工方案和科学的施工过程分析才能保证结构的安全、经济。目前一些大型空间钢结构的施工,已突破传统意义上的施工方法,向多学科、综合化、高科技领域迈进,给传统施工技术带来前所未有的挑战,需要科研、设计、施工单位共同研究、开发,创造出新的更加科学的施工技术,来满足不断发展的需要。当前研究、开发、创造科学的施工技术主要在以下几个方面。

1. CAD设计与CAM制造技术

随着计算机技术、信息化技术和先进数控设备的应用,空间钢结构产品需要信息技术、设计技术、制造技术、管理技术的综合应用,提高生产效率和实现定制化目标,从而提高空间钢结构产品的创新能力和管理水平。钢结构CAD设计与CAM制造技术属于钢结构辅助制造技术范畴,包括整体三维实体建模,杆件和板材的优化下料,钢管相贯节点和各类异型节点的设计、分析、制造等。

2. 安装施工仿真技术

随着工程的不断大型化,结构施工阶段的安全问题日益突出。实际上,有些工程在结构施工过程中的受力状况完全不同于使用阶段,甚至有些工程的结构最不利受力阶段出现在施工期间。钢结构施工安装仿真技术主要包括五个方面:① 大型构件的吊装过程仿真;② 施工过程各阶段各工况仿真模拟;③ 结构安装的预变形技术,包括构件的起拱与预变位,最终实现结构安装完成后的正确几何位置;④ 结构构件的预拼装模拟;⑤ 卸载过程模拟。通过仿真计算分析,能预先充分发现施工过程中的薄弱环节和重点控制部位,能直观实现对结构整个施工过程的控制并最终实现正确的形状尺寸。

3. 安装方法的合理选用

所谓选用合理的安装方法,就是在安全、经济、适用三方面找到一个最佳平衡点。传统空间钢结构的施工方法一般有:高空散装法、分条或分块安装法、高空滑移法、整体吊装法、整体提升法、整体顶升法等。现代空间钢结构跨度大、体型复杂,无固定的安装模式,并且使用大量新材料、新技术,若不对这些单一传统安装方法进行革新或创造,就不能顺利完成任务,有时甚至很难完成任务。通过大量的工程实践,涌现出许多具有创新性的施工技术,如高空曲线滑移技术、网壳结构折叠展开式整体提升技术、滑架法施工技术等。现代空间钢结构的安装方法往往是几种基本方法的巧妙组合或者再创造。同时由于机械设备、计算理论和计算机技术的快速发展,为钢结构安装方法的创新提供了有力支持。

大跨度空间钢结构施工技术典型案例

国家游泳中心钢结构施工技术。

1. 工程概况

国家游泳中心——"水立方"工程,是2008年国家奥运工程中的两大标志性建筑之一,见图12-28和图12-29。该建筑长宽均为176.538 m,高度为30.588 m,屋盖厚度为7.211 m,墙体厚度为3.472 m及5.876 m两种,总建筑面积31166 m^2,整个建筑外形成方形,其结构形式采用了基于泡沫理论的多面体空间刚架结构,它开创了一种崭新的结构形式和设计思路,不同于传统的空间网格结构、桁架结构等任何一种结构形式,是一种全新的结构形式,见图12-30和图12-31。

图12-28 外部效果

图12-29 内部效果

图12-30 结构平面

图12-31 结构外形

2. 工程特点和难点

(1) 构件数量多,构件种类多,构件的空间位置复杂,构件外形要求高。该结构构件之间纵横交错、呈现出一种随机无序状态,杆件空间定位相当困难。该工程基本构件总计达29979个,其中共有焊接方矩形钢管为9199根,圆钢管为11471根;焊接球节点为9309个,其中整球为4281个,异型球为5208个,相贯节点为1441个。

(2) 所有节点均为刚性连接,焊缝质量要求高。为了确保工程质量,该工程所有焊缝全部为一级焊缝。经计算,该工程结构构件约由30多万个板件,通过近十万多延长米的一级焊缝组合而成。

(3) 材料等级高,节点构造复杂。该工程中大量使用Q420C级的钢材,该级别的钢材对焊接工艺的要求较高。为了满足抗震的需要,在应力比大于0.7的杆端、节点区及拼接焊缝处进行加强处理,节点构造复杂。

3. 安装方案

国家游泳中心的结构形式不同于任何一种传统的结构形式,具有较强的空间性、关联性,任何一个构件安装位置的不准确,将导致其他构件难以安装,该结构构造特点决定了其安装方法也不同于传统结构形式。为此,采用了"以组合为辅,散装为主"的安装方法。安装前,根据构件间的相互关系及起吊设备的最大起吊能力,在地面最大限度地进行组合,以减少高空焊接量。实际应用中,组合形式最多的是一根矩形钢管与一个相连空心球组合,组合后的形状如同一根"棒棒糖",见图12-32;另外,还有大量种类繁多的异型组合,见图12-33(种类较多,此处仅举一个例子)。

高空安装时,以一个焊接空心球节点为中心,将与该球相连的下部杆件全部吊装到位,形成"多杆顶球"的状态,见图12-34,此时各构件的位置基本接近设计位置;然后用全站仪进行空间精确定位,定位时仍然以焊接空心球球心作为定位目标,球体位置准确后,只要相连杆件四周与球体吻合相贯,那么杆件的轴线必将穿过球体中心,但球体的球心是一个虚拟的空间点且在球的内部,直接测量球的球心位置非常困难。在实际应用中,采用了如下方法:即在工厂加工空心球时,在球体的一个对称轴与球面交点处各钻一个小孔(孔的直径及深度均为3 mm),测量时,只需测量球的两个小孔位置,若球的两个小孔的空间位置准确,则球心位置也近似准确,见图12-35。

图 12-32　球杆组合　　　　图 12-33　异型组合之一　　　　图 12-34　现场组装

案例　广东科学中心钢结构工程施工技术。

1. 工程概况

广东科学中心主楼总建筑面积 13.75 万平方米,整个建筑外形体现了"科技航母"的设计思想,有机结合了地理环境和建筑本体条件,力求建成环境艺术与现代科技有机结合并具有鲜明特色的标志性建筑,总体效果图见图 12-36。主楼主体建筑分为 A、B、C、D、E、F、G 七个区,如图 12-37 所示。

  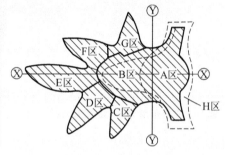

图 12-35　屋面球节点定位　　　图 12-36　总体效果图　　　　图 12-37　结构分区图

2. 工程特点和难点

(1) 本工程包含由网壳、重型钢结构、钢管桁架结构形式。其中,C、D、E、F 区的巨型钢框架结构含有大量带折线的"日"字形、"目"字形钢柱,其钢板厚度最厚达 90 mm,采用 Q345C-Z25 钢材,具有很大的加工难度,且厚钢板折弯技术为首次应用。

(2) 结构布置复杂,特别是在 H 型巨型钢桁架结构中,腹杆与上下弦的连接节点和巨型格构箱型柱与柱间支撑连接节点相当复杂,各节点部位的节点板均突出构件边缘。节点板对腹杆和支撑的组装产生阻挡,就位困难。组装就位后的焊接工作面小,焊接难度大。

(3) 船头部位悬挑长度大,特别是 E 区船头部位最大的悬挑长度达 45.289 m,给施工带来很大的难度。

(4) G 区球体为单层肋环形球面网壳,由径肋和环杆组成,整体刚度较差。因此在安装过程中需要采取措施保证其不变形。

(5) 屋盖曲面形状复杂:H1 区屋盖曲面为不规则平移曲面,其母线和导线均为变曲率不规则的样条曲线,曲面高差达 41 m;见图 12-38。H2 区中庭屋盖为沿 X 轴对称的直纹曲面,曲率变化较大,中部与水平面夹角约为 18°,逐渐过渡到两端与水平面垂直,见图 12-39。

3. 安装方案

本工程钢结构的安装主要分为三部分:C、D、E、F 区钢结构安装,G 区钢球壳安装和 H 区网壳的安装。

(1) C、D、E、F 区钢结构的安装,见图 12-40。

钢柱采用直接吊装就位的方法安装;钢桁架采用在地面拼装、吊机吊装就位的方法安装;屋面管桁架采用双机抬吊的方法进行安装。

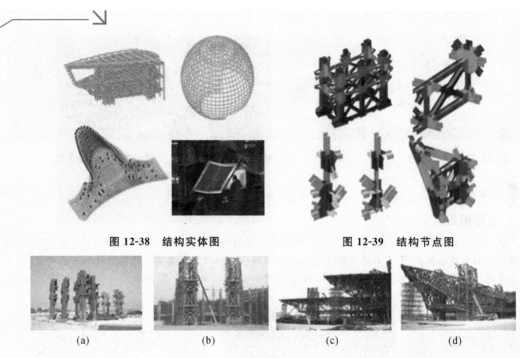

图 12-38　结构实体图　　　　　　图 12-39　结构节点图

图 12-40　C、D、E、F 区钢结构现场安装图

(2) G 区钢球壳的安装,见图 12-41。球冠以下采用搭设胎架在原位小单元拼装;顶部球冠采用地面拼装吊机直接吊装就位,见图 12-42。

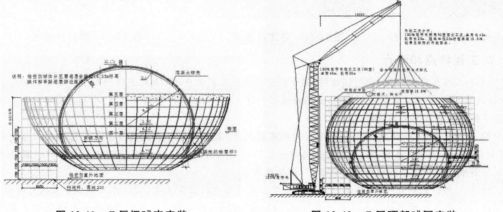

图 12-41　G 区钢球壳安装　　　　　　图 12-42　G 区顶部球冠安装

(3) H 区(即 A、B 区上空)网壳的安装:在网壳屋盖下部搭设操作平台,直接在操作平台上原位散件拼装,见图 12-43。

案例　　国家羽毛球馆(北京工业大学体育馆)施工技术。

1. 工程概况

本工程为 2008 年奥运会比赛场馆,承担着奥运会羽毛球和艺术体操比赛的重任。该工程分为比赛馆和热身馆两部分。其中比赛馆是目前世界上最大跨度的弦支穹顶结构,见图 12-44。

比赛馆屋顶为球壳形,长约 150 m,宽约 120 m,主体结构采用弦支穹顶结构,上弦为单层网壳,下弦环向为拉索,径向为钢拉杆,外挑部分采用悬挑变截面 H 型钢梁。

热身馆屋顶为球壳形,长约 62 m,宽约 47 m,主体结构采用单层网壳结构;网壳外挑部分采用悬挑变截面 H 型钢梁,见图 12-45。

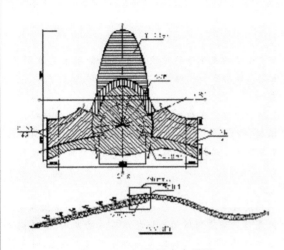

图 12-43　H 区网壳布置图

图 12-44　国家羽毛球馆效果图

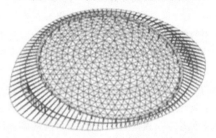

图 12-45　国家羽毛球馆结构布置图

2. 工程特点和难点

(1) 本工程所采用的弦支穹顶结构跨度世界第一,目前无成熟的经验可供参考,给施工带来了极大困难。

(2) 该结构类型对变形较为敏感,对加工、安装精度要求高。

(3) 本工程采用了大量铸钢节点及拉索节点,其设计和加工要求均相当高,详见图 12-46。

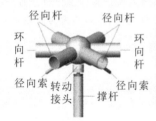

图 12-46　撑杆节点图

(4) 预应力索体是本工程的关键构件,其加工精度和施工方案是本工程的重点。

(5) 为了使张拉过程中索体与结构协调工作,应通过计算确定张拉方案,并严格监测张拉时的应力、位移。

3. 安装方案

本比赛馆工程由于采用了大跨度弦支穹顶结构,其预应力索网布置相当复杂,施工技术难度非常大。针对本工程结构特点,采取了以下关键技术措施,以确保工程顺利完工。

1) 施工验收标准编制

国内对于弦支穹顶结构没有现成的施工验收规范和标准,为此专门编制了施工质量验收规范作为工程的检查和验收依据。

2) 施工全过程仿真分析计算

对整个结构按不同施工阶段在各工况下进行仿真验算,明确预应力张拉方法、顺序、张拉力的大小;同时分析单层网壳结构的初始缺陷对预应力张拉的影响及下部支承架对张拉的影响等,使施工过程完全得到控制。

3) 考虑预应力施工的二阶平台设计

预应力索与网壳的施工是一个交替过程,且网壳安装过程的支承条件对预应力索穿索、张拉存在影响。胎架设计过程中应考虑分两阶段搭设,并且采取措施避免与环向索和径向钢拉杆相碰。

4) 保证钢结构安装精度的统计值测量方法

本工程钢结构的安装过程中,其测量是一个反复观测的过程。在施工过程中利用统计方法进行精度对比。按定位、定位焊、焊接后三个过程进行测量,并且根据实测数据分析对结构精度的影响,每安装完一圈网壳后,进行数据统计、分析,确定焊接变形的影响。并为后续施工提供经验值。测量过程中考虑温度对结构变形的影响,以确定铸钢节点最佳的焊接时间。

5) 区分主次节点的安装要求,消除累积误差

根据工程特点,本工程钢结构施工过程中节点控制精度最主要是与预应力索和撑杆相连的铸钢节点的安装精度,其次是网壳焊接球节点的安装精度。根据网壳铸钢节点周围均为焊接球节点的特点,以铸钢节点安装精度为主要控制目标,将安装过程中的累积误差通过其周围的焊接球节点调整来消除误差,避免将误差累积到下一圈网壳节点上去,同时确保铸钢节点的安装精度。

6) 张拉施工方案

根据本工程结构形式特点,需先安装上部单层网壳,然后再施工预应力索。在安装单层网壳的同时将索放开,等单层网壳全部安装完毕后,再安装径向钢拉杆、撑杆及撑杆下节点,同时进行索就位。全部连接完毕后,开始索张拉,直至符合设计要求。

环向索和径向拉杆依次从外环向内环安装;同一环内,先将各圈环向索放置于撑杆下节点的下方,再安装径向拉杆,最后安装环向索。

网壳安装结束后,在脚手架支撑作用下的位形要与设计图纸相吻合。施加预应力的方法为张拉环向索,并且分三级张拉,张拉采用以控制张拉力为主、监测伸长值为辅的双控原则。张拉顺序为:第一级由外向内张拉至设计张拉力的70%,第二级由外向内张拉至设计张拉力的90%,最后由内向外张拉至设计张拉力的110%。

4. 预应力张拉

1) 张拉设备选用

经计算,环向索最大张拉力约266t,因此同一张拉点需两台150t千斤顶。由于同一圈环向索四段同时张拉,故选用8台150t千斤顶,使用4套张拉设备。

2) 同步张拉要求

为满足同一圈的钢索和径向拉杆均匀受力,张拉环向索时采用四个点同步张拉,4台油泵(附带4个油压传感器)、8个千斤顶同时使用,保证张拉同步,环向索分三级张拉,每级又分为4~10小级,确保张拉均匀同步。

3) 施工仿真分析

张拉前模拟张拉过程进行施工全过程力学仿真分析,为后续施工提供参考值。

4) 确定撑杆张拉前初始位置

张拉前撑杆都是向外偏斜的,图12-47中虚线位置为撑杆张拉前状态,张拉结束后撑杆竖直,具体参数见图12-47及表12-2。

表 12-2　撑杆下端偏移距离(mm)

第一圈撑杆	第二圈撑杆	第三圈撑杆	第四圈撑杆	第五圈撑杆
28	33	34	28	17

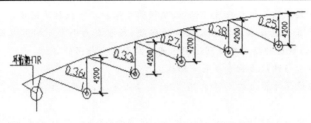

图 12-47　撑杆初始偏位图

5) 张拉技术参数

根据张拉过程仿真计算,确定环向索预应力张拉值,见表12-3。

表 12-3　环向索预应力张拉值

环向索	第1圈环向索	第2圈环向索	第3圈环向索	第4圈环向索	第5圈环向索
第1级张拉力值 (70%设计张拉力)	1693 kN	860 kN	534 kN	249 kN	118 kN
第2级张拉力值 (90%设计张拉力)	2177 kN	1106 kN	687 kN	320 kN	152 kN
第3级张拉力 (110%设计张拉力)	2661 kN	1351 kN	839 kN	392 kN	185 kN

6) 张拉

张拉前先用计算机仿真模拟张拉工况,以此得出的数据作为指导张拉的依据。张拉时逐级张拉,施加预应力的方法为张拉环向索,并且分三级张拉,张拉采用以控制张拉力为主、监测伸长值为辅的双控原则。张拉顺序为:第一级由外向内张拉至设计张拉力的70%,第二级由外向内张拉至设计张拉力的90%,最后由内向外张拉至设计张拉力的110%。在70%设计张拉力完成后,拆除所有脚手架支撑。

7) 张拉操作要点

(1) 张拉设备安装:由于本工程张拉设备组件较多,因此在进行安装时必须小心安放,使张拉设备形心与钢索重合,以保证预应力钢索在进行张拉时不产生偏心。

(2) 预应力钢索张拉:油泵启动供油正常后,开始加压,当压力达到钢索张拉力时,超张拉5%左右,然后停止加压。张拉时,要控制给油速度,给油时间不应低于 0.5 min。

8) 张拉同步控制措施

张拉时,每圈有8个千斤顶同时工作,因此控制张拉同步是保证撑杆竖直及结构受力均匀的重要措施。控制张拉同步有两个步骤:首先,在张拉前调整环向索连接处的螺母,使螺杆露出的长度相同,即初始张拉位置相同;其次,在张拉过程中将每级的张拉力(70%、90%、110%)在张拉过程中再次细分为4~10小级,在每小级中尽量使千斤顶给油速度同步,在张拉完成每小级后,所有千斤顶停止给油,测量索体的伸长值。如果同一索体两侧的伸长值不同,则在下一级张拉的时候,伸长值小的一侧首先张拉出这个差值,然后另一端再给油。通过每一个小级停顿调整的方法来达到整体同步的效果。

9) 张拉测量记录

张拉前可把预应力钢索在10%的预紧力作用下作为原始长度,当张拉完成后,再次测量调头部分长度,二者之差即为实际伸长值。

除了张拉长度记录,还应该把油压传感器测得的拉力记录下来,以便对结构进行监测。

5. 施工质量控制关键点

(1) 张拉时按标定的数值进行张拉,用伸长值和油压传感器数值进行校核。

(2) 认真检查张拉设备和与张拉设备相接的钢索,以保证张拉安全、有效。

(3) 张拉时要严格按照操作规程来进行张拉,确保同步张拉。如张拉不同步,可能使结构异常变形。张拉时可以通过调节油泵给油速度来解决张拉同步的问题,对于索力小千斤顶可以加快给油,对于索力大的千斤顶可以减慢给油,通过这种措施可以达到同一圈环向索力相同的目的。

(4) 张拉设备形心应与预应力钢索在同一轴线上。

(5) 实测伸长值与计算伸长值相差超过20%时,应停止张拉,报告工程师进行处理,待查明原因,并采取措施后,再继续张拉。

(6) 保证撑杆张拉后竖直的措施如下。① 在工厂生产时,在张拉状态下要在索体上作好撑杆的安装位置标记,保证现场撑杆安装位置准确。② 在张拉前要调整索体的螺母长度使螺杆露出的长度相同,即初始张拉位置相同。③ 在张拉过程中要将每级的张拉力(70%、90%、110%)在张拉过程中再次细分为4~10小级,在每小级中尽量使千斤顶给油速度同步,在张拉完每小级后,所有千斤顶要停止给油,以便测量索体的伸长值;如果同一索体两侧的伸长值不同,则在下一级张拉的时候,伸长值小的一侧首先张拉出这个差值,然后另一端再给油;通过这种每一个小级停顿调整的方法来达到张拉后撑杆最终竖直的效果。

大跨度弦支穹顶结构是单层网壳结构与索穹顶结构杂交而成的新型结构,这种结构形式具有很多优点,但因其技术含量较高,掌握该技术的设计人员、施工人员较少,因而应用不多,尤其是类似本工程这样的大跨度(达93 m)工程应用就更少,致使在实际应用中没有类似工程经验可以参考。本工程在施工过程中通过各方的共同努力,最终较好地完成了施工任务。但仍有一些需要完善提高的地方。

1. 大跨度空间钢结构应用发展的主要特点是什么?
2. 大跨度空间钢结构的主要形式有哪些?各具有什么特点?
3. 简述大跨度空间钢结构的主要施工方法。
4. 说明高空滑移法的种类和原理。
5. 目前我国大跨度空间钢结构的主要施工技术有哪些?
6. 举例说明大跨度空间结构安装的工艺流程。
7. 我国大跨度空间钢结构的发展方向有哪几个方面?
8. 如何编写大跨度空间钢结构的施工方案?

1. 参见图12-10,编写大跨度钢结构栈桥整体吊装方案。
2. 参见图12-42,编写G区网壳安装的吊装方案。

学习情境 13 大型钢结构的整体安装

■ **知识内容**

① 大型钢结构整体安装的基本概念及特点;② 大型钢结构整体安装的方法及工程应用。

■ **技能训练**

① 正确选择大型钢结构整体安装方法;② 根据具体工程进行大型钢结构整体安装方法的优化。

■ **素质要求**

① 要求学生养成求实、严谨的科学态度;② 培养学生乐于奉献、深入基层的品德;③ 培养与人沟通,通力协作的团队精神。

任务1 大型钢结构整体安装技术概念

随着我国改革开放和社会主义市场经济体制的确立,国民经济获得了巨大的发展。中国举办的奥运会、世博会、亚运会和世界大学生运动会等国际盛会,加上国内的基础设施建设、工业化、城镇化建设的需要,一大批大型钢结构建筑拔地而起。而建筑钢结构由于具有材料强度高、重量轻、抗震性能好、制作工厂化程度高、施工周期短、可回收利用等优点,更促使建筑钢结构产业获得了长足的发展,面临前所未有的机遇。

进入 21 世纪以来,我国钢铁产量快速增长,建筑用钢的比重逐年上升,钢材的品种、规格逐步齐全,钢材性能不断提高,为我国建筑钢结构的发展提供了良好的物质基础。近年来,我国钢铁产量逐年攀升,已居世界之首。在钢材性能方面,如建筑高强度钢材的生产工艺日趋成熟,已建或在建的工程所用钢材已达 Q390、Q420 和 Q460 等强度等级;其次,钢材的综合性能也有明显改善,如具有较低的屈强比,较高的塑性和韧性,以及严格控制硫、磷含量和碳含量,改善焊接性和 Z 向性能等;还能根据不同建筑结构的需要,提供耐候耐火钢材,使得钢材的耐候抗蚀性能成倍提高,并改善钢结构建筑的抗火性能。我国建筑钢结构的设计和研究能力也跻身于世界一流行列,为我国建筑钢结构的发展提供了可靠的技术支撑。众多建筑设计院承担了大型复杂钢结构的结构设计,熟练应用先进的国际通用设计软件,对各类建筑钢结构(如超高层、大跨度、空间结构、预应力结构等)进行不同荷载条件下的计算分析和具体设计。我国不少建筑研究院和大学,拥有诸如风动试验和结构试验等国家重点实验室,既能对节点受力进行精细分析,又能对整体结构或局部结构进行各种边界条件下的模拟试验,有些单位还自主开发了结构设计和分析的专用软件,拥有自主知识产权。我国大型钢结构的建造,在世界占有一席之地,其发展举世瞩目。

一、大型钢结构整体安装的基本概念

大型钢结构是指空间尺寸相对较大,结构相对封闭的完整单元体系。大型钢结构整体安装技术随着国家经济建设的发展也在不断发展和深化,但其基本含义是指按整体结构组织施工和安装,包括以下两个方面:一是指移动式大型钢结构整体安装,即在生产基地建造大型钢结构,再整体移动或吊装到指定地点或位置就位固定;二是指固定式大型钢结构整体安装,即在现场整体施工就位,竣工后不需移动。前者是整装式,后者是散装式。这就是大型结构整体安装的基本概念。

1. 移动式大型钢结构整体安装

移动式大型钢结构整体安装是指大型钢结构制造安装技术,如:中国葛洲坝集团股份有限公司(以下简称葛洲坝集团)具有水工金属结构年制造 10000 吨、年安装 35000 吨、压力容器年制造 5000 吨的生产和施工能力,具有制作安装大型人字闸门、平板闸门、弧形闸门、叠梁门等水工闸门,超大型拦污栅、大型压力钢管、门式启闭机、液压启闭机、升船机以及风力发电站风筒等各类金属结构的综合实力,如图 13-1 至图 13-3 所示。

葛洲坝集团承担了三峡工程泄洪坝段大部分金属结构的制造和安装任务,包括 3 扇底孔事故门、11 扇底孔进口封堵检修门、11 扇底孔出口封堵检修门、23 扇深孔工作门、22 扇表孔工作门的制造安装和启闭机的安装,创造了在同一坝段日安装 425 吨、月安装 2500 吨、年安装 18000 吨的行业新纪录。其中,葛洲坝集团牵头承担了三峡工程永久船闸全部金属结构和机电设备的安装施工,安装的三峡永久船闸巨型人字门高 38.5 米、宽 20.2 米,单扇门重 838.6 吨,被誉为"天下第一门",如图 13-4 和图 13-5 所示。

这些都是在生产基地预先制造好,再运输到现场安装的。

2. 固定式大型钢结构整体安装

固定式大型钢结构整体安装是指大型钢结构现场安装技术,如大型油罐制造、油罐制作、油罐预制、油罐施工、油库制作、油库制造、钢结构厂房、钢结构车间、钢结构楼房施工、网架工程、大型油库预制安装、大型液体化工库预制安装、大型重油库预制安装、大型润滑油库预制安装、大型轻油库预制安装、大型柴油油库预制安装、大型汽油油库预制安装、大型航煤油库预制安装、大型稠油油库预制安装、大型黏油油库预制安装、大型原油储油罐预制安装等,如图 13-6 至图 13-8 所示。这些油罐都是在现场制作安装的。

图 13-1　三峡工程泄洪闸巨型弧形闸门安装

图 13-2　三峡压力钢管全位置自动焊

图 13-3　三峡工程大型压力钢管焊接

图 13-4　三峡永久船闸巨型人字门安装

图 13-5　三峡工程永久船闸全景

图 13-6　施工中的大型储油罐

图 13-7　大型储油罐群

图 13-8　海边大型储油罐群

二、大型钢结构整体安装的特点

大型钢结构整体安装的施工体系由被安装结构、支撑系统和安装系统等三部分组成,每一部分都有其关键技术。其主要特点有:① 施工对象的重量、体量很大,常规的起重机械能力不够;② 安装高度很高,传统的施工方法难以胜任;③ 施工场地、道路条件差或者有障碍,大型机械难以开行,或者大型机械工作区域的基础加固工作量大、费用高、影响工期;④ 由于各种原因,钢结构不能直接在原位安装,只能在其他位置拼装后再移过去;⑤ 对于特殊的大型钢结构安装,使用常规的施工方法和设备难度很大,或者有特殊的安装要求,控制精度很高,人工控制和操作难以满足要求。

三、型钢结构整体安装的优点

大型钢结构整体安装适用于工业与民用建筑、市政工程、桥梁、港口、水利等工程,以及能在钢构物、建筑物、结构物或临时设施上设置液压千斤顶的大型构件及设备的整体安装工程。其主要优点有:① 变高空作业为地面作业,将不利位置施工改为有利位置施工,降低劳动强度,有利安全生产,保证施工质量;② 起重能力可以组合、扩展,可达数千上万吨,移位距离可达数百上千米,可用于巨型构件的吊装、特大型结构吊装;③ 施工设备可以灵活布置,可利用已有结构作为承载系统,对施工场地要求较低,可以在常规机械不能开行的位置施工,可以避免或减少施工场地和基础的加固,降低工程费用;④ 起重吊点(顶推力)可以合理布置,使施工阶段的动态负荷接近使用阶段的设计负荷,有利于施工中的结构稳定和安全;⑤ 通过计算机控制,可以精确控制施工中的姿态、负载、速度等偏差,控制精度可达毫米级,使施工中的结构变形、应力变化等符合设计要求;⑥ 可以多作业线并行,多工序并行,可以集成多种技术和手段,具有工厂化、流水线等现代生产特点。

任务2 大型钢结构整体安装技术

企业在承接大型钢构件或设备安装工程时,在分析比较各种吊装方案与技术条件时,应考虑我国的传统吊装工艺,根据工程特点、施工要求,研究、制定施工技术路线、提升系统布置、支撑系统形式和结构、施工阶段结构稳定措施、施工平面布置、施工流程等,采用简易的起重设备或利用计算机控制的集群千斤顶进行整体提升,完成大件吊装,可以达到经济上合理的效果。在使用中应逐步用现代先进技术改进工艺,使之更加完善,更具有新意。由于大型钢结构体型各异,其施工安装技术也很多,下面首先以较为简单的大型钢结构广告牌来介绍。

一、大型钢结构广告牌的设计和施工特点

1. 结构形式的选择

1)结构类型

结构形式选择独立钢柱大型钢结构广告牌的主体结构,目前常采用的形式有以下两种。一种为T形,其主骨架由一根独立钢柱和上部一根横向主梁成T形焊接而成,该体系主体结构受力明确,计算简单,由立柱顶上焊接一根横梁形成固定于地基上的T形刚架结构体系,广告灯箱面板通过各挂件及斜撑与T形刚架结构相连。另一种为桁架式,其主骨架由一根独立钢柱和上部几道相互平行的横向主梁焊接而成,主梁之间由水平及斜向支撑连接,形成空间桁架体系,广告灯箱直接挂靠在主骨架上。

经过比较选择,该广告牌结构形式采用桁架式。其理由为:① 广告牌结构的控制设计荷载是风载,风压直接作用在面板上,再由面板传至骨架,此时,在不同高程上的几道主梁可把风载较均匀地传至立柱,因而可减小主梁与立柱连接处的应力集中;② 平行式桁架结构主梁采用槽钢,使结构外形平整,便于广告面板挂靠,并可加强面板与主骨架的连接,从而减小了面板的变形,以确保广告面的感观效果;③ 平行式桁架结构,可在每道主梁高程设置内检修梯,这样给结构的维护、检修及挂、卸广告布带来了极大的方便,且保证了操作人员的人身安全。除此之外,平行式桁架结构,形式简洁、美观,受力明确,节点构造简单,施工方便,从而能保证施工质量。

2)结构布置

本工程采用独立钢结构圆柱,通过节点板在三个不同高程搭焊三道横向主梁,主梁之间设置横隔梁和斜向支撑,形成空间桁架受力体系,主、横梁间距主要考虑广告面板骨架网格的布置,并使面板骨架节点与主骨架节点相一致,以加强面板与主骨架的连接。广告牌面板的自身骨架挂焊在主体结构上,形成整体上部结构。主梁选用槽钢,其他构件均选用角钢,型号按构件的强度和变形条件选取。钢立柱截面的选取,除考虑其强度及稳定性外,还要综合考虑广告牌整体尺寸协调及美观等方面的因素。

2. 结构分析

荷载和荷载组合结构承受的主要荷载有:① 自重;② 风荷载;③ 温度荷载;④ 检修活载;⑤ 地震荷载。

荷载组合有三类:① 基本组合;② 特殊组合;③ 施工吊装。

应力分析:由于钢立柱为压弯构件,其承载力取决于柱的长细比、支承条件、截面尺寸以及作用于柱上的荷载等。计算表明,钢立柱的承载力一般能稳定控制。上部结构的主梁可简化为

刚结或铰接在钢立柱上的悬臂结构,主梁之间由横梁及斜撑铰接形成空间平行组合桁架。内力计算采用有限元程序在计算机上完成。根据钢结构设计理论,对接焊缝在截面不减小的情况下,其强度可达到母材的强度,因而无须验算焊缝应力,但应严格检查焊缝质量及饱满度。上部桁架杆件间的连接主要是角焊缝。

焊缝承受杆件间的应力传递,其受力大小已由上部结构计算得出。对于广告牌之类结构,上部结构杆件受力一般不大,为施焊方便,可用围焊,并统一取焊脚尺寸为 $h_f=10$ mm,可满足规范要求;但对广告牌面板骨架与主骨架挂点处焊接须逐一核算。

3. 变位控制

广告牌立柱高 18 m,在水平风载作用下会产生顺风向水平位移,上部结构为悬臂桁架,在风载及自重作用下,悬臂端部也会产生相应的变位,如果这些变位过大,将直接影响到广告牌的使用及感观效果,重要的是,这些变位还将引起附加内力,增大结构内部的应力,降低结构的安全性,为此,在广告牌设计中应严格限制变位。根据《钢结构设计标准》(GB 50017—2017)的规定,广告牌水平向设计变位应控制在 10 mm 以内为宜。

4. 基础工程设计

1) 基础形式及布置

作为该类型广告牌的基础形式主要有两种。一种是平衡重力式,即上部荷载主要由大体积基础重力来平衡,开挖土方量大,混凝土用量也较多,但施工简单,节省钢材,适宜在土质松软且有开阔的施工场地时利用。另一种为桩基式,其中又以扩孔桩为主,该类基础可在施工场地受限的情况下采用,其优点是基础施工场面很小,混凝土用量仅为平衡重力式基础的三分之一左右,但施工难度稍大。

由于本广告牌建在某火车站站前广场两侧花坛内,花坛宽仅 3 m,若放坡开挖基坑,势必破坏两侧的广场混凝土地坪和水泥混凝土路面,其修复工程造价较高,还可能破坏地下埋管,经综合比较。选用了人工挖孔扩底桩基础,使基坑开挖只限在花坛内进行。为了减小孔壁支护的困难,基础上部 4 m 深范围内(表层填土和第二层粉质黏土)不扩孔,采用直径为 1.5 m 的圆孔;从 4 m 深以下(第三层黏土)开始扩孔,以增大基底的受荷面积,来满足地基承载力要求。基底采用方形,尺寸为 3×3 m,总孔深为 6 m,基础底下设置十字正交齿墙,以增强基础的抗扭和抗剪切能力。

2) 桩基础结构计算

在桩基础结构计算中,采用 c 法和 m 法两种计算方法。结果表明,两种方法计算结果比较一致,采用 C 法,桩身最大弯矩出现在距地面 62 mm(m 法为 82 mm)处,桩顶最大水平位移为 4.86 mm(m 法为 4.78 mm)。

桩身材料强度和配筋计算,按一般钢筋混凝土结构的偏心受压构件进行。

基础设计须考虑轴力、弯矩、扭矩等不同组合的作用,以保证基础本身的强度、刚度及地基的承载力和抗剪强度均满足规范要求。

5. 施工工艺

1) 基础施工

基础工程根据现场地形、地质条件,本基础采用人工挖孔扩底桩,基础底面置于第三层黏土中。基坑开挖时,采用孔壁支护和排水措施,以确保桩孔成形和施工人员的人身安全。基坑开挖完成并经验收后,立刻铺设 100 mm 厚碎石垫层,吊放钢筋骨架,并及时浇筑基础混凝土,预埋锚固螺栓,铺设基础顶部钢筋加强网,在浇至设计标高时,其顶面需用 20 mm 厚 1∶3 水泥砂浆找平,然后加盖螺栓定位及垫座钢板。待基础混凝土养护到规定龄期,需对预埋螺栓进行抗拔试验,以确认螺栓的抗拔承载力是否满足设计要求。

2) 钢结构工程施工

所有钢结构构件的连接均采用焊接,上部结构均采用工厂化生产。钢柱用钢板在工厂卷焊而成,上部桁架结构可在工厂拼焊。当主骨架焊接完成,形成整体上部结构时,应做适当的加载试验,以验证焊缝的质量和主骨架的强度。广告牌面板骨架和镀锌铁皮面板拼接好后,可在地面直接挂焊到主骨架上,以便校正面板表面的不平整度,控制上部结构整体外观效果。

3) 吊装

吊装定位广告牌的立柱和上部结构在工厂制成后,运往现场进行整体对接。在地面形成的整体广告牌,可用两台吊车从顶、底两个吊位进行整体起吊安装。在广告吊装就位后,用两台经纬仪从相互垂直的两个方向进行纠斜、定位。每个方向的垂直度宜控制在 $h/2000$(h 为广告牌高度)以内,且小于 20 mm。螺栓定位紧固后,宜在适当时机,浇筑混凝土密封,以防螺栓外露锈蚀。

广告牌建成后,经过数次台风考验,其垂直度和变位均满足规定要求,而其总造价比同类广告牌节省了 20%,已投入商业使用。

二、桅杆起重机的整体安装技术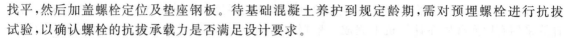

桅杆起重机吊装工艺方案较多,没有统一固定的模式,只有从工程实际出发选择比较合理的吊装工艺与方法,才能顺利地完成工程吊装任务。

可供选择的吊装方法主要有:滑移法、夺吊法、扳吊法、扳倒法、摆动法、多桅杆抬吊法、推举法、换索法等。

各地区应用传统的吊装工艺和桅杆起重机,对石化、冶金、电力等行业的塔、罐、容器、烟囱等大型设备在地面组装后一次整体吊装就位,积累了较为丰富的经验。这种安装技术在特定的条件下不仅可完成重物的吊装任务,而且可以取得比较理想的经济效果。因此,要重视我国传统的安装工艺、技术。

直立单桅杆整体吊装桥式起重机技术

1. 概述

虽然桥式起重机按跨度、起重量的不同可分为多种规格与型号,但不论何种桥式起重机都主要由桥架、端梁、行走机构、起重小车(含起升机构)、驾驶室等组成。用单桅杆整体吊装桥式起重机是目前最常用的施工方法之一,它具有安全、经济、操作方便等特点。安装施工中利用单桅杆直立整体提升桥式起重机主要适用于以下范围内的安装施工:厂房有足够空间高度,以满足桅杆竖立及起重机吊起后旋转的需要;起重机两片桥架的相距空间能够竖立经设计确定吊装机具的桅杆;起重机的整体吊装起重量在 250 t 以下(起重量过大,所需桅杆机具规格也相应增大,考虑到实际施工中的可行性,整体起重量 250 t 以上的多采用分片吊装或其他特殊方法,以降低单桅杆起重量);厂房内具有能满足布置成套吊装机具所需的条件;经理论计算设计的吊装方案能够安全地在施工中完整实施。

2. 主要技术内容

利用单桅杆整体吊装桥式起重机时,先将桥式起重机两片桥架运到起吊位置,并和端梁进行拼装连成整体,桅杆直立在两片桥架之间,再将起重小车、驾驶室安装就位,并把起重小车捆牢,利用滑轮组、卷扬机牵引,一次性整体吊装桥式起重机就位于轨道上。

使用这种方法吊装的特点是:① 基本上不利用厂房屋架结构,厂房结构不受损坏,更安全;② 绝大多数操作为地面作业,减少高空组装作业,地面组装作业更安全、更精确,加快工程进度,组装质量和施工安全得到切实保证;③ 桅杆等吊装机具可以重复多次使用,吊装工程成本低,经济合理;④ 稳定性好,整个吊装过程易于控制,吊装工作安全可靠。

3. 主要工序技术数据的确定

直立单桅杆整体吊装桥式起重机技术的设计及选用应遵循国家的相关标准、规范的规定,桅杆的站立位置、桅杆有效高度、桥式起重机回转就位可能性等因素均须在设计方案时预先考虑。

1) 起重桅杆站立位置确定

考虑起重桅杆站立纵向位置时,一般在拼装位置厂房两纵向柱的中间位置,这样便于桥式起重机顺利回转就位。

考虑起重桅杆站立横向位置时,则应根据桥梁(含大梁行走机构和端梁)重量、起重小车重量及位置和驾驶室重量与位置,并通过计算求得(见图13-9)。起重桅杆不能竖立在车间跨距中心,而须向放置起重小车的一侧偏移,起偏移量 L_1 可按下式计算:

$$L_1 = \frac{W_2 \times L_2 - W_3 \times L_3}{W_1 + W_3} \quad (13\text{-}1)$$

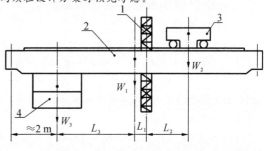

图 13-9 起重机重量分布计算示意图
1—起重桅杆;2—桥架;3—小车;4—驾驶室

式中:L_1 为起重桅杆中心点至桥架重心点距离(m);L_2 为起重桅杆重心点至起重小车重心点距离(m);L_3 为桥架重心点至驾驶室重心点距离(m);W_1 为桥架重量(含端梁、行走机构及电气装置)(t);W_2 为起重小车重量(t);W_3 为驾驶室重量(t)。

2) 起重桅杆有效高度的确定

根据起重机轨面标高加起重小车轨面至厂房屋架下弦的距离来确定,起重桅杆顶部距屋面板下端留出 0.3 m 的操作空间,见图 13-10。起重桅杆顶部距地面的高度 H 用下式计算:

$$H = h_1 + h_2 + h_3 + h_4 + h_5 + 1 \quad (13\text{-}2)$$

式中:h_1 为起重机轨面高度(m);h_2 为大车轮底至起重小车轨面距离(m);h_3 为起重滑车组上下两轮之间的最小距离(m);h_4 为卡环高度(m);h_5 为桅杆底座的垫层厚度(m)。

3) 桥式起重机回转就位可能性确定

桥式起重机吊装回转区域内的厂房四根立柱,其相对净距离(纵向、横向、对角线净距)必须大于桥式起重机平面外形尺寸(纵向、横向、对角线尺寸),吊装回转就位方可顺利进行。一般在上述差值较小情况下,可通过桅杆的合理站位选择、详细的受力计算和采取相应的工艺技术措施方可进行,差值过大时,可采用"临时端梁"连接的方法整体吊装。可以利用计算机将各相关数据输入,做动态模拟图进行回转就位演示,以确定回转的可能性。

4) 起吊吊点、起重滑车和牵引跑绳的设置

一般每片桥架设置两个吊点,共四个吊点,每两个吊点形成一组,每组挂一套(或二套)多轮起重滑车,如果是两套,上

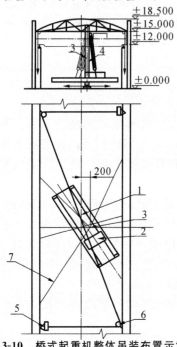

图 13-10 桥式起重机整体吊装布置示意图
1—桥架;2—起重小车;3—起重桅杆;
4—起重滑车组;5—卷扬机;6—导向滑车;7—缆风绳

面还要挂一个平衡单轮滑车,每组起重滑车共用一根牵引跑绳,跑绳的两端分别各由一台卷扬机牵引,多轮起重滑车、卷扬机以及牵引跑绳的选择则是根据起吊重量进行确定。

5)操作要求

①将桥式起重机桥架、端梁、大车行走机构在地面拼装位置进行拼装;②单桅杆直立于两片桥架之间,用缆风系统稳固,挂上起重滑车组,将起重小车、驾驶室安装就位;③试吊使得起重机整体平衡后将起重小车临时固定;④利用卷扬机牵引系统,一次性整体吊装桥式起重机至起重机轨道上方,旋转起重机就位。

4.适用范围及技术经济效益分析

1)适用范围

直立单桅杆整体吊装桥式起重机技术适用于在车间厂房内或露天的大型、重型桥式起重机的整体吊装就位,尤其适用于在车间厂房和其他难以采用起重机械吊装的场合。在车间厂房内,采用本技术应具备如下条件:①厂房有足够空间高度以满足起重桅杆竖立及起重机吊起后旋转就位的需要;②起重机两片桥架的相距空间能够竖立经设计确定的桅杆机具;③厂房内具有能满足布置成套吊装机具所需的条件;④吊装方案准确实施的可能性。

直立单桅杆整体吊装桥式起重机技术已形成了一套成熟可行的施工工法,被许多施工企业在安装工作中普遍使用。一般起重量在 250 t 以下的桥式起重机,只要单桅杆荷载允许,均采用这种施工方案。例如,山西长治清华机械厂 100/20 t 电动桥式起重机、德阳二重厂和东方电机厂数十台 250 t 以下的桥式起重机,都是采用直立单桅杆整体吊装法进行吊装。

2)技术经济效益分析

①单桅杆整体吊装桥式起重机技术经多年施工应用的不断总结与发展,已日趋成熟,其经济效益和社会效益已很明显;②整体吊装桥式起重机,省人力,功效高,减少高空作业;③起重桅杆、卷扬机、滑车组等主要吊装机具可以重复多次使用,减少工具投入,降低工程成本;④地面组对桥式起重机桥架,易于控制各部件误差,从而整体提高安装质量;⑤技术要求高,一定程度上可提高施工操作人员的整体素质;⑥一项大吨位桥式起重机的成功吊装涉及各方面的配合与协作,可为企业竖立良好的社会形象和信誉。

三、超高层钢结构安装施工技术

与发达国家相比,超高层钢结构建筑在我国起步较晚,成熟及可借鉴的经验不多。改革开放以来,许多"高、大、新、尖"的现代化建筑如雨后春笋般耸立,成为国民经济高速发展的重要标志。而钢结构因其自重轻、施工周期短、抗震能力强等优势和特点被人们广泛应用于高层尤其是超高层建筑中。

在我国钢结构发展史上具有划时代意义的三个主要超高层钢结构工程为:深圳发展中心大厦、上海国际贸易中心和深圳信兴广场(地王大厦)。它们都具有共同的高层钢结构的工艺流程与特点:构件验收→吊装→质量控制→高强螺栓→焊接及其检测→压型钢板与熔焊栓钉。超高层钢结构安装施工技术主要体现在以下七个方面:①构件进场,验收与堆放;②塔吊的选择、布置及装拆;③吊装;④测量控制;⑤焊接;⑥工期及质量控制;⑦安全施工。

下面结合深圳信兴广场(地王大厦)主楼超高层钢结构的施工情况就这些问题讨论一下超高层钢结构施工技术。

1.构件的进场、验收与堆放

场地狭小、施工条件差是当前施工工程普遍存在的困难,对于高层钢结构工程而言,相对紧张的工期内构件堆场要求更高更严,这个问题不处理好必将对吊装及整个工程施工造成严重影响。地王大厦施工初期,由于构件堆场较多,钢结构进场量大,需堆叠 2~3 层,如没有周密的进场计划,势必造成现场构件进场顺序的混乱。后来在强化现场管理及构件进场计划的基础上,着重推进堆场布置、构件的堆放顺序等工作,除根据吊装需要周密计划进场构件外,还根据吊装顺序和堆场规划特点将进场构件进行有序排列。既保证了验收工作的正常进行,也为吊装创造了良好的外部条件。

严格进行构件的验收是超高层钢结构工程施工过程中的关键工作之一。深圳地王大厦主楼共有钢构件 14860 件,制造及运输过程中难免会出现这样或那样的问题,这些问题如不在地面消除,吊装到高层势必拖延安装的进度,对整个工期和质量控制也将产生严重影响。

2. 塔吊的选择、布置与装拆

塔吊是超高层钢结构工程施工的核心设备,其选择与布置要根据建筑物的布置、现场条件及钢结构的重量等因素综合考虑,并保证装拆的安全、方便、可靠。

根据地王大厦的地理位置、结构形状及大量的特殊构件(如重 47.5 t 的大型"A"字斜柱和 37 t/节的箱形柱等),选择了两台澳大利亚产 M440D 大型内爬式塔吊并将其布置在核心墙♯1 和♯5 井道内,不仅满足了所有构件的垂直运输,而且为大量超重、超高及偏心构件的双机抬吊创造了条件。

M440D 型内爬式塔吊在国内尚属首次使用,成熟可借鉴的经验不多。施工中一改传统的塔吊互吊的爬升方案,采用了一套"卷扬机+扁担"辅助系统较好地解决了两部塔吊的爬升难题,大大提高了塔吊的使用效率,加快了提升速度,为工期提前起了决定性作用。而大型内爬式塔吊的拆除是一项技术复杂、施工难度大的工作,工程中采用了"化大为小、化整为零"的方法,较好地解决了大型内爬塔吊的拆除难题,为国内同类工程运用内爬式塔吊提供了范例。

3. 吊装

吊装是钢结构施工的龙头工序,吊装的速度与质量对整个工程起举足轻重的作用。在深圳地王大厦主体超高层钢结构施工中,通过采取"区域吊装"及"一机多吊"技术解决了工期紧张与工程量大的矛盾。

通过采用双机抬吊和采用门形架不仅解决了高 53.79 m,长 63.20 m,跨度为 32.1 m、重达 232 t 的大型"A"斜柱的吊装难题,而且解决了主楼两根长 85.61 m、重 85.51 t 并处于超重、偏心、超高状态下大型桅杆的吊装难题。

4. 测量控制

在超高层钢结构施工中,垂直度、轴线和标高的偏差是衡量工程质量的重要指标,测量作为工程质量的控制阶段,必须为施工检查提供依据。

从钢结构施工流程可以看出,各工序间既相互联系又相互制约,选择何种测量控制方法直接影响到工程的进度与测量。在深圳地王大厦钢结构施工初期,总包单位的测量监理工程师提出采用"整体校正"的方法,即在柱子安装后再跟踪纠偏,梁装不上去时临时挂或搭在上面,待整节柱、梁、斜撑全部安装后再整体校正。由于构件的制作及核心的施工都存在着一定的误差,采用这种校正方法具有很大的盲目性,不仅会造成大量的二次安装,而且柱梁安装后结构本身已具有一定的刚度,大大增加了校正的难度。后来及时将"整体校正"改为"跟踪校正",即在柱梁框架形成前将柱子初步校正并及时纠偏,大大减轻了校正难度,每节校正时间由原来 10 d 左右,缩短为 2~3 d,即可交给下道工序作业,并实现了区域施工各工序间良性循环的目标。

为了使地王大厦主楼钢结构施工达到世界一流水平,项目还制订了比美国 AISC 规范标准更严格的质量控制指标:内向 25 mm、外向 20 mm,并摸索出一整套采用激光铅直仪进行"双系统复核控制"的新方法,为保证项目质量控制目标的实现起到了十分重要的作用。

5. 焊接

高层钢结构具有工期紧、结构复杂、工程量大、质量要求高的特点,而焊接作为钢结构施工的重要工序,其工序的选择与施焊水平对工程的"安全、优质、高速"的完成影响重大。

深圳地王大厦因其高宽比达 1∶9,故设计中采用了大量的斜撑及大型"A"字斜柱。在总计 60 万米延长缝中,立焊、斜立焊约有 8.6 万延长米,共 848 组接头,占整个焊接工程量的 1/7。此类结构不仅处于结构的重要部位,而且大都处于外向、斜向及悬空部位,安全操作与施工防护都比较困难。尤其是相对紧迫的工期与浩大的焊接工程量之间的矛盾,使施工一开始就面临着严峻的考验。采用 CO_2 气体保护半自动焊应用于立焊、斜立焊和俯角焊的新工艺,从根本上解决了焊接施工的需要,也为深圳地王大厦的现场焊接提供了宝贵经验。

工艺选定后,即编制出一整套切实可行的适用本工程特点的 CO_2 气体保护半自动焊接工艺及方法。组织焊接 QC 小组,在项目组的带动下进行了艰难的尝试,开展了一系列卓有成效的工作:① 确定了攻关目标,运用关联图找出影响质量的原因,并应用 ABC 分析法进行系列分析,针对这些问题找出相应的对策措施;② 建立了有效的质量保证体系,制定了完善的工艺指导书,经过反复实验,确定了运用于立焊、斜立焊的工艺参数;③ 通过对焊丝的伸出长度、焊缝层间清理,焊枪施焊角度反复摸索,形成了一整套"挑压拖带转"的操作要领;④ 为使焊接环境处于相对稳定状态,加强了施工防护措施和辅助措施。

6. 质量与工期控制

超高层钢结构不同于一般混凝土建筑的显著特点是其质量高、工期紧。质量与工期的保证依赖于科学的管理、严格的施工组织和新技术、新工艺、新设备的大胆应用。

深圳地王大厦主体钢结构 14860 件,重 24500 t,压型钢板 14 万平方米,熔焊栓钉 50 万套,焊缝总计 60 万延长米。而业主规定的工期仅 14.5 个月,并且工程按美国规范标准进行验收,工期短、工程量大、施工难度高属国内外罕见。

建立科学管理的组织体系,严格按项目管理法施工是保证工程"安全、优质、高速"进行的关键。为此,施工方组建了项目经理部,实行项目经理负责制和全员合同管理。在组织形式上,实行定编定员、定岗位、定职责,提倡一专多能、一人多职,工段长与工人一起在一线。既起到了表率作用,又便于现场管理。从项目经理到劳资、安全、技术等职能部门到现场办公,及时了解、掌握工程的进度情况,解决有关的技术、质量、安全等问题,在整个项目管理形成了以项目经理为核心,集施工组织网络的安全质量保证体系和新技术攻关应用及 QC 小组为一体的短小精悍的施工队伍。同时各工段均实行了项目承包,明确了责、权、利并实行风险抵押制度,最大限度地调动了一线工人的积极性和责任感,为加快工程的施工进度奠定了基础。项目组不仅制作了比美国规范标准更严格的质量控制目标,而且积极配合吊装、测量、焊接 QC 小组进行了攻关,"四新"技术在地王大厦主楼超高层钢结构安装施工中得到了充分的应用。在项目组的领导下,吊装 QC 小组改进了传统的"一机多吊"和"双机抬吊"技术,大大加快了吊装的进度;测量 QC 小组将传统的"整体测量"技术进行了改进,创新了"跟踪测量"和"双系统复核控制"技术,成功地将主楼垂直度总偏差控制为向内 25 mm,向外 17 mm,仅是美国规范标准 1/3,焊接 QC 小组经过艰苦的尝试,终于成功地突破了 CO_2 气体保护半自动焊应用于立焊、斜立焊的禁区,不仅提高了工效、保证了工期,而且所有焊缝经权威的第三方 100% 探伤,100% 合格,优良率达 94%。

在钢结构工程中,定型钢板铺设是一道工作量大及危险性大的工序,其铺设的快慢不仅直接影响工程的进度,而且在吊装、校正、高强螺栓及焊接等一系列工序中给施工安全带来严重影响。为此采用了两台国际先进水平的 CO_2 点焊机,不仅操作简单、时间短,而且焊点光洁平滑、质量好、工效是手工焊的五倍。地工大厦主楼超高层钢结构工程中所引进的澳大利亚 M440D 大型内爬吊、日本产 CO_2 气体保护半自动焊机及熔焊栓钉机等先进设备都在该工程施中发挥了重要作用。

7. 安全施工

安全施工是钢结构施工中的重要环节,超高层钢结构施工的特点是高空、悬空作业点多。地王大厦施工过程中,仅高强螺栓就有 50 万颗,这些东西虽小,但如果从几百米高的地方掉下去,后果可想而知。为了杜绝安全事故,项目成立了安全监督小组,设立了专职安全员,严格管理,制定了周密完善的安全生产条例,对职工进行定期的安全教育,树立"安全第一"的思想。在严格管理的基础上,项目不惜花大量的人力、物力、财力进行严密的防护。采取搭设双层安全网及压型钢板提前铺设等新工艺,使得地王大厦主体超高层钢结构施工 379 天,人员无一伤亡,构件无一坠落的奇迹。

四、大型钢结构整体安装计算机控制技术

1. 概述

针对近年来高、重、大、特殊钢结构的不断涌现,传统的钢结构安装施工工艺与设备往往难以胜任,我国许多钢结构企业采用计算机、信息处理、自动控制、液压控制等高新技术与结构吊装技术相结合,自行开发了大型钢结构整体安装计算机控制技术,自行研制了大型钢结构整体安装计算机控制系统,完成了一系列重大钢结构工程,取得较好的经济效益和社会效益。同时也发展了我国钢结构施工技术,并使我国在大型、特殊钢结构工程施工领域赶超世界先进水平。

2. 大型钢结构整体安装计算机控制技术原理

大型结构整体安装计算机控制技术的原理是"钢绞线承载、计算机控制、液压千斤顶集群作业"三大块的组合,现分述如下。

1)钢绞线承载

液压千斤顶通过集束的钢绞线提升或牵引大型结构。

2)计算机控制

施工作业由计算机通过传感器和信息传输电路进行智能化的闭环控制。

计算机控制的作用主要有:① 控制液压千斤顶集群的同步作业;② 控制施工偏差;③ 对整个作业进行监控,实现信息化施工。计算机控制具有智能化功能,可以在施工过程中自动对施工系统进行自适应调整,进行故障的自动检测与诊断,并能模仿与代替操作人员的部分工作,提高施工的安全性和自动化程度。

3)液压千斤顶集群作业

根据各作业点提升力的要求,将若干液压千斤顶与液压阀组、泵站等组合成液压千斤顶集群,大型结构整体提升时称为液压提升器,大型结构整体移位时称为液压牵引器。一般是 1 个作业点配置 1 套液压提升器或牵引器。液压千斤顶集群在计算机控制下同步作业,使提升或移位过程中大型结构的姿态平稳、负荷均衡,从而顺利安装到位。

千斤顶具有极强的推举力,利用计算机对集群千斤顶的液压力和行程进行同步分配与控制,以抖动钢绞线,并应用预应力锚具和"猴子爬杆"的原理,对钢绞线进行反复的收紧和固定,以达到数百吨、甚至数千吨的重物按预定要求平稳地整体提升安装就位。该技术作业安全可靠,提升重物可根据需要任意组合配置,提升或悬停随时都可控制,是新近开发的一种较理想的

垂直提升安装工艺。

以液压千斤顶作为施工作业的动力设备,由于液压千斤顶可以灵活布置与组合,可以根据大型结构的特点和施工现场的条件,构成受力合理、动力足够的施工作业系统,因此可以用于各种大型、特殊、复杂的结构安装工程。其已在多项大型工程中应用,取得了良好的经济效益与社会效益。

3. 控制系统

1) 系统功能

系统的主要作用是以液压作业方式进行大型结构的整体提升、整体移位等,并始终保持大型结构的合理姿态,使施工负载、稳定性、各项参数和偏差均符合设计要求。

控制系统的主要功能有千斤顶集群控制、作业流程控制、施工偏差控制、负载均衡控制、操作台实时监控以及单点微调控制等。

2) 系统构成

大型结构整体安装计算机控制系统由控制和执行两部分组成。

(1) 控制部分。

控制部分包括计算机子系统和电气控制子系统。控制部分的核心是计算机控制,外层是电气控制。计算机子系统通过电气子系统驱动液压执行系统,并通过电气子系统采集液压系统状态和作业点工作数据,作为控制调节的依据。电气子系统还要负责整个施工作业系统的启动、停车、安全联锁,以及供配电管理。

计算机子系统由下列模块组成:① 顺序控制,进行千斤顶集群动作控制和施工作业流程控制;② 偏差控制,进行结构姿态(高度、水平度、垂直度)偏差控制和施工负载均衡控制;③ 操作台控制,对施工作业进行操作和监控,并完成工作数据的采集、存储、打印输出等;④ 自适应控制,对施工作业系统进行自适应控制、故障诊断与检测等。

电气控制子系统由总控台、电液控制台、总电气柜、作业点控制柜、泵站控制箱,以及传感检测电路、液压驱动电路等组成。

(2) 执行部分。

执行部分包括液压子系统和支承导向子系统。

液压子系统由下列部分组成:① 液压千斤顶集群,布置在各作业点,根据作业点要求,由若干台液压千斤顶、液压控制阀组成;② 液压泵站,为液压千斤顶提供动力,一般1个或几个作业点配置1台液压泵站;③ 钢绞线,采用高强度低松弛钢绞线。

支承导向子系统用于大型结构整体安装过程中的支承、导向或加固、稳定作用,如整体提升中的提升柱、整体移位中的滑道、导轨,以及结构的临时加固设施等。

3) 系统的性能

(1) 作业能力:施工作业系统的规模根据工程需要确定,通过组合液压千斤顶集群,作业能力可满足超大型工程的需要。已应用的工程中最大起重荷载3200吨,最大起重力6600吨,共使用86个液压千斤顶。

(2) 作业点数:标准配置的系统最多可控制30个作业点(一般工程作业点为4~8个,迄今为止最大的工程中作业点为26个)。超过30个作业点时可以增设额外的控制模块来扩容。

(3) 作业对象规模:原则上只受工程结构和施工现场条件限制。已应用的工程中,最大结构尺寸为 150 m×90 m×20 m,提升高度 29 m。

(4) 控制策略:可同时控制作业对象的姿态偏差、速度偏差、压力(提升力或牵引力)偏差,并

学习情境 13
大型钢结构的整体安装

可根据各个工程的不同特点和要求,确定不同的多因素控制策略。

(5) 控制精度:各作业点与基准点的高度或位移偏差可控制在 2~3 mm 以内。

(6) 液压系统工作方式:液压千斤顶分为间歇伸缸和连续伸缸两种方式。前者用于垂直提升;后者用于水平牵引,优点是作业稳定性好、作业速度快,但是液压千斤顶的配置数量较大。

(7) 操作方式:具有自动作业、半自动作业、单点调整、手动作业等多种操作方式。

(8) 可靠性、适应性:可以承受一般建筑施工现场的露天日晒、小雨、5 级风、连续作业、电磁干扰、电网波动等工况。

■ 工程实例

■ 案例 东方航空公司双机位机库 3200 吨钢屋盖整体提升工程。

钢屋盖网架的跨度 150 m,纵深 90 m,高 18 m,重量 3200 吨。采用"地面拼装、整体提升"的施工工艺,即在地面上将网架拼装好,然后整体提升到 25 m 高的砼柱顶上。不设临时的提升承载柱,利用机库 26 根永久结构柱的柱顶,设置液压千斤顶集群进行提升。由于机库东、西、北三面有柱,南面无柱,屋盖南端总量又占总重量三分之二,因此提升点分布和负载分布极不均匀,对网架变形控制和钢结构柱承载控制很不利,提升控制难度很大。

1996 年 6 月下旬,经过 32 小时的提升作业,将 3200 吨的钢屋盖网架从地面整体提升 25 m,顺利完成安装工程。

在提升过程中做到:① 各吊点与基准点的高度差不超过 5 mm,确保了网架的变形小于设计限定值;② 各吊点动载始终保持均衡(静载悬殊达 20 倍),确保了被用作提升承载柱的机库结构柱的荷载安全值;③ 屋架定位偏差小于 2 mm,施工质量优良。

该工程节约施工费用 710 万元,并且创造了两项国内记录:① 一次提升跨度最大,为 150 m;② 超大型屋盖整体提升不设辅助的提升承载柱。

■ 案例 浦东国际机场航站楼钢屋盖区段整体移位施工。

钢屋盖为连续三跨,跨度分别为 80 m、42 m 和 48 m,长度为 412 m,高 30~39 m,总重 1.6 万余吨。在钢屋盖安装之前,航站楼的现浇混凝土框架结构已先期完成,因而起重机无法进入跨内施工,难以用常规方法吊装,故采用"屋架节间地面拼装、柱梁屋盖跨端组合、区段整体纵向移位"的施工方案,即在地面拼装屋架,再将屋架和柱、梁等吊到砼结构楼面的边端组合成屋盖区段,然后应用本系统将区段向楼面中央水平移位到安装位置。

1998 年 2~8 月钢屋盖安装完成,其中钢屋盖区段移位 14 次(每次距离 50~200 m,重量 1200~1400 吨),累计移位重量 2 万余吨,累计移位距离 2200 m,累计移位时间 400 小时。

在牵引过程中做到了:① 屋盖滑移速度控制良好,加速度值小于设计限定值;② 各牵引点与基准点的位移差不超过 10 mm,确保了屋盖滑移中的正确姿态,杜绝了"卡轨"可能性。

由于采用以屋盖水平滑移为主要特点的新工艺,钢屋盖的安装工程节约了建设投资 1000 万元。

■ 案例 南阳鸭河口电厂干煤棚网架整体展开提升工程

网架横向跨度 108 m,纵向深度 90 m,高度约 39 m,重量 505 吨,提升高度约 29 m。该网架结构分为铰接的 5 块,地面拼装后呈折叠状,通过整体提升,使它展开为无柱拱形网架。这种结构与施工方法在国内尚无先例,是一项重大创新。它首先由设计单位提出,得到业主和施工总包单位的支持,并由施工单位采用本系统予以实施。2001 年 5~6 月,经过 40 小时的提升,顺利地将网架提升到位。提升过程中各提升点高度差控制在 3 mm 以内,施工偏差控制和安装定位质量均符合设计要求,在国内空间结构和钢结构行业有较大影响。

五、大型仓库的安装技术

下面介绍大直径熟料仓库顶圆台空间钢结构整体安装施工。

1. 工程特点

某水泥（5000 t/d）熟料生产线熟料库工程采用的大圆柱形库，为新型大圆台结构，是近几年开发的一种新型熟料库结构形式。其结构尺寸大，工程量集中，主体结构施工难度大，钢结构安装技术要求高，常规施工方法工期较长，是大型水泥建设项目施工的关键工程。计划8个月完成投产试车准备，工期紧迫，熟料库施工工期和按期交付安装成为总建设进度的关键控制点；同时，该工程的施工方法选择以及能否保证质量、安全、顺利完成交付也是建设方十分关心问题。

筒仓内径为40 m，檐高30.95 m，仓顶为圆台型空间钢结构，上底直径12.8 m，下底直径40 m，垂直高度为11.7 m，重量约120 t。圆台钢结构由18根650 mm×300 mm的焊接H型钢斜梁支撑，水平支撑和斜撑节点全部采用ϕ16高强螺栓连接，见图13-11。

2. 施工方案

经研究有四种施工方案，在此基础上，经分析，将工期、变形控制、安装精度、安全、成本、难易性这些分值相加，从而得出每个方案的评价分。在对每个方案进行综合评价的基础上，通过各方案的比较，选出最佳方案，见表13-1。

表13-1 方案选定分析表

方案编号	方案类型	可行性（优缺点）分析	选择结论
1	钢结构地面整体组装，开架滑模系统抬升，倒链悬吊就位安装	（1）工期较短； （2）模板体系可有效加强； （3）库壁作业空间开敞，施工质量有保证； （4）环梁施工时必须加固抬升支撑和滑模系统	可选择
2	钢结构地面整体组装，独立提升系统提升	（1）工期能满足要求； （2）提升系统安全时间长； （3）提升系统需要全程加固，作业较烦琐，钢结构提升过程变形难控制； （4）钢结构空滑就位高程大，工期长，就位控制和安全因素多	不选择
3	钢结构地面组装，门架滑模系统提升，千斤顶就位方法	（1）工期较长； （2）模板体系可有效加强； （3）提升系统和滑模系统全程不用加固； （4）结构空滑就位高程小，就位易于控制，速度快	选择
4	钢结构地面组装，开架滑模系统提升，穿心千斤顶倒置就位方法	（1）工期较长； （2）模板体系可有效加强； （3）施工全程支撑系统不需要加强； （4）千斤顶倒置占用时间多，操作麻烦	不选择

通过评价和对比分析，第3方案，即仓顶钢结构地面组装，门架滑模系统提供抬升动力，液压千斤顶正直就位的方法，为优选方案。

该方案优点：① 钢结构可以与滑模组装同时进行施工，工期可以缩短；② 钢结构地面组装质量容易保证。

3. 工艺流程

仓顶圆台体钢结构与库壁滑模一体化施工工艺流程分设计、组装、滑升（施工）、就位四个阶段,见图 13-12。

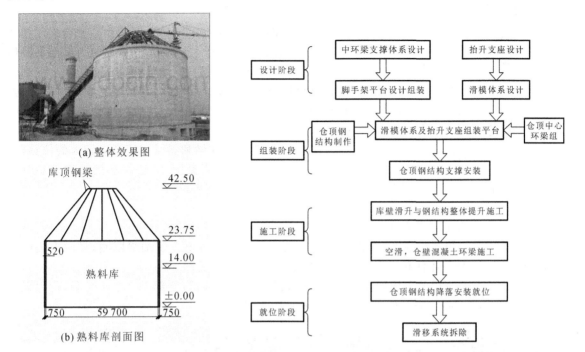

图 13-11 大直径熟料库仓顶圆台体空间钢结构　图 13-12 滑模与钢结构整体抬升安装一体化施工工艺流程图

4. 工艺措施

1) 设计阶段

(1) 对滑模系统和抬升钢结构,按照荷载分别进行计算、结构统一的原则进行整个支撑体系的设计,以达到滑升抬升系统承载均衡。

通过设计计算,本工程采用 GYD-60 型千斤顶,48×3.5 支撑杆,16 个门式提升架,抬升支座采用双提升架 4 千斤顶布置,其他部位为单架千斤顶,提升间距<1.2 m。

(2) 为增强滑模系统整体刚度和钢结构抗水平变形能力,通过计算在每根结构斜梁下增设 $\phi 16$ 径向抗水平推力拉杆,施加 500 kN 预张力。

(3) 在滑模系统和钢结构组装完成后,将抬升支座与钢结构焊接,对滑模体与钢结构进行加强,完成一体化抬升滑升体系安装。

以上措施列入计算书和施工方案,在组装阶段得到落实。

2) 组装阶段

组装流程如图 13-13 所示,组装阶段按以下要求实施。

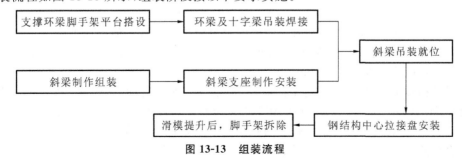

图 13-13　组装流程

（1）选择专业钢结构作业队，施工前针对钢结构特点，制定专项方案，并进行现场技术交底。钢结构构件下料依据计算机放样；环梁、斜梁柱标准跨距预装。

图13-14 十字梁组装

（2）环梁及十字梁组装，见图13-14。① 环梁组装平台采用扣件脚手架搭设，立杆和水平杆间距由计算确定，立面设剪力撑上下设垫板，上部加缆风绳，确定不发生位移；② 环梁的中心点和十字控制轴线利用激光铅垂仪投测；③ 环梁分段制作，预拼装无误后，编号并弹好安装定位控制线；④ 按定位控制点、线，在组装平台上分段组装中心环梁、标梁。

（3）斜梁安放组装，为防止环梁和斜梁支座产生较大的位移，斜梁对称吊装，提升系统及提升支座见图13-15。斜梁对称吊装就位后，斜梁与环梁、斜梁与安放支座同时焊接，组装完成状态，见图13-16。

3）滑升阶段

滑升阶段按以下要求实施。

（1）为增强模板系统刚度，在提升脚手架两侧操作平台各增设了加强围圈，径向设辐射拉杆，预加应力，增强整体性和抗变形能力。加强圈和辐射拉杆见图13-17。

（2）本工程所有提升千斤顶在安装前，均做行程实验和调试，全部169个千斤顶，行程误差不超过1.0 mm。抗推力拉杆-滑升起步状态，见图13-18。

图13-15 提升系统及提升支座

图13-16 组装完成状态

图13-17 加强圈和辐射拉杆

图13-18 抗推力拉杆-滑升起步状态

（3）开始滑升前，先进行试滑升。全部千斤顶同时升起5～10 cm，观察混凝土出模强度，符合要求即可将模板滑升到200 mm高，对所有提升设备和模板系统、钢结构变形和受力情况进行全面检查。

（4）混凝土浇筑遵循分层、交圈、变换方向的原则，使操作平台受力均匀。分层交圈即按每20 cm分层闭合浇筑，保证出模混凝土强度差异较小，防止摩擦阻力差异大，导致平台不能水平上升。变换方向即各分层混凝土按顺时针、逆时针变换循环浇筑，以免模板长期受同一方向的力发生扭转。

（5）当模板滑升到距仓顶3.0 m左右时，即放慢滑升速度，并进行准确的抄平和找正。在滑升到距顶标高最后一个行程以前，做好整个模板的抄平、找正，使顶部均匀地交圈，保证顶部标高及位置。

（6）滑升施工过程中，在操作平台上堆放的物料应均匀、分散，使操作平台受力均匀。滑模施工每滑升一次做一次偏移、扭转校正，每提升1.0 m重新进行一次抄平和垂直度校正。并控制千斤顶的相对高差不得大于25 mm，相邻两个千斤顶的升差不得大于15 mm。

整个滑升抬升施工过程中，进行全面监控，滑模系统的垂直度、扭转度符合《滑动模板工程技术规范》（GB 50113—2005），千斤顶的相对高差全程未超过10 mm，相邻两个千斤顶的升差未超过5 mm，库体混凝土光滑平整。每步对抗推力水平拉杆进行检查，张力均衡，未发生过紧过松现象。直径变差变化<5 mm。抬升状态分别见图13-19和图13-20。

4)就位阶段

就位阶段按以下要求实施。

(1)为保证钢结构仓顶安装精确,支座预埋螺栓采用整体预埋方案。用经纬仪放出螺栓组控制线,用水准仪测出标高,再根据已顶升的钢结构底座螺栓孔进行校核,准确无误后固定。整个过程设专人跟踪检查,随时纠正、调整位移偏差。

(2)钢结构降落时,分组对称进行,每次四根梁同时下放,依次进行,依次降落高度不大于30 mm。将多个截面均匀、厚度为30 mm的硬木块放在槽钢上,木楔顶部距支座底约30 mm。每次支座降落时撤掉一个木块,使降落高度控制在30 mm,依次将每个支座均匀降落30 mm后,再进行下一轮降落循环,严格控制在结构允许范围内。降落操作时,每次下降10 mm进行一次同步校测。

5)同步性控制

同步性控制按下列要求进行。

(1)通过合理布置油路,采用一套控制系统。

(2)制定详细的作业岗位配置计划,岗位操作细则,作业监督工作标准、交接班验证制度、情况报告程序预案等。

(3)对关键岗位人员进行筛选和特别谈话,就施工方法,质量要求,安全措施要求,进行了集中讲解和交底。

(4)对各工种工作的人员进行操作细则交底、研讨,工作前进行了作业流程的模拟配合训练。

钢结构整体降落安装过程,见图13-21。

图13-19 抬升状态

图13-20 钢结构整体抬升完成

图13-21 钢结构整体降落安装过程

1.简述大型钢结构整体安装的概念。
2.大型钢结构整体安装的特点是什么?
3.大型钢结构整体安装的优点有哪些?
4.简要说明大型独立钢柱结构广告牌的整体安装工艺要点。
5.举例说明大型整体结构安装的工艺流程。
6.简要说明大型钢结构的桅杆起重机整体安装工艺。
7.简要说明超高层大型钢结构的自装施工技术。
8.简要说明大型钢结构整体安装的计算机控制技术。
9.简要说明大直径熟料顶圆台空间钢结构的整体安装技术。

1.编写大型独立钢柱结构广告牌的整体安装工艺。

参 考 文 献

[1] 钢结构工程制作安装便携手册编委会.钢结构工程制作安装便携手册[M].北京:中国建材工业出版社,2007.

[2] 中国钢结构协会.建筑钢结构施工手册[M].北京:中国计划出版社,2002.

[3] 尹显奇.钢结构制作安装工艺手册[M].北京:中国计划出版社,2006.

[4] 周海涛.钢结构施工数据手册[M].太原:山西科学技术出版社,2006.

[5] 罗仰祖.建筑钢结构安装工艺师[M].北京:中国建筑工业出版社,2007.

[6] 轻型钢结构制作安装便携手册编委会.轻型钢结构制作安装便携手册[M].北京:中国建材工业出版社,2009.

[7] 顾纪清.实用钢结构施工手册[M].上海:上海科学技术出版社,2005.

[8] 中华人民共和国住房和城乡建设部.钢结构设计标准(GB 50017—2017)[S].北京:中国建筑工业出版社,2018.

[9] 中华人民共和国住房和城乡建设部.钢结构工程施工质量验收规范(GB 50205—2001)[S].北京:中国建筑工业出版社,2002.

[10] 中华人民共和国住房和城乡建设部.建筑工程施工质量验收统一标准(GB50300—2013)[S].北京:中国建筑工业出版社,2014.

[11] 中华人民共和国住房和城乡建设部.高层民用建筑钢结构技术规程(JGJ 99—2015)[S].北京:中国建筑工业出版社,2016.

[12] 中华人民共和国住房和城乡建设部.钢结构焊接规范(GB 50661—2011)[S].北京:中国建筑工业出版社,2012.

[13] 中华人民共和国住房和城乡建设部.钢结构高强度螺栓连接技术规程(JGJ 82—2011)[S].北京:中国建筑工业出版社,2012.

[14] 中国建筑标准设计研究院.多、高层民用建筑钢结构节点构造详图(16G519)[S].北京:中国计划出版社,2016.